Greule

Licht und Beleuchtung im Medienbereich

Medien

Herausgeber: Ulrich Schmidt

Weitere Bücher der Reihe:

- Fries: Mediengestaltung
- Görne: Tontechnik
- Kapp: Motion Picture Design
- Petrasch: Videofilm
- Raffaseder: Audiodesign
- Rehfeld: Game Design und Produktion
- Schmidt: Digitale Film- und Videotechnik

Roland Greule

Licht und Beleuchtung im Medienbereich

3., aktualisierte Auflage

mit Beiträgen von Alexandra Ehrlitzer, Roland Heinz, Jens Langner, Fabian Oving, Martin Rupprecht, Matthias Wilkens, Anke von der Heide

HANSER

FSC
www.fsc.org
MIX
Papier aus verantwortungsvollen Quellen
FSC® C083411

Print-ISBN: 978-3-446-48182-4
E-Book-ISBN: 978-3-446-48213-5

Bibliografische Information der Deutschen Nationalbibliothek:
Die Deutsche Nationalbibliothek verzeichnet diese Publikation in der Deutschen Nationalbibliografie; detaillierte bibliografische Daten sind im Internet unter http://dnb.d-nb.de abrufbar.

www.hanser-fachbuch.de
Lektorat: Frank Katzenmayer
Herstellung: Frauke Schafft
Coverkonzept: Marc Müller-Bremer, www.rebranding.de, München
Covergestaltung: Max Kostopoulos
Titelmotiv: © JB-Lighting Lichtanlagentechnik GmbH, Blaustein-Wippingen
Satz: Eberl & Koesel Studio, Kempten
Druck: CPI Books GmbH, Leck
Printed in Germany

Widmung

Ich widme dieses Buch meinen Eltern, Hedwig und Georg Greule.

Mit der zweiten Auflage geht eine zusätzliche Widmung an meine Schwiegermutter Helene Eckert, die dem Lichtlabor der HAW-HH das immer und überall präsente „Lichtschwein" geschenkt hat, das bei allen Veranstaltungen der Lichtlabors immer dabei ist und allen Glück bringt.

Die dritte Auflage möchte ich meiner Frau Dagmar widmen, die immer für mich da ist, mich unterstützt und alle Texte sorgfältig durchgelesen hat.

Inhalt

Vorwort

Das Thema Licht und Beleuchtung begleitet mich seit vielen Jahren im Berufsleben, beginnend mit dem Studium an der TU in Karlsruhe, der praktischen Umsetzung im Berufsalltag als Lichtplaner und Lichtdesigner bis hin zu der wissenschaftlichen Arbeit als Hochschullehrer. Dabei hat das Thema Farbe und die Faszination der Visualisierung von Licht mit Rechenprogrammen bis heute Bestand. Durch die rasante Entwicklung der LEDs und ihre Einsatzmöglichkeiten im Theater-, Fernseh- und Showbereich wird das Thema Licht und Farbe noch faszinierender wie bisher. Lassen Sie sich überraschen.

Danksagung

Ich möchte an dieser Stelle dem Hanser Verlag, vor allem meiner Lektorin Frau Werner, für die sehr gute Zusammenarbeit danken. Mein Dank geht auch an den Herausgeber der Reihe, meinem Kollegen Prof. Dr. Ulrich Schmidt.

Ein besonderer Dank geht auch an die Mitautoren Frau Alexandra Ehrlitzer, Herrn Martin Rupprecht, Herrn Fabian Oving und Herrn Dr. Roland Heinz. Vielen Dank für die Unterstützung im Kapitel 15 „Fernseh-Licht" durch Herrn Matthias Wilkens, sowie seine detaillierten Diskussionen, um dem Buch seine jetzige Form zu geben.

Danke an die Kollegen, die mir Bilder bzw. Grafiken zur Verfügung gestellt haben (Herbert Bernstädt, Markus Beug-Rapp, Marc Briede, Michael Feldmann, Carsten Grigo, Lutz Hassenstein, Markus Hegi, Berthold Jäger, Sebastian Jakob, Michael Kersten, Sofia Layer, Dominik Mentzos, Daniel Müller, Matthias Wilkens). Danke auch an Dr. Thomas Lemke für die Erstellung vieler Grafiken.

Ein Dankeschön an die Firmen, die mir Bildmaterial zur Verfügung gestellt haben (ArKaos, ARRI, Barco, BRAINPOOL, Christie, Coolux, Dedo Weigert, Despar, ETC, FGL, Highend Systems, JB-Lighting, Konica Minolta, Looplight, Lumiblade, MA Lighting, Martin Professional, MCI, Niethammer, Relux AG, SMI, Sony, TechnoTeam).

Und ein großes Dankeschön auch an meine Frau für das intensive Korrekturlesen und die Zeit, die sie mit mir bzgl. Diskussionen und Details verbracht hat.

Roland Greule

Hamburg, September 2014

Vorwort zur 2. Auflage

Seit Erscheinen des Buches hat sich im Bereich Event sowie der Scheinwerfer- und LED-Technik sehr viel geändert und rasant weiterentwickelt. Aus diesem Grund wurden vor allem die Kapitel 17 Konzert-Touring-Licht, Kapitel 9 Scheinwerfer und Kapitel 10 Lichtsteuerung und Lichtstellpulte überarbeitet und aktualisiert. Zudem wurde ein neues Kapitel 18 Licht für wirtschaftsbezogene Veranstaltungen ergänzt, da die Eventbranche in diesem Bereich sehr erfolgreich ist. Natürlich wurden die anderen Kapitel allgemein überarbeitet, aktualisiert und auch teilweise umstrukturiert und thematisch zusammengefasst. In Kapitel 19 Lichtpläne und Lichtsimulation wurde der Bereich AR (Augmented Reality) und VR (Virtual Reality) mit aufgenommen. Kapitel 20 (Lichttechnik in der Zukunft) wurde völlig neu bearbeitet und deutlich erweitert, auch in Richtung AR/XR (eXtented Reality) und Interaktivität bis hin zu hybriden Events.

Danksagung

Ich möchte an dieser Stelle dem Hanser Verlag, vor allem meinen Lektoren Frau Kubiak und Herrn Katzenmayer, für die sehr gute Zusammenarbeit danken.

Wie schon bei der ersten Auflage geht ein besonderer Dank an die Mitautoren:innen Herrn Dr. Roland Heinz (Kap. 8), Herrn Fabian Oving (Kap. 9 +10), Herrn Martin Rupprecht (Kap. 11), Frau Alexandra Ehrlitzer (Kap. 14), Herrn Matthias Wilkens (Kap. 15), Herrn Jens Langner (Kap. 17+18), Herrn Martin Kuhn (Kap. 17.6) und Frau Anke von der Heide (Kap. 20.5),

Danke an die Kollegen:innen und Firmen, die mir Grafiken und Bilder zur Verfügung gestellt haben.

Und auch wieder ein großes Dankeschön an meine Frau für das intensive Korrekturlesen.

Roland Greule

Hamburg, August 2021

Vorwort zur 3. Auflage

Die zweite, im Jahr 2021 erschienene und stark überarbeitete Auflage wurde im Markt sehr gut aufgenommen. In diese dritte Auflage konnten deshalb zwischenzeitliche Entwicklungen eingefügt werden. So ermöglichen etwa Laser-Engines die Konstruktion noch enger strahlender Movinglights (Abschnitt 9.2.6). Auch das Thema Blue Hazard ist wieder verstärkt in den Fokus gelangt, sodass Abschnitt 5.6 deutlich erweitert und vertieft wurde. Und auch die neuesten Entwicklungen im Bereich Cross Reality (Abschnitt 20.5) und bei KI bzw. Deep Learning (Abschnitt 20.8) sind eingeflossen.

Danksagung

Ich möchte an dieser Stelle auch wieder dem Hanser Verlag und vor allem Frau Kubiak und Herrn Katzenmayer für die sehr gute Zusammenarbeit danken, sowie den Mitautor:innen für die verschiedenen Kapitel.

Roland Greule

Hamburg, Juni 2024

Die Autor:innen

Prof. Dr.-Ing. Roland Greule lehrt am Department Medientechnik der HAW Hamburg die Fächer Licht- und Beleuchtungstechnik, Lichtdesign, Farbmetrik und Digital Reality. Parallel forscht er zur Lichtwahrnehmung, der emotionalen Wirkung von Licht und Farbe und der fotorealistischen Lichtsimulation von Innenräumen. Er ist seit 2017 Leiter des Forschungs- und Transferzentrums Digital Reality.

Er hat vor rund 30 Jahren das Programm Relux mitentwickelt, das heute von der Schweizer Firma Relux AG deutlich weiterenwickelt vertrieben und weltweit erfolgreich als Lichtsimulationsprogramm genutzt wird.

Dipl.-Ing. (FH) Alexandra Ehrlitzer hat Medientechnik an der HAW Hamburg studiert. Sie war freie Lichtplanerin und Lichtdesignerin und arbeitete als wissenschaftliche Mitarbeiterin in Forschungsprojekten zu Lichtwirkung an der HAW. Seit einigen Jahren arbeitet Frau Ehrlitzer bei der Firma macom in den Bereichen Nachwuchsförderung und Lichtplanung.

Dr. habil. Roland Heinz leitete von 2006–2013 die Philips Lighting Academy in Hamburg. Er gründete mit Partnern 2014 die Lichtplaner-Akademie. Herr Heinz lehrt zudem seit 2001 an der TU Graz und an der Hochschule München die Fächer Lichterzeugung und Innovationsmanagement.

M.Sc. Jens Langner hat an der Beuth Hochschule für Technik Berlin studiert. Im Anschluss war er mehrere Jahre bei der RGB GmbH als Lichtfachplaner im Automotivbereich tätig. Seit 2017 arbeitet er als Business Development Manager für die Firma Robe Deutschland GmbH. Er war Initiator des VLLV e. V. (Verband der Lichtdesigner und Licht- und Medienoperator in der Veranstaltungswirtschaft e. V.). Des Weiteren ist er Projektleiter für NRG Germany (Next Robe Generation), ein Nachwuchsförderprogramm der Firma Robe für den lichttechnischen Nachwuchs. Seit 2020 moderiert er die digitalen Lichtgespräche, eine Streamingsendung, in der Lichtdesigner über ihre Projekte erzählen. Herr Langner ist an mehreren Hochschulen als Gastdozent tätig.

B.Sc. Fabian Oving hat Medientechnik an der HAW Hamburg studiert. Er ist seit 2015 wiss. Mitarbeiter des Lichtlabors der HAW Hamburg. Neben seiner Arbeit als Freiberufler im Bereich Veranstaltungstechnik und Lichtprogrammierung arbeitet er auch als Gastdozent an verschiedenen Departements der HAW.

Dipl.-Ing. (FH) Martin Rupprecht hat Medientechnik an der HAW Hamburg studiert. Er ist freier Lichtdesigner, Spezialist für Digital Lighting und unterrichtet als Lehrbeauftragter im Department Medientechnik das Fach Lichtdesign und Digital Lighting.

Dipl.-Ing. (FH) Matthias Wilkens hat Medientechnik an der HAW Hamburg studiert. Er ist seit vielen Jahren als Bildingenieur beim NDR und als Lehrbeauftragter an der HAW Hamburg für das Fach Videotechnik tätig. Er arbeitet auch als Dozent bei BET Michael Mücher in Hamburg.

MA Dipl. Des. Anke von der Heide ist Wissenschaftlerin und Medienkünstlerin mit einem interdisziplinären Lebenslauf, beginnend mit einem Studium der Visuellen Kommunikation an der Bauhaus-Universität Weimar, einem weiterem Studium der Architektur und Urban Design an der TU Berlin und der Tongji Universität Shanghai sowie einem Forschungsprojekt in Intermedia Art an der Tokyo National University for Fine Arts and Music. Sie forschte an der TU Berlin im Bereich Smart Cities und lehrte als freie Dozentin in den Bereichen Medienarchitektur und Mensch-Computer-Interaktion an der Bauhaus-Universität Weimar, am Quality and Usability Lab der TU Berlin und lehrt und promoviert seit 2018 in den Bereichen Medientechnik und Digitale Realität. Seit 2020 leitet sie die Entwicklung des Projekts XRevent – ein Baukasten für realitätsübergreifende Events. In ihrer Arbeit erforscht sie die Schnittmenge von Technologie, Soziologie sowie Kunst und beschäftigt sich stets mit den Auswirkungen von innovativem Design in der ästhetischen Praxis.

1 Einführung

Wie der Theaterreformer Adolf Appia zu Anfang des 19. Jahrhundert sagte: „Licht wird nicht mehr gemalt, sondern geleuchtet“, ist der Einsatz von Licht und Beleuchtung im Medienbereich vielfältig. Beginnend vom Theaterstück über Fernsehsendungen, den Film bis hin zu großen Events. Der visuelle Kanal ist bei Menschen immer noch dominant, da rund 80% der Wahrnehmung über das Auge erfolgt.

Die Wirkung des Lichts im Medienbereich kann man in verschiedene Bereiche unterteilen. Licht macht Objekte wahrnehmbar und ist verantwortlich für die Güte der Wahrnehmung. Licht hat eine dramatische Rolle in der Weise, dass es als untrennbarer Teil der szenischen Handlung auftritt. Licht rückt die Bühne, die Filmkulisse, aber auch die Architektur ins „rechte Licht“. Licht bringt Farben und Oberflächen zur Geltung. Licht beeinflusst die physiologischen Vorgänge beim Sehen und Erkennen und Licht wirkt motivierend auf die Menschen.

In diesem Lehrbuch wird der Bogen vom Theater über das Fernsehen, den Film bis zum Event- und Showbereich gezogen. Dabei wird im ersten Drittel des Lehrbuches die Theorie betrachtet, wie z. B. die physikalischen Eigenschaften des Lichts, die lichttechnischen Grundgrößen wie Lux und Lumen bis hin zur Physiologie des Auges.

Ausgehend von dem menschlichen Auge und unter Berücksichtigung der Helligkeits- und Farbwahrnehmung werden dann die grundlegenden Parameter der Farbmetrik vorgestellt. Wer sich mit Licht und Beleuchtung beschäftigt, muss die Grundlagen der Farbmetrik kennen sowie die dazu notwendigen Messtechniken. Auf dieser Theorie aufbauend, werden im zweiten Teil des Buches die „Geräte“, d. h. die Lichtquellen, die Scheinwerfer, die Lichtstellanlagen und die Medienserver erläutert.

In den letzten Kapiteln des Buches werden dann die Anwendungen betrachtet. Dabei werden die Besonderheiten bei der Theaterbeleuchtung, dem Fernsehlicht, der Filmbeleuchtung sowie das Besondere beim Show- und Event-Licht und das Zusammenwirken der verschiedenen Bereiche aufgezeigt.

Abschließend werden umfangreich die Lichttechnik der Zukunft und ihre Möglichkeiten vorgestellt sowie das Zusammenwachsen der Lichttechnik mit der Lichtarchitektur betrachtet.

Am Ende dieses Buches werden Sie verstehen, warum es in den letzten Jahren ein immer stärkeres Zusammenwachsen der verschiedenen Bereiche Licht, Video und Netzwerktechnik gibt. Andererseits werden Sie die unterschiedlichen Herangehensweisen in den einzelnen Medienbereichen kennenlernen, je nachdem, ob Sie über Licht im Theater, im Fernsehen, beim Film oder über Event sprechen.

Es ist ein Grundlagenbuch, geschrieben für Studierende in Medienstudiengängen wie z. B. Medientechnik, Veranstaltungstechnik und Mediengestaltung, für Auszubildende im AV- und im Veranstaltungsbereich sowie für Lichtplaner und Lichtdesigner. Natürlich auch für all diejenigen, die sich für das Thema Licht und Beleuchtung in Medien interessieren.

2 Licht und Strahlung

Bevor der Bereich der Lichttechnik genauer und ausführlich behandelt wird, werden die physikalischen Grundlagen kurz erläutert. Licht bzw. optische Strahlung ist bis zum Auftreffen auf das Auge bzw. die Netzhaut eine elektromagnetische Welle und gehört zu dem Bereich der Physik. Erst durch die wellenlängenabhängige Bewertung des Lichts durch die in der Netzhaut vorhandenen Rezeptoren **(Zapfen und Stäbchen)** müssen neue Einheiten (lichttechnische Einheiten) verwendet werden. Den Bereich der optischen Strahlung kann man in Strahlenoptik, Wellenoptik und Quantenoptik unterteilen. Da bei der klassischen Lichttechnik immer in Dimensionen gearbeitet wird, die deutlich größer sind als die betrachteten Wellenlängen, wird in den weiteren Kapiteln von der Strahlungsoptik bzw. der Strahlungsphysik ausgegangen.

2.1 Strahlungsphysik und Fotometrie

Während die Strahlungsphysik Begriffe wie z. B. Strahlungsleistung oder Bestrahlungsstärke verwendet, benutzt die Fotometrie bzw. die Lichttechnik Begriffe wie Lichtstrom oder Beleuchtungsstärke. Der Unterschied zwischen den strahlungsphysikalischen und den fotometrischen Größen liegt darin, dass die Strahlungsphysik energetische Größen verwendet, die Fotometrie diese Größen jedoch unter Einbeziehung des Auges bzw. konkret der **spektralen Hellempfindlichkeit** des menschlichen Auges betrachtet. D. h., das menschliche Auge gewichtet die einzelnen Wellenlängen des sichtbaren Lichts unterschiedlich, sodass die Licht- und Beleuchtungstechnik nicht mit physikalischen Begriffen/Einheiten arbeiten kann, sondern eigene, neue Begriffe wie Lichtstrom, Lichtstärke, Beleuchtungsstärke und Leuchtdichte benötigt.

Wellenlänge und Frequenz

Da es sich bei Licht um eine elektromagnetische Strahlung handelt, werden die Begriffe Wellenlänge oder Frequenz verwendet. Zwischen der Wellenlänge λ und der Frequenz f einer Strahlung besteht folgender Zusammenhang:

$$c = f \cdot \lambda \qquad (2.1)$$

c = Lichtgeschwindigkeit (299 999 km/sec)
f = Frequenz (Hz)
λ = Wellenlänge (nm)

2.2 Strahlung und Spektrum

Die Strahlung, die der Mensch erkennen kann (380 nm - 780 nm), gehört zum Gesamtbereich der elektromagnetischen Strahlung, die von der kosmischen Strahlung bzw. Höhenstrahlung (10^{-15} m) bis zu den technischen Wechselströmen reicht (10^{7} m). Der Bereich der optischen Strahlung reicht vom kurzwelligen Bereich der UV-Strahlung (Wellenlänge ab 100 nm) bis zum langwelligen Infrarot-Bereich (Wellenlänge bis 10^{6} nm). Im langwelligen Bereich schließen sich die technischen Strahlungen wie Mikrowellenstrahlung etc. an, im UV-Bereich die Röntgenstrahlung, siehe auch Bild 2.1.

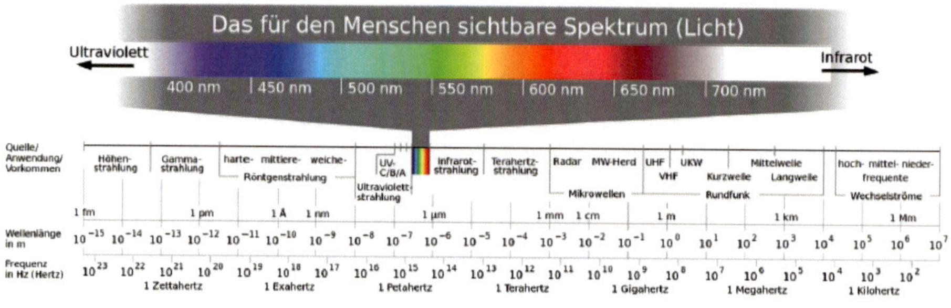

Bild 2.1 Gesamtes Spektrum der elektromagnetischen Wellen

2.2.1 Sichtbare Strahlung

Von der optischen Strahlung insgesamt vermag das menschliche Auge nur den relativ schmalen Bereich von etwa 380 nm bis 780 nm Wellenlänge als Licht zu empfinden, der nach dem Eintritt in das Auge eine Hellempfindung auslöst, siehe Bild 2.2.

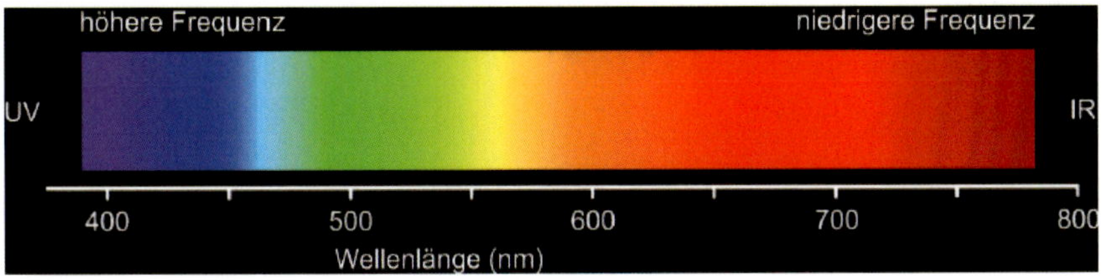

Bild 2.2 Sichtbare Strahlung bzw. Farbspektrum

2.2.2 UV-Strahlung

Der Bereich der Ultraviolettstrahlung (UV) von 100 nm bis 380 nm Wellenlänge wird in drei Bereiche unterteilt (UV-C, UV-B, UV-A):

- UV-C von 100 nm bis 280 nm (hat eine stark keimtötende Wirkung, es wandelt Luftsauerstoff in Ozon um),
- UV-B von 280 nm bis 315 nm (bildet im menschlichen Körper das Vitamin D2, erzeugt Sonnenbrand),
- UV-A von 315 nm bis 380 nm (bräunt die menschliche Haut).

Eine sehr wichtige Anwendung findet die UV-Strahlung in Gasentladungslampen, z. B. Leuchtstofflampen, in denen die UV-Strahlung mithilfe von Leuchtstoffen in sichtbares Licht umgewandelt wird. Andererseits erzeugen Hochdruckmetalldampflampen (z. B. HMI) einen Anteil von bis zu 25 % an UV-Strahlung von der Gesamtleistung, sodass diese Leuchtmittel beim Einsatz in Scheinwerfern durch ein Glas abdeckt werden, damit das Auge nicht geschädigt wird (Glas lässt Licht unter 380 nm kaum noch durch).

2.2.3 IR-Strahlung

Am langwelligen Ende des Lichts schließt sich die IR-Strahlung an, auch Wärmestrahlung genannt. Der Bereich der IR-Strahlung wird wie der UV-Bereich ebenfalls in drei Bereiche unterteilt: IR-A (780 nm - 1400 nm), IR-B (1400 nm - 3000 nm), und IR-C (3000 nm - 1 mm).

2.3 Physikalische Größen

Wie zu Beginn des Kapitels erwähnt, soll in diesem Kapitel nur die physikalische Strahlung betrachtet werden. Die physikalische Strahlung ist gekennzeichnet durch ein tiefgesetztes e (e = energetisch) im Vergleich zu den lichttechnischen Größen mit einem tiefgesetzten v (v = visuell). Oftmals wird bei den lichttechnischen Größen auf das v verzichtet.

2.3.1 Strahlungsfluss Φ_e

Jede Strahlung ist ein Energiestrom. Die ausgestrahlte, transportierte oder eingestrahlte Energie pro Zeiteinheit wird in der Einheit W (1 W = 1 Joule/sec) definiert. Der Strahlungsfluss Φ_e entspricht der Strahlungsleistung.

2.3.2 Strahlstärke I_e

Die Strahlstärke I_e, auch Intensität genannt, ist der Anteil der gesamten Strahlungsleistung Φ_e, der von einer Lichtquelle im Raumwinkelelement $d\Omega$ emittiert wird.

$$I_e = d\Phi_d \,/\, d\Omega \; [W \,/\, sr] \tag{2.2}$$

I_e = Strahlstärke
Φ_e = Strahlungsfluss
Ω = Raumwinkel

2.3.3 Bestrahlungsstärke E_e

Um die Intensität einer Lichtquelle zu definieren, wird der Begriff Bestrahlungsstärke E_e verwendet. Die Einheit ist Watt pro m^2.

$$E_e = d\Phi_e \,/\, dA \left[W \,/\, m^2\right] \tag{2.3}$$

E_e = Bestrahlungsstärke
Φ_e = Strahlungsfluss
A = bestrahlte Fläche

2.3.4 Strahldichte L_e

Die Strahldichte L_e gibt an, welche Strahlungsleistung $d^2\Phi_e$ von einer Fläche A der Strahlungsquelle in ein Raumwinkelelement dΩ ausgesendet wird.

$$L_e = d^2\Phi_e / (dA \cdot d\Omega) \left[W \cdot m^2 / sr\right] \tag{2.4}$$

L_e = Strahldichte
$d^2\Phi_e$ = Strahlungsleistung
A = Fläche
Ω = Raumwinkel

2.3.5 Strahlungsphysikalische und lichttechnische Größen

Tabelle 2.1 zeigt die strahlungsphysikalischen und die lichttechnischen Größen im Vergleich.

Tabelle 2.1 Strahlungsphysikalische und lichttechnische Größen

Strahlungsphysikalische Größe	Lichttechnische Größe
Strahlungsfluss Φ_e	Lichtstrom Φ
Strahlstärke I_e	Lichtstärke I
Bestrahlungsstärke E_e	Beleuchtungsstärke E
Strahldichte L_e	Leuchtdichte L
spezifische Ausstrahlung M_e	spezifische Lichtausstrahlung M
Strahlungsmenge Q_e	Lichtmenge Q
Bestrahlung H_e	Belichtung H

2.4 Licht- und Emissionsspektren

Man unterscheidet bei der Strahlung bzw. der Emission von Strahlung zwischen natürlichen Lichtquellen (Sonne, Tageslicht) und künstlichen Lichtquellen (Halogenlampe, LED etc.). Das Licht bzw. die Strahlung werden dabei von den Lichtquellen emittiert (ausgestrahlt). Die Strahlung von natürlichen und künstlichen Lichtquellen kann sehr unterschiedliche Spektren (Emissionsspektren) besitzen. Des Weiteren unterscheidet man bei den Spektren zwei Arten von Strahlung. Entweder wird das Licht kontinuierlich abgestrahlt wie z. B. beim Tageslicht oder einer Glühlampe oder als Linienspektrum wie bei einer Leuchtstofflampe.

2.4.1 Kontinuierliches Spektrum

Bei der thermischen Anregung von Atomen und Molekülen in Festkörpern entsteht im Wesentlichen ein kontinuierliches Spektrum (Sonne, Glühlampe). Die Darstellung erfolgt näherungsweise durch den Planck'schen Strahler bzw. Schwarzen Körper, Definition und Details siehe Abschnitt 2.6.

Die wichtigste natürliche Strahlungsquelle ist dabei die Sonne. Sie entspricht dem Spektrum eines Schwarzen Körpers mit einer Temperatur von ungefähr 6000 K. Beim Durchgang durch die Erdatmosphäre wird das Spektrum der Sonne jedoch verändert. Bild 2.3 links stellt den typischen Spektralverlauf von Tageslicht dar (Novembertag in Hamburg).

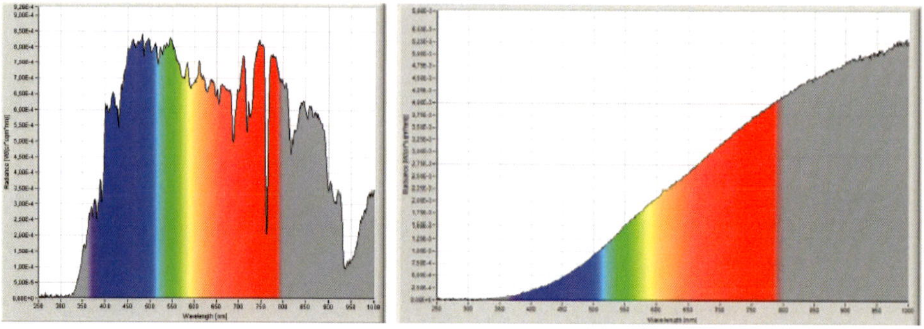

Bild 2.3 Links: Spektrum Tageslicht (Hamburg, November 2012, bewölkter Himmel); rechts: Spektrum einer Glühlampe (60 W)

2.4.2 Linienspektrum

Man spricht von Linienspektren, wie z. B. bei Leuchtstofflampen, Energiesparlampen oder Metalldampflampen, wenn nur einzelne Spektrallinien im Spektrum vorhanden sind. Der extremste Fall eines Linienstrahlers mit nur einer einzigen Linie ist der Laser. Bei der Anregung durch Elektronenstöße in Gasen entsteht ein Linienspektrum mit markanten Frequenzen, die für die Zusammensetzung des Gases charakteristisch sind. Je nach Zusammensetzung des Gases können unterschiedliche Spektren erzeugt werden (siehe Bild 2.4).

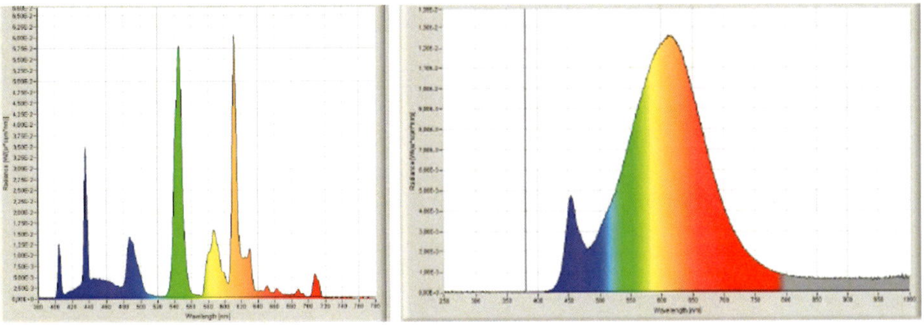

Bild 2.4 Links: Spektrum einer Leuchtstofflampe, rechts: Spektrum einer LED (Master Bulb, 12 W, Philips)

2.5 Weißes und farbiges Licht

Das Sonnenlicht (weißes Licht) setzt sich aus verschiedenen Wellenlängen zusammen. Schickt man Sonnenlicht durch ein Glasprisma, so kann das Licht durch Brechung beim Eintritt bzw. beim Austritt aus dem Glasprisma in seine spektralen Bestandteile zerlegt werden. Zu jeder Wellenlänge gehört eine ganz bestimmte Farbe, die vom menschlichen Auge gesehen werden kann. Umgekehrt können die Strahlen verschiedener Wellenlängen wieder zu weißem Licht zusammengefügt werden.

Bei den üblichen Sehbedingungen/Umgebungsbedingungen sieht der Mensch das Tageslicht als weißes Licht, er kann die einzelnen Spektralbereiche nicht unterscheiden bzw. auflösen, obwohl das weiße Licht, wie im vorhergehenden Abschnitt ausgeführt, aus den einzelnen Spektralbereichen (Farben) zusammengesetzt ist.

2.5.1 Farbiges Licht

Da der Mensch die einzelnen Spektrallinien von Licht nicht unterscheiden bzw. auflösen kann, sieht er eine farbige Fläche bzw. eine reflektierende farbige Fläche nur als Ganzes. Zum Vergleich, das Ohr bzw. das Gehör kann die einzelnen Frequenzen eines Tones deutlich unterscheiden. Das bedeutet, das Auge kann nicht unterscheiden, ob das Licht, das auf eine Oberfläche fällt, z. B. ein gelbes Licht, aus dem reinen spektralen Gelb besteht oder aus zwei Spektralfarben (Rot und Grün), die als Mischung auch gelbes Licht erzeugen.

2.5.2 Körperfarben

Man spricht von Körperfarben, wenn Licht auf eine Fläche fällt und von dieser Fläche zum Teil reflektiert und/oder absorbiert wird. Das bedeutet, farbige Gegenstände strahlen nicht selbst die Farben aus (sind also keine Selbstleuchter), sondern es werden nur die Wellen der entsprechenden Farben reflektiert, die auf dem Gegenstand und im Spektrum des Lichts gleichzeitig vorhanden sind (siehe Bild 2.5).

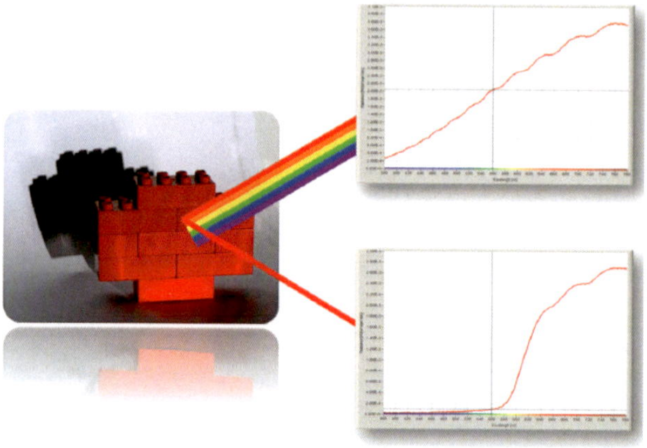

Bild 2.5 Beleuchtung von roten Legosteinen mit kontinuierlichem Licht. Rechtes oberes Bild, Spektrum der verwendeten Halogenlampe, rechtes unteres Bild, reflektiertes Licht bzw. Spektrum

Fehlen bei künstlichem Licht einige Wellenlängen aus dem Bereich von 380 nm bis 780 nm, so können die Gegenstände auch nicht in den gewohnten Farben erscheinen, das Erscheinungsbild wird verfälscht wahrgenommen.

In Bild 2.6 fehlt beim einfallenden Spektrum die grüne Spektralfarbe. Entsprechend wird diese Farbe bzw. Spektrallinie von der grünen Kiste nicht reflektiert, was zur Folge hat, dass die Box unter dieser speziellen Anstrahlung schwarz wirkt.

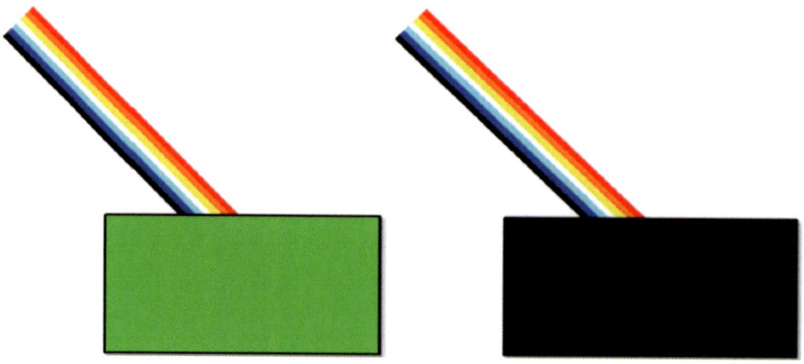

Bild 2.6 Links: einfallendes Licht auf eine grüne Box, wobei bei dem Spektrum die grüne Spektralfarbe fehlt, rechts: Die Box wirkt dadurch schwarz

2.6 Schwarzer Strahler und Farbtemperatur

Grundlage für die Bestimmung der Farbe einer Lichtquelle bzw. der Farbtemperatur ist der Planck'sche Strahler, auch Schwarzer Strahler genannt. Der Planck'sche Strahler dient zur Untersuchung von Lichtemissionen von erhitzten Körpern und ist Grundlage der meisten Lichtquellen. Der Schwarze Strahler lässt sich durch einen Kunstgriff verwirklichen, siehe Bild 2.7.

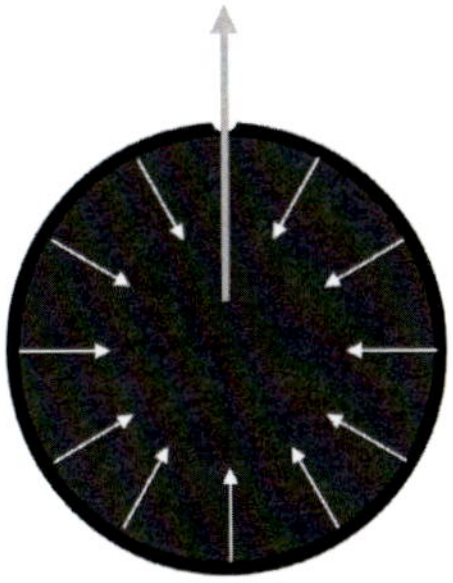

Bild 2.7
Schematische Darstellung eines Planck'schen Strahlers

Der schwarze Hohlraum eines Körpers absorbiert im Prinzip alles Licht, das durch eine Öffnung einfällt, die klein ist im Verhältnis zum Durchmesser des Hohlraumes (1/60). Trotzdem tritt ein sehr geringer Teil des Lichtes wieder aus der Öffnung heraus, der gemessen bzw. bewertet werden kann.

Wird nun dieser Körper zum Glühen gebracht, so kann man das durch die Öffnung austretende Licht bzw. seine Farbigkeit mit der Temperatur des erhitzten Strahlers korrelieren (Farbigkeit = Temperatur). Bei niedrigen Temperaturen hat man das Gefühl, dass dieser Körper alles Licht „schluckt“. Erst ab Temperaturen von ca. 800 °C bzw. 1073 Kelvin beginnt dieser Strahler leicht rötlich zu glühen.

2.6.1 Farbtemperatur bzw. ähnlichste Farbtemperatur

Um Licht von verschiedenen Lichtquellen zu charakterisieren und dabei das unterschiedlich farbige Aussehen eindeutig zu definieren, werden Lichtquellen durch den Begriff der Farbtemperatur gekennzeichnet, anstatt farbaussagende Begriffe wie rötlich, bläulich etc. zu verwenden. Die Farbtemperatur wird in Kelvin (K) angegeben. Die Kelvin-Temperaturskala beginnt beim absoluten Nullpunkt, der tiefsten Temperatur, die es gibt (−273 °C).

Wenn ein sogenannter „Schwarzer Körper“ langsam erhitzt wird, durchläuft sein Aussehen eine Farbskala von Dunkelrot, Rot, Orange, Gelb, Weiß, bis hin zu Hellblau. Je höher die Temperatur ist, umso weißer wird die Farbe, die aus der Öffnung des Schwarzen Körpers austritt. Die ähnlichste Farbtemperatur entspricht der Temperatur, in Kelvin angegeben, die ein Schwarzer Körper haben würde, wenn seine Farbe der zu betrachtenden Lichtquelle am ähnlichsten ist.

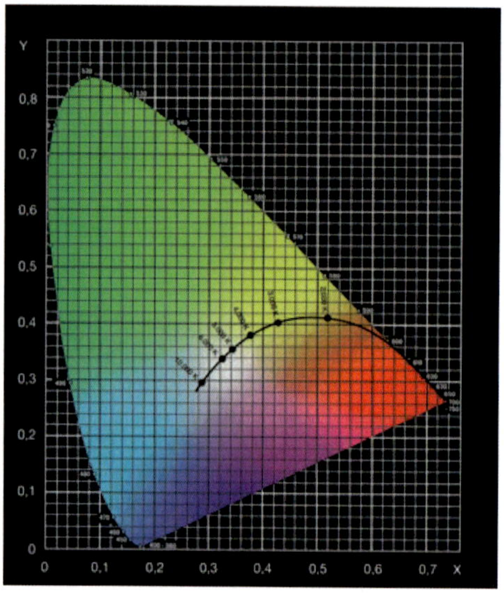

Bild 2.8 Verlauf der Farbtemperatur im CIE xy-Farbraum

Die ähnlichste Farbtemperatur Tn eines zu kennzeichnenden Strahlers ist diejenige Temperatur des Schwarzen Strahlers, bei der dessen Farbart dem zu kennzeichnenden Strahler am nächsten kommt. Der Farbort des zu kennzeichnenden Strahlers liegt in diesem Fall nur in der Nähe des Kurvenzuges (Details siehe Kapitel 6 „Farbmetrische Grundlagen“) für den Schwarzen Strahler.

Eine Glühlampe mit 40 W Leistung besitzt z. B. eine Farbtemperatur von 2650 K. Ein Halogenbrenner, wie er typischerweise in Scheinwerfern für den Fernseh- und Filmbereich eingesetzt wird, besitzt eine Farbtemperatur von 3200 K. Man kann vereinfacht sagen, je geringer der Kelvinwert ist, umso rötlicher erscheint die Lichtquelle. Steigt die Farbtemperatur, so erscheint die Lichtfarbe immer bläulicher (siehe Bild 2.9).

Bild 2.9 Verschiedene Lichtfarben in einem Farbabmusterungskasten: linker Kasten 6500 K (Tageslichtweiß), rechter Kasten 2700 K (Warmweiß)

Tabelle 2.2 Auflistung verschiedener Farbtemperaturen

Farbtemperaturen	
Kerzenlicht	1850 K
Glühlampe 40 W	2650 K
Normlicht A	2855,4 K
Halogenglühlampe	3200 K
Normlicht D65, Fernsehbildweiß (Europa)	6504 K
Tageslicht bei bedecktem Himmel	6700 - 7000 K
blauer Himmel ohne direkte Sonne	12 000 - 30 000 K

Zur Charakterisierung der Lichtfarbe bei Leuchtstofflampen wurden drei Bereiche festgelegt:

- ww: warmweiße Lichtfarbe, Farbtemperatur kleiner als 3300 K,
- nw: neutralweiße Lichtfarbe, Farbtemperatur 3300 K bis 5000 K,
- tw: tageslichtweiße Lichtfarbe, Farbtemperatur größer als 5000 K.

Es gibt eine Vielzahl von Leuchtstofflampentypen, die sich z. B. in Farbwiedergabe und Lichtfarbe unterscheiden. Die einzelnen Lampenhersteller haben je nach Ausführung und Zusammensetzung ihre eigenen Bezeichnungen. Die „de luxe“-Lichtfarben z. B. besitzen eine besonders gute Farbwiedergabeeigenschaft, allerdings auf Kosten einer geringeren Lichtausbeute. Die Lichtfarbe einer Lampe sagt jedoch nur etwas über das farbliche Aussehen der Lampe aus, nicht aber über die Farbwiedergabeeigenschaften der Lichtquelle.

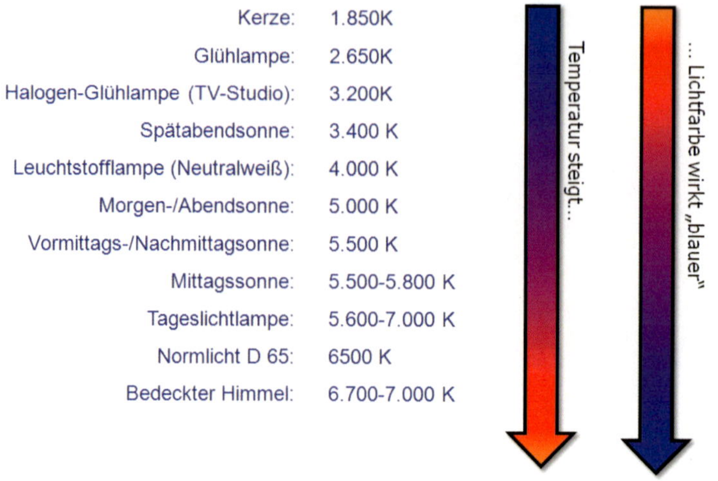

Bild 2.10 Schematische Darstellung der Farbtemperaturwerte und der Farberscheinung

2.6.2 Normlichtarten

Unter Normlicht versteht man Lichtarten, die für die bevorzugte Verwendung in der nationalen und internationalen Norm empfohlen werden können. Die nachstehend genannten Normlichtarten sind wie folgt festgelegt:

- **Normlichtart A:** entsprechend der Strahlung des Schwarzen Körpers bei Tn = 2855,4 K für Glühlampen.
- **Normlichtart C:** entsprechend dem Tageslicht mit der „ähnlichsten Farbtemperatur" von Tn = 6774 K für künstliches Tageslicht im spektralen Bereich (Sonnenlicht und Himmelslicht).
- **Normlichtart D 65:** entsprechend dem Tageslicht mit der „ähnlichsten Farbtemperatur" Tn = 6504 K für natürliches Tageslicht (Tageslicht mit UV-Anteil).

3 Lichttechnische Grundgrößen

Da das menschliche Auge die einzelnen Wellenlängen von sichtbarem Licht unterschiedlich gewichtet, kann man im Bereich der Licht- und Beleuchtungstechnik nicht mehr nur mit physikalischen Einheiten arbeiten, sondern benötigt eigene, neue Begriffe wie Lichtstrom, Beleuchtungsstärke, Lichtstärke und Leuchtdichte.

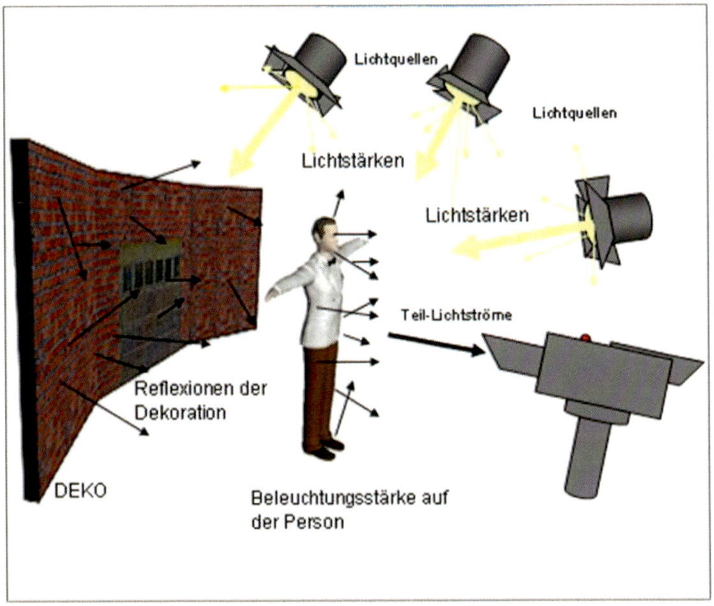

Bild 3.1 Darstellung der verschiedenen lichttechnischen Größen Lichtstrom, Beleuchtungsstärke und Lichtstärke

3.1 Spektrale Hellempfindlichkeit

Vergleicht man das Licht einer Lichtquelle im grüngelben Bereich (z. B. 555 nm) mit einer Lichtquelle, die z. B. blaues Licht von 400 nm ausstrahlt, wobei beide Lichtquellen physikalisch die gleiche Strahlungsleistung (ausgedrückt in Watt) aussenden, dann empfindet der Mensch, dass die grüngelbe Lichtquelle im Vergleich zur blauen Lichtquelle um ein Vielfaches heller erscheint. Oder umgekehrt, die blaue Lichtquelle benötigt eine um den Faktor 2500 höhere Strahlungsleistung (Watt) als die grüngelbe Lichtquelle, um gleich hell zu wirken. Diese Abhängigkeit des Auges von der spektralen Wellenlänge nennt man spektrale Hellempfindlichkeit des Auges.

3.1.1 Messaufbau

In einem Versuchsaufbau, siehe Bild 3.2, kann so ein Vergleich der verschiedenen Helligkeitseindrücke durchgeführt werden. Im unteren Feld wird eine Messstrahlung der Versuchsperson angeboten. Im oberen Feld soll die Versuchsperson durch Mischen aus verschiedenen Lichtquellen den gleichen Helligkeitseindruck solange nachmischen, bis beide Flächen gleich hell aussehen.

Bild 3.2 Links: Vergleichsfelder zur Helligkeitsbewertung, rechts: schematische Darstellung des Versuchsaufbaues zum Vergleich des Helligkeitseindrucks verschiedener Lichtspektren

Wird dieser Versuch über alle sichtbaren Spektralbereiche durchgeführt, so findet man das Maximum der Hellempfindung beim Tagessehen (photopisches Sehen) bei rund 555 nm. Trägt man die Wellenlänge über das sichtbare Spektrum der Farben auf, so entspricht diese Wellenlänge in etwa der Farbe Grün-Gelb.

Benutzt man als Referenz bei einer Wellenlänge von 555 nm eine 1-W-Lichtquelle als Bezugsstrahlung, dann müsste man die in Tabelle 3.1 aufgeführten Energiewerte aufwenden, um den gleichen Helligkeitseindruck zu erhalten.

Tabelle 3.1 Notwendige aufzuwendende Energien, um einen gleichen Helligkeitseindruck im Auge zu erhalten in Abhängigkeit der Wellenlänge und relativen Hellempfindlichkeit bei verschiedenen Wellenlängen bezogen auf die Wellenlänge 550 nm

Wellenlänge	Notwendige Energie	Relative Hellempfindlichkeit
400 nm	2564 W	0,00039
450 nm	26,31 W	0,038
500 nm	3,1 W	0,323
550 nm	1 W	1
600 nm	1,58 W	0,631
650 nm	9,34 W	0,107
700 nm	243,9 W	0,0041

3.1.2 Relative Hellempfindlichkeit bei Tagessehen

Werden die in Tabelle 3.1 aufgelisteten Werte über die Wellenlänge aufgetragen, so erhält man die spektrale Hellempfindlichkeitskurve, auch V(λ)-Kurve genannt, siehe Bild 3.3. Der spektrale Hellempfindlichkeitsgrad kennzeichnet die Frequenzabhängigkeit der Augenempfindlichkeit in dem sichtbaren Bereich von 380 nm bis 780 nm. Diese Größe wurde 1924 von der CIE (Commission Internationale de L'Éclairage) normiert und gilt als mittlere Hellempfindlichkeitskurve für das menschliche Auge.

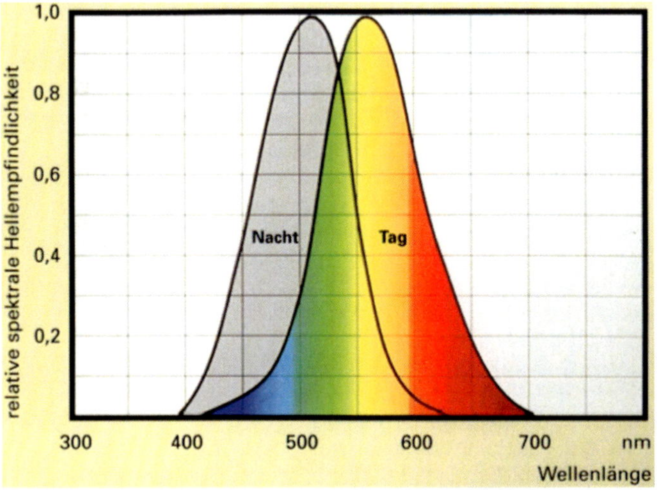

Bild 3.3 Relative spektrale Hellempfindlichkeitskurve des menschlichen Auges bei Tag- und Nachtsehen

> Die CIE (Commission Internationale de L'Éclairage) ist die höchste Organisation der Licht- und Beleuchtungstechnik, in der Normen, Standards und Empfehlungen bzgl. der Lichttechnik und Farbmetrik weltweit festgelegt werden.

Da der Mensch zwei verschiedene Rezeptoren in der Netzhaut besitzt (Zapfen und Stäbchen), gibt es auch zwei verschiedene relative Hellempfindlichkeitskurven. Eine gilt für das Tagessehen, die andere für das Nachtsehen. Man spricht vom photopischen Sehen (Tagessehen), wenn die Leuchtdichte (genaue Definition der Leuchtdichte siehe nachfolgende Kapitel) über 100 cd/m^2 liegt. Bei Leuchtdichten unter 1 cd/m^2 spricht man vom skotopischen Sehen (Nachtsehen). Im Zwischenbereich zwischen den beiden Bereichen spricht man vom mesopischen Sehen. Dieser Bereich wird im Moment noch erforscht, sodass es dafür noch keine einheitlichen Regelungen gibt. Bei schwacher Beleuchtung, d. h. beim Nachtsehen (skotopisches Sehen), verschiebt sich das Maximum zu der Wellenlänge von 505 nm.

Neben diesen beiden Rezeptoren wurde im Jahr 2001 ein neuer Photorezeptorzellentyp in der Retina des Auges entdeckt. Dieser Rezeptortyp (Ganglienzellen) wird auch als „dritter Rezeptor“ bezeichnet. Die Ganglienzellen reagieren relativ langsam auf Lichtveränderungen und sind über einen eigenen Pfad direkt mit dem suprachiasmatischen Nukleus (SCN) im Hypothalamus verbunden. Diese Ganglienzellen, die im Wesentlichen im blauen Spektralbereich empfindlich sind, ermöglichen eine melatoninunterdrückende Wirkung von Licht. Melatonin ist, vereinfacht ausgedrückt, ein Schlafhormon. Entsprechend gibt es einen circadianen Wirkungsfaktor. Damit konnte belegt werden, dass externe Reize, sogenannte Zeitgeber die vom Organismus erzeugte Periodik mit dem 24-Stunden-Tag-Nacht-Wechsel (circadiane Wirkung) in Einklang bringen. Der wichtigste Zeitgeber ist dabei das Licht. Mehr Details in Abschnitt 5.2.

3.2 Lichtstrom Φ

Betrachtet man die von einem Strahler in den gesamten Raum abgegebene Strahlungsleistung (Strahlungsfluss) und bezieht sie auf die Wellenlänge, so erhält man den spektralen Strahlungsfluss Φ_e (W) dieses Strahlers. Für die beleuchtungstechnischen Belange ist der energetische Strahlungsfluss nicht interessant, sondern der mit der spektralen Hellempfindlichkeit $V(\lambda)$ bewertete spektrale Strahlungsfluss Φ_v (W). Zur Unterscheidung wird bei dem energetischen Strahlungsfluss Φ_e ein e als Unterzeichen beigefügt (energetisch), bei dem mit der Hellempfindlichkeit bewerteten Strahlungsfluss Φ_v wird ein v als Unterzeichen definiert. Dieser bewertete Strahlungsfluss wird in der Lichttechnik als Lichtstrom Φ_v des Strahlers bezeichnet. Oftmals wird bei dem Lichtstrom Φ das v als Unterzeichen weggelassen. Bewertet man die von einer Lichtquelle nach allen Seiten abgestrahlte Strahlungsleistung, so wird damit der Lichtstrom Φ definiert. Die Maßeinheit ist Lumen (lm).

Lichtstrom

Der Lichtstrom ist die
Lichtleistung
der Lichtquelle.

Maßeinheit: Lumen (lm)

Bild 3.4 Lichttechnische Größe Lichtstrom Φ

3.2.1 Hellempfindlichkeit bei photopischem Sehen

$$\Phi = 683\ lm/W \int_{380nm}^{780nm} \Phi_e(\lambda) \cdot V(\lambda) \cdot d\lambda \qquad (3.1)$$

Φ = Lichtstrom [lm]
Φ_e = Strahlungsfluss [W]
V(λ) = spektrale Hellempfindlichkeit bei Tagessehen

Man gibt somit die sichtbare Strahlungsleistung einer Lichtquelle nicht in Watt an, da, wie bereits erwähnt, das Auge für die Strahlung verschiedener Wellenlängen verschieden stark empfindlich ist. Jeder Lampentyp, ob Halogenglühlampe, Leuchtstofflampe, Hochdruckmetalldampflampe oder LED hat somit einen unterschiedlichen Lichtstrom.

Tabelle 3.2 Lichtströme verschiedener Lichtquellen in Lumen (lm)

Lichtquelle	Lichtstrom
Halogenglühlampe, Halostar 50 W, 12 V, 3000 K	Φ = 910 lm
Leuchtstofflampe T5, 35 W, 230 V, Lumilux Cool White (840), 4000 K, HE (High Efficiency)	Φ = 3320 lm
Hochdruckmetalldampflampe, HMI, 575 W/GS DXS, 6500 K	Φ = 49 000 lm
LED Typ Civilight DA60 Bulb, 8 W	Φ = 470 lm

3.2.2 Hellempfindlichkeit bei skotopischem Sehen

Da die Stäbchen im Vergleich zu den Zapfen deutlich empfindlicher sind, gilt für skotopisches Sehen:

$$\Phi = 1983\ lm / W \int_{380nm}^{780nm} \Phi_e(\lambda) \cdot V'(\lambda) \cdot d\lambda \qquad (3.2)$$

Φ = Lichtstrom [lm]
Φ_e = Strahlungsfluss [W]
V'(λ) = spektrale Hellempfindlichkeit bei skotopischem Sehen (Nachtsehen)

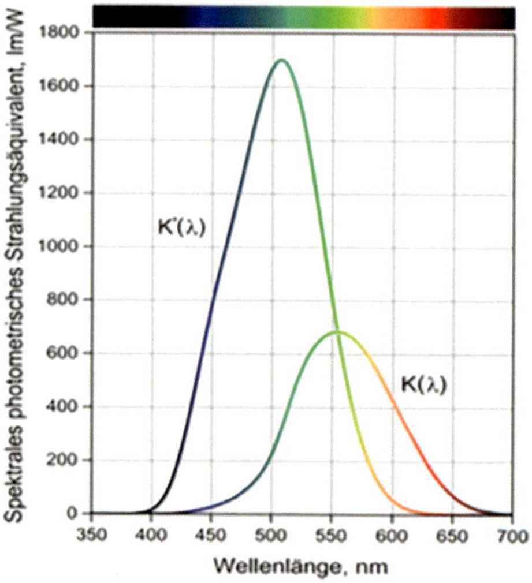

Bild 3.5 Vergleich V(λ) und V'(λ)

3.3 Lichtausbeute η

Zur Bewertung von Lichtquellen wird der Begriff der Lichtausbeute η verwendet. Die Lichtausbeute η gibt den erzeugten Lichtstrom im Verhältnis zu der aufgewendeten elektrischen Leistung an:

$$\eta = \Phi / P \qquad (3.3)$$

H = Lichtausbeute [lm/W]
Φ = Lichtstrom [lm]
P = Leistung [W]

Tabelle 3.3 Beispiele für die Lichtausbeute verschiedener Lampentypen

Lampentyp	Lichtausbeute
Glühlampe 60 W, 230 V	ca. 12 lm/W
Halogenglühlampe 50 W, 12 V, 3000 K	ca. 18 lm/W (ohne Trafo)
Leuchtstofflampe T5, 35 W, 230 V, Lumilux Cool White (840), 4000 K, HE (High Efficiency)	ca. 95 lm/W (ohne Vorschaltgerät)
Hochdruckmetalldampflampe, HMI, 575 W/GS DXS, 6500 K	ca. 85 lm/W (ohne Vorschaltgerät)
LED Typ Civilight DA60 Bulb, 8 W	ca. 60 lm/W (mit Vorschaltgerät)

Während sich bei der Lichtausbeute der Glühlampe über die Jahrzehnte hinweg kaum etwas verändert hat, konnte eine Steigerung der Lichtausbeute von Lichtquellen wie Leuchtstofflampen oder LEDs entweder durch technische Innovationen erreicht werden oder durch ganz neue Lampentypen.

Könnte alles Licht einer Lichtquelle ohne Verluste in sichtbares Licht umgewandelt werden, dann würde eine Lichtquelle mit einer Strahlungsleistung von 1 W einen Lichtstrom von 683 Lumen beim Tagessehen erzeugen. Dies ist ein theoretischer Wert, der höchstwahrscheinlich nicht erreicht werden kann, da es immer zu Wärmeverlusten innerhalb der Lichtquelle kommt. Neueste LED-Lichtquellen erreichen heutzutage (2024) Werte von 300 lm/W im Labor.

■ 3.4 Lichtstärke I

Während die Einheit „Lichtstrom“ eine Aussage über die Umwandlung der Strahlungsleistung in für den Menschen sichtbares Licht trifft, kann man mit der lichttechnischen Größe „Lichtstärke“ eine Aussage über die Stärke des Lichts in eine bestimmte Richtung treffen. Die Lichtstärke entspricht der Lichtstromdichte in einer bestimmten Ausstrahlrichtung. Die Einheit wird in Candela (cd) angegeben. Von dieser Basiseinheit sind die anderen lichttechnischen Einheiten abgeleitet worden.

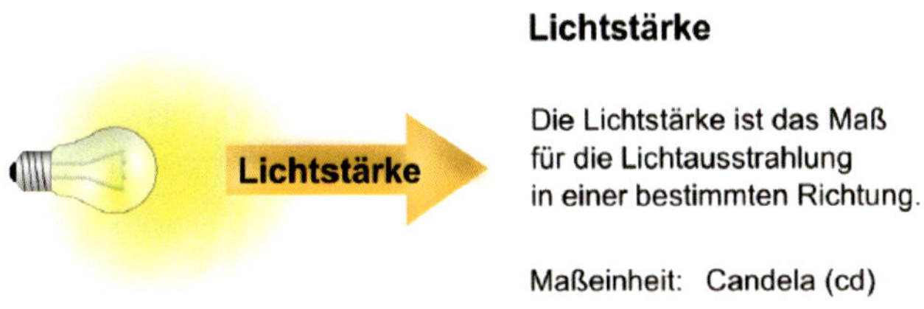

Bild 3.6 Lichttechnische Größe Lichtstärke I

$$I = d\Phi \,/\, d\Omega \qquad (3.4)$$

I = Lichtstärke [cd]
Φ = Lichtstrom [lm]
Ω = Raumwinkel [sr]

Tabelle 3.4 Typische Lichtstärkewerte

Lichtquelle	Lichtstärkewerte
Halogenglühlampe, 50 W, HRI	I = 1 250 000 cd
Fresnelscheinwerfer Typ De Sisti Leonardo 1 KW, Halogenglühlampe	I = 115 250 cd (Labormessung)
Sonnenlicht	$I = 2 * 10^{27}$ cd
Hefnerkerze (Normalkerze, alte Einheit)	I = 0,9 cd

3.4.1 Raumwinkel Ω

Zur Berechnung der Lichtstärke ist der Begriff des Raumwinkels notwendig, da die Lichtstärke in Kugelkoordinaten berechnet wird. Der Raumwinkel ist ein Maß für die Größe eines kugelförmigen Raumes, der die Lichtstrahlen, ausgehend von einer Lichtquelle, bis zum Rand einer Fläche A_k einer Kugel einschließt.

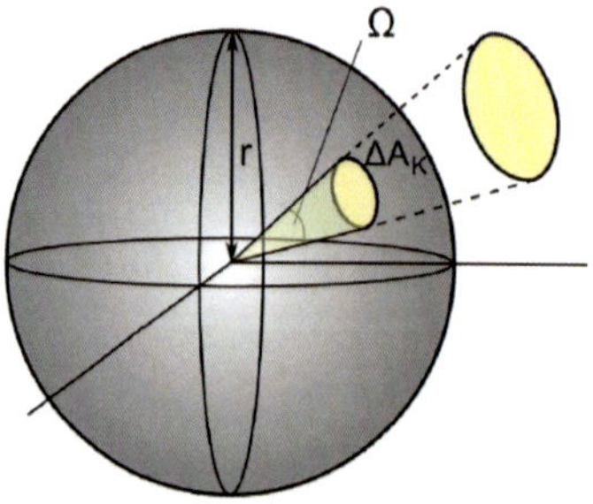

Bild 3.7
Definition des Begriffes Raumwinkel Ω

Wird auf der Oberfläche einer Kugel mit dem Radius r ein Flächenteil ΔA_k der Kugelfläche durch den räumlichen Winkel begrenzt, dann gilt:

$$\Omega = \Delta A_k \,/\, r^2 \qquad (3.5)$$

Ω = Raumwinkel. Die Einheit des Raumwinkels ist Steradiant [sr]
ΔA_k = Teilfläche einer Kugel
r = Radius

Wird aus einer Kugel mit dem Radius 1 m eine Oberfläche von 1 m² ausgeschnitten, so entspricht dies dem Raumwinkel 1 sr. Eine Halbkugel umfasst 2π sr, eine Vollkugel 4π sr.

3.4.2 Lichtstärkeverteilungskurve (LVK)

Um die Lichtrichtung und die Lichtintensität von Leuchten und Scheinwerfern eindeutig zu kennzeichnen, wird in der Lichttechnik der Begriff Lichtstärkeverteilungskurve verwendet. Abgekürzt wird diese Lichtstärkeverteilungskurve durch den Begriff LVK.

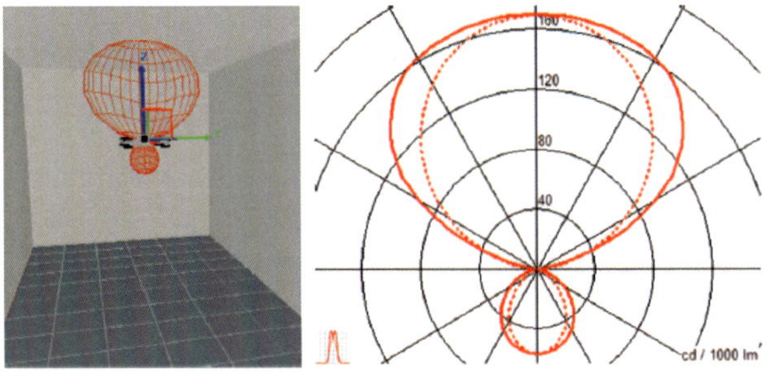

Bild 3.8 Links: dreidimensionale Lichtstärkeverteilungskurve (LVK); zweidimensionale LVK in der C0/C180-Darstellung (rote Kurve) und C90/C270-Darstellung (gestrichelte rote Kurve)

Da nicht immer die dreidimensionale Darstellung möglich ist, werden zur besseren Übersichtlichkeit die Lichtstärkeverteilungskurven in Datenblättern in der sogenannten C0/C180-Darstellung abgebildet. Mit dieser Darstellung können die Charakteristika erkannt werden. Wie in Bild 3.9 zu erkennen, wird die gesamte Lichtverteilung der vermessenen Leuchte oder des Scheinwerfers über einen Winkel von 0 bis 180 Grad in dem Diagramm dargestellt. Man geht davon aus, dass die Leuchte in Betriebsstellung vermessen wird bzw. bei Scheinwerfern leuchten diese bei der Messung nach unten.

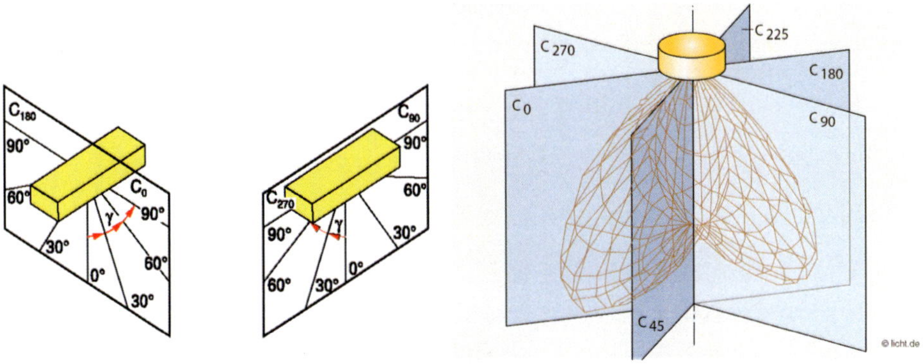

Bild 3.9 Darstellung der Lichtstärkeverteilungskurve (LVK) in der C0/C180-Darstellung (linkes Bild) und C90/C270-Darstellung anhand einer typischen Langfeldleuchte (Mitte), dreidimensionale Darstellung der LVK (rechtes Bild)

In Europa ist es üblich, die LVK-Darstellung auf 1000 lm zu beziehen. Das bedeutet: Um die absoluten Lichtstärkewerte eines Scheinwerfers in cd zu erhalten, muss der Lichtstrom der eingesetzten Lichtquelle bekannt sein und mit dem Wert aus der LVK-Darstellung multipliziert werden.

3.4.3 Lichtstärkeverteilungskurve eines Stufenlinsenscheinwerfers

In diesem Abschnitt wird anhand eines Stufenlinsenscheinwerfers (ARRI 1 KW), jedoch mit zwei verschiedenen Strahlungscharakeristika (engstrahlend bzw. breitstrahlend), die Notwendigkeit über die Kenntnis der charakteristischen Lichtverteilungskurve des eingesetzten Strahlers verdeutlicht.

Die Werte der Lichtstärkeverteilungskurve werden vor allem in der Lichtplanung und in der Lichtsimulation von Architekturbeleuchtung, aber auch in der Bühnenbeleuchtung benötigt, um fotorealistische Bilder erzeugen zu können. Lichtsimulationsprogramme, die mit diesen Werten arbeiten, sind im Kapitel 19 „Lichtpläne und Lichtsimulation“ dargestellt.

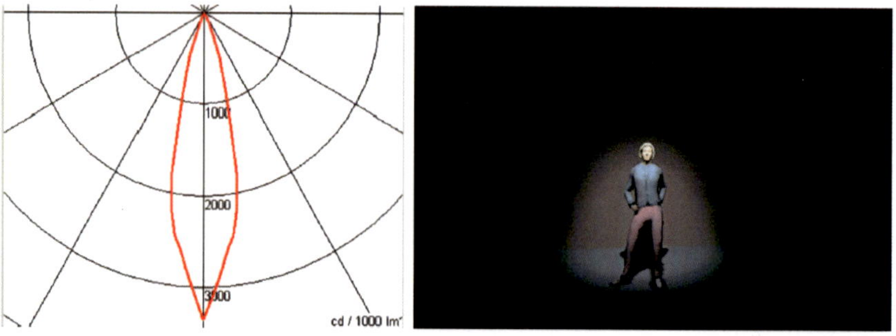

Bild 3.10 Links: Lichtstärkeverteilungskurve (LVK) eines engstrahlenden (spot) Scheinwerfers (ARRI 1 KW), rechts: Ausleuchtung einer Person mit dem engstrahlenden Scheinwerfer

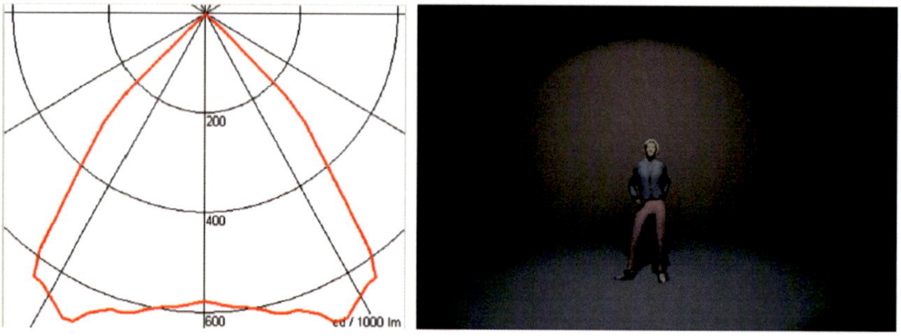

Bild 3.11 Links: Lichtstärkeverteilungskurve (LVK) eines breitstrahlenden (flood) Scheinwerfers (ARRI, 1 KW); rechts: Ausleuchtung einer Person mit einem breitstrahlenden Scheinwerfer

Wie man aus den Bildern erkennen kann, ist die Ausleuchtung bzw. die Beleuchtungsstärke mit dem breitstrahlenden Scheinwerfer deutlich geringer als bei dem engstrahlenden Scheinwerfer, da der Lichtstrom insgesamt auf eine größere Fläche verteilt wird.

3.5 Beleuchtungsstärke E

Die Beleuchtungsstärke ist ein Maß für das auf eine Fläche auftreffende Licht. Die Einheit ist Lux (lx), siehe Bild 3.12. Der Begriff Beleuchtungsstärke wird vielfach im Bereich der Fernseh- und Filmproduktion, teilweise auch bei Lichtberechnungsprogrammen verwendet, obwohl diese Größe keinerlei Aussage über die Helligkeit eines Gegenstandes oder einer Person treffen kann, da dieser Wert nur aussagt, wie viel Lichtstrom auf eine Fläche auftrifft.

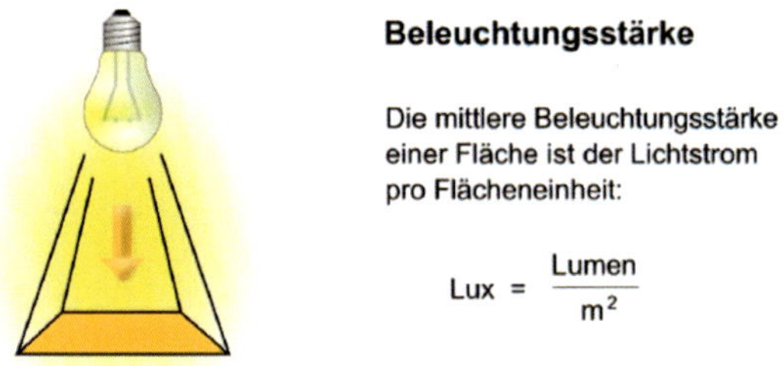

Bild 3.12 Lichttechnische Grundgröße Beleuchtungsstärke E

$$E = d\Phi / dA \tag{3.6}$$

E = Beleuchtungsstärke [lx]
Φ = Lichtstrom [lm]
A = beleuchtete Fläche [m^2]

Der Mensch kann einen sehr großen Bereich von Beleuchtungsstärke erfassen. Beginnend bei einem Traumstrand in Hawaii mit 100 000 lx am Strand über einen trüben Wintertag mit 3000 lx, einer typischen Arbeitsplatzbeleuchtung von 500 lx bis hin zu einer Beleuchtungsstärke von 0,25 lx bei einer Vollmondnacht. Dies alles sind Beispielwerte für eine horizontale Beleuchtungsstärke.

Im Film- und Fernsehbereich, aber auch im Theater und Eventbereich wird vor allem die vertikale Beleuchtungsstärke E_V verwendet, da sie eine Relation zur Ausleuchtung der Personen bzw. Dekoelemente besitzt. Vor allem im Film- und Fernsehbereich werden unterschiedliche vertikale Beleuchtungsstärken eingesetzt bzw. gefordert, je nach Genre der Show, den gewünschten Lichteffekten, den eingesetzten Kameratypen und der verwendeten Blende. Ein typischer Wert bei einer klassischen Fernsehsendung ist ein vertikaler Beleuchtungsstärkewert von 800 lx am Gesicht. Teilweise werden auch nur noch 500 lx verwendet.

Tabelle 3.5 Beispiele für Beleuchtungsstärkewerte

Beispiele für horizontale Beleuchtungsstärkewerte	
sonniger Sommertag	ca. 100 000 lx
trüber Sonnentag	ca. 20 000 lx
trüber Wintertag	ca. 3000 lx
Arbeitsplatzbeleuchtung (Innenraum)	500 lx
Straßenbeleuchtung	ca. 30 bis 40 lx
Vollmondnacht	ca. 0,25 lx
Ausleuchtung eines Schauspieler*In bei mittlerer Blende	ca. 800 lx
Ausleuchtung eines Fußballspieler*In bei einem Bundesligaspiel	ca. 1500 lx

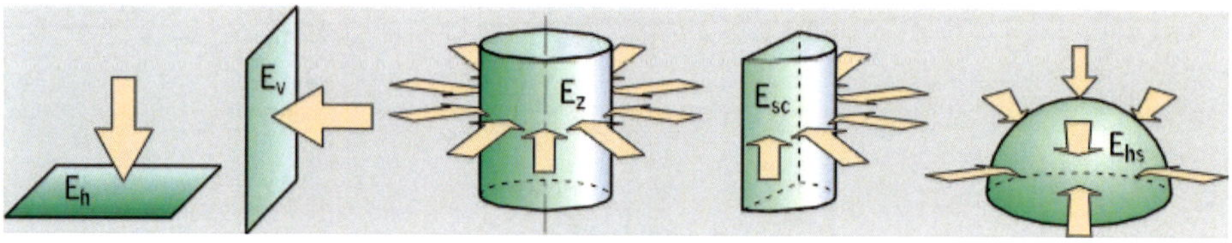

Bild 3.13 Verschiedene Beleuchtungsstärken, E_h = horizontale Beleuchtungsstärke, E_v = vertikale Beleuchtungsstärke, E_z = zylindrische Beleuchtungsstärke, E_{sc} = halbzylindrische Beleuchtungsstärke; E_{hs} = sphärische Beleuchtungsstärke

3.5.1 Schräger Lichteinfall

Fällt Licht nicht senkrecht auf eine Fläche (Normalenvektor zeigt in Richtung des einfallenden Lichts), dann muss der Winkel, genauer gesagt der Cosinuswinkel der geneigten Fläche zum Normalenvektor mitberücksichtigt werden. Steht die Fläche in 90° zu dem einfallenden Licht, so besitzt die gesehene bzw. gemessene Beleuchtungsstärke den Wert null. Entsprechend muss ein Beleuchtungsstärkemesser cosinustreu messen, d.h. schräg einfallendes Licht auch mit dem Winkel Cosinus bewerten.

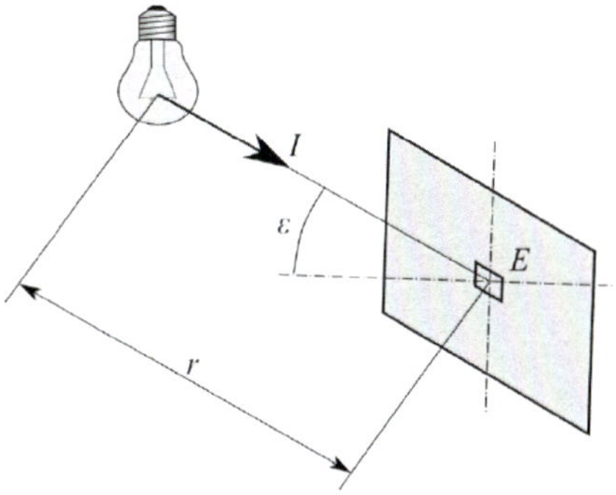

Bild 3.14
Schräger Lichteinfall

$$E = E_o \cdot \cos \varepsilon \tag{3.7}$$

E = Beleuchtungsstärke, die auf das Auge trifft bzw. gemessen wird [lx]
E_0 = Beleuchtungsstärke in Richtung des Normalenvektors [lx]
ε = Winkel, um den die Fläche weg von der Einstrahlrichtung des Lichtes gerichtet ist bzw. Winkel zwischen Normalenvektor der Fläche und einfallendem Licht

3.5.2 Fotometrisches Entfernungsgesetz

Ist die Entfernung zwischen Lichtquelle und Messpunkt relativ groß (d. h. die Entfernung zwischen Messpunkt und der Lichtquelle ist mindestens 10-mal größer als die Lichtaustrittsfläche der Lichtquelle), dann kann mithilfe der fotometrischen Entfernungsformel die Beleuchtungsstärke relativ einfach aus der Lichtstärke I des verwendeten Scheinwerfers und der Entfernung r berechnet werden.

Fällt das Licht direkt senkrecht auf eine Fläche, gilt:

$$E = I / r^2 \tag{3.8}$$

E = Beleuchtungsstärke [lx]
I = Lichtstärke [cd]
r = Radius [m]

Da die Beleuchtungsstärke im Quadrat mit der Entfernung abnimmt (r^2), bedeutet dies, dass bei einer Ausleuchtung eines Schauspielers mit einem Scheinwerfer genau darauf geachtet wird, wie weit sich der Schauspieler vom Scheinwerfer entfernt befindet. So verändert sich z. B. die Beleuchtungsstärke von 2000 lx bei 1 m Entfernung auf 500 lx bei 2 m, bei einer Entfernung von 3 m auf 222 lx und bei einer Entfernung von 4 m sind es nur noch 125 lx.

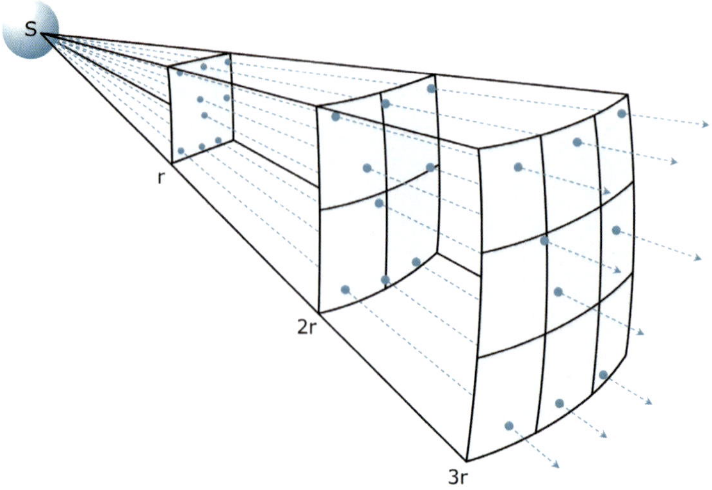

Bild 3.15 Abhängigkeit der Beleuchtungsstärke von Abstand (r^2)

Fotometrisches Entfernungsgesetz bei schräg einfallendem Licht

Fällt das Licht schräg auf eine Fläche, dann gilt:

$$E = \left(I / r^2\right) \cdot \cos\gamma \tag{3.9}$$

E = Beleuchtungsstärke [lx]

I = Lichtstärke [cd]

r = Radius [m]

γ = Winkel, unter dem die beleuchtete Fläche vom Betrachter gesehen wird

Diese Formel wird vor allem gerne eingesetzt, wenn man berechnen will, wie viel Lux auf einen Punkt P fällt, der sich auf der Bühne, einer Arbeitsfläche oder Straße befindet und die Lichtquelle vertikal nach unten strahlt und natürlich die Grundvoraussetzungen für das fotometrische Entfernungsgesetz gelten (Entfernung zwischen Messpunkt und der Lichtquelle ist mindestens 10-mal größer als die Lichtaustrittsfläche der Lichtquelle).

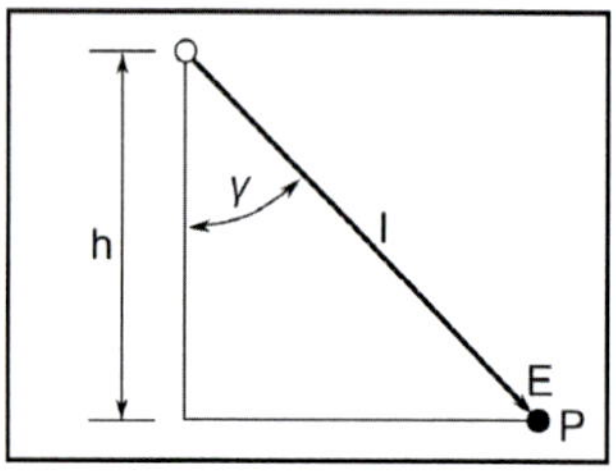

Bild 3.16 Beispiel für die Punktbeleuchtungsformel

Will man statt der Entfernung r die Lichtpunkthöhe h in der Formel verwenden, dann gilt:

$$E_{ph} = \left(I / h^2\right) \cdot (\cos\gamma)^3 \qquad (3.10)$$

E bzw. E_{ph} = horizontale Punktbeleuchtungsstarke [lx]
h = Lichtpunkthöhe
I = Lichtstärke [cd]
γ = Ausstrahlwinkel

3.6 Belichtung H

Während sowohl im Fernsehbereich als auch in der Architekturbeleuchtung die Einheit Beleuchtungsstärke eine entscheidende Messgröße darstellt, verwendet man in den Bereichen der Fotografie und des Films die Einheit Belichtung.

Die Belichtung ist das Produkt aus Beleuchtungsstärke und der Belichtungszeit. Ihre Einheit ist die Luxsekunde (lxs).

$$H = E \cdot t \qquad (3.11)$$

H = Belichtung [lxs]
E = Beleuchtungsstärke [lx]
t = Zeit [s]

Aus diesem Grund werden die Kenndaten der Belichtung immer in Luxsekunden angegeben.

3.7 Leuchtdichte L

Die Leuchtdichte ist ein Maß für den Helligkeitseindruck, den das Auge von einer selbstleuchtenden oder einer beleuchteten Fläche hat. Die lichttechnische Größe Leuchtdichte ist die einzige lichttechnische Grundgröße, die der Mensch wahrnehmen kann. Die Einheit der Leuchtdichte ist in (cd/m²) definiert.

$$L = I / A \qquad (3.12)$$

L = Leuchtdichte [cd/m²]
I = Lichtstärke [cd]
A = leuchtende Fläche [m²]

Erst durch Leuchtdichteunterschiede, d.h. Kontraste, siehe dazu Kapitel 4 „Kontrast und Helligkeit", kann der Mensch überhaupt Dinge erkennen.

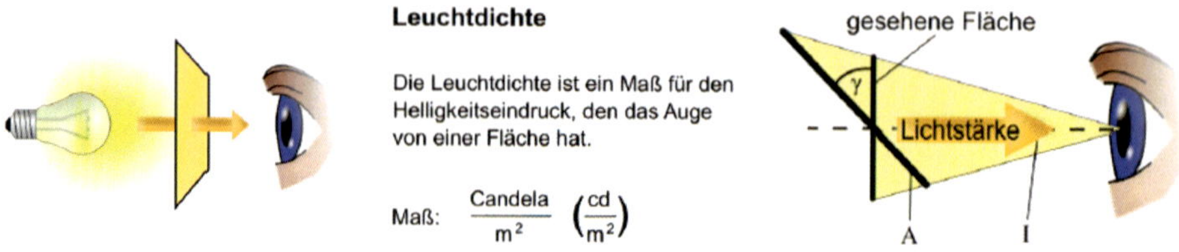

Bild 3.17 Links: lichttechnische Grundgröße Leuchtdichte; rechts: Leuchtdichte bei schräg einfallendem Licht

Leuchtdichte bei schräg einfallendem Licht

Steht die leuchtende Fläche vom Betrachter aus gesehen nicht senkrecht, sondern ist sie unter einem Winkel γ geneigt, so ist für die Berechnung der Leuchtdichte die vom Auge „gesehene Fläche = A * cos γ" zu berücksichtigen.

$$L = \left(I \;/\; A \cdot \cos\gamma\right) \tag{3.13}$$

L = Leuchtdichte [cd/m^2]
I = Lichtstärke [cd]
A = leuchtende Fläche [m^2]
γ = Winkel, unter dem die leuchtende Fläche vom Betrachter fixiert wird

Bei einer Leuchtdichte ab 5000 cd/m^2 (bei Tagessehen), kann Blendung auftreten. Typische Leuchtdichtewerte für Lichtquellen sind in der nachfolgenden Tabelle angegeben.

Tabelle 3.6 Leuchtdichtewerte verschiedener Lampentypen

Lampentyp	Leuchtdichtewert
Glühlampe mattiert	ca. $1 * 10^6 - 2 * 10^7$ cd/m^2
Leuchtstofflampe	ca. $3 * 10^3 - 1{,}3 * 10^4$ cd/m^2

3.8 Stoffkennzahlen

Licht, das auf einen Körper auftrifft, kann zurückgestrahlt (reflektiert), verschluckt (absorbiert) oder durchgelassen (transmittiert) werden.

3.8.1 Reflexionsgrad

Der Reflexionsgrad ρ definiert die einfallende Lichtmenge zur reflektierten Lichtmenge. In der Beleuchtungstechnik spricht man von einem Reflexionsgrad ρ in der Größenordnung von ca. null bis max. 1.

$$\rho = \Phi_r \,/\, \Phi_a \tag{3.14}$$

ρ = Reflexionsgrad
Φ_r = reflektierter Lichtstrom [lm]
Φ_a = einfallender Lichtstrom [lm]

Im Bereich der Fotografie und des Films spricht man dagegen von einem Remissionsgrad B, der in der Größenordnung von 1 bis 100 liegen kann. Beide Begriffe beschreiben dabei das Gleiche. In der Fotografie und beim Film verwendet man als Referenz eine sogenannte Graukarte. Typischer Remissionswert für diese Graukarte ist der Wert 18 %, der in etwa dem mittleren Reflexionsgrad der menschlichen Haut entspricht.

Bei reflektierenden Materialien muss unterschieden werden zwischen

- reiner diffuser Reflexion (z. B. weißes Blatt Papier),
- gerichteter Reflexion (z. B. Spiegel) und
- gemischter Reflexion (z. B. Marmorplatte).

3.8.1.1 Diffuse Reflexion

Die diffuse Reflexion ist ein Sonderfall, bei der das einfallende Licht von dem Material in alle Richtungen gleichmäßig abgestrahlt wird bzw. bei der das Objekt in alle Richtungen die gleiche Leuchtdichte besitzt. Ein weißes Blatt Papier z. B. entspricht solch einem Material, das in erster Näherung eine gleichmäßige Reflexion besitzt. Der idealisierte Zustand ist der sogenannte **„Lambert-Strahler“**, der ideal reflektiert und aus diesem Grund auch sehr oft in Simulationsprogrammen eingesetzt wird, siehe Bild 3.18 links.

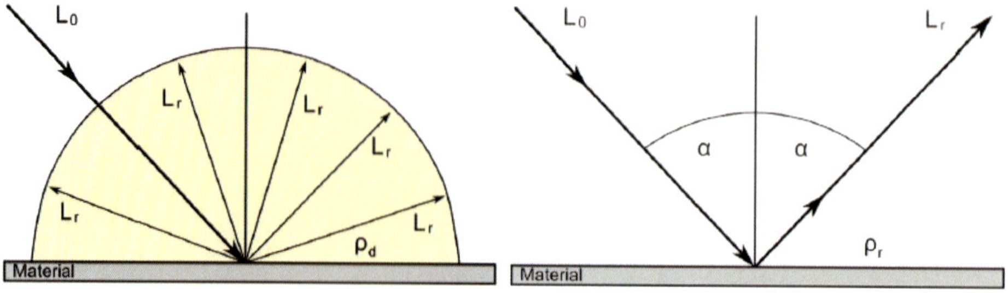

Bild 3.18 Links: Reflexionsverhalten bei diffuser Reflexion; rechts: gerichtete Reflexion (z. B. Spiegel)

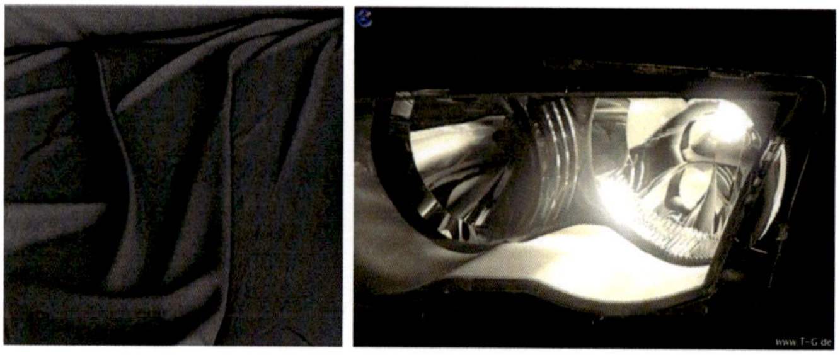

Bild 3.19 Links: schwarzer Molton als Beispiel für diffuse Reflexion; rechts: als Beispiel für eine gerichtete Reflexion (Rendering)

$$L_r = (\rho_d \cdot E) / \pi \tag{3.15}$$

L_0 = einfallende Leuchtdichte [cd/m²]
L_r = reflektierte Leuchtdichte [cd/m²]
ρ_d = diffuse Reflexion
E = Beleuchtungsstarke [lx]

3.8.1.2 Gerichtete Reflexion

Man spricht von einer gerichteten Reflexion, wenn das einfallende Licht auf der Oberfläche eines Materials gespiegelt wird und mit dem gleichen Winkel, wie es eingefallen ist, wieder reflektiert wird. Betrachtet man die gerichtete Reflexion, so ist die reflektierte Leuchtdichte proportional zur einfallenden Leuchtdichte.

$$L_r = \rho_r \cdot L_0 \tag{3.16}$$

L_r = reflektierte Leuchtdichte [cd/m²]
L_0 = einfallende Leuchtdichte [cd/m²]
ρ_r = Grad der gerichteten Reflexion

3.8.1.3 Gemischte Reflexion

Während eine diffuse Reflexion und eine reine Spiegelung (gerichtete Reflexion) eher Annäherungen an die Wirklichkeit sind, entspricht eine gemischte Reflexion eher den Materialeigenschaften der uns umgebenden natürlichen Materialien. Die Reflexionseigenschaften einer gemischten Reflexion können durch ihre Leuchtdichteverteilung (Indikatrix) symbolisiert werden. Die gemischte Reflexion setzt sich in erster Näherung aus einem diffusen Anteil und einem gerichteten Anteil zusammen, siehe Bild 3.20. Der Einfluss der Oberfläche wird in der Lichttechnik durch den Leuchtdichtekoeffizienten charakterisiert.

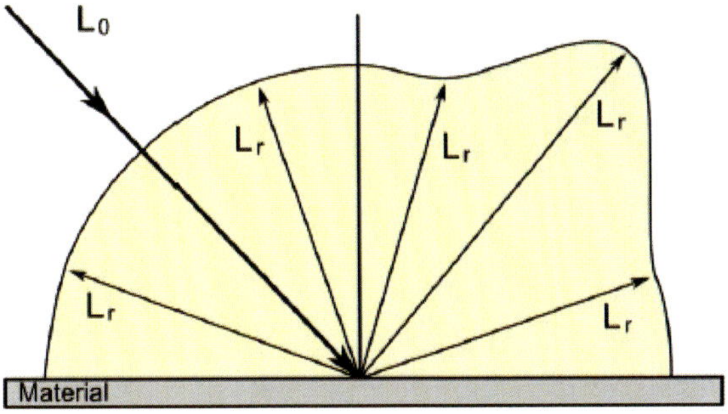

Bild 3.20
Reflexionsverhalten bei gemischter Reflexion

In der Computergrafik wird dieser Leuchtdichtekoeffizient durch den Begriff **BRDF** (Bidirectional Reflectance Distribution Function) gekennzeichnet und vor allem in der Computersimulation eingesetzt, um komplexe Gegenstände fotorealistisch darstellen zu können.

Bild 3.21 Beispiel für eine gemischte Reflexion (Rendering)

3.8.2 Transmissionsgrad

Der Transmissionsgrad τ ist das Verhältnis des vom Körper durchgelassenen Lichtstroms zum auftreffenden Lichtstrom. Je nach Struktur des Materials ergeben sich auch hier verschiedene Arten der Transmission (gerichtete Transmission, gemischte Transmission und gestreute Transmission).

$$\mathrm{T} = \Phi_d \,/\, \Phi_o \qquad (3.17)$$

T = Transmissionsgrad
Φ_d = durchgelassener Lichtstrom [lm]
Φ_o = einfallender Lichtstrom [lm]

Entsprechend dem Reflexionsgrad ρ werden auch beim Transmissionsgrad τ drei Fälle unterschieden.

- rein diffuse Transmission (z. B. Milchglasscheibe),
- gerichtete Transmission (z. B. Fensterglas),
- gemischte Transmission (z. B. strukturiertes Glas).

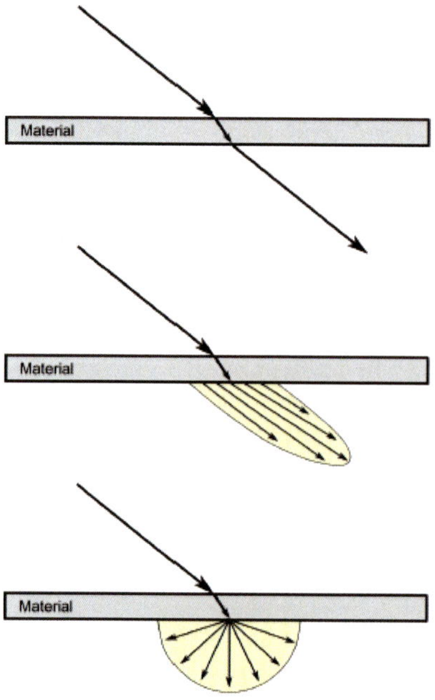

Bild 3.22
Verschiedene Transmissionsgradcharakteristika

3.8.3 Absorptionsgrad

Der Absorptionsgrad α ist das Verhältnis des vom Körper absorbierten Lichtstroms zum auftreffenden Lichtstrom. Da weder Energie vernichtet noch neu hinzukommen kann, ist die Gesamtsumme von Reflexion-, Transmission- und Absorptionsgrad immer eins, siehe Formel 3.19.

$$\alpha = \Phi_{\alpha} / \Phi_{o} \qquad (3.18)$$

α = Absorptionsgrad
Φ_α = absorbierter Lichtstrom [lm]
Φ_0 = auftreffender Lichtstrom [lm]

$$\rho + \mathrm{T} + \alpha = 1 \qquad (3.19)$$

ρ = Reflexionsgrad
T = Transmissionsgrad
α = Absorptionsgrad

3.8.4 Halbstreuwinkel

In der Lichttechnik gibt es eine Vielzahl von Streuwinkeln, mit denen Materialien gemessen bzw. vermessen werden. Für die Beleuchtungstechnik, insbesondere zur Kennzeichnung von Scheinwerfern ist der Halbstreuwinkel wichtig. Der Halbstreuwinkel wird für die Beschreibung des Lichtwurfes eines Bühnenscheinwerfers verwendet. Er kennzeichnet den Winkel eines Lichtstrahls, an dem die Lichtstärke auf die Hälfte des maximalen Lichtstärkewerts abgesunken ist. Der Halbstreuwinkel wird bei senkrechtem Lichteinfall bestimmt.

Verwendet wird der Halbstreuwinkel vor allem bei der Lichtplanung im Bühnenbereich, damit der Schauspieler beim Bewegen auf der Bühne nicht zu große Leuchtdichteunterschiede bzw. Helligkeiten im Gesicht oder auch dem Körper erhält. Die Bühne wird nach der Theorie von McCandless, siehe Details in Abschnitt 12.3 „Ausleuchtung von Personen“ in neun gleichförmige Flächen aufgeteilt. Jeweils in der Mitte wird der einzusetzende Scheinwerfer fokussiert. Dort besitzt der Scheinwerfer die höchste Lichtstärke, danach nimmt sie kontinuierlich ab. Wichtig ist bei dieser Planung, dass sich die einzelnen Kreise überschneiden. Dort wo sich die beiden Kreise schneiden, soll jeder Scheinwerfer noch die Hälfte der max. Lichtstärke besitzen, so dass an dieser Stelle der Schauspieler wieder max. Helligkeit besitzt.

Standard Lens , Zoom at Minimum (10°)

Distance (m.)	10	20	30	40	50
Cutoff	1.8	3.5	5.3	7.0	8.8
1/2 peak	1.5	3.0	4.5	6.0	7.4
Illuminance (lux)	15330	3832	1703	958	613

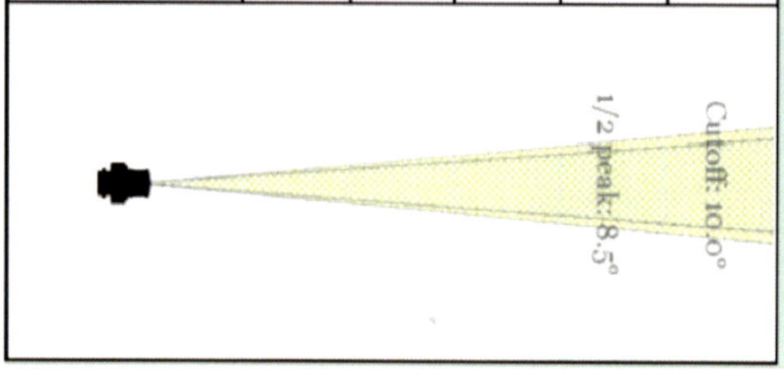

Efficiency
28%
Half-peak diameter
0.15 X distance(m)
Cutoff diameter
0.17 X distance(m)
Illuminance
1533000 / distance ^{2} (lux)
Total Output
23500 (lumens)

Bild 3.23 Fotometrische Daten des MAC Viper Profile, Firma Martin Professional

3.9 Übungsbeispiele

1. Eine LED mit einer Lichtstärke von 900 cd beleuchtet eine kleine Fläche im Abstand von 10 m.
   a) Wie groß ist die auf der Fläche erzeugte Beleuchtungsstärke, wenn die Fläche senkrecht zur einfallenden Strahlung steht?
   b) Wie ändert sich dieser Wert, wenn die Flächennormale mit der Einfallsrichtung einen Winkel von 60 Grad bildet?
   c) Aus welcher Entfernung müsste man die um 60 Grad geneigte Fläche beleuchten, wenn die gleiche Beleuchtungsstärke erreicht werden soll wie bei senkrechter Orientierung?
2. Ein LED-Retrofit liefert einen Lichtstrom von 1400 lm. Diese Lampe wird in einer Opalglaskugel von 15 cm Durchmesser angebracht, die 20 % des Lichtstromes absorbiert. Wie groß sind die Lichtstärke und die Lichtausbeute der Opalglaskugel, wenn man Lambert-Strahlung voraussetzt?
3. In einem Unterrichtsraum soll exemplarisch ein Tisch ausgeleuchtet werden. Die Langfeldleuchte besitzt die in Bild 3.24 dargestellte LVK. Die Leuchte hat einen Lichtstrom von 2 × 3200 lm. Wie hoch ist die Beleuchtungsstärke in Punkt P?

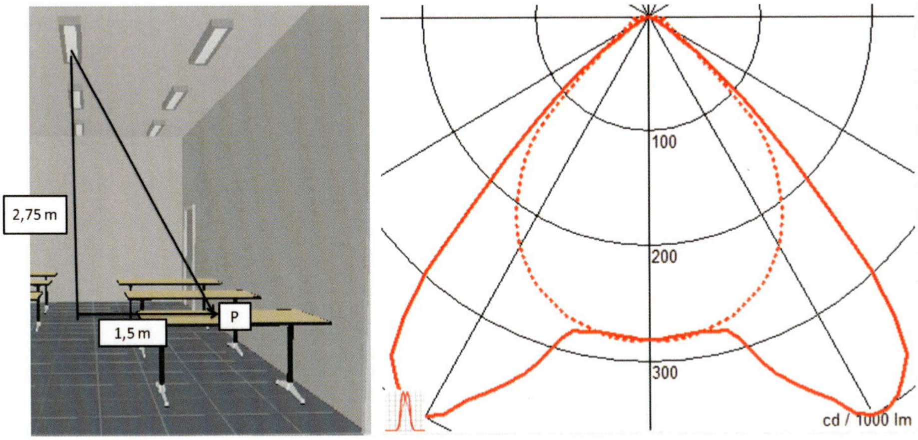

Bild 3.24 Übungsbeispiel für einen Unterrichtsraum

4 Kontrast und Helligkeit

Die Fähigkeit des Menschen, Helligkeits- und Formenstrukturen mehr oder weniger schnell zu erfassen und wahrzunehmen, ist ein Zusammenwirken von einer Anzahl elementarer Funktionen des Sehorgans. Spezifische Merkmale dieser sogenannten **„Sehleistung“** sind sowohl abhängig von psychologischen Eigenschaften der kognitiven Wahrnehmung als auch von elementaren Parametern wie der Sehobjektgröße, der Adaptationsleuchtdichte, dem Leuchtdichtekontrast und auch, wie lange ein Objekt sichtbar ist. In der physiologischen Optik hat sich aus diesem Grund die Verwendung des Begriffs Kontrast für die Beschreibung der Sichtbarkeit von Objekten als sinnvoll ergeben.

4.1 Kontrast

Für Kontraste gibt es verschiedene Definitionen, je nachdem ob man eher die Sehfähigkeiten des Auges aus medizinischer und physiologischer Sicht betrachtet oder den Kontrastumfang eines Fernseh- bzw. Filmbildes beschreiben will.

4.1.1 Physiologischer Kontrast

Der physiologische Kontrast ist definiert als die Leuchtdichtedifferenz eines Sehobjektes zu seiner Umgebungsleuchtdichte bezogen auf die Umgebungsleuchtdichte. Diese Formulierung gilt dabei streng nur für Detektion, d.h. das Erkennen z.B. eines Punktes in einer gleichmäßig ausgeleuchteten Umgebung.

Das einfachste Erkennungsniveau ist dabei die Detektion eines Sehobjektes aufgrund seines Helligkeitsunterschiedes gegenüber dem Hintergrund. Diese Fähigkeit wird als Helligkeitsdetektion bezeichnet. Detaildetektion bzw. Diskrimination liegt vor, wenn zwei Linien als getrennte Linien zu erkennen sind. Diese Fähigkeit wird auch als Sehschärfe bzw. als Auflösungsvermögen bezeichnet.

4.1.2 Helligkeitsdetektion C

Ein Objekt kann nur dann gesehen werden, wenn sich die Objektleuchtdichte L* um einen Mindestbetrag, L_{min}, von der Umgebungsleuchtdichte L_u unterscheidet. Man unterscheidet dabei zwischen einem negativen und einem positiven Kontrast. Die heute übliche Bildschirmpräsentation eines WinWord-Dokumentes wird als Negativ-Kontrastdarstellung bezeichnet (schwarze Schrift auf hellem Hintergrund).

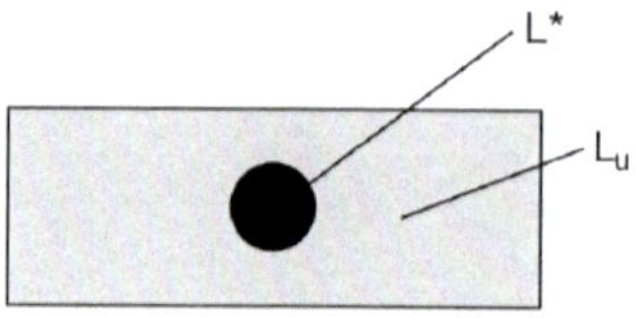

L* = Leuchtdichte des Sehobjektes

L_u = Umgebungsleuchtdichte

Bild 4.1
Helligkeitsdetektion

$$C = \left(L^* - L_u\right) / L_u \cdot 100\% = \Delta L / L_u \tag{4.1}$$

C = Kontrast
L* = Leuchtdichte des Sehobjektes [cd/m²]
L_u = Umgebungsleuchtdichte [cd/m²]

negativer Kontrast: $L^* < L_u$
positiver Kontrast: $L^* > L_u$

Hohe Kontraste sind nicht in erster Linie zum fovealen Sehen erforderlich, sondern sind vor allem für eine günstige periphere Detektion, zur Erzielung möglichst ausgedehnter Sichtbarkeitsfelder und damit geringerer Suchzeiten, notwendig.

Der Schwellenkontrast für die Helligkeitsdetektion liegt bei mittleren Leuchtdichten (ca. 100 cd/m² bis 1000 cd/m²) bei etwa 3 %. Das bedeutet, dass das menschliche Auge bei einer Umgebungsleuchtdichte von 100 cd/m² bereits ein Sehobjekt mit 103 cd/m² detektieren kann.

4.2 Kontrastdefinition im Film- und Fernsehbereich

Im Gegensatz zur Definition des physiologischen Kontrastes C wird der Kontrast im Film- und Fernsehbereich anders definiert und mit dem Buchstaben K dargestellt. Der Kontrast K im Fernsehbereich wird definiert durch das Verhältnis zwischen maximaler Leuchtdichte zu minimaler Leuchtdichte.

$$K = L_{max} \,/\, L_{min} \tag{4.2}$$

K = Kontrast
L_{max} = maximale Leuchtdichte [cd/m²]
L_{min} = minimale Leuchtdichte [cd/m²]

Bei der Bildübertragung, unabhängig ob Film oder Video, gilt grundsätzlich, dass der Bildkontrast möglichst unverändert übertragen werden soll. Das bedeutet, dass Bildteile, die beispielsweise doppelt so hohe Leuchtdichten besitzen wie andere Teile des Bildes, auch nach der Bildübertragung beim Kino- oder Fernsehzuschauer, entsprechend auch doppelte Leuchtdichten besitzen sollen; wobei natürlich die absoluten Leuchtdichtewerte auf der Kinoleinwand bzw. auf dem Fernsehbildschirm (z. B. 100 cd/m²) entsprechend vielfach geringer sind als bei der Original-Film- oder Fernsehaufnahme. Dort können je nach Helligkeit bis zu 10 000 cd/m² herrschen.

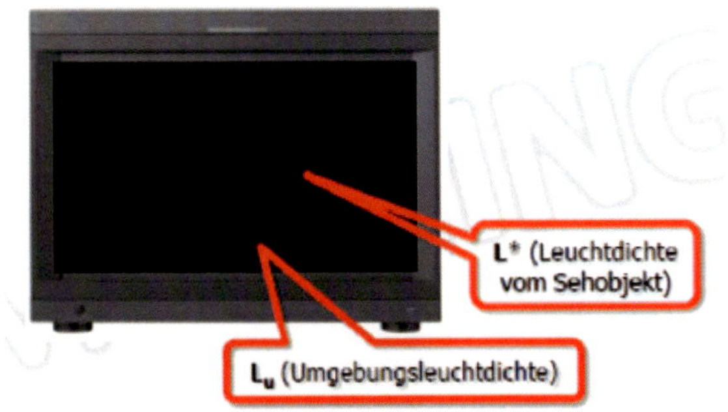

Bild 4.2
Bildschirmkontrast

4.2.1 Objektkontrast

Beleuchtet man Materialien mit unterschiedlichen Reflexionsgraden mit der gleichen Menge an Licht (wie in Bild 4.3 mit der gleichen Lichtleistung von zwei identischen Scheinwerfern dargestellt), ergibt sich ein deutlich sichtbarer Helligkeitsunterschied bzw. korrekt ein deutlicher Leuchtdichteunterschied.

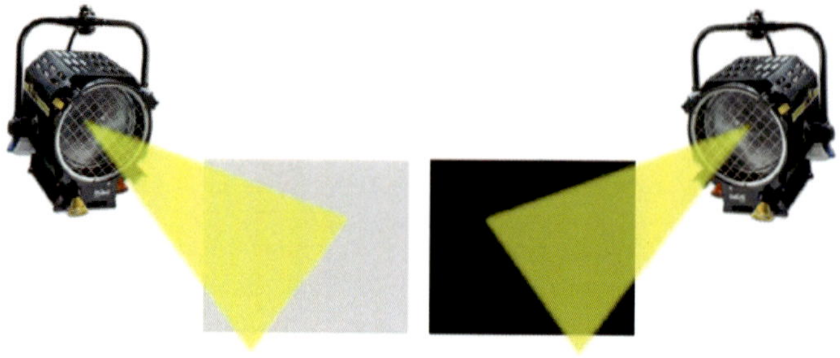

Bild 4.3 Objektkontrast (gleiche Lichtmenge, aber unterschiedliche Reflexion)

4.2.2 Lichtkontrast

Beleuchtet man identische Materialien mit einer unterschiedlichen Lichtmenge, so ergibt sich auch hier ein Kontrast (Lichtkontrast).

Bild 4.4 Lichtkontrast (unterschiedliche Lichtmenge, aber gleiche Reflexion)

4.2.3 Szenenkontrast

In der Praxis hat man meist nicht die idealisierte Situation von einem reinen Objekt- bzw. Lichtkontrast, sondern eine Mischung aus beiden (Szenenkontrast).

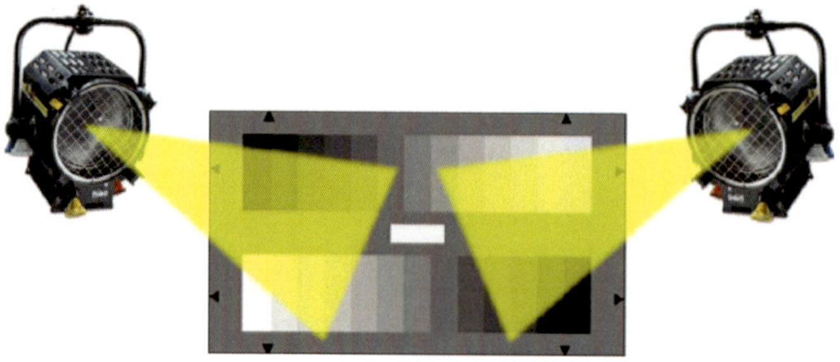

Bild 4.5 Szenenkontrast (Objektkontrast + Lichtkontrast = Szenenkontrast)

4.2.4 Kontrastumfang und Blendenstufen

Der Kontrastumfang einer Szene wird im Film- und Fernsehbereich eher selten mit Leuchtdichten angegeben, sondern mit Blendenstufen oder dem Blendenumfang; d.h. mit der Anzahl von Helligkeitsstufen, die wiedergegeben werden können, ohne dass helle oder dunkle Motivteile strukturlos werden.

Die Hauptaufgabe der Blende ist es, den durch das Objektiv fallenden Lichtstrom entsprechend der Filmempfindlichkeit bzw. des Auflösungsvermögens des elektronischen Sensors bei digitalen Kameras zu begrenzen.

Eine Blende Unterschied entspricht Faktor zwei im Licht.

Tabelle 4.1 Kontrastumfang in Bezug zum Begriff Blendenumfang

Kontrast	Blendenstufen
1:1	–
1:2	1 Blendenstufe
1:4	2 Blendenstufen
1:8	3 Blendenstufen
1:16	4 Blendenstufen
1:32	5 Blendenstufen
1:64	6 Blendenstufen
1:128	7 Blendenstufen
1:256	8 Blendenstufen
1:512	9 Blendenstufen
1:1024	10 Blendenstufen

Bild 4.6 Kontrast (Szene vor der Kamera)

4.3 Ratio

Im Fernseh- bzw. Filmbereich wird eher selten mit Leuchtdichten gearbeitet, sondern eher mit der Beleuchtungsstärke, da sie einfacher zu messen ist. Aus diesem Grund verwendet man zur Klassifizierung einer ästhetischen Ausleuchtung von Personen anstatt des Begriffes „Kontrast“ gerne den Begriff „Ratio“ (Beleuchtungsstärkeunterschiede) und definiert ihn als das Verhältnis des gesamten auftreffenden Lichts (Führungslicht + Aufhellung) im Verhältnis zu der reinen Aufhellung allein. Diese Werte beziehen sich dabei auf vertikale Beleuchtungsstärkewerte, direkt gemessen am Gesicht der Schauspielerin bzw. des Schauspielers in Richtung Kameraobjektiv.

$$L = \rho \cdot E / \pi \tag{4.3}$$

L = Leuchtdichte [cd/m^2]
ρ = Reflexionsgrad
E = Beleuchtungsstärke [lx]

Da sich der Reflexionsgrad des Gesichtes nicht ändert, kann in diesem Fall statt der Leuchtdichte die vertikale Beleuchtungsstärke verwendet werden, was mit den üblichen Beleuchtungsstärkemessgeräten einfach umsetzbar ist.

$$Ratio = ((F + A) / A) \tag{4.4}$$

Ratio (Beleuchtungsstärkeunterschied)
F = Führungslicht [lx]
A = Aufhelllicht [lx]

Bild 4.7 Beleuchtungsstärkeunterschiede (Ratio) als Verhältnis Gesamtlicht zu Aufhelllicht ((F+A)/A), F = Führung, A = Aufhellung

Bei der Gesamtbeleuchtung einer Person von 800 lx (vertikale Beleuchtungsstärke) könnte z. B. das Führungslicht 400 lx betragen, das Aufhelllicht 400 lx. Dabei trifft das Führungslicht nur auf eine Seite des Gesichtes (z. B. in den Abbildungen unten nur auf die linke Seite der Darstellerin), während das Aufhelllicht beide Gesichtshälften beleuchtet. Bei einer solchen Ausleuchtung spricht man dann von einem Beleuchtungsstärkeunterschied (Ratio) von 2:1 ((400 lx + 400 lx) / 400 lx).

Bild 4.8 Links: Beleuchtungsstärkeunterschiede (Ratio) im Verhältnis von 2:1, Mitte: Verhältnis von 8:1, rechts: Verhältnis von 32:1

Wie auf den Bildern zu erkennen ist, ist ein Ratio von 2:1 sogar gewünscht, um eine Seite des Gesichtes zu betonen. Bei einem Ratio von 8:1 sind bereits Teile der rechten Gesichtshälfte nicht mehr gut zu erkennen. Bei einem Ratio von 32:1 ist die rechte Gesichtshälfte beinahe komplett im Dunkeln.

4.4 Helligkeit und Helligkeitsmodelle

Der Mensch registriert für jedes Objekt eine Helligkeit. Die Helligkeit stellt jedoch nur ein relatives Maß dar, da das Auge ständig bestrebt ist, in jeder Lichtsituation ein mittleres Adaptationsniveau herbeizuführen, sodass die Empfindlichkeit der Netzhaut nicht verringert wird. Das bedeutet, das Auge adaptiert sich ständig an die mittlere Leuchtdichte im Gesichtsfeld. Dadurch ist der Mensch in der Lage, Details über einen Leuchtdichtebereich von über zehn Zehnerpotenzen zu erkennen.

Aufgrund der ständigen Adaptationsanpassung lässt sich die Helligkeit bzw. die Helligkeitsempfindung nicht zur Definition einer lichttechnischen Größe heranziehen. Die Leuchtdichte eines Sehobjektes ist aus diesem Grund das adäquate Maß für die Helligkeitsempfindung. Jedoch verändert sich unsere Empfindung einer Helligkeit nicht linear mit einer Leuchtdichteänderung, d. h. nicht proportional zur Leuchtdichte, sondern in erster Näherung mit dem Logarithmus der Leuchtdichte. Diese Aussage gilt jedoch nur in einem mittleren Bereich der Reizgröße (Weber-Fechner-Bereich), siehe nachfolgende Kapitel.

E. H. Weber (1795 - 1878) war Professor für Anatomie und Physiologie und stellte fest, dass der gerade noch merkliche Unterschied zwischen zwei Gewichten in einem näherungsweise konstanten Verhältnis zu der Größe des Bezugsgewichtes steht (1834).

G. T. Fechner (1801 - 1887) war Professor für Physik und Psychologie in Leipzig und formulierte mathematische Gesetzmäßigkeiten zwischen dem Zusammenhang von Reiz und menschlicher Empfindung, d. h. dass zwischen Empfindung und Intensität ein logarithmischer Zusammenhang besteht (Weber-Fechner-Gesetz).

4.4.1 Helligkeitsmodelle

Der Zusammenhang der Helligkeitsempfindung und der Leuchtdichte wird von verschiedenen Autoren beschrieben (Fechner, Stevens, Adams und Cobb).

Weber-Fechner'sche Regel

Nach der Formel von Fechner ist die Helligkeit proportional zum Logarithmus der Leuchtdichte. Diese Formel beruht auf psychophysiologischen Messungen von Weber und Fechner und wurde Mitte des 19. Jahrhunderts von Fechner formuliert. Diese Regel ist jedoch nur in der Nähe der Umfeldleuchtdichte gültig und einsetzbar.

$$H = \lg(L) \tag{4.5}$$

H = Helligkeit (dimensionslos: 0 - 1 oder 0 - 100)
L = Leuchtdichte des Objekts [cd/m²]

Steven'sche Formel

Nach Stevens gilt, dass bis zu einem Schwellenwert von $L_s << L_u$ das Testfeld von einem physikalisch lichtlosen Feld nicht zu unterscheiden ist. Daher wird L_s als Schwarzschwelle bezeichnet. Unterhalb der Schwarzschwelle ist eine Kontrastwahrnehmung unmöglich.

$$H = \left(L - L_s\right)^n \tag{4.6}$$

H = Helligkeit (dimensionslos: 0 - 1 oder 0 - 100)
L = Leuchtdichte des Objekts [cd/m²]
L_s = Schwarzschwelle [cd/m²]
n = Exponent

Adams und Cobb

Adams und Cobb haben eine recht einfache Formel für den Bezug zwischen Helligkeit und Leuchtdichte bzw. Adaptationsleuchtdichte aufgestellt, die in den meisten Fällen die Helligkeitsempfindung des Menschen richtig wiedergibt.

$$H = L / (L + L_A) \tag{4.7}$$

H = Helligkeit (dimensionslos: 0 - 1 oder 0 - 100)
L = Leuchtdichte des Objekts [cd/m²]
L_A = Adaptationsleuchtdichte [cd/m²]

Als Adaptationsleuchtdichte soll ein Wert von 10 cd/m² angenommen werden. Dieser Wert entspricht in etwa der Leuchtdichte eines Bildschirmes mit grauem Hintergrund. Auf diesem grauen Hintergrund soll ein rundes Testfeld mit einem Durchmesser von rund 10 cm dargestellt werden. Besitzt dieses Testfeld ebenfalls die Leuchtdichte von 10 cd/m², so unterscheiden sich Umgebung und Testfeld nicht. Das bedeutet, beide Felder besitzen die gleiche Leuchtdichte oder nach Adams und Cobb, dass das Testfeld eine Helligkeit von 0,5 bzw. 50 % (H = 10 / 10 + 10) besitzt.

Erhöht man die Leuchtdichte des Testfeldes auf 20 cd/m², so erhält man nach der Formel von Adams und Cobb jetzt für das Testfeld einen Helligkeitseindruck von 0,666 bzw. 66,6 %. Das bedeutet, obwohl die Leuchtdichte verdoppelt wurde, hat sich der Helligkeitseindruck nur um 16 % verändert. Erhöht man die Testfeldleuchtdichte nun auf 100 cd/m², so ermittelt man eine Helligkeit von 0,909 bzw. 90,9 %. Das bedeutet, man muss die Leuchtdichte des Testfeldes verzehnfachen, um den Eindruck zu erhalten, dass das Testfeld etwa doppelt so hell wirkt wie die Umgebung.

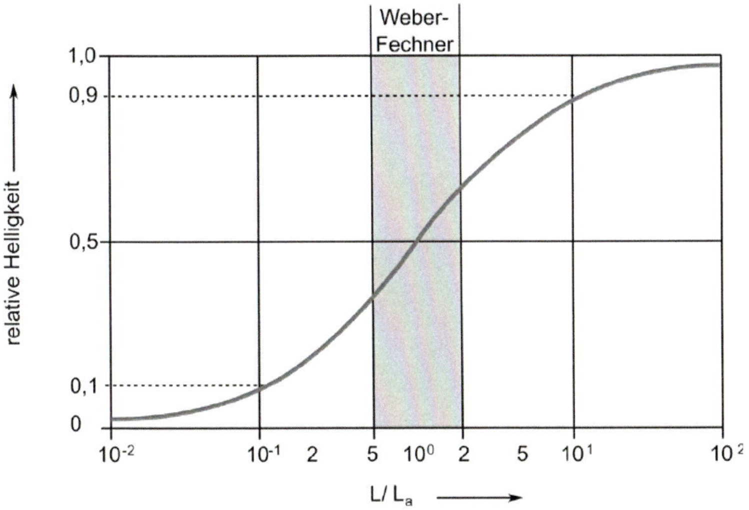

Bild 4.9 Helligkeitsverlauf in Abhängigkeit der Sehobjektleuchtdichte L und Adaptationsleuchtdichte L_a

In einem Leuchtdichtebereich von 1:2 nach oben oder unten bewegt sich der Helligkeitseindruck in einem logarithmischen Bereich (Weber-Fechner). Leuchtdichteunterschiede von 1:10 nach oben und unten ergeben einen eher s-förmigen Verlauf.

Bei Leuchtdichteunterschieden von 1:100 nach oben oder unten kann das menschliche Auge, nach der Formel von Adams und Cobb, keine Unterschiede mehr erkennen. Es ist entweder alles weiß oder alles schwarz. In diesen Endbereichen stimmt das Modell von Adam und Cobb nicht mehr ganz mit der Wahrnehmung des menschlichen Auges überein.

Man muss berücksichtigen, dass die Leuchtdichte die Helligkeitsempfindung beschreibt und nicht die Beleuchtungsstärke. Das menschliche Sehen kann also nicht feststellen, ob die Helligkeit eines Objektes von der Lichtintensität abhängt oder von der Reflexionseigenschaft des beleuchteten Körpers. Dementsprechend lässt sich bereits eine erste Gesetzmäßigkeit für die Lichtgestaltung ableiten. Man kann die Helligkeit eines Objektes entweder durch die Wahl der Lichtintensität oder mittels der Wahl der Oberflächenbeschaffenheit des Materials, das heißt des Reflexionsvermögens, bestimmen.

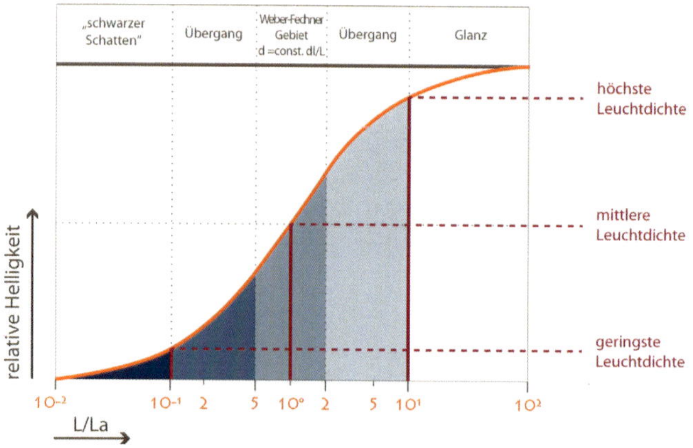

Bild 4.10 Grenzwerte für die einzusetzenden Leuchtdichte, damit das beleuchtete Gebäude nicht zu hell oder zu dunkel wirkt (oben); Anwendung der Grenzwerte für eine optimale Beleuchtung (unten)

4.4.2 Helligkeitsmodell CIE-L*

Ausgehend von verschiedenen Helligkeitsmodellen hat die CIE (Commission Internationale de l'Éclairage) im Jahr 1976 im Rahmen der Einführung der Farbsysteme L*a*b* und L*u*v*, siehe Kapitel 6 „Farbmetrische Grundlagen", die Helligkeitsformel L* eingeführt, die den Helligkeitseindruck des menschlichen Auges eines Normalbeobachters beschreibt. Der im Prinzip logarithmische Kurvenverlauf wurde durch eine Wurzelfunktion angenähert. Da die Kurve nicht durch den Nullpunkt geht, gibt es eine Näherungsformel für kleine Werte.

$$L^* = 116 \cdot (Y / Y_W)^{1/3} - 16 \tag{4.8}$$

$L^* = 903{,}29\ (Y/Y_w)^{1/3}$ für $0 < Y/Y_w < 0{,}008856$
L* = Helligkeit
Y = Leuchtdichte [cd/m²]
Y_w = Bezugslichtart [cd/m²]

4.5 Übungsbeispiele

1. Gegeben ist ein Kontrast C von 3 % bei einer Umgebungsleuchtdichte von 100 cd/m². Wie groß ist die Leuchtdichte des Sehobjekts?
2. Wie ist es möglich, dass führende Bildschirmhersteller einen Kontrast von 1:2 000 000 für ihre Bildschirme angeben (bitte recherchieren)?

5 Auge und Wahrnehmung

Das menschliche Verhalten ist in großen Teilen auf die optische Wahrnehmung bezogen, im Besonderen auf die Informationsaufnahme und die Umweltorientierung. Licht, nur als physikalische Größe gesehen, hat für die Beleuchtungsplanung wenig Nutzen. Erst das von Wänden, Decken und von den Oberflächen reflektierte Licht löst eine Empfindung aus und ist für unsere Wahrnehmung von Bedeutung.

5.1 Physiologie des Sehens

Der Mensch ist bekanntermaßen ein „Augenmensch". 80 % aller Sinneseindrücke nimmt er über seine Augen wahr. Bei der Aufnahme und Verarbeitung von Lichtreizen durch das Auge und das Gehirn lassen sich ganz pauschal folgende „Baugruppen" unterscheiden:

- optisches System des Auges,
- Netzhaut mit zwei Arten von Rezeptoren/Empfängerzellen (Zapfen und Stäbchen) sowie ipRGC, intrinsisch-photosensitive retinale Ganglienzellen,
- Sehnerv und Querverbindungen zum Stammhirn,
- Sehzentrum im Großhirnbereich (Areal 17).

5.1.1 Optisches System des Auges

Das optische System unseres Auges setzt sich zusammen aus der Hornhaut, der Linse und dem Glaskörper, siehe Bild 5.1. Die Augenlinse ist in jungen Jahren sehr elastisch und gestattet eine Akkommodation (Scharfstellung) von knapp 30 cm (Nahpunkt) bis ins Unendliche (Fernsicht). Dies entspricht etwa 12 Dioptrien (Akkommodationsbreite). Die Variation erfolgt durch sogenannte innere Augenmuskeln. Mit zunehmendem Alter „verhärtet" sich die Linse und der Akkommodationsspielraum wird deutlich geringer (Alterssichtigkeit). Des Weiteren trübt die Augenlinse ein und lässt nicht mehr so viel blaues Licht durch.

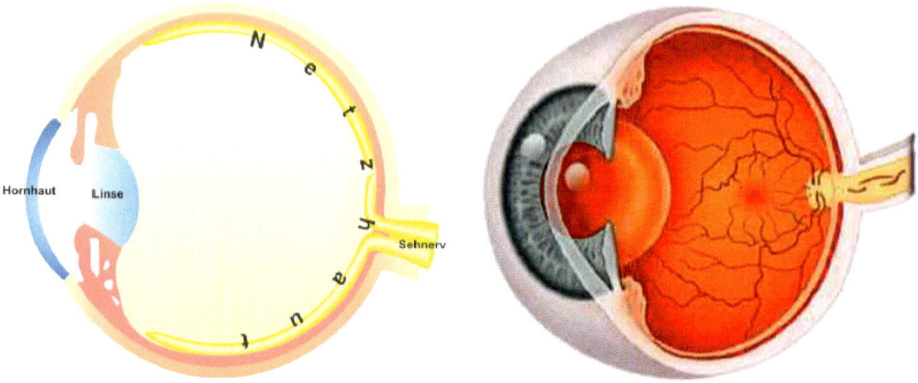

Bild 5.1 Vereinfachter Aufbau eines Auges (links), Blick in das Auge (rechts)

5.1.2 Netzhaut

Die Netzhaut enthält lichtempfindliche Rezeptoren, die auf das einfallende Licht reagieren. Es gibt dabei zwei Arten von Empfängerzellen (Zapfen und Stäbchen) sowie ipRGC (intrinsisch-photosensitive retinale Ganglienzellen), siehe Abschnitt 5.2.

- Die Zapfen reagieren dabei auf die unterschiedliche spektrale Zusammensetzung des Lichts und sind somit für die Farbwahrnehmung und das Tagessehen zuständig.
- Die Stäbchen nehmen die unterschiedliche Intensität des Lichts wahr und registrieren somit die Helligkeitswerte, wobei sie keine Farben unterscheiden können und aus diesem Grund vor allem für das Nachtsehen zuständig sind.

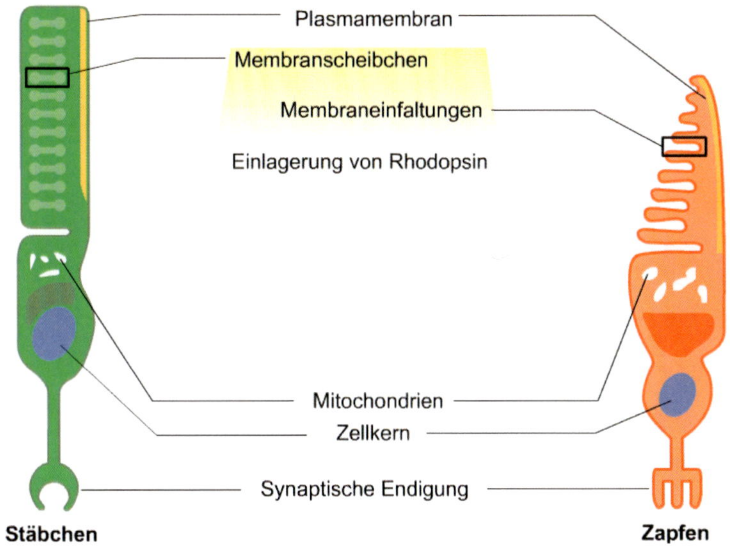

Bild 5.2 Detaillierter Aufbau von Stäbchen und Zapfen

Sowohl Zapfen als auch Stäbchen enthalten Sehfarbstoffe, die sich unter Lichteinwirkung chemisch verändern und dabei elektrische Impulse auslösen. In den beiden Rezeptoren werden die einfallenden Lichtquanten bzw. Photonen über komplexe chemische Funktionen in elektrische Potenzialänderungen, umgewandelt, die als Signale an die nachfolgenden Nervenzellen weitergegeben werden. Diese bewirken Aktionspotenziale, die als Informationen über den Sehnerv zum Sehzentrum transportiert werden.

Das bedeutet, dass eine erste Aufnahme und Verarbeitung der visuellen Information hier in der Netzhaut geschieht (Vorfilterung), während die detaillierte Verarbeitung dann im Sehzentrum des visuellen Cortex erfolgt, siehe auch Bild 5.3.

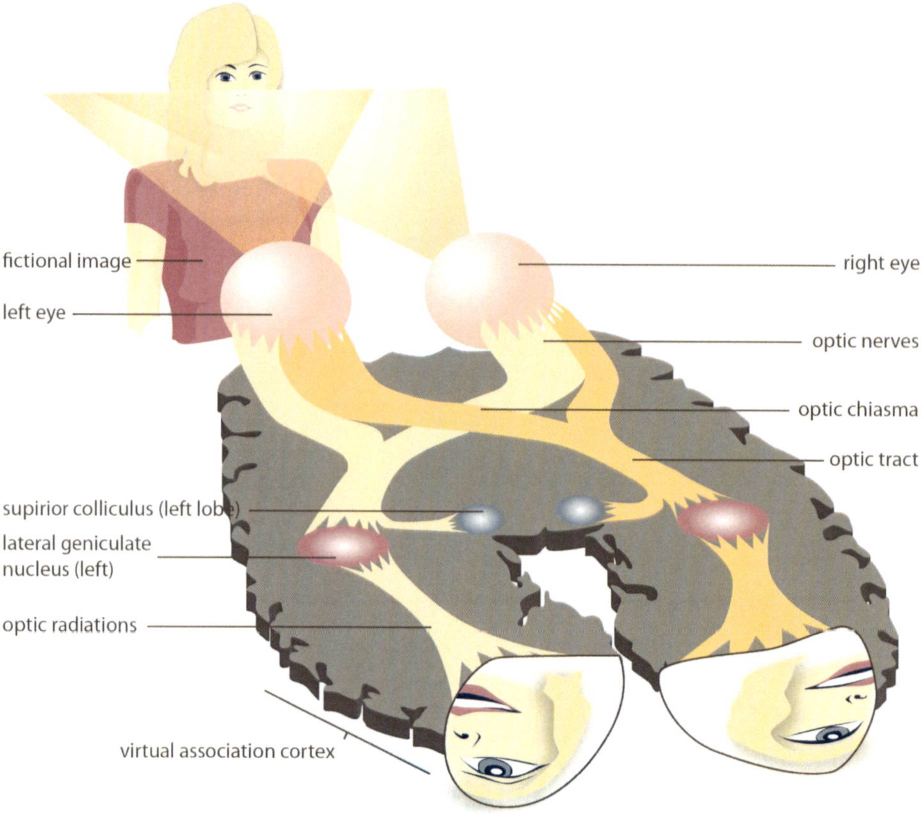

Bild 5.3 Verlauf der Sehnerven mit Querverbindungen zum Stammhirn und der Verarbeitung der Informationen in der Area 17 des visuellen Cortex, dargestellt als verzerrte Dimensionen der betrachteten Person

Die Netzhaut des Menschen enthält rund 6,5 Millionen Zapfen und rund 125 Millionen Stäbchen. In Bild 5.4 ist die Dichteverteilung der Zapfen und Stäbchen entlang der Netzhaut dargestellt. Die Begriffe nasal und temporal beziehen sich auf die Bereiche links und rechts der Fovea, wobei nasal bedeutet, dass die Verteilung in Richtung Nase betrachtet wird.

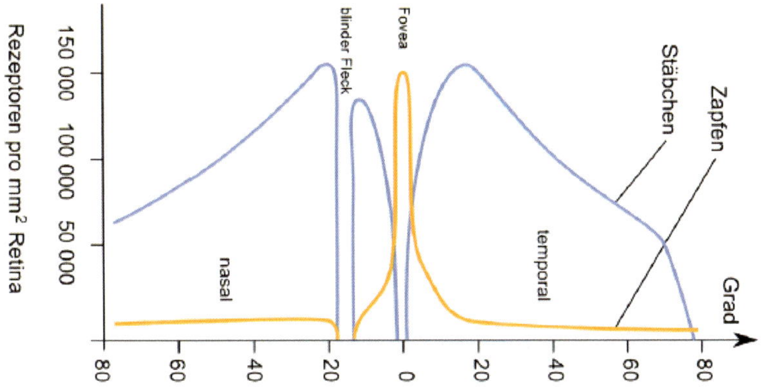

Bild 5.4 Verteilung der lichtempfindlichen Rezeptoren in der Netzhaut

5.1.3 Fovea Centralis

Die Fovea centralis, die auch als die Stelle des schärfsten Sehens bzw. als Zentralgrube, Makula oder Gelber Fleck bezeichnet wird, ist der Bereich in der Netzhaut, der ausschließlich und sehr dicht mit Zapfen besetzt ist, siehe Bild 5.5. Stäbchen sind in der Fovea nicht vorhanden, jedoch umso stärker und zahlreicher im peripheren Bereich, bis etwa 174 000 Stück je mm². Die Größe der Zapfen nimmt von der Fovea aus nach außen zu, während die Stäbchen hingegen überall eine nahezu gleichbleibende Größe behalten.

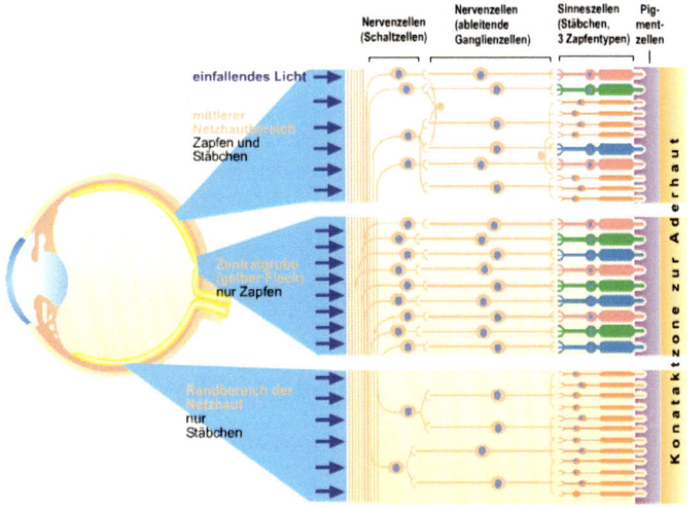

Bild 5.5 Detaillierter Aufbau der Netzhaut

5.1.4 Sehnerv

Nach der Absorption von Lichtquanten in der Netzhaut erfolgt daran anschließend eine sehr komplexe Weiterverarbeitung der Lichtreize in den verschiedenen Neuronenschichten der Netzhaut. Dort werden in den Ganglienzellen die Informationen in elektrische Signale umgewandelt (frequenzmoduliert) und gelangen dann über die Sehnervenbahn, mit Parallelabzweigungen zur Formatio Reticularis, die das Wachzentrum des Menschen darstellt, in das Sehzentrum innerhalb der Großhirnrinde (Areal 17), die zum visuellen Cortex gehört, siehe auch Bild 5.3. Die endgültige Verarbeitung der Lichtreize und der Vorgang der Wahrnehmung findet dann in der Area 17 des visuellen Cortex statt, unter Berücksichtigung auch von unbewussten Wahrnehmungsprozessen. Die heutigen Erkenntnisse in der Hirnforschung gehen davon aus, dass das Sehen und Wahrnehmen auch noch von vielen anderen Gehirnarealen mit beeinflusst wird (Frontallappen etc.).

5.1.5 Gesichtsfeld und Sehschärfe

Unter dem Gesichtsfeld versteht man den Bereich, innerhalb dessen der Mensch mit beiden Augen Informationen, wenn auch in der Peripherie nur noch als Detektion, erkennen kann.

Wie bereits beschrieben liegt die Schlüsselfunktion der visuellen Wahrnehmung bei der lichtempfindlichen Netzhaut. Durch biochemische Reaktionen werden die Informationen in elektrische Impulse umgewandelt und an das zentrale Nervensystem weitergeleitet. Die empfangene Information ist auf das Gesichtsfeld bzw. Blickfeld begrenzt. Das Blickfeld wird als der Bereich definiert, den ein Mensch oder ein Gerät erfassen kann, ohne den Kopf oder die Augen zu bewegen. In diesem Feld reagiert der Mensch extrem sensibel. Diese Sensibilität ist begründet durch die Evolution und die damals stark ausgeprägte Notwendigkeit, Gefahren zu erkennen.

Wie man in Bild 5.6 erkennt, ist das Blickfeld in monokulare (einäugige) Felder und das binokulare (stereoskopische) Feld unterteilt. Die monokularen Felder können mit dem linken bzw. dem rechten Auge gesehen werden. Das binokulare Feld ermöglicht durch den überlappenden Bereich, das dreidimensionale (stereoskopische) Sehen. Die Dimension des Blickfelds kann nicht eindeutig bestimmt werden, da es auf individuellen Unterschieden und auf der Intensität der Leuchtdichte basiert. Die menschlichen Augen haben zusammen ein Blickfeld von ca. 180 Grad (horizontal) und 120 bis 130 Grad (vertikal). Der Bereich, in dem wir „scharf" sehen, ist jedoch auf 1 bis 2 Grad begrenzt. Der Bereich der Netzhautgrube hat die höchste Konzentration von Zapfen auf der Netzhaut. Dies ist der einzige Bereich mit 100 % Sehschärfe. Bei 8 Grad besitzen wir noch eine Restsehschärfe von 20 %, im Bereich bis 120 Grad können wir noch Farben unterscheiden. Im Bereich von 60 bis 90 Grad nehmen wir nur noch Kontrast- bzw. Helligkeitsveränderungen wahr. Mit verringerter Leuchtdichte wird das Blickfeld geringer, und die Tätigkeit der Rezeptoren minimiert sich ebenfalls. Objekte außerhalb des Blickfelds werden verzögert oder gar nicht wahrgenommen.

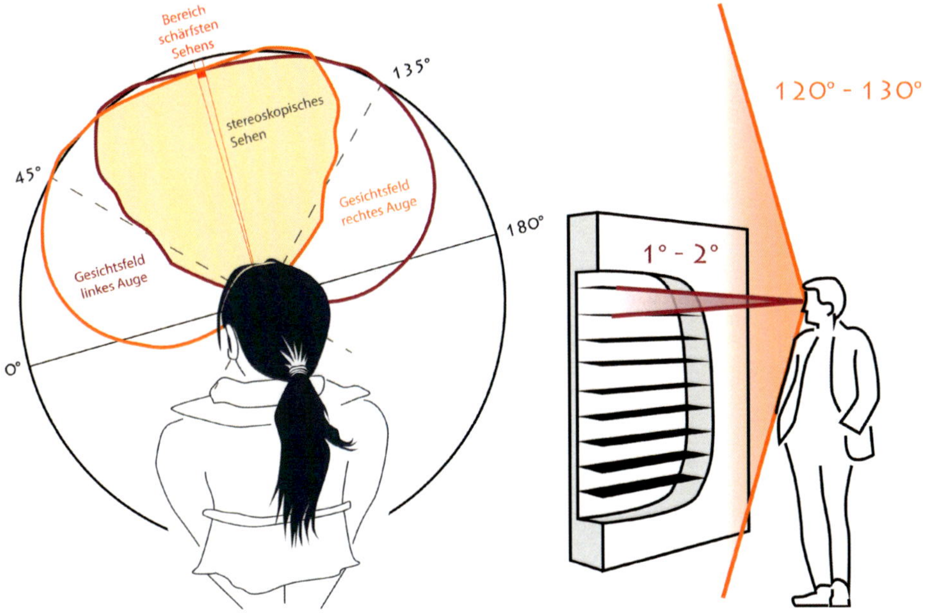

Bild 5.6 Links: Blickfeld, unterteilt in monokulares Feld (einäugiges Sehen und stereoskopisches Sehen), rechts: Sichtbereich des Auges. In der Mitte befindet sich der Bereich, in dem der Mensch scharf sehen kann

Die Sehschärfe verringert sich von der Mitte des Blickfeldes zu seinen Kanten. Auffallende Objekte, die nicht in ihre Umgebung passen, wie z. B. solche mit höherer oder geringerer Leuchtdichte, werden automatisch von unserem Auge fokussiert und rücken in das Zentrum des Blickfelds. Im Auge stimmt dieses Feld mit dem Bereich, welcher auf der Netzhaut abgebildet wird, überein. Genauso wie die unterschiedlichen Teile der Netzhaut hat auch unser Blickfeld unterschiedliche Bereiche mit unterschiedlichen Aufnahmefähigkeiten. Dies ist maßgeblich, wenn man die physikalische Fähigkeit, unterschiedliche Farben zu sehen, betrachtet und diese mit der schematischen Anordnung der Netzhaut vergleicht. Das Farbfeld verkleinert sich, je näher wir zum Rand des Blickfelds rücken.

5.2 Nicht-visuelle Wirkung von Licht

Neben den bisher ausführlich erklärten Sehwahrnehmungen des Auges durch Stäbchen und Zapfen wurde seit vielen Jahrhunderten auch eine biologische Wirkung des Lichtes vermutet. Mit der Entdeckung eines neuen Fotorezeptorzellentyps in der Retina des Auges durch David Berson (2002) und den Untersuchungen von Brainard (2001) und Thapan (2001) zur Wirkungsweise dieses Rezeptortyps wurde ein sog. „dritter Rezeptor“, konkret melanopsinhaltige Ganglienzellen (ipRGC – intrinsically photosensitive Retinal Ganglion Cell) gefunden, die relativ langsam auf Lichtveränderungen reagieren. Diese Ganglienenzellen sind über einen eigenen Pfad direkt mit dem suprachiasmatischen Nukleus (SCN) im Hypothalamus sowie über eine Verbindung über das Rückenmark direkt mit der Zirbeldrüse verbunden und haben Auswirkungen auf Hormonausschüttungen, siehe Bild 5.7. In der Zirbeldrüse wird Melatonin, eine Art Schlafhormon ausgeschüttet.

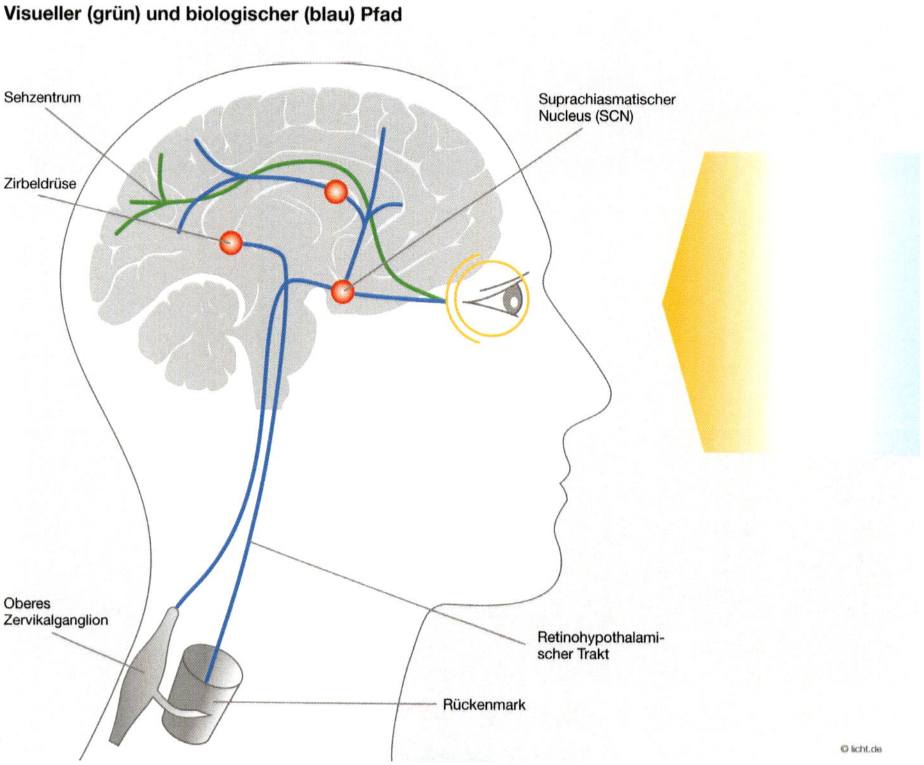

Bild 5.7 Visueller und biologischer Pfad

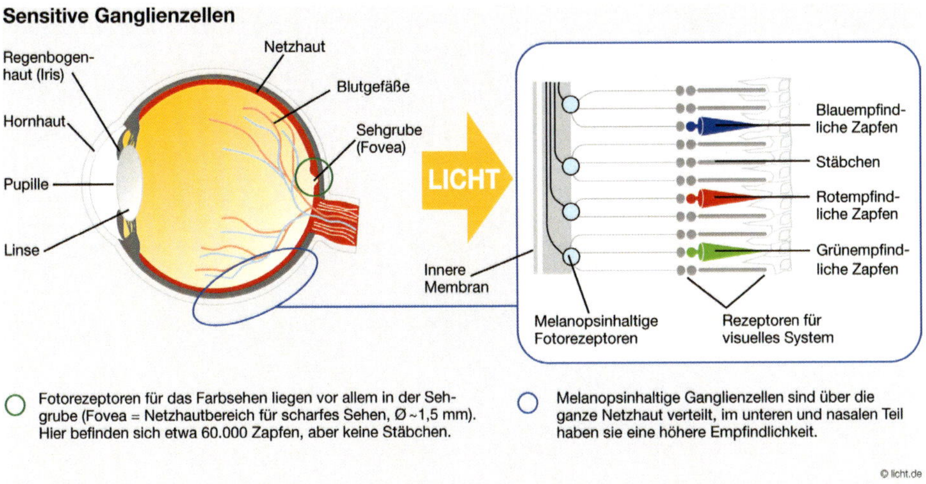

Bild 5.8 Teile der Ganglienzellen (melanopsinhaltige Fotorezeptoren) sind zuständig für den sog. circadianen Rhythmus des Menschen und helfen dem Menschen, den 24- Stunden-Tag-Nacht-Wechsel in Einklang zu bringen

Da diese melanopsinhaltigen Rezeptoren vor allem im unteren Bereich der Netzhaut liegen, bedeutet dies, dass bläuliches Licht (gekennzeichnet durch den Begriff Farbtemperatur in Kelvin) mit hoher Intensität auf den Menschen aktivierend wirkt und zur Melanopsinunterdrückung führt. Deshalb muss man in Zukunft Lichtquellen nicht nur nach ihrer Energieeffizienz, ihren lichttechnischen Größen und ihrer Ausstrahlcharakeristik betrachten, sondern auch nach ihrer „melanopischen (biologischen) Wirkung“.

Circadianer Wirkungsfaktor a_{cv} und melanopischer Wirkungsfaktor s_{mel} von Strahlungsgrößen

Aufgrund der Entdeckung dieses **„dritten Rezeptors“** ist es notwendig, dass einzelne Lampenspektren nicht nur nach der V(λ)-Kurve bewertet werden, sondern nach dem circadianen Wirkungsfaktor a_{cv} bzw. seit 2018 nach der neue Bewertungsgröße s_{mel}.

Circadianer Wirkungsfaktor a_{cv}

Gall et al. (2002) haben die Ähnlichkeit der spektralen Wirkungsfunktion für die Melatoninunterdrückung zur V(λ)-Kurve für die Augenempfindlichkeit im visuellen Vergleich verschiedener spektraler Verteilungen hinsichtlich ihrer circadianen Wirksamkeit ermittelt. Basis der Messung und Berechnung der circadianen Wirkung ist die wellenlängenabhängige Empfindlichkeit des circadianen Rezeptors. Basierend auf den Ergebnissen von Brainard und Thapan entwickelte Gall die circadiane Wirkungsfunktion c(λ) ähnlich der V(λ)-Kurve, die das Hellempfinden des Auges beschreibt

$$a_{cv} = \Phi circadian / \Phi visuell \tag{5.1}$$

a_{cv} = circadianer Wirkungsfaktor

Die circadiane Wirkungsfunktion a_{cv} gibt das Verhältnis zwischen der empfundenen Helligkeit des sichtbaren Lichts und der circadianen Wirkung dieses Lichts wieder.

Tabelle 5.1 Circadianer Wirkungsfaktor a_{cv} (Daten nach Gall)

Lichtquelle	Circadianer Wirkungsfaktor a_{cv}
direkte Sonne	0,83
bewölkter Himmel	1,73
blauer Himmel	1,02
Mond	0,62
Glühlampe	0,40
Kerze	0,20
Leuchtstofflampe warmweiß	0,36
Leuchtstofflampe neutralweiß	0,60
Leuchtstofflampe Tageslicht	1,18
LED blau (468 nm)	6,90
LED kaltweiß	2,00

Melanopischer Wirkungsfaktor s_{mel}

Da das Wirkungsspektrum von Gall nur die nächtliche Melantoninunterdrückung berücksichtigte, und nicht die in der Zwischenzeit gefundenen weiteren Typen von ipRGCs mit nicht-visuellen Wirkungen legte die CIE 2018 verschiedene spektrale Empfindlichkeitsfunktionen, -größen und -metriken fest, um die melanopische Wirkung auf Hormone und Vigilanz normativ zu erfassen. Um eine vereinfachte Vorgehensweise zur Beschreibung von nicht-visuellen Stimuli für Lichtplaner zu ermöglichen, wurde analog zur bisherigen rein visuellen Bewertung die melanopische Bewertung von sichtbarer Strahlung vorgenommen und das Wirkungsspektrum s_{mel} definiert, siehe auch Bild 5.9.

Entsprechend wurde die DIN SPEC 5031-100:2015 angepasst und eine zusätzlich melanopische äquivalente Beleuchtungsstärke definiert. Das Wirkspektrum des Melanopsin (siehe Bild 5.9) ist dafür Grundlage für die Berechnung von melanopischen Größen, z. B. die melanopische äquivalente Beleuchtungsstärke $E_{v,mel,D65}$.

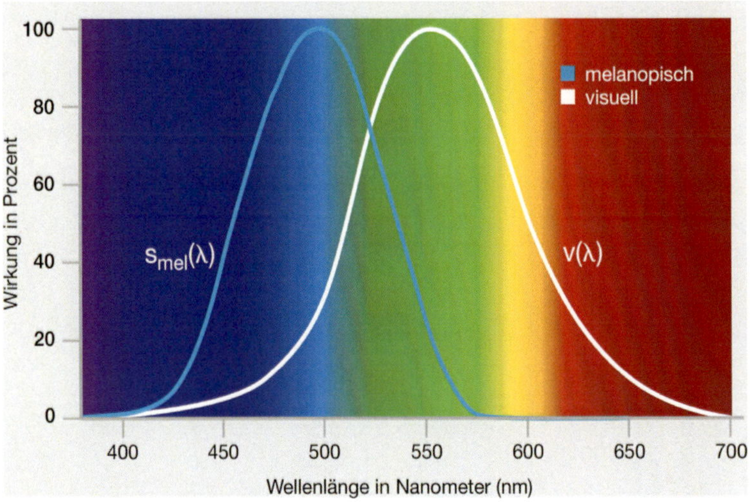

Bild 5.9 Vergleich Wirkungsspektrum $s_{mel}(\lambda)$ zu $V(\lambda)$

Damit eine vergleichbare Verwendung von fotometrischen Einheiten wie Lux oder Lumen möglich bleibt, wird die melanopisch bewertete Strahlungsgröße in Bezug zu der melanopisch bewerteten Strahlungsgröße von Tageslicht D65 gesetzt. Der Umrechnungsfaktor wird als „melanopischer Tageslicht-Effizienzfaktor" $Y_{mel,D65}$ bezeichnet. International wird der Umrechnungsfaktor als MDER („Melanopic Daylight Efficacy Ratio") definiert.

Mit dem Umrechnungsfaktor $Y_{mel,D65}$ kann nun einfach die melanopisch äquivalente Tageslicht-Beleuchtungsstärke (MEDI) $E_{v,mel,D65}$ aus einer gemessenen (photopischen) Beleuchtungsstärke E_v berechnet werden (MEDI = MDER · E_v). Hat man nun z. B. ein gemessenes optisches Spektrum einer LED, kann das melanopisch wirksame Potenzial der Beleuchtung bestimmt werden. Man multipliziert die gemessene Beleuchtungsstärke E_v mit den jeweiligen lichtartabhängigen melanopischen Tageslicht-Effizienzfaktor $Y_{mel,v,D65}$ und erhält somit die melanopisch bewerteten Beleuchtungsstärke. Tabelle 5.2 stellt für verschiedene Lichtarten den entsprechenden Umrechnungsfaktor $Y_{mel,D65}$ dar.

Tabelle 5.2 Melanopischer Tageslichteffizienzfaktor $Y_{mel,v,D65}$ (Daten nach Plischke)

Lichtquelle	Melanopischer Tageslichteffizienzfaktor $Y_{mel,v,D65}$
Normlichtart A (2856 K)	0,496
Normlichtart D65 (6500 K)	1
LED weiß (3035 K)	0,428
LED weiß (4250 K)	0,739
LED weiß (6535)	0,8
Leuchtstofflampe, weiß (8000 K)	0,957

Man geht davon aus, dass 250 lx (melanopisch äquivalente Tageslicht-Beleuchtungsstärke) direkt am Auge als ausreichend anzusehen ist, um am Morgen die circadiane Phase wirksam zu unterstützen.

Durch die ungleichmäßige Verteilung der ipRGCs in der Retina gibt es eine Richtungsabhängigkeit für biologisch wirksames Licht. Diese Effekte sind aktuell (2024) Gegenstand der Forschung.

Bild 5.10
Richtungsabhängigkeit des Sichtfeldes

5.3 Farbrezeptoren und Farbwahrnehmung

Neben der „Hellempfindung" als subjektive Gesichtsempfindung hat das menschliche Auge die Fähigkeit, „Farben" zu unterscheiden. Der Begriff „Farbe" ist dabei nicht gegenständlich gemeint, z. B. im Sinne der Farbpalette eines Malers, sondern ausschließlich im Sinne der subjektiven Farbempfindung. Sehen ist demnach das Resultat physikalischer, physiologischer und psychologischer Prozesse. Lange Zeit vor den wissenschaftlichen Untersuchungen des 18. Jahrhunderts gab es eine Vielzahl von Theorien und Erklärungen für das Farbensehen und das Zusammenspiel der Farben. Erst die wissenschaftlichen Untersuchungen von Isaac Newton im Jahr 1701 brachten den Durchbruch im Verständnis, dass sich das Licht aus verschiedenen Wellenlängen zusammensetzt und das menschliche Auge diese einzelnen Farben erkennen kann.

5.3.1 Dreifarbentheorie

1807 entwickelte der englische Physiker und Mediziner Thomas Young die sogenannte „Dreifarbentheorie“, die später durch den deutschen Physiker und Physiologen Hermann von Helmholtz entscheidend ergänzt wurde. Die Dreifarbentheorie beruht darauf, dass in der Netzhaut des menschlichen Auges zwei verschiedene Rezeptorentypen (Stäbchen und Zapfen) vorhanden sind, wobei nur die Zapfen farbtüchtig sind.

Während Newton das Licht als eine Korpuskularstrahlung behandelte, verhalf Thomas Young (1773 - 1829) der Wellentheorie des Lichts zum Durchbruch. Sein wichtigster Beitrag zur Farbenlehre war jedoch die von ihm geäußerte Vermutung, dass es im Auge drei verschiedene lichtempfindliche Elemente gibt, die für Licht verschiedener Spektralbereiche unterschiedlich empfindlich sind.

Mithilfe der additiven Mischung dreier Grundfarben führte James Clark Maxwell (1831 - 1879), der Schöpfer der elektromagnetischen Theorie des Lichts die erste Messung von Spektralwertkurven durch. Diese Messungen wurden fortgeführt und erheblich verfeinert von dem Physiologen und Physiker Hermann von Helmholtz (1821 - 1894) und seinen Schülern. Zur Erklärung der Messkurven und der Gesetze der Farbmischung griff Helmholtz die Idee von Young auf, indem er drei Typen von Sinneszellen (S-Short, M-Middle, L-Long) in der Netzhaut mit unterschiedlichen spektralen Empfindlichkeiten für das Farbensehen verantwortlich machte.

5.3.2 SML-Zapfen

Heute ist die Young-Helmholtz'sche Theorie (auch trichromatische Theorie oder Dreifarbentheorie) des Farbensehens experimentell gut gesichert. Die Zapfen mit ihrer wesentlich geringeren Empfindlichkeit übernehmen bei größeren Helligkeiten die Vermittlung der Seheindrücke, da die Stäbchen bei diesen Helligkeiten bereits gesättigt sind. Zapfen haben einen ähnlichen Aufbau wie Stäbchen, unterscheiden sich jedoch durch ihren unterschiedlichen Sehstoff und damit verbunden durch ihre spektrale Absorption bzw. spektrale Empfindlichkeit. Die drei Zapfentypen besitzen dabei überlappende Empfindungsbereiche, d. h. sie sind nicht nur für eine ganz bestimmte Wellenlänge zuständig, sondern für einen Spektralbereich. Aus diesem Grund sollte man nicht von einem Rot-, Grün- oder Blau-Zapfen sprechen, sondern eher von SML-Zapfen mit den Begriffen L (Long), M (Middle) und S (Short). Man erkennt, dass die Maxima der Empfindlichkeiten des Rot- und Grün-Zapfens sehr nahe zusammenliegen und ein „echter“ Rot-Zapfen deutlich weiter im 600 bis 700 nm-Bereich liegen müsste (siehe Bild 5.11).

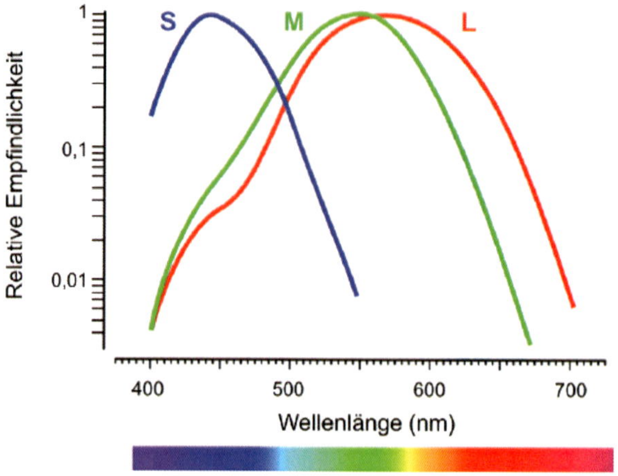

Bild 5.11
Absorption- bzw. Empfindlichkeitskurve der SML-Zapfen (S = Short, M = Middle, L = Long)

Damit ist die **„trichromatische"** Theorie des Farbensehens von Young, Maxwell und Helmholtz, die drei verschiedene Zapfensysteme postuliert haben, die als unabhängige Empfängersysteme des photopischen Sehens arbeiten und deren Signale gemeinsam in einem neuronalen Farbensystem und in einem neuronalen Helligkeitssystem verrechnet werden, nachgewiesen.

5.3.3 Gegenfarbentheorie nach Hering

Eine Erscheinung konnte jedoch mit der Theorie von Young und Helmholtz nicht erklärt werden. Betrachtet man z. B. eine farbige Fläche für ca. 30 Sekunden und blickt dann auf einen neutralen Hintergrund, so erscheint jeweils die Komplementärfarbe (farbiger Sukzessivkontrast).

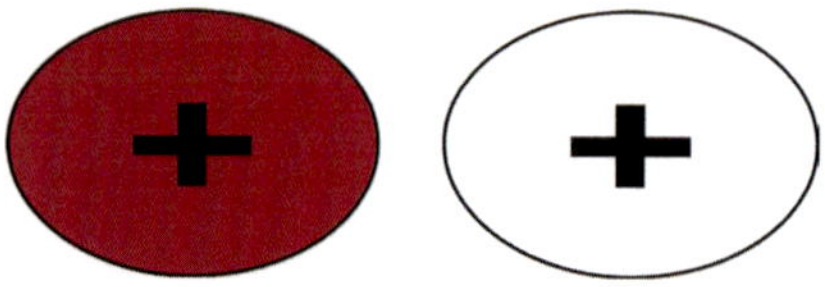

Bild 5.12
Gegenfarbentheorie-Experiment: Fixiert man für ca. 30 Sekunden einäugig das rote Feld und blickt dann schnell auf das weiße Feld, so erscheint für einige Sekunden die Gegenfarbe (Cyan) zu Rot

Edwald Hering (1834 - 1881) formulierte diese sogenannte **„Gegenfarbentheorie"**. Er nahm an, dass es vier Urfarben geben würde (Rot, Gelb, Grün und Blau). Alle Farbtöne lassen sich als Kombination dieser Grundfarben in Worten beschreiben (Orange z. B. als gelbliches Rot, Zyan als bläuliches Grün usw.). Diese Urfarben sollen nach seiner Theorie durch zwei antagonistisch organisierte physiologische Prozesse (Grün-Rot-Prozess) und (Gelb-Blau-Prozess) gekoppelt sein. Ein dritter antagonistischer Prozess wurde für die unbunten Gegenfarben Weiß und Schwarz gefordert. Die Bezeichnung Gegenfarben wurde aus der polaren Struktur der Farbwahrnehmung hergeleitet: Es gibt kein grünliches Rot oder kein bläuliches Gelb.

Diese beiden Theorien führten lange Zeit zu heftigen Diskussionen, bis man feststellte, dass sowohl die Young-Helmholtz-Theorie (**„Dreifarbentheorie“**) als auch die **„Gegenfarbentheorie“** stimmt, wenn auch auf verschiedene Stufen der Reizverarbeitung im Auge bezogen.

5.3.4 Zonentheorie

Im Jahre 1905 bestätigte der Physiologe Johannes von Kries, dass beide Theorien richtig sind, da beide für die Erklärung des kompletten Farbwahrnehmungsprozesses gebraucht werden. Die Dreifarbentheorie beschreibt die Vorgänge, die beim Farbensehen auf der Ebene der Sehzellen ablaufen. Die Gegenfarbentheorie hingegen stellt die Reizverarbeitung in den nachfolgenden Bereichen des visuellen Systems dar. Das bedeutet, dass bei der **„Zonentheorie“** die Photorezeptoren auf der Netzhaut der ersten Zone entsprechen und hier das einfallende Licht über die rot-, grün- und blauempfindlichen Photorezeptoren in entsprechende Nervenreize umgewandelt wird. In der nächsten Zone (Zone 2), siehe Bild 5.13, werden diese Nervenreize in die Gegenfarbpaare Rot-Grün und Blau-Gelb codiert und an das Gehirn übertragen.

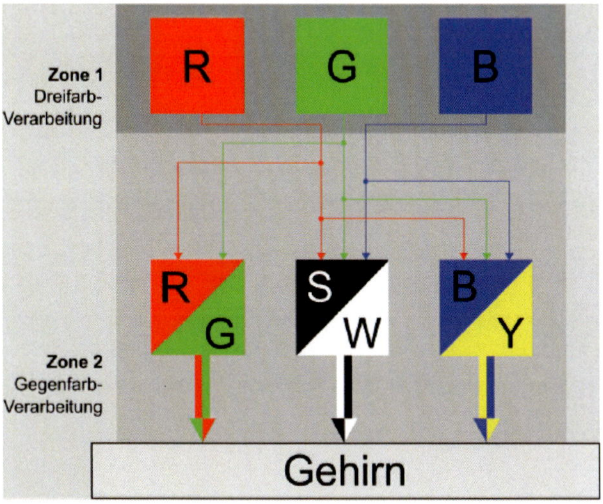

Bild 5.13
Zonentheorie

In den höheren Zentren der Sehbahn (Kortex) konnten rezeptive Felder bestimmt werden, wo rotes und grünblaues (bzw. violettes und gelbes) Licht einen gegensätzlichen Erregungseffekt haben (löst Grün eine Erregung aus, dann löst Rot eine Hemmung aus). Hier ist funktionell die Gegenfarbentheorie des Sehens (nach Hering) verwirklicht. Damit ist auch beim Farbensehen eine zentrale Kontrastierung gegeben.

Einfach erklärt, führt der in das Auge eintretende Farbreiz zu einer Erregung der Zapfen, deren bioelektrische Ströme über den optischen Nerv zum Zentralnervensystem (ZNS) weitergeleitet werden. Dort verschmelzen die einzelnen Informationen zu einer einheitlichen Wirkung, die man als Empfindung, genauer als Farbempfindung, bezeichnet. Als Maß für die einheitliche Wirkung wird im deutschen Sprachgebrauch der Begriff Farbvalenz geprägt, siehe Kapitel 6 „Farbmetrische Grundlagen".

5.3.5 Tag- und Nachtsehen

Energiegleiche monochromatische Lichtreize verschiedener Wellenlängen rufen im Auge unterschiedliche Helligkeitsempfindungen hervor, siehe auch Kapitel 3 „Lichttechnische Grundgrößen". D. h., das menschliche Auge bewertet die einzelnen Wellenlängen unterschiedlich. Das Maximum der Hellempfindung liegt bei starker Beleuchtung (Tagessehen) bei 555 nm, das entspricht der Farbe Grün/Gelb. Bei schwacher Beleuchtung (Nachtsehen) verschiebt sich das Maximum zu 507 nm ($V'(\lambda)$-Kurve). Das bedeutet, dass bei geringen Helligkeiten bzw. korrekt ausgedrückt geringen Leuchtdichten (ca. 3 – 10 cd/m²) die Grenze beginnt, ab der das Farbsehen nicht mehr stattfindet und alle Gegenstände grau erscheinen.

5.3.6 Verteilung der Rezeptoren

Der Mensch kann eigentlich nur in einem Bereich von ca. 1° scharf sehen (Fovea). Das bedeutet, in einem Abstand von 50 cm sehen wir nur etwa eine Fläche von der Größe einer Visitenkarte scharf. Danach wird alles unscharf. Da wir ständig umherblicken und Dinge fixieren, fällt uns dieser Umstand nicht weiter auf.

Die verschiedenen Zapfentypen sind jedoch nicht gleichmäßig über die ganze Netzhaut verteilt. In dem Bereich der Fovea sind überhaupt keine blauen Zapfen vorhanden, d. h. der Mensch ist eigentlich in der Fovea blaufehlsichtig. Nach außen enden zuerst die roten, dann die blauen und als letztes die grünen Zapfen. Ab einem Blickbereich von 120° sieht der Mensch nur noch monokular (einäugig) und alles nur noch Schwarz/Weiß.

Bild 5.14
Verlauf des Farbensehens bzw. der einzelnen Farben mit zunehmender Gesichtsfeldgröße. Der weiße Kreis, leicht verschoben aus der Mitte, symbolisiert den „Blinden Fleck"

5.4 Grundlagen der Wahrnehmung

Zu berücksichtigen ist, dass die menschliche Wahrnehmung nicht nur punktuell ein einzelnes Merkmal erfasst, sondern bestrebt ist, unwillkürlich Zusammenhänge zu bilden. Bei der optischen Wahrnehmung bestehen zwei grundlegende Möglichkeiten der Informationsaufnahme:

Beim sogenannten Abtasten entsteht der Gesamteindruck aus vielen kleinen Teilinformationen, das Ganze entsteht also aus „Einzelbildern". Die Abtasttheorie wurde von Psychophysiologen entwickelt. Die Gestalttheorie geht umgekehrt vom Ganzen aus; zuerst wird ein Gesamteindruck gewonnen, dann werden Einzelheiten abgetastet und registriert. Auf den ersten Blick entsteht der Eindruck, dass sich diese beiden Methoden gegenseitig ausschließen.

Dem ist aber nicht so. Abtast- und Gestalttheorie ergänzen sich und je nach Fall hat eine der beiden Wahrnehmungsarten den Vorrang, wobei die Abtasttheorie diejenige ist, die dem Menschen mehr oder weniger auch bewusst, d. h. sichtbar wird.

5.4.1 Fixation und Saccaden

Die visuelle Wahrnehmung unserer Umwelt geschieht in einer Folge von Fixationen der Augen, innerhalb derer die optische Achse der Augen praktisch ruht. Die Dauer der Fixation beträgt ca. 0,25 Sekunden. Betrachtet wird dabei jeweils ein Ausschnitt des Gesichtsfeldes. Diese Zeit wird zur sensorischen und neuronalen Umwandlung sowie zur Übertragung und Verarbeitung des optischen Reizmusters auf der Netzhaut benötigt. Danach wendet sich das Auge bzw. die Fovea dem nächsten interessanten Detail zu. Der Übergang zwischen zwei Fixationen erfolgt dabei sprungartig (Saccade), mit einer Geschwindigkeit von ca. 24 cm/s.

Die vorhandene Blickmotorik kann in zwei Bereiche unterschieden werden:

- Fixation (mit Scharfstellung des Auges: Akkommodation),
- Saccade (ruckartige Bewegung des Auges, 24 cm/s).

Was der Mensch sieht, ist also das Ergebnis der Wahrnehmung pro Blick und der Abtastung des Gesichtsfeldes, also der örtlich-zeitlichen Folge der Fixationen.

Bild 5.15 links zeigt eine Aufnahme, wie ein Proband das Gesicht einer jungen Frau mit den Augen abtastet. Interessante Bereiche bzw. Fixationspunkte sind dabei Augen, Nase und der Mund. Das bedeutet, dass bei Film- und Fernsehaufnahmen, in denen es sehr oft um Dialoge oder Empfindungen geht und die sehr groß im Bild dargestellt werden, vor allem dieser Bereich sehr gut beleuchtet und ausgeleuchtet sein muss.

Ältere mobile Eye-Tracking-Systeme sehen im Prinzip aus wie ein Fahrradhelm. Eine Kamera schaut in Richtung des Beobachters und filmt den Betrachtungsbereich, wohin der Beobachter schaut. Die andere Kamera nimmt die Bewegungen der Pupille auf und kann somit feststellen, was der Beobachter gerade fixiert bzw. betrachtet. Natürlich muss das System am Anfang einmal kalibriert werden. Neuere mobile Eye-Tracking-Systeme sehen aus wie eine Brille mit zwei Kameras, siehe Bild 5.15 rechts, die direkt beide Pupillenbewegungen auswerten und damit eine sehr genaue Auswertung der Fixationen ermöglichen.

Bild 5.15 Links: Aufzeichnung der Augenbewegungen beim Betrachten eines Gesichtes; rechts: Eyetracking Glasses (Firma SMI) zur Messung des Point of Interest (POI)

Die Eyetrackingbrille der Firma Tobii ist eine mobile Eyetrackingbrille (Tobii Eye Glasses 2), die die Form einer Brille hat, die der Proband*in während des Versuches trägt. Diese Brille ist direkt mit einem Aufnahmegerät (Recording Unit) verbunden, das die Versuchsdaten aufzeichnet. Von Vorteil ist, dass das ganze System mobil ist und der Proband sich sozusagen frei bewegen kann. So können beispielsweise Tests außerhalb von Laborbedingungen stattfinden. Die Brille ist mit insgesamt drei Kameras und einem Mikrofon ausgestattet. Die vordere Kamera zeichnet das Blickfeld des Probanden auf und ist in der Analyse das Bezugsbild der verschiedenen Blickpositionen. Die beiden anderen zwei Kameras nehmen die Reflexe der Pupillen auf. Die Brille umfasst ein Sehfeld von ca. 100 Grad horizontal und ca. 60 Grad vertikal. Im Innern der Brille befindet sich ein Infrarot-System mit sechs IR-Sensoren.

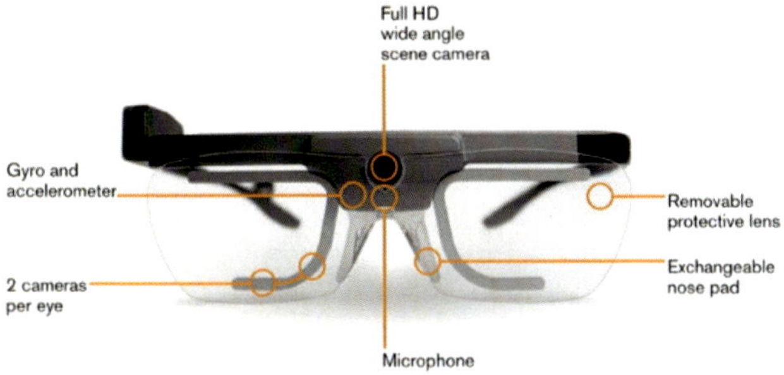

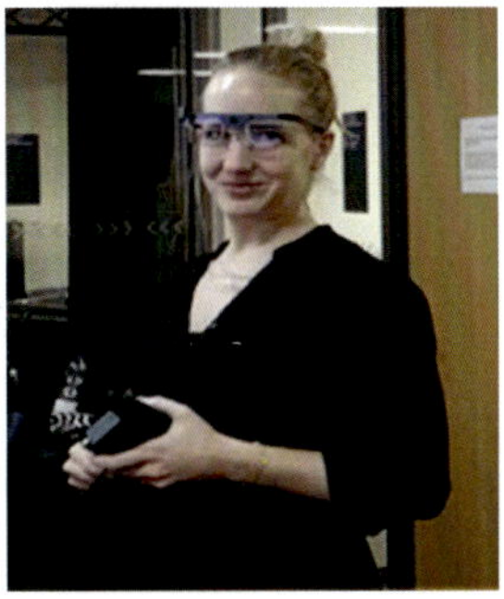

Bild 5.16 Links: Eyetracking Glasses (FirmaTobii); rechts: gesamtes System mit Recording-Unit

Scan-Path und Heat-Map

Zur Auswertung und Analyse der Eyetracking-Aufnahmen bieten sich mehrere Möglichkeiten an (z.B. Scan-Path, Heat-Map u.a.). Der Scan-Path visualisiert alle Blickbewegungen des Versuches zusammen in einem Referenzbild und verbindet sie miteinander. So kann man mithilfe des Scan-Path erkennen, in welche Bereiche die Versuchsperson besonders häufig geschaut hat und zum anderen in welcher Reihenfolge die verschiedenen Blickbewegungen aufeinander folgten. Dies ist eine der am häufigsten verwendeten Analysemethode bei Eye-Tracking-Systemen. Heat-Maps zeigen eine qualitative Blickdichte auf einem ausgewählten Referenzbild. Fokussierte Bereiche werden ähnlich einer Wärmebildkamera in verschiedenen Farben dargestellt. Beginnend bei blau (wenig fixiert) wird das Farbspektrum bis zu Rot (häufig fixiert) durchlaufen, siehe auch Bild 5.17 und Bild 5.18.

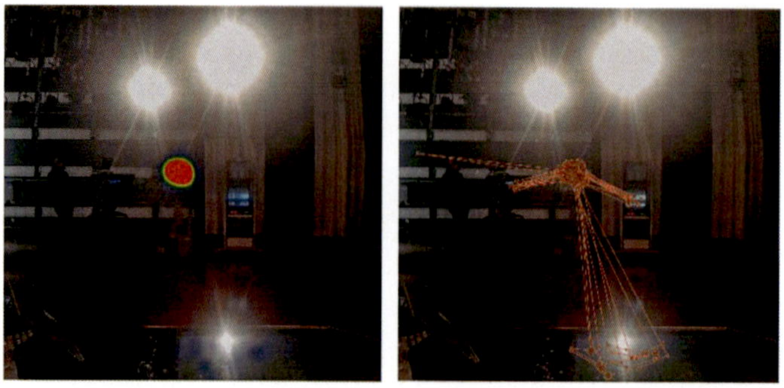

Bild 5.17
Scan-Path: Blick einer Fernsehmoderatorin auf den Telepromoter im TV-Studio

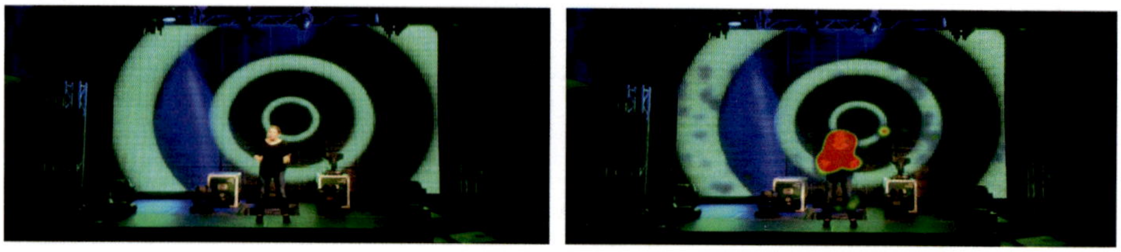

Bild 5.18 Links: Aufzeichnung der Augenbewegungen beim Betrachten einer LED-Wand und einer Schauspielerin. Im rechten Bild sieht man anhand der Heat-Map dass sich die Aufmerksamkeit vor allem auf die Schauspielerin konzentriert

5.4.2 Sehschärfe

Die Trennsehschärfe oder auch allgemein Sehschärfe genannt, beschreibt die Fähigkeit des Auges, zwei eng benachbarte Linien getrennt wahrzunehmen. Das Maß für die Sehschärfe ist der Reziprokwert des Sehwinkelabstandes in Minuten, der durch den Zwischenraum gegeben ist. Wenn eine Person z. B. zwei Linien mit einem Zwischenraum von 0,2 mm aus 1 m Entfernung unterscheiden kann, so beträgt der Sehwinkelabstand 1'.

Die Sehschärfe hängt in starkem Maße von der Leuchtdichte im Gesichtsfeld (Adaptationsleuchtdichte) ab. Ab dem Leuchtdichtebereich von 100 cd/m^2 und höher besitzt das menschliche Auge die beste Sehschärfe.

5.4.3 Akkommodation

Unter Akkommodation versteht man das Scharfstellen des Auges mittels Pupillenveränderung und Linsenveränderung. Damit ist es dem Menschen möglich, sowohl Objekte in sehr großer Entfernung als auch kleine Details, die sich in nur 10 cm Entfernung von den Augen befinden, noch scharf erkennen zu können. Bei der Myopie (Kurzsichtigkeit) ist der Augapfel (Bulbus) anatomisch zu lang, sodass insbesondere Objekte in weiter Entfernung in der Fovea centralis nicht mehr gebündelt werden, sondern bereits wieder aufgeweitet sind, sodass Details nicht mehr erkennbar bzw. unscharf sind. mithilfe einer Zerstreuungslinse kann die optische Achse künstlich verlängert werden.

Betrachtet man die Verarbeitung der Sinnesinformationen, so ergeben sich mehrere Einschränkungen beim Sehen.

- Der Mensch sieht eigentlich alles auf dem Kopf.
- Das Licht muss durch alle drei Neuronenschichten hindurch, bis es wirklich die Erregung im Rezeptor bewirken kann.
- Wir können nur im Bereich der Fovea und der parafovealen Bereiche scharf sehen, alles Weitere ist unscharf.
- Das menschliche Auge fixiert nur für max. 250 ms ein Objekt, danach „springt“ es weiter. Um ein ganzheitliches Bild zu erhalten, werden mehrere Fixationen benötigt.
- Der Zwischenraum zwischen den Fixationen wird durch das Unterbewusstsein mit „Schablonen“ aufgefüllt.
- Das menschliche Gesichtsfeld ist eingeschränkt, außerhalb eines bestimmten Gesichtsbereiches sehen wir nur noch einäugig (monokular).
- Im Sehzentrum sind hauptsächlich Zellen vorhanden, sogenannte On-Off-Zellen, die nur auf Kanten reagieren.

5.4.4 Adaptation

Das visuelle System des Menschen enthält Adaptationsprozesse, mit denen sich die Empfindlichkeit des Auges an die unterschiedlichen Leuchtdichten im Gesichtsfeld anpasst und die es dem Menschen ermöglichen, über einen Leuchtdichtebereich von rund zehn Zehnerpotenzen Helligkeitsunterschiede wahrzunehmen sowie kleinste Details und Objekte zu erkennen.

Der Adaptationsverlauf bewirkt durch Veränderung der Empfindlichkeit der Retina bzw. der Rezeptoren das Auftreten einer Helligkeitskonstanz. Jedoch benötigt die Adaptationsanpassung eine gewisse Zeit, um die jeweils optimale Empfindlichkeit zu erreichen. Aus diesem Grund treten bei schnellen Leuchtdichteänderungen innerhalb der ersten Millisekunden bis Sekunden deutliche Sichtbarkeitsverluste auf.

Man unterscheidet dabei

- Sofortadaptation,
- Zapfenadaptation,
- Stäbchenadaptation.

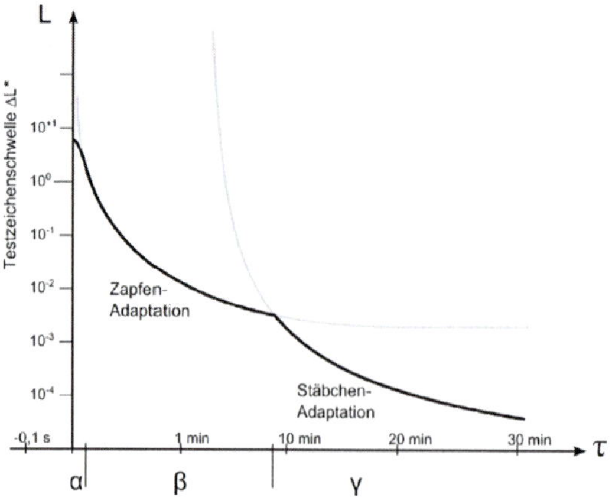

Bild 5.19
Zeitlicher Verlauf der Dunkeladaptation nach einer plötzlichen Leuchtdichteänderung von 100 cd/m² nach 2,5*10⁻⁵ cd/m² (α = Bereich der Sofortadaptation, β = Bereich der Zapfenadaptation, γ = Bereich der Stäbchenadaptation)

5.5 Konstanzwahrnehmung

Die sogenannte Konstanzvariabilität ist eines der wichtigsten Organisationsprinzipien der visuellen Wahrnehmung. Warum erkennen wir ein Haus aus tausend Meter Entfernung als richtiges Haus und nicht als kleines Spielzeughaus? Obwohl sich der Sehwinkel eines Objektes bei wechselnden Entfernungen verändert, erscheint uns der Gegenstand selbst mehr oder weniger gleich groß.

Die wichtigsten Konstanzleistungen der visuellen Wahrnehmung sind:

- Größenkonstanz,
- Formkonstanz,
- Helligkeitskonstanz,
- Farbkonstanz.

Von diesen vier Konstanzleistungen sollen in diesem Buch nur die Helligkeitskonstanz und die Farbkonstanz genauer betrachtet werden.

5.5.1 Helligkeitskonstanz

Ein Beispiel für die Helligkeitskonstanz ist das Phänomen, dass weißes Papier im Sonnenlicht genauso weiß erscheint wie bei bewölktem Himmel. Bild 5.20 zeigt jedoch ein Phänomen, das die Helligkeitskonstanz auf den Kopf stellt und sich nur aufgrund der Verhältnisse zwischen einem Testreiz und einem Vergleichsreiz erklären lässt: den Helligkeitskontrast. Die inneren grauen Rechtecke haben den gleichen Grauton, aber da die umgebenden Flächen unterschiedliche Leuchtdichten besitzen, erscheinen uns die inneren Rechtecke unterschiedlich hell.

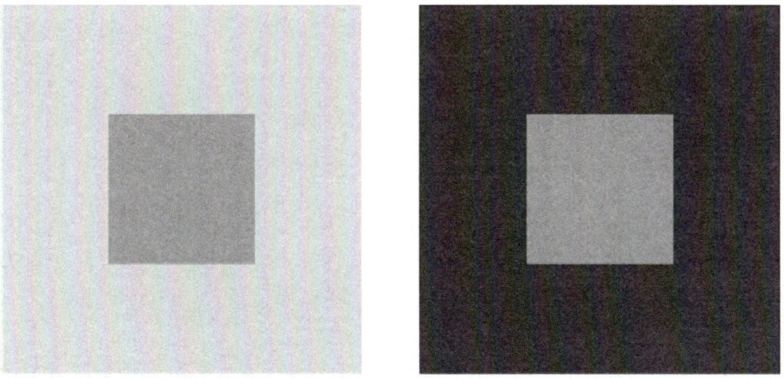

Bild 5.20 Helligkeitskontrast (die inneren grauen Rechtecke in der Mitte besitzen die gleiche Helligkeit bzw. Leuchtdichte)

5.5.2 Farbkonstanz

Ein weißes Blatt Papier bleibt für das menschliche Auge weiß, unabhängig davon, ob man das Papier am Morgen oder am Abend, d. h. bei unterschiedlichen Farbtemperaturen betrachtet. Dieses Phänomen wird **„Farbkonstanz“** oder auch „Umstimmung“ genannt. Eine Kamera hat keine eingebaute „automatische“ Farbkonstanz. Aus diesem Grund muss auch bei TV-Aufnahmen ein **„Weißabgleich“** durchgeführt werden. D. h. es muss festgelegt werden, welche Farbtemperatur auf einem Papier/Testchart für die Kamera als „weiß“ definiert wird.

Beispielsweise erscheint ein weißes Blatt Papier in einer mit Rotlicht beleuchteten Dunkelkammer nach einer Gewöhnungszeit wieder weiß, obwohl nur rotes Licht reflektiert wird. Das Auge hat sich „umgestimmt“. Tritt man mit dem Papier an das Tageslicht, so erscheint es zunächst bläulich und wird dann allmählich wieder weiß. Das Auge hat sich dann wieder auf das Tageslicht umgestellt.

5.5.2.1 Chromatische Adaptation

Bekannt ist ferner die Erscheinung des farbigen Simultankontrasts, nach der ein und dieselbe Farbe in verschiedenen Umfeldern ein unterschiedliches Aussehen annimmt. So sieht dasselbe Grau in einem blauen Umfeld leicht gelblich, in einem roten Umfeld grünlich aus. Ein Grün sieht in einem gelben Umfeld mehr blaugrün, in einem blauen Umfeld mehr gelbgrün aus. Das Grau innerhalb der beiden Flächen ist identisch, trotzdem hat man den Eindruck, dass es unterschiedlich ist.

5.5.2.2 Stevens-und-Hunt-Effekt

Farben wirken viel kräftiger und intensiver bei hohen Umgebungsleuchtdichten. In Bild 5.21 ist die jeweils identische Farbmusterkarte dargestellt, nur bei unterschiedlichen Umgebungsleuchtdichten aufgenommen. Wie man erkennen kann, werden die Farben immer intensiver und leuchtender, je höher die Beleuchtungsstärke wird.

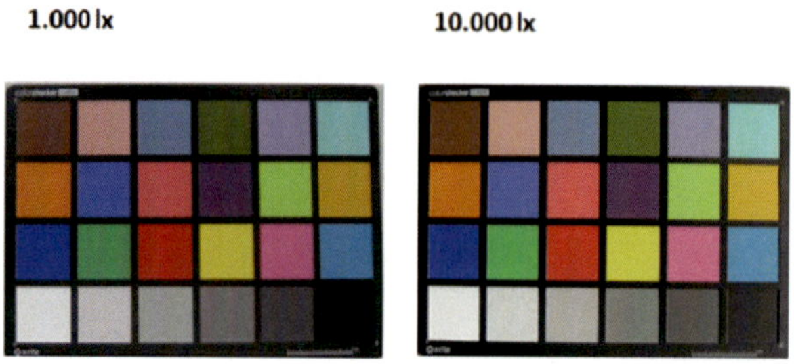

Bild 5.21
Stevens-Hunt-Effekt. Farben werden immer intensiver wahrgenommen, je heller die Umgebung ist

■ 5.6 UV-, IR- und Blaulichtgefährdung für Auge und Haut

Es gibt drei wesentliche Gefährdungen für die Haut des Menschen und für das Auge durch Licht. In der EU-Richtlinie 2006/25/EG über Mindestvorschriften zum Schutz von Sicherheit und Gesundheit der Arbeitnehmer vor der Gefährdung durch physikalische Einwirkungen (künstliche optische Strahlung) sind sehr detaillierte Tabellen und Expositionsgrenzwerte aufgeführt. Seit Juli 2010 ist die EU-Richtlinie als Verordnung vom deutschen Bundestag verabschiedet worden (OStrV). Die Schädigung der Haut und des Auges kann durch zu intensive UV-Strahlung (UV-A, UV-B, UV-C), durch zu intensive IR-Einstrahlung und durch Blaulicht in gewissen Wellenlängen (Blue Light) erfolgen. Im Film-, Fernseh- und Theaterbereich ist vor allem die Schädigung des Auges durch zu intensive und langanhaltende Strahlung möglich.

5.6.1 Gefährdung durch UV-Strahlung

Um UV-Schädigung am menschlichen Auge, aber auch auf der Haut einschätzen zu können, wird die einfallende Strahlung im Wellenlängenbereich von 180 nm bis 400 nm mit einer Gefährdungskurve ($S(\lambda)$) gewichtet und daraus die Dosis H_{eff} und die Bestrahlungsstärke E_{eff} berechnet. Man nennt diese gewichtete UV-Strahlung auch „aktinisches UV“. Der Expositionsgrenzwert für einen Arbeitstag (8 h) liegt bei der Dosis H_{eff} bei 30 J/m^2, für die Bestrahlungsstärke E_{eff} bei 1 mW/m. UV-A-Strahlung (315 nm–400 nm) kann bei intensiver Bestrahlung zu schmerzhafter Hornhaut- und Bindehautentzündung (Photokeratitis) am Auge führen, sowie die

Linse schädigen. Dies kann z. B. durch den Blick in eine ungeschützte (d. h. ohne Glasabschluss) Tageslichtleuchte (mit HMI-Lichtquelle) passieren, da diese Lichtquellen bis zu 25 % ihrer Lichtemission im UV-Bereich abstrahlen. Normalerweise ist die Lichtquelle durch einen Glasabschluss abgedeckt. Ist dieser Glasabschluss defekt (Risse), kann es zu Schädigungen der Hornhaut kommen. Der Expositionsgrenzwert für einen Arbeitstag (8 h) liegt bei der Dosis HUVA bei 10 000 J/m^2, für die Bestrahlungsstärke EUVA bei 0,347 W/m^2. Die UV-Strahlungen haben alle kumulativen Charakter.

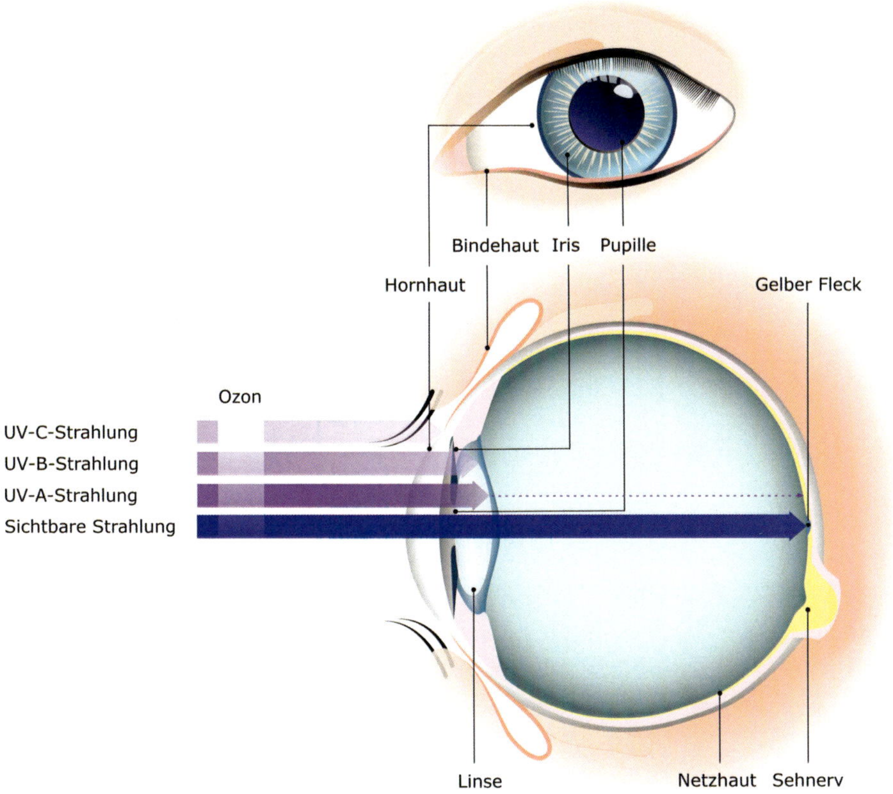

Bild 5.22 Eindringtiefe und Schädigungspotenziale von UV-Strahlung und sichtbarem Licht in das Auge

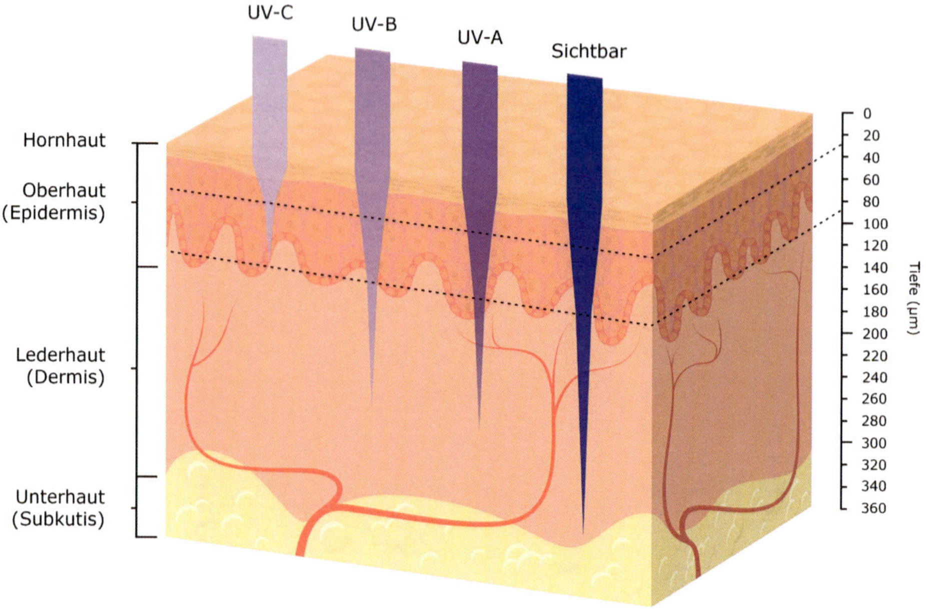

Bild 5.23 Eindringtiefe und Schädigungspotenziale von UV-Strahlung und sichtbarem Licht auf/in die Haut

5.6.2 Blaulichtgefährdung (Blue Hazard)

Durch die intensive Bestrahlung des Auges mit **„blauem Licht“** ist die Netzhaut gefährdet. Man unterscheidet dabei zwei Gefährdungen. Erstens die photothermische Blaulichtschädigung (Verbrennung der Netzhaut) und die photochemische Blaulichtschädigung, auch Photoretinitis genannt. Beide Gefährdungen sind wellenlängenabhängig. Sie treten bei bestimmten Wellenlängen sehr stark auf, bei anderen Wellenlängen weniger bis überhaupt nicht. Beide Gefahrenpotenziale entfalten ihre maximale Schädigungswirkung im blauen Wellenlängenbereich, die thermische Schädigung bei 435 bis 440 nm, die photochemische Schädigung bei 440 nm. Zur Gefährdungsbeurteilung muss die sichtbare Strahlung mit verschiedenen Gewichtungsfaktoren R(λ) und B(λ) berechnet werden, siehe Bild 5.24 und Bild 5.25.

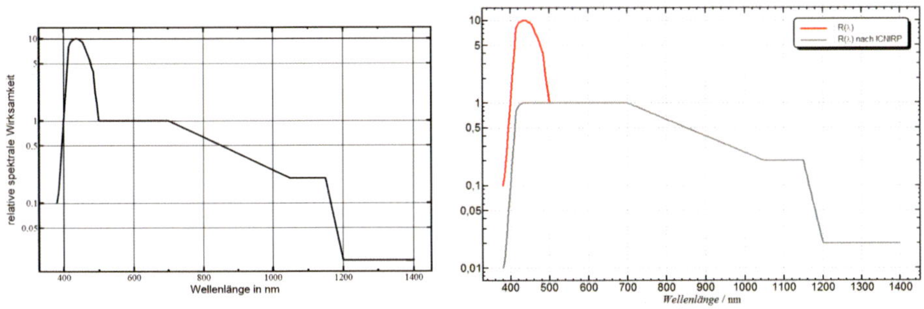

Bild 5.24 Links: Gewichtungsfunktion bzw. Wirkungsfunktion R(λ) für thermische Gefährdung nach DIN 62471, rechts: neuere Wirkungsfunktion nach ICNIRP 2013 mit der einer neuen bzw. verringerten Gewichtungsfunktion R'(λ)

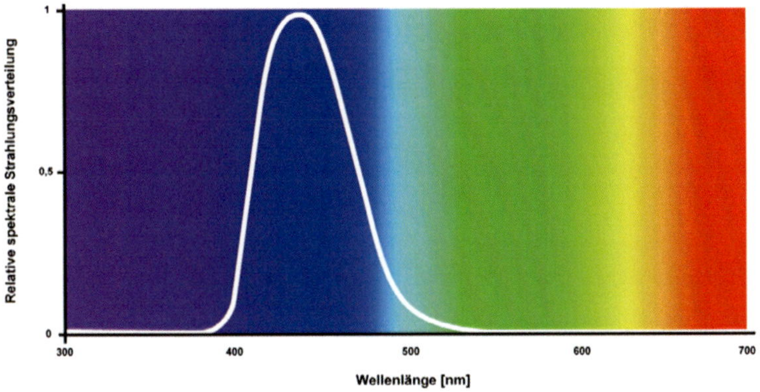

Bild 5.25 Gewichtungsfaktor B(λ) für photochemische Gefährdung

5.6.2.1 Photothermische Blaulichtgefährdung

Thermische Netzhautschäden entstehen durch das Absorbieren von optischer Strahlung, dabei kommt es zu einer Temperaturerhöhung im Gewebe. Die Schäden treten ab einer Temperaturerhöhung von 10 °C – 20 °C auf. Diese Schädigung tritt sehr schnell auf und führt zu Verbrennungen der Netzhaut und erzeugt Bläschenbildung. Die Expositionsgrenzwerte sind ab 10 s konstant, da bei längeren Expositionsdauern die Wirkung durch Augenbewegungen abgeschwächt wird. Entscheidend für die thermische Netzhautgefährdung sind die sichtbare optische Strahlung ab 380 nm sowie die IR-Strahlung bis 1400 nm.

5.6.2.2 Photochemische Blaulichtgefährdung

Die photochemische Gefährdung tritt sowohl kurzfristig als auch nach längerer Einwirkung auf. Die Schäden summieren sich. Es handelt sich dabei um einen chemischen Zersetzungsprozess, wobei Regeneration möglich ist. Berücksichtigt wird bei der Gefährdungsbeurteilung nur der blaue Wellenlängenbereich.

Entscheidend für die Schädigung ist die aufgenommene Dosis, wobei die Belastung akkumuliert. Je länger die Bestrahlungsdauer und je größer die Bestrahlungsstärke bzw. Strahldichte sind, desto größer ist die Belastung. Somit ist nicht nur ein einzelner Blick in die Quelle zu betrachten, sondern jeder Blick in Quellen über einen bestimmten Zeitraum. Bei dem betrachteten Zeitraum wird von 0,25 s bis 10 000 s ausgegangen, in dem sich die Belastungen aufaddieren.

5.6.2.3 Grenzwerte und Riskogruppen bei Blaulichtschäden

Wie bereits erwähnt sind in der EU-Richtlinie 2006/25/EG und auch der DIN EN 62471 die verschiedenen Grenzwerte festgelegt, siehe Bild 5.26. Die EU-Richtlinie basiert dabei auf veröffentlichten Leitlinien der Internationalen Kommission für den Schutz von nicht-ionisierender Strahlung (International Commission on non-ionizing radiation protection – ICNIRP).

Gefährdung		RG0	RG1	RG2	Einheit
Blaulicht L_B	Grenzwert	100	10000	4000000	$W/(m^2sr)$
	Zeitbasis	10000	100	0,25	s
Thermisch L_R	Grenzwert	28000/α	28000/α	71000/α	$W/(m^2sr)$
	Zeitbasis	10	10	0,25	s

Bild 5.26 Grenzwerte nach DIN EN 62471

Zur Bewertung der photochemischen Blaulichtgefährdung ist die effektive Strahldichte L_B zu betrachten bzw. zu ermitteln, der Grenzwert liegt bei $10 \cdot 6$ J/sr m^2, Zu berücksichtigen ist, dass die Grenzwerte zeitabhängig sind. Für Bestrahlungsdauern von $t > 10\,000$ s gilt ein Grenzwert von $L \leq 100$ W/m^2sr. Liegt eine Lichtquelle/Scheinwerfer bzw. Sonne oder Himmelslicht unter diesem Grenzwert bzw. wird der Grenzwert innerhalb dieses Zeitraumes nicht überschritten, so gilt die Quelle auch für längere Bestrahlungsdauern als sicher.

Wie ausgeführt ist für die Schädigung die auftreffende/einfallende Dosis auf ein Netzhautareal entscheidend. Das bedeutet neben der Strahldichte muss auch die Dauer der Bestrahlung berücksichtigt werden und die Augenbewegungen. Hintergrund ist der, dass das Auge ein Objekt für max. 0,25 s fixieren kann, danach durch sogenannte Saccadensprünge einen neuen Bereich im Gesichtsfeld betrachtet. Entsprechend kurz oder lang kann damit die Dauer einer (schädlichen) Bestrahlung eines Bereiches des Auges sein. Bei einem länger andauernden Blick in eine Lichtquelle „zirkuliert" das Auge, sodass die Strahlung nicht den gleichen Netzhaubereich „trifft". Entsprechend ergeben sich je nach Fixationsdauer und Größe der betrachteten Fläche unterschiedliche Grenzwerte. Die genauen Details siehe EU-Richtlinie 2006/25/EG.

Lang (2011) hat dies für verschiedene Beispiele berechnet: Das bedeutet, der Blick auf ein weißes Blatt Papier, beleuchtet mit 1000 lx aus einer Daylight-Leuchtstofflampe 6500 K darf länger als 41 Tage dauern, bevor der Grenzwert erreicht wird. Bei einem Blick in eine klare Glühlampe (2950 K) ist der Grenzwert bereits nach ca. 6 min, bei einer mattierten Glühlampe (2950 K) nach 150 min erreicht. Bei einem Blick in die ungeschützte Sonne (5500 K), direkter Blick, ist der Grenzwert bereits nach 0,7 s erreicht. Beim Blick in den blauen Himmel (25 000 K) ist der Grenzwert erst nach 30 h erreicht. Bei einer weißen Hochleistungs-LED ohne Optik (6000 K) nach 90 s. Diese Zahlenwerte sollen zeigen, wie weit man von einem Grenzwert entfernt ist.

Risikogruppen

Die DIN EN 62471 unterteilt die Strahlung in vier verschiedene Risikogruppen (RG 0 bis RG 3). RG 0 bedeutet, dass selbst bei einer Dauerbestrahlung im Referenzabstand (20 cm) keine Gefährdung stattfindet. Bei RG 3 stellt selbst eine kurzzeitige Bestrahlung eine Gefahr da. RG-2- und RG-3-Geräte müssen gekennzeichnet werden, siehe auch Bild 5.27

Risikogruppe	Mögliche Gefahr	Bedeutung
RG 0	Kein Risiko	Gerät ist selbst bei Dauerbestrahlung im Referenzabstand ungefährlich
RG 1	Sehr geringes Risiko	Lampe stellt aufgrund des normalen Verhaltens keine Gefahr dar
RG 2	Geringes Risiko	Lampe stellt aufgrund von Abwendreaktion oder durch thermische Unbehaglichkeit normalerweise keine Gefahr dar
RG 3	Hohes Risiko	Lampe stellt selbst bei kurzzeitiger Bestrahlung eine Gefahr dar

Werte ermittelt in 20cm Entfernung

Bild 5.27 Unterteilung der Strahlung in verschiedene Risikogruppen und mögliche Gefahren, nach DIN EN 62471

5.6.3 Strahldichtemessung

Quellwinkel und Empfangswinkel

Zur Bewertung der Gefährdung sind die Definitionen des Quellwinkels und Empfangswinkels wichtig. Der Quellwinkel α beschreibt die Winkelausdehnung der Quelle, welche sich aus der Größe der Quelle d und dem Betrachtungs-/Messabstand r ergibt. Der Quellwinkel wird dabei in Radiant (*rad*) angegeben.

$$\alpha = d / r \tag{5.2}$$

Der Empfangswinkel γ beschreibt das radialsymmetrische Sichtfeld, in dem etwas auf optische Strahlung reagiert. Dabei kann es sich beispielsweise um ein menschliches Auge oder ein Messgerät handeln. Das Sichtfeld wird auch als „field of view - FOV“ bezeichnet.

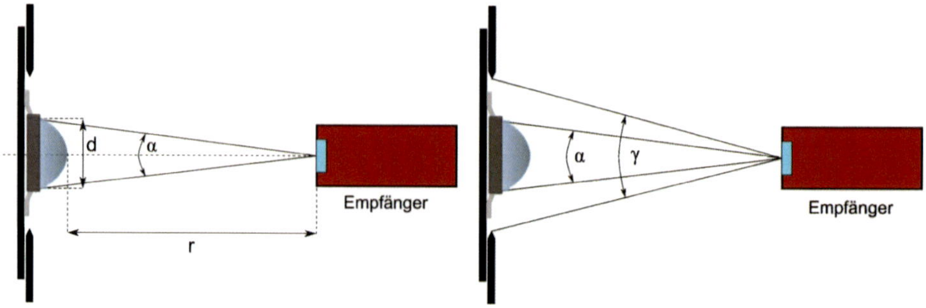

Bild 5.28 Links: Quellwinkel α, rechts: Empfangswinkel γ

Messung

Bei der Risikobewertung bzw. Messung unterscheidet man bei der Strahldichtemessung drei Größen (1,7 mrad, 11 mrad und 100 mrad). Die Größe der bestrahlten Netzhautfläche spielt eine entscheidende Rolle bei der Entstehung von Netzhautschäden. Die kleinstmögliche Abbildung auf der Netzhaut einer punktförmigen Quelle liegt bei 1,7 mrad. Wie erwähnt fixiert das Auge nur kurz einen Ausschnitt des Gesichtsfeldes und „springt“ dann weiter. Diese sprungartigen Saccaden mit Winkeln zwischen 1° und 5° finden mehrmals pro Sekunde statt. Diese automatischen Augenbewegungen führen dazu, dass die Strahlung einer Quelle innerhalb eines sehr kurzen Zeitraumes über eine größere Netzhautfläche verteilt wird. Dies führt zu einem geringeren Risiko für eine Netzhautschädigung. Bei einer Expositionsdauer von 10 s wird eine Fläche von ca. 11 mrad „betrachtet“. Nach spätestens 100 s ist es nicht mehr möglich, auf einen Punkt zu starren, was zu einer weiteren Verteilung der Strahlungsleistung über die Netzhaut führt. Zwischen 100 ms und 10 000 s ergibt sich ein verschmiertes Abbild auf der Netzhaut mit einer Fläche, das einem Winkel von ca. 100 mrad entspricht.

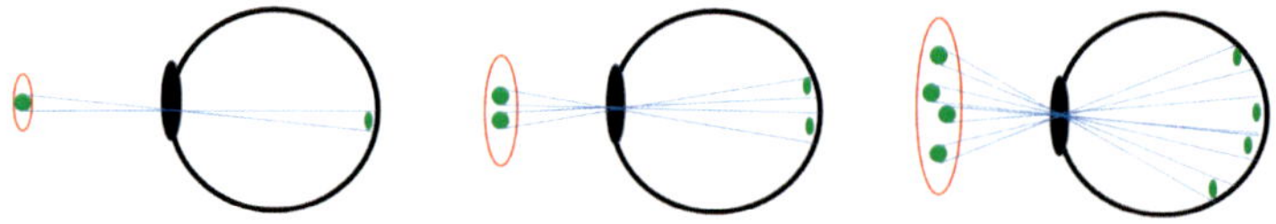

Bild 5.29 Messfeldgröße bei verschiedenen Zeiten bzw. Augenbewegungen

Kleine und große Quelle

Um die Messung zu vereinfachen bzw. mit kostengünstigeren Messgeräten zu arbeiten, unterscheidet man, ob es sich bei der Lichtquelle um eine kleine oder große Quelle handelt. Lichtquellen, die einen kleineren Winkel als 11 mrad aufspannen, können als kleine Quelle bezeichnet werden und einfacher bewertet werden. Hierfür reicht es mit der spektralen Bestrahlungsstärke EB zu arbeiten, welche natürlich auch mit der Blaulichtgefährdungsfunktion B(λ) bewertet werden muss. Dafür gibt es kostengünstige Messgeräte.

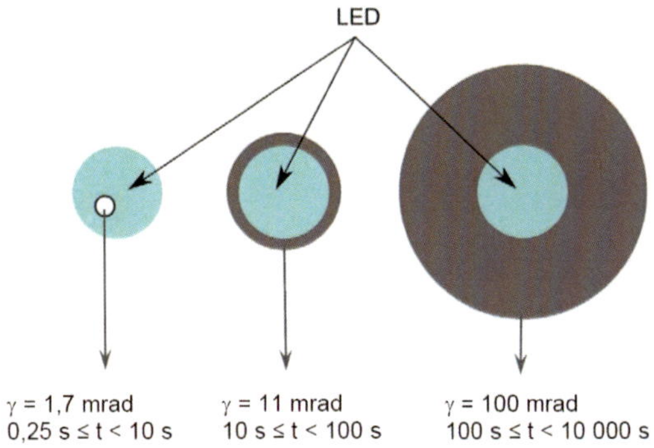

Bild 5.30 Unterscheidung in große und kleine Quelle: Das blaue Feld entspricht einer Lichtquelle, das graue Feld entspricht unterschiedlichen Messempfängergrößen

Messgeräte

Für die Messungen der Strahldichte bzw. Bestrahlungsstärke gibt es verschiedene Messgeräte, siehe Bild 5.31.

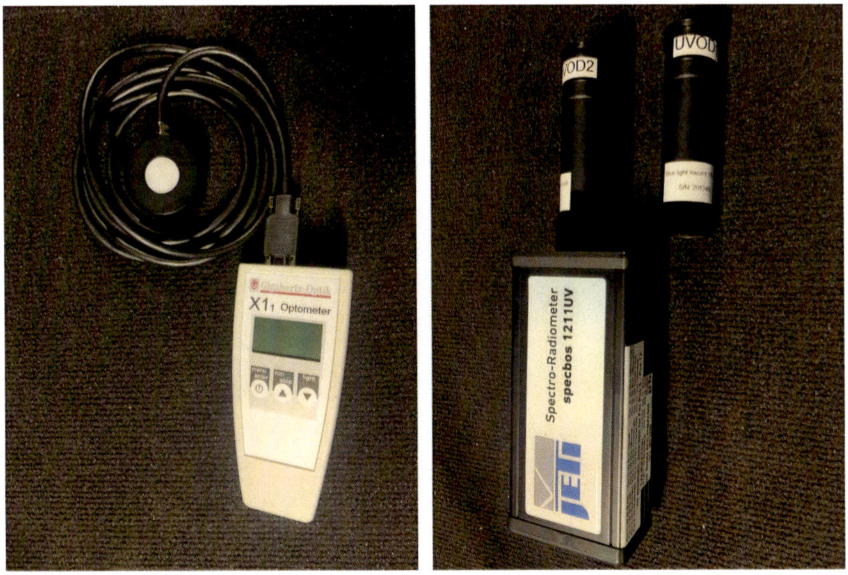

Bild 5.31 Links: Messgerät Jeti Specobs 1211UV mit Aufsatz für 100 mrad, rechts: Gigahertz-Optik X1-3 mit XD-45-HB Messkopf und Tubusaufsatz

5.6.4 Schutzmaßnahmen (Schutzbrillen)

Eine Möglichkeit neben der Vermeidung in strahlendes oft blendendes Licht zu schauen ist das Tragen einer mindernden oder sogar UV-Strahlung abweisende Schutzbrille. Bild 5.32 zeigt verschiedene Gläser und Brillen, die UV-Strahlung absorbieren bzw. nicht ins Auge gelangen lassen.

Bild 5.32 Schutzmaßnahmen gegen UV-Bestrahlung. Links: Grauglas, Mitte: hochwertige Brille mit eingefärbten, UV-Strahlung abweisenden Gläsern, rechts: Schutzbrille „Terminator" gegen UV-Strahlung

5.6.5 Wirkungsweise von UV-C-Strahlung zur Desinfektion

Durch die Corona-Pandemie ist auch das Thema Desinfektion durch UVC-Strahlung sehr aktuell geworden. UV-C (Ultraviolettes Licht) wird seit Jahrzehnten in der Wasseraufbereitung (Sterilisation) und in RLT (Raumlufttechnischen)-Anlagen zur Desinfektion der Luft wie z.B. in Operationssälen in Krankenhäusern gegen verschiedenste pathogene Keime erfolgreich eingesetzt. Direkte natürliche UV-C-Strahlung wird in der Erdatmosphäre absorbiert, so dass UV-C-Strahlung nicht auf der Erdoberfläche ankommt. Aus diesem Grund können Mikroorganismen und Viren keine natürlichen Resistenzen gegen UV-C-Strahlung entwickeln. Die Wirkungsweise der UV-C-Strahlung auf Mikroorganismen, insbesondere Viren liegt darin, dass diese kurzwellige hochenergetische Strahlung die Hülle (liquid Membran) der Mikroorganismen (Sporen, Pilze, Viren) durchdringen kann und die Zell-Nucleinsäuren (DNA/RNA-Stränge) aufgebrochen werden. Konkret bedeutet dies, dass die UV-C-Strahlung von den DNA/RNA-Strängen absorbiert wird. Bei diesem Vorgang trennen sich die Basen Thymin oder Cytosin von ihrem gegenüberliegenden Strang und verbinden sich untereinander (Thymidin-Dimerbildung). Dadurch verändert sich die räumliche Gestalt der DNA/RNA, sodass eine Replikation an diesen Stellen zum Erliegen kommt und damit die Vermehrung der Mikroorganismen, insbesondere der Viren, nicht mehr möglich ist. Sie werden dadurch inaktiviert. Da Viren immer eine Wirtszelle benötigen, um sich zu vermehren, verhindert UV-C-Strahlung die weitere Ausbreitung von Viren, sowohl in der Luft als auch auf Oberflächen. Viren sind laut wissenschaftlichen Erkenntnissen keine Lebewesen. Sie atmen nicht, können sich nicht selbstständig vermehren und betreiben keinerlei Stoffwechsel. Entsprechend kann man Viren nicht abtöten, sondern nur inaktivieren.

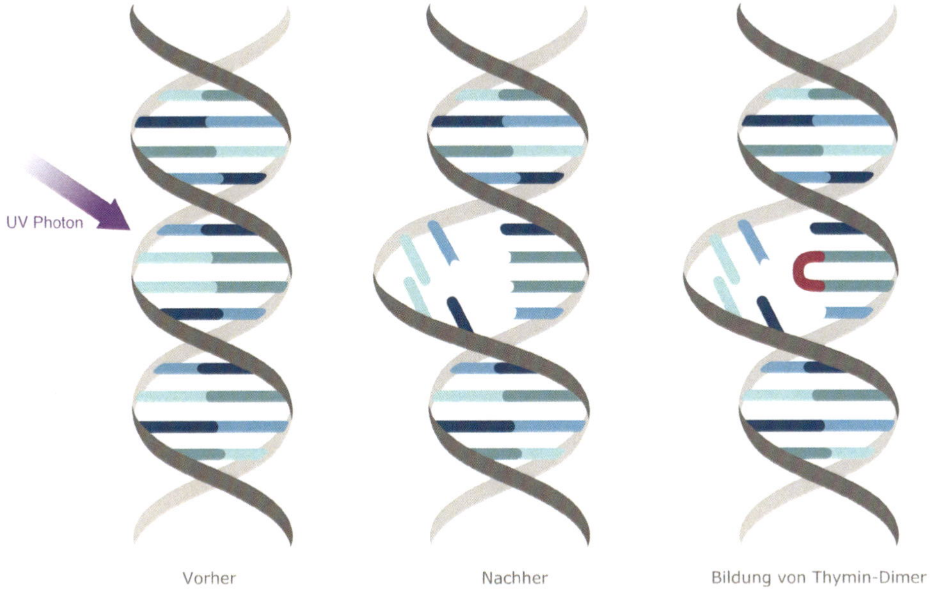

Bild 5.33 Inaktivierende Wirkung von UV-C-Strahlung auf die DNA/RNA von Viren

Bestrahlungsstärke und Dosis

Um den DNA/RNA-Strang eines Virus aufzubrechen, werden entsprechende Bestrahlungsstärkewerte und Dosiswerte benötigt. Die Bestrahlung und damit Inaktivierung von Viren wird mit dem Begriff der Bestrahlungsstärke in W/m^2 oder mW/m^2 angegeben. Die Wirksamkeit der Bestrahlung wird durch die Dosis (Bestrahlung multipliziert mit der Einwirkungszeit in Sekunden) definiert. Diese Dosis wird in der Einheit J/m^2 angegeben teilweise auch J/cm^2. Zur Inaktivierung von Viren bzw. zur Definition der Keimreduktionsrate gibt es verschiedene log-Stufen, die anzeigen, wie stark die Anzahl der (aktiven) Mikroorganismen reduziert wird. Log 1 bedeutet, dass 90 % der Mikroorganismen inaktiviert werden, bei log 2 sind bereits 99 % inaktiviert und bei log 3 sind 99,9 % der Mikroorganismen inaktiviert. Nach dem aktuellen Kenntnisstand (2021) sollten professionelle UV-C-Desinfektionsgeräte bzw. Luftentkeimer auf jeden Fall eine Mindestdosis von 70 J/m^2 erreichen, um 99 % (log 2) Entkeimungsleistung zu erzielen, für eine log 3-Stufe ist ein Dosiswert von ca. 100 J/m^2 sinnvoll.

Ein weiteres Einsatzgebiet zur Keimreduzierung ist z.B. die Bestrahlung von Kleingeräten, wie Handy und VR-Brillen, aber auch z. B. von Mikrofonen durch UV-C-Bestrahlung, siehe Bild 5.35.

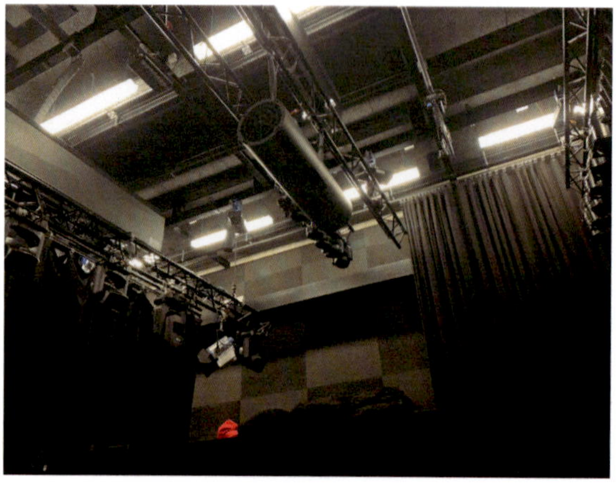

Bild 5.34 Blick ins Lichtlabor, HAW-HH, Department Medientechnik, mit einem der beiden installierten UVC-Luftreiniger (Typ UVAIR 300-F, GoldenSea UV)

Bild 5.35 Entkeimung von Mikrofonen durch UV-C-Bestrahlung (Firma LACLABS)

6 Farbmetrische Grundlagen

Neben der **„Hellempfindung“** als subjektive Gesichtsempfindung hat das menschliche Auge die Fähigkeit, „Farben“ zu unterscheiden. Der Begriff Farbe ist dabei nicht gegenständlich gemeint im Sinne der Farbpalette eines Malers, sondern ausschließlich im Sinn der subjektiven Farbempfindung. D. h. Sehen ist das Resultat von physikalischen, physiologischen und psychologischen Prozessen.

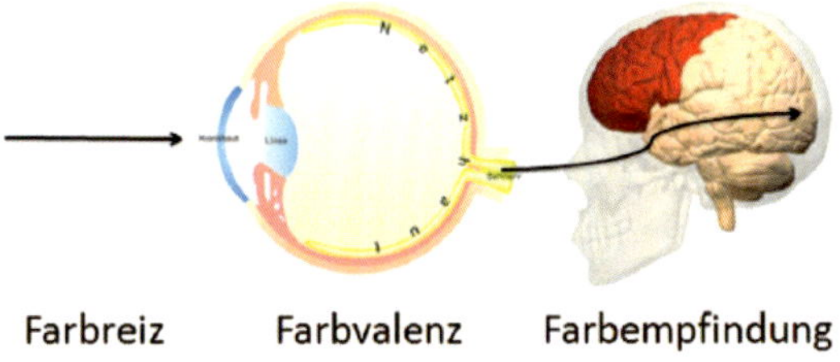

Bild 6.1
Zusammenwirken von Farbreiz, Farbvalenz und Farbempfindung

Da die Farbempfindung durch das Auge vermittelt wird, spricht man von einer Gesichtsempfindung. Sie ist, ebenso wie eine Geschmacks-, Geruchs- oder Schmerzempfindung, einer physikalischen Messung nicht unmittelbar zugänglich. Damit überhaupt eine Farbempfindung entstehen kann, muss Licht von einer Strahlungsquelle oder von einem Gegenstand ausgehen und ins Auge gelangen. Nur Strahlung im sichtbaren Spektralbereich von 380 nm bis 780 nm und ausreichender Leuchtdichte kann eine Farbempfindung hervorrufen (Zapfensehen).

6.1 Farbmetrische Grundgrößen

Die Ursache einer Empfindung ist im Allgemeinen ein Reiz, der in dem betreffenden Sinnesorgan einen physiologischen Vorgang auslöst. Dieser wiederum führt zu einer Empfindung, also einem psychologischen Vorgang. Im Falle der Farbe ist der Reiz die Lichtstrahlung, die in das Auge fällt und eine Licht- oder Farbempfindung auslöst. Man nennt ihn deshalb Farbreiz oder auch Farbreizfunktion $\phi(\lambda)$.

6.1.1 Farbreizfunktion

Bei Primärstrahlern (Selbstleuchter) ist die Farbreizfunktion $\phi(\lambda)$ identisch mit ihrer spektralen Verteilung S (λ), d. h. $\phi(\lambda) \equiv S(\lambda)$. Bei Sekundärstrahlern wird der Farbreiz bestimmt durch die Beleuchtung und die Oberflächeneigenschaften des Materials. Sekundärstrahler erzeugen selbst keine Strahlung (Körperfarben), sie werden nur sichtbar, wenn sie Strahlung anderer Lichtquellen reflektieren (Aufsichtsfarben, Oberflächenfarben) oder wenn sie von anderen Lichtquellen durchstrahlt werden (Durchsichtfarben).

6.1.2 Farbempfindung

Zur sprachlichen Kennzeichnung von Farben und vor allem zur Unterscheidung von Farbunterschieden wird die Farbempfindung mit qualitativen Begriffen wie Helligkeit, Buntton (Farbton) oder Sättigung (Buntheit) beschrieben. Diese drei Farbmerkmale stellen nur intuitive Empfindungen dar, die eine Farbe lediglich qualitativ charakterisieren.

6.1.3 Farbvalenz

Unter einer Farbvalenz (Farbvektor) versteht man in der Farbenlehre eine dreidimensionale Größe, die durch drei Maßzahlen bzw. einen Ortsvektor im dreidimensionalen Raum charakterisiert werden kann. Dies kann sein RBG, XYZ, LCH, L*a*b*, L*u*v* u. a., siehe nachfolgende Abschnitte.

1931 definierte die **CIE (Commission Internationale de l'Éclairage)** das sogenannte virtuelle Normvalenzsystem XYZ, das für die additive Farbmischung weltweit Bedeutung hat. Die Farbvalenz wird gekennzeichnet durch die drei virtuellen Normvalenzen **X, Y, Z** und die drei Normfarbwerte X, Y, Z.

$$F = X\mathbf{X} + Y\mathbf{Y} + Z\mathbf{Z} \tag{6.1}$$

F = Farbvalenz bzw. Farbvektor
X, **Y**, **Z** = Normvalenzen
X, Y, Z = Normfarbwerte des CIE-Normvalenzsystems 1931

Diese Primärvalenzen stellen gewissermaßen „Überfarben“ dar und können durch lineare Transformationen mit reellen Primärvalenzen wie z. B. RGB verknüpft werden.

Unbunte Farbvalenzen

Die unbunten Farbvalenzen bestehen aus der „natürlichen Reihe“, vom hellsten Weiß über die verschiedenen Graustufen bis hin zur tiefsten, durch Simultankontrast hervorgerufenen Schwarzempfindung. Bei guten visuellen Voraussetzungen lassen sich etwa 50 Unbuntarten unterscheiden.

Bunte Farbvalenzen

Die bunten Farbvalenzen der Körperfarben (Oberflächenfarben der Objekte) lassen sich durch drei Größen charakterisieren: Helligkeit (Dunkelstufe), Farbton (Buntton), Sättigung (Buntheit). Bei selbstleuchtenden Farbreizen, z. B. einer farbigen Lichtquelle, tritt anstelle der Dunkelstufe die Helligkeit.

6.1.4 Helligkeit

Die Helligkeit ist ein Maß für die Stärke der Lichtempfindung, wie sie mit jeder Farbempfindung unlösbar verbunden ist. Der Maßstab der Helligkeit wird durch diejenige Größe dargestellt, die eine Farbempfindung mit einer bestimmten Empfindung der Unbuntarten gleichsetzt. Oft wird das Merkmal Helligkeit auch als Dunkelstufe gekennzeichnet. Ausführliche Definition, siehe Kapitel 4 „Kontrast und Helligkeit“.

6.1.5 Farbton (Buntton)

Der Farbton kennzeichnet die Art der Buntheit einer Farbe, d. h. ob sie Blau, Grün, Gelb usw. aussieht. Der Farbton ist das am stärksten ausgeprägte Farbmerkmal. Die Farbtöne bilden ein „natürliches“ Kontinuum, das qualitativ z. B. als Farbenkreis dargestellt werden kann, der von Rot über Gelb, Grün, Blau und Purpur zurück nach Rot reicht. Der Farbton wird auch als Buntton definiert.

6.1.6 Sättigung (Buntheit)

Die Sättigung gibt den Grad der Buntheit an, d. h. ob die Farbe kräftig (satt) wirkt oder mehr oder weniger verweißlicht (verblasst) ist. Der Unterschied zwischen Buntheit und Sättigung liegt in der Definition. Die Buntheit ist die Kennzeichnung für den Grad der Farbigkeit unter Berücksichtigung der Helligkeit. Die Sättigung ist die Kennzeichnung für den Grad der Farbigkeit unabhängig von der Helligkeit. Soll die Sättigung konstant bleiben, so muss die Buntheit mit steigender Leuchtdichte zunehmen. Soll die Buntheit konstant bleiben, so ist dies eine Vertikale, die unabhängig von der Leuchtdichte ist.

6.1.7 Farbmischung

Alle Methoden der Farbdarstellung bei Lichtfarben und der Farbreproduktion bei Körperfarben beruhen auf die eine oder andere Art auf einer Farbmischung. Durch die Farbmischung ergibt sich die Möglichkeit, mit nur wenigen sogenannten Grundfarben eine große Anzahl von verschiedenen Farben zu ermischen. Als Farbmischung wird bezeichnet:

- additive Mischung von farbigen Lichtern,
- subtraktive Mischung von Farbmitteln (Pigmenten, Farbstoffen) oder Filtern. Bei der additiven Mischung farbiger Bilder wirken die in der Mischung vorhandenen einzelnen Wellenlängen gleichzeitig auf das Auge ein.

Man nennt die Mischung von Pigmenten subtraktiv, weil deren Farbwirkung darauf beruht, dass dem in die Pigmentschichten bzw. -partikel eindringenden weißen Licht bestimmte Spektralanteile entzogen werden. Je mehr Pigmente gemischt werden, desto mehr Licht wird absorbiert und desto dunkler wirkt im Allgemeinen die Mischung.

Während sich die additive Mischung durch einfache Regeln beschreiben lässt, gilt dies nicht für die subtraktiven Mischungen. Deren Ergebnisse hängen nicht allein von der Farbe der gemischten Farbmittel, sondern auch von anderen Eigenschaften ab.

6.1.8 Niedrige und höhere Farbmetrik

Die Farbmetrik (Lehre von den Maßbezeichnungen zwischen den Farben) beschreibt, unter welchen Umständen zwei Farbreize gleich aussehen, d. h. für das Auge ununterscheidbar sind. In der Farbmetrik versteht man die Farbe ausschließlich als Farbempfindung, also als Sinnesempfindung.

Man unterscheidet eine niedere und eine höhere Farbmetrik. Die niedere Farbmetrik oder Farbvalenzmetrik dient zur Bestimmung der Maßzahlen für die durch den physikalischen Reiz hervorgerufene Farbempfindung. Dabei wird die psychologische Seite der Farbwahrnehmung nicht mitberücksichtigt. In der höheren Farbmetrik, auch Farbempfindungsmetrik genannt, werden Empfindungsunterschiede und Harmonien für Farben (Farbschwellen, Farbdifferenzen, Farbanordnungen und -systeme) untersucht und Beziehungen zu den physikalischen Reizen hergestellt.

6.2 Historische Entwicklung der Farbmetrik

Lange Zeit vor den wissenschaftlichen Untersuchungen des 18. Jahrhunderts gab es eine Vielzahl von Theorien und Erklärungen für das Zusammenspiel der Farben. Die Farben wurden damals vor allem emotional gesehen und mit Attributen aus der Gefühls- und Erlebniswelt belegt. Man versuchte dabei neben den Farben auch die Farbnuancen als solche anschaulich und vor allem symmetrisch, räumlich darzustellen und auch mythologisch zu definieren.

6.2.1 Farbkreis

Die einfachste Form der Symmetrie war der sogenannte Farbkreis, der insbesondere von Goethe intensiv untersucht und beschrieben wurde. In diesem Farbkreis oder besser Bunttonkreis gehen die verschiedenen Munttöne kontinuierlich ineinander über. Jede Stelle auf diesem Kreis entspricht einem bestimmten Buntton (Farbton). Diese Reihe läuft in sich zurück (siehe Bild 6.2).

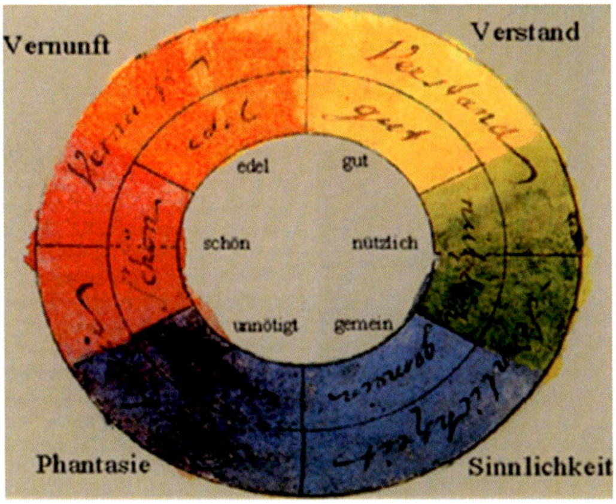

Bild 6.2
Farbkreis von Goethe, erweitert um die psychologischen Definitionen von Farben nach Goethe und Schiller

Es gibt jedoch andere Farben, die auf diesem Bunttonkreis nicht vorkommen, z. B. Weiß und Schwarz. Die unbunten Farben werden deshalb oft als Gerade dargestellt (Unbuntgerade) mit den beiden Endpunkten Schwarz und Weiß, zwischen denen sich verschiedene Grauwerte ausbilden. Diese Reihe läuft nicht in sich zurück. Die Farbart aller dieser Farben ist jedoch gleich, nämlich unbunt.

6.2.2 Dreidimensionale Farbsysteme

Auf der Basis des Farbkreises von Goethe hat Runge ein dreidimensionales Farbmodell als Kugel entwickelt. Von Goethes Farbkreis, der den Äquator bildet, ausgehend, fügte Runge die beiden Pole „Weiß" (oben) und „Schwarz" (unten) hinzu. Philipp Otto Runge (1777 - 1810) war der erste Maler, bei dem die Farbtheorie einen hohen Stellenwert hatte. Seiner Theorie liegen gedachte Idealfarben zugrunde, die er mit verwandten, nicht so rein darstellbaren Materialfarben vergleicht.

Will man eine anschauliche Anordnung sowohl der bunten als auch der unbunten Farben und Übergänge erreichen, so bleibt nur die Möglichkeit, eine dreidimensionale, räumliche Darstellung (dreidimensionaler Farbenraum) zu wählen.

In dem so aufgebauten Farbraum, z. B. dem Farbsystem nach Munsell, siehe Bild 6.3, nimmt die Helligkeit der dargestellten Farben von unten nach oben zu, die Buntheit nimmt nach außen zu und der Buntton wird durch einen Winkel in einer Ebene senkrecht zur Unbuntachse gekennzeichnet. Und wie deutlich erkennbar, ist das Farbsystem von Munsell nicht symmetrisch. Eine wichtige Erkenntnis gegenüber den früheren Farbmodellen.

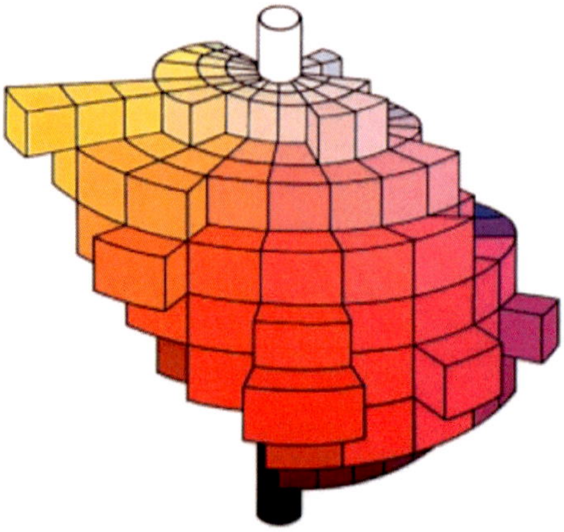

Bild 6.3
Farbsystem nach Munsell

Wie in Kapitel 5 „Auge und Wahrnehmung" erklärt, entwickelte der englische Physiker und Mediziner Thomas Young im Jahr 1807 die Dreifarbentheorie, die etwa 60 Jahre später durch den deutschen Physiker Hermann von Helmholtz entscheidend ergänzt wurde.

1853 formulierte Grassmann (1809 - 1877) drei Gesetze der additiven Mischung, die heute noch Gültigkeit haben:

- Für das Ergebnis einer additiven Farbmischung ist nur das Aussehen, nicht die spektrale Zusammensetzung der Komponenten maßgebend.
- Alle Farbmischungen verlaufen stetig.

- Zum Festlegen einer Farbe sind drei Bestimmungsstücke notwendig und hinreichend.

6.2.3 Farbordnungssysteme

Neben den wissenschaftlichen Erkenntnissen der trichromatischen Theorie des Farbensehens von Young, Maxwell und Helmholtz sowie der Gegenfarbentheorie von Hering, wurde immer wieder versucht, Farbordnungen zu finden, in denen alle möglichen Körperfarben systematisch angeordnet werden können.

Neben den mehr physikalisch orientierten Farbsystemen gibt es eine große Anzahl von Farbmustersammlungen, die in der Praxis im Gebrauch sind. Die Grundlagenuntersuchungen wurden von Persönlichkeiten wie Munsell, Ostwald, Itten, Richter und Küppers durchgeführt.

Eine Farbordnung, die wissenschaftlichen Ansprüchen genügt, muss mehrere Eigenschaften besitzen:

- Die Farben liegen als Muster vor, wobei jedes Muster eine eigene Kennzeichnung hat.
- Die Abweichung der Muster gleicher Kennzeichnung voneinander durch den Herstellungsprozess wird in sehr kleinen Toleranzen gehalten.
- Die Muster sind farbmetrisch vermessen, sodass ihre Normfarbwerte bei spezifizierter Beleuchtung bekannt sind.
- Die Muster liegen in einer systematischen und möglichst empfindungsgemäßen Ordnung vor.

Zu den Farbordnungen, die diese Bedingungen erfüllen, gehören in den USA das Munsell-Farbsystem, in Deutschland das DIN-Farbensystem bzw. das RAL-Design-Farbsystem und in Schweden das Natural Color System (NCS). Diese Systeme beruhen auf dem Bestreben, die Abstände jeder Farbe zu der benachbarten Farbe empfindungsgemäß gleich groß erscheinen zu lassen. Sowohl die Unterschiede der Farbe an sich als auch jene der Helligkeit und der Buntheit sollen als gleichartig empfunden werden.

6.3 Farbräume

Große Bedeutung für die Wissenschaft erlangten die Definitionen verschiedener Farbräume, die von der internationalen Beleuchtungskommission CIE (Commission Internationale de l'Éclairage) festgelegt wurden, wie z. B. XYZ, $L^*a^*b^*$ und $L^*u^*v^*$.

- CIE-XYZ (1931)
- CIE-Farbtafel x,y (1931)
- CIE-Farbtafel u,v (1960)
- CIE-Farbtafel u',v' (1960)
- CIE-L*u*v* (1976)
- CIE-L*a*b* (1976)
- CIECAM02 (2004)
- CAM02-UCS (2006)

6.3.1 RGB-Farbraum

Als Basis für die Farbräume wird zuerst der RGB-Farbraum erklärt. Im dreidimensionalen Farbenraum (speziell bei der additiven Farbmischung) kann man mit den drei Primärvalenzen R, G, B einen Farbraum aufspannen. Die drei Primärvalenzen zeigen in diesem Farbraum in unterschiedliche Richtungen. Die aus ihnen ermischbaren Farbvalenzen bilden einen Körper, der durch sechs Parallelogramme begrenzt ist, ein sogenanntes Parallelepiped. Stellt man sich die Primärvalenzen R, G, B der Einfachheit halber als drei gleichlange Vektoren vor, die senkrecht aufeinander stehen, so bilden sie einen Würfel.

Die Spitzen der drei Basisvektoren stellen die Farben Rot, Grün und Blau dar. Der Koordinatenursprung ist Schwarz. Im Inneren und auf den Seiten dieses Würfels liegen die Endpunkte aller Vektoren, die man aus den drei Primärvalenzen R, G, B durch innere Mischung erzeugen kann.

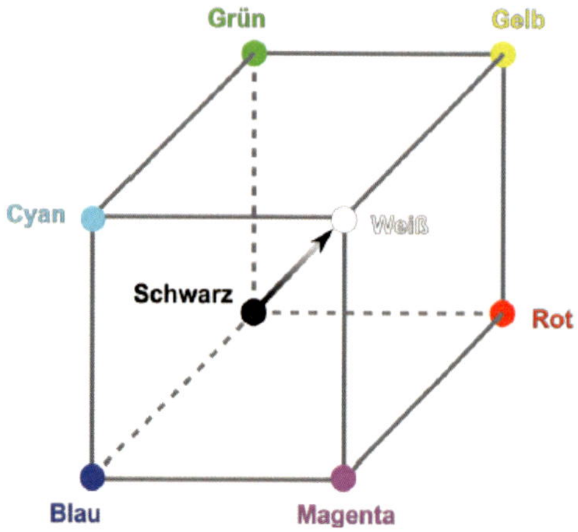

Bild 6.4
RGB-Würfel

Primärvalenzsystem

Bedingung für ein Primärvalenzsystem ist, keine der drei Primärvalenzen R, G, B soll aus den beiden anderen ermischbar sein.

$$\mathbf{F} = R\mathbf{R} + G\mathbf{G} + B\mathbf{B} \tag{6.2}$$

F = Farbvalenz bzw. Farbvektor
R, **G**, **B** = Primärvalenzen des Farbenraumes bzw. die Einheitsvektoren
R, G, B = Farbwerte der betrachteten Farbvalenz

6.3.2 CIE-XYZ-Farbraum

Versucht man aus drei Primärfarben eine beliebige Farbe zu ermischen, so wird man feststellen, dass man mit drei Farben alleine nicht alle Farben, die in der Natur vorhanden sind, ermischen kann. Diese Untersuchungen wurden Anfang des 20. Jahrhunderts mithilfe eines Photometerfeldes durchgeführt. Da die Farbflächen von 2°-Gesichtsfeldgröße gemessen wurden, beschreibt man die Ergebnisse mit dem sogenannten farbmetrischen 2°-Normalbeobachter. 1964 wurde zusätzlich der 10°-Normalbeobachter eingeführt.

Die nachzumischenden Spektralvalenzen werden mithilfe eines Monochromators erzeugt. Als Primärvalenzen dienten spektrale Farbreize bei Rot, Grün und Blau. Versucht man den Farbton einer Wellenlänge bei λ = 500 nm (Blaugrün) mit dieser Anordnung nachzumischen, so besteht keine Möglichkeit, aus der grünen, blauen und roten Spektralvalenz diesen Farbton nachzumischen. Im Gegenteil, um Gleichheit in dem zweigeteilten Fotometerfeld herzustellen, muss man die rote Primärvalenz der nachzumischenden Spektralvalenz zumischen und durch diese äußere Mischung eine Farbgleichung einstellen. Dies entspricht einem negativen Farbwert r (500).

Solange alle drei Farbwertanteile positiv bleiben, spricht man von der inneren Farbmischung. Sobald einer der drei Farbwertanteile negativ wird, spricht man von der äußeren Farbmischung.

Da ein Farbdreieck mit reellen Farben als Primärvalenzen nicht alle Farben in direkter Mischung enthält, hat man sich international auf ein System virtueller Primärvalenzen X, Y, Z geeinigt. Diese Primärvalenzen stellen gewissermaßen **„Überfarben"** dar und sind durch lineare Transformationen mit den reellen Primärvalenzen verknüpft.

$$\begin{aligned} X &= R_x \cdot R + G_x \cdot G + B_x \cdot B \\ Y &= R_y \cdot R + G_y \cdot G + B_y \cdot B \\ Z &= R_z \cdot R + G_z \cdot G + B_z \cdot B \end{aligned} \tag{6.3}$$

Bei der Wahl der Normvalenzen hat man einige Besonderheiten berücksichtigt:

- Alle Spektralwerte sollen positiv sein.
- Der Verlauf der Kurve der Spektralwertfunktion y(λ) soll identisch mit der V(λ)-Kurve sein.
- Der Unbuntpunkt (Weiß) soll bei x = y = 0.33 liegen.

Die CIE 1931 legte für die drei standardisierten Primärfarben mit den Bezeichnungen X, Y und Z die Wellenlängen 700 nm (Rot), 546,1 nm (Grün) und 435,8 nm (Blauviolett) fest.

Bild 6.5 zeigt die drei zugehörigen Spektralwertkurven x_λ, y_λ und z_λ. Mit diesen Grundfarben kann man mit ausschließlich positiven Gewichten alle sichtbaren Farben erzeugen. Die Grundfarbe Y wurde bewusst durch die Farbfunktion y_λ definiert, die genau der Funktion der spektralen Hellempfindlichkeit entspricht. Man beachte, dass x_λ, y_λ und z_λ nicht die Spektralverteilungen der Farben X, Y und Z sind, ebensowenig wie die Kurven in der Abbildung keine Spektralverteilungen für Rot, Grün und Blau sind. Es handelt sich hier nur um Hilfsfunktionen, mit denen man berechnen kann, in welchen Anteilen man X, Y und Z mischen muss, um eine Spektralverteilung einer beliebigen sichtbaren Farbe zu erhalten.

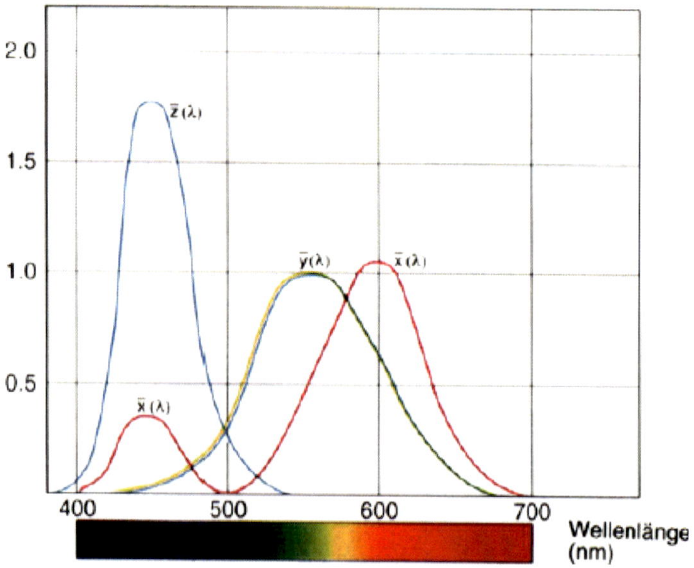

Bild 6.5 Spektralwertkurven x_λ, y_λ, z_λ für den 2°-Beobachter

Die Beträge der Primärfarben X, Y und Z, die nötig sind, um eine Farbe mit der relativen spektralen Energieverteilung S(λ) zu erzeugen, lauten:

$$X = k\int_{\lambda_2}^{\lambda_1} \varphi(\lambda)\cdot x(\lambda)\cdot d(\lambda)$$
$$Y = k\int_{\lambda_2}^{\lambda_1} \varphi(\lambda)\cdot y(\lambda)\cdot d(\lambda) \qquad (6.4)$$
$$Z = k\int_{\lambda_2}^{\lambda_1} \varphi(\lambda)\cdot z(\lambda)\cdot d(\lambda)$$

X, Y, Z = die zu bestimmenden Normfarbwerte
φ(λ) = Farbreizfunktion
x (λ), y(λ), z (λ) = Normspektralwertfunktion
k = eine zweckmäßig zu definierende Konstante
λ_1, λ_2 = Grenzen des sichtbaren Bereichs

Bei selbstleuchtenden Objekten, zum Beispiel einem Bildschirm, beträgt k = 680 Lumen/Watt. Bei reflektierenden Objekten wählt man k gewöhnlich so, dass helles Weiß einen Y-Wert von 100 hat. Die anderen Y-Werte liegen dann im Bereich zwischen 0 und 100.

X, Y, Z sind die mithilfe der obigen Gleichung ermittelten Gewichte, die man zur Erzeugung einer Farbe F auf die CIE-Primärfarben anwenden kann. Zur Vereinfachung können auch die Normfarbwertanteile x, y, z verwendet werden.

$$x = X/(X+Y+Z)$$
$$y = Y/(X+Y+Z) \qquad (6.5)$$
$$z = Z/(X+Y+Z)$$
$$x+y+z=1$$

x, y, z = Normspektralfunktion
X,Y,Z = Normspektralfarbwert

Wenn man x und y spezifiziert, ist z durch z = 1 − x − y festgelegt. Man kann jedoch X, Y und Z nicht aus x und y rekonstruieren. Dazu benötigt man mehr Informationen, meist Y, das die Luminanzinformation enthält.

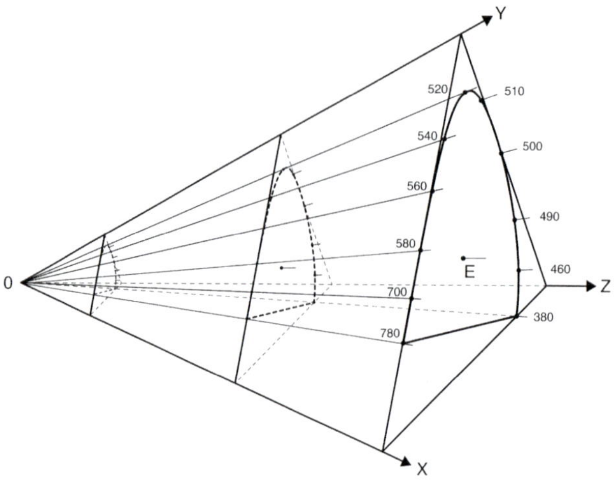

Bild 6.6 XYZ-Farbraum dreidimensional dargestellt, mit innenliegender xy-Farbtafel

Wird x und y für alle sichtbaren Farben ausgedruckt, so erhält man das CIE-Farbdiagramm, auch Farbtafel genannt, siehe Bild 6.7 links. Es ist eine Projektion der Ebene $X + Y + Z = 1$ auf die (x,y)-Ebene.

6.3.3 Farbtafel

Das Innere und der Rand des hufeisenförmigen Bereichs stellen alle sichtbaren Farbwerte dar. Alle wahrnehmbaren Farben der gleichen Farbe, aber unterschiedlicher Luminanz werden auf demselben Punkt innerhalb dieses Bereichs abgebildet. Die zu 100 % reinen Farben des Spektrums liegen auf dem gekrümmten Teil des Randes. Siehe auch Bild 6.7 links.

Color Gamut

Eine weitere Verwendungsmöglichkeit des CIE-Farbdiagramms ist die Definition einer Farbpalette (Color Gamut), die die Ergebnisse der Addition von Farben zeigt. Die Form des Diagramms erklärt, weshalb man durch Mischung der sichtbaren Farben Rot, Grün und Blau nicht alle Farben erzeugen kann. Siehe auch Bild 6.7 rechts.

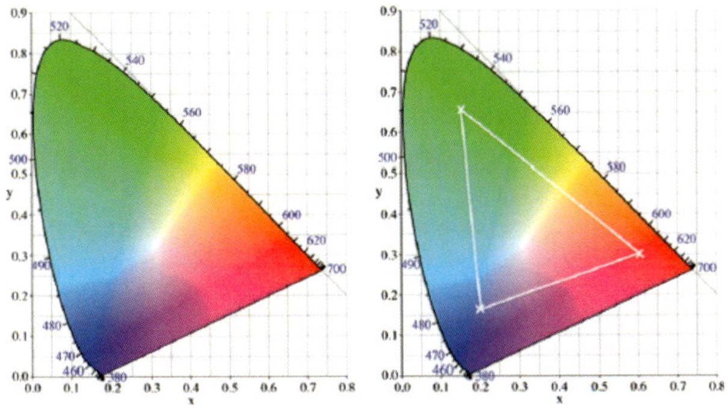

Bild 6.7 Links: Normfarbtafel nach CIE 1931; rechts: Beispiel für ein Color Gamut

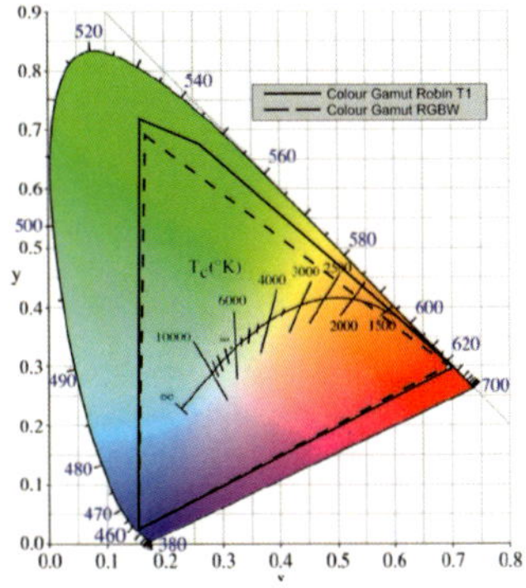

Bild 6.8
Darstellung von Color-Gamut-Bereichen für verschiedene Scheinwerfer (Robin T1 und RGBW der Firma Robe)

6.3.4 CIE-UCS-Farbtafel

Die trichromatischen Farbmaßzahlen (X, Y, Z) sind nicht zur empfindungsgemäßen Bewertung von Farben geeignet. Sie sind unanschaulich und sagen wenig über das farbige Aussehen eines Körpers oder einer Lichtquelle aus. Das hat folgende Ursachen:

- Sie beruhen lediglich auf Gesetzmäßigkeiten der additiven Farbmischung.
- Sie nehmen keinen Bezug auf die Physiologie des Farbensehens.
- Sie beruhen auf einem affinen Raum, in dem kein Abstandsbegriff existiert.

Die trichromatischen Farbmaßzahlen sind lediglich in der Lage, Farbreize eindeutig zu kennzeichnen.

Zur Kennzeichnung der Wirkung von Farben sind möglichst anschauliche und farbpsychologisch relevante Farbmaßzahlen geeignet wie z. B. Helligkeit, Buntton, Sättigung oder Buntheit (HSV-System, DIN-System, Munsell-System, NCS-System, RAL-Design-System).

Die Basis einer empfindungsgemäßen Farbabstandsbewertung ist die Messung von Farbunterschiedsschwellen. Unterscheiden sich zwei vorgegebene Farben, dann spricht man von einem gerade wahrnehmbaren Farbunterschied bzw. einer Farbabstandsschwelle.

MacAdam-Ellipsen

MacAdam konnte in seinen Experimenten 1940 zu Farbabstandsschwellen nachweisen, dass die Farbtafel der CIE 1931 den Nachteil besitzt, dass die Abstände nicht empfindungsgemäß sind. Dies ist auch anhand der unsymmetrischen MacAdam-Ellipsen sichtbar. In der Normfarbtafel liegen die Farborte für den Schwellenabstand auf Ellipsen, deren Radien und Richtungen vom Farbort der Normfarbtafel abhängen (siehe Bild 6.9).

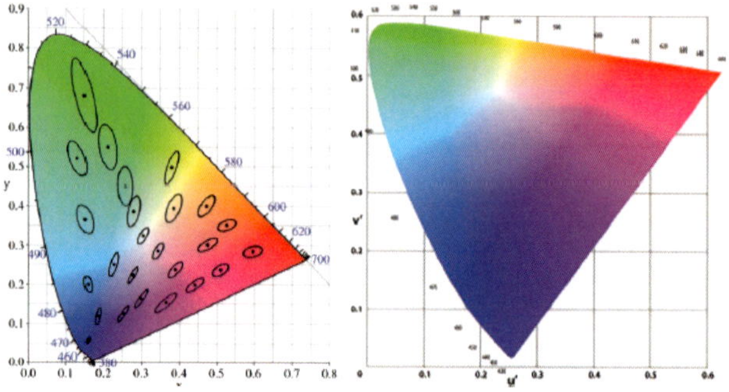

Bild 6.9 Links: MacAdam-Ellipsen (die Ellipsen sind um den Faktor 10 zu groß dargestellt, um die Unterschiede darzustellen), rechts: UCS-Farbtafel 1976 (u' v'-Farbtafel)

Dieses Ergebnis zeigt die empfindungsgemäße Inhomogenität der Normfarbtafel. Einen Kompromiss stellt die von der CIE 1960 und 1976 vorgeschlagene sogenannte CIE-UCS-Farbtafel dar (UCS =uniform chromity scale). Sie hat die rechtwinkligen Koordinaten u und v bzw. u' und v', die sich folgendermaßen aus den Normfarbwertanteilen errechnen lassen.

$$\begin{aligned} &\text{CIE-UCS-Farbtafel 1976 } (\text{u'v'-Farbtafel}) \\ &u' = 4x / (-2x + 12y + 3) \\ &v' = 9y(-2x + 12y + 3) \end{aligned} \qquad (6.6)$$

u', v' = rechtwinklige Koordinaten
x, y = rechtwinklige Koordinaten

Diese Farbtafel sollte immer dann benutzt werden, wenn man die Farbarten empfindungsgemäß darstellen will.

6.3.5 CIE-L*u*v*

In einer empfindungsgemäßen Farbtafel lassen sich nur Unterschiede gleich heller Farben beurteilen. Um die Unterschiede beliebiger Farben beurteilen zu können, ist eine gleichabständige Darstellung des Farbraums erforderlich.

Sie lässt sich gewinnen durch eine Verknüpfung der gleichabständigen Helligkeitsskala mit der empfindungsgemäßen Farbtafel. Ein solcher Farbenraum mit den drei Koordinaten L*, u*, v* wurde 1976 von der CIE als CIE-LUV-System 1976 empfohlen. Seine Koordinaten berechnen sich folgendermaßen aus den Normalfarbwerten:

$$
\begin{aligned}
L^* &= 116^* \left(Y / Y_w\right)^{0.33} - 16 \quad \text{für } 0{,}008856 \leq Y / Y_w \leq 1 \\
L^* &= 903{,}29^* \left(Y / Y_w\right)^{0.33} - 16 \quad \text{für } 0 \leq Y / Y_w \leq 0{,}008856 \\
u^* &= 13^* L^* \left(u' - u'_w\right) \\
v^* &= 13^* L^* \left(v^* - v'_w\right)
\end{aligned}
\qquad (6.7)
$$

L^* = psychometrische Helligkeitsfunktion
Y = Leuchtdichte des Objekts
Y_w = Leuchtdichte der Bezugslichtquelle
u^*, v^* = Farbwerte
u', v' = Farbwerte des u'v'-Farbsystems
u'_w, v'_w = Farbart von Weis bzw. Unbunt

L* ist die psychometrische Helligkeitsfunktion. Die beiden Größen u'_w und v'_w geben die Farbart von Weiß bzw. Unbunt an, also im Falle von Körperfarben die Farbart der Beleuchtungsart (z. B. D65).

Die Achse u* verläuft in Richtung Grün-Rot, die Achse v* in Richtung Blau-Gelb. Aus den beiden Koordinaten u* und v* lässt sich qualitativ der Buntton ableiten. Für die unbunten Farben werden die beiden Koordinaten u* und v* null (siehe Bild 6.10).

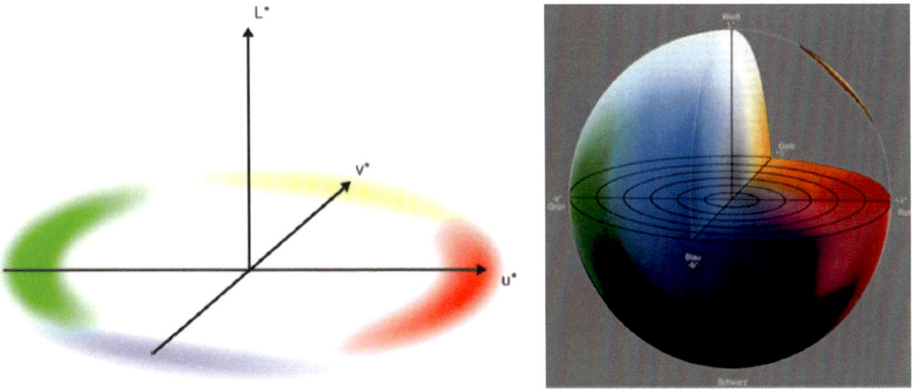

Bild 6.10 Links: CIE-L*u*v*-Farbraum, rechts: CIE-L*a*b*-Farbraum

Es ist wichtig, sich klarzumachen, dass das CIE-LUV-System kein Primärvalenzsystem ist und dass L*, u* und v* Farbkoordinaten und keine Farbwerte darstellen. Zwar liegen Farben gleicher Farbart auch im CIE-LUV-Farbraum auf einer Geraden durch den Koordinatenursprung, verschiedene additive Mischungen zweier Farben liegen aber im CIE-LUV-Farbraum im Allgemeinen nicht auf einer Geraden.

6.3.6 CIE-L*a*b*

Weil die empfindungsgemäße Gleichabständigkeit des CIE-LUV-Systems keineswegs vollkommen ist, hat die Internationale Beleuchtungskommission 1976 noch ein zweites Farbkoordinatensystem als näherungsweise gleichabständig empfohlen, mit den Koordinaten L*, a* und b*:

$$\begin{aligned} L^* &= 116^* \left(Y / Y_w\right)^{1/3} - 16 \\ a^* &= 500^* \left[\left(X / X_w\right)^{1/3} - \left(Y / Y_w\right)^{1/3}\right] \\ b^* &= 200^* \left[\left(Y / Y_w\right)^{1/3} - \left(Z / Z_w\right)^{1/3}\right] \end{aligned} \tag{6.8}$$

L* = psychometrische Helligkeitsfunktion
a*, b* = Farbwerte
X, Y, Z = Normfarbwerte
X_w, Y_w, Z_w = Normfarbwerte der unbunten Bezugsfarbe

Die Größen X_w, Y_w, Z_w bezeichnen hier die Normfarbwerte der unbunten Bezugsfarbe, im Falle der Körperfarbe Weiß. Die Helligkeitsfunktion ist im CIE-LAB-System 1976 identisch mit der des CIE-LUV-Systems. Die beiden Achsen a* und b* sind ebenfalls Rot-Grün- bzw. Blau-Gelb-Buntheitachsen.

Für unbunte Farben sind die Koordinaten a* und b* jeweils null. Im Gegensatz zu dem CIE-LUV-System besitzt das CIE-LAB-System keine Farbtafel, da sich aus den Koordinaten L*, a*, b* wegen des Exponenten 1/3 keine leuchtdichteunabhängigen Quotienten bilden lassen.

6.3.7 Farbabstandsformeln

In einem Farbraum, in dem die Anordnung der Farben empfindungsgemäß gleichabständig ist, sind die geometrischen Abstände direkt proportional zu den empfindungsgemäßen Farbabständen. Der Farbabstand im CIE-LUV-Farbraum ist gegeben durch:

$$\Delta E^*_{uv} = \sqrt{\left(\Delta L^*\right)^2 + \left(\Delta u^*\right)^2 + \left(\Delta v^*\right)^2} \qquad (6.9)$$

ΔE^*_{uv} = Farbabstand
L^* = psychometrische Helligkeitsfunktion
u^*, v^* = Farbwerte

Entsprechend kann man auch eine Farbabstandsformel für das CIE-LAB-System angeben:

$$\Delta E^*_{ab} = \sqrt{\left(\Delta L^*\right)^2 + \left(\Delta a^*\right)^2 + \left(\Delta b^*\right)^2} \qquad (6.10)$$

ΔE^*_{ab} = Farbabstand
L^* = psychometrische Helligkeitsfunktion
a^*, b^* = Farbwerte

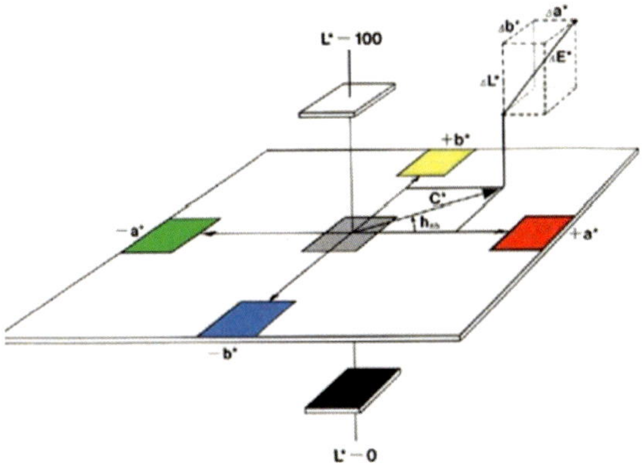

Bild 6.11
Farbabstandsdifferenz ΔE^*_{ab}

Während das CIE-LUV-Koordinatensystem heute vorwiegend für die Farben von Selbstleuchtern angewendet wird (z. B. in der Farbfernsehtechnik), wird das CIE-LAB-System in den Anwendungsbereichen bevorzugt, wo es um Körperfarben geht.

Farbdifferenzschwellen

Ein gerade noch wahrnehmbarer Farbunterschied zwischen zwei Farbproben liegt in der Größenordnung von $\Delta E = 1$. Ein $\Delta E = 3$ ist z. B. deutlich sichtbar.

Tabelle 6.1 Farbdifferenzschwellen ΔE

Farbdifferenzschwelle ΔE	Wahrnehmung
bis 0,2	nicht wahrnehmbar
0,2 – 0,5	sehr gering
0,5 – 1,5	gering
1,5 – 3	deutlich
3 – 6	sehr deutlich
6 – 12	stark
>12	sehr stark

6.3.8 CIECAM02

Neben dem CIE-LAB und CIE-LUV-Farbraum hat sich seit einigen Jahren auch der CIECAM02-Farbraum etabliert, da der CIE-LAB-Farbraum kleinere Farbabstände nicht empfindungsgemäß darstellt. Und es gibt keine empfindungsgemäße Vorhersage sowie Beschreibungen von Farberscheinungen in Abhängigkeit der Umgebung und der Umgebungsleuchtdichten. Aus diesem Grund wurde 2004 das Farberscheinungsmodell CIECAM02 eingeführt.

Das CIECAM02-Modell ist ein Farberscheinungsmodell (Color Appearance Model) mit Wahrnehmungsattributen wie Leuchtdichte Q (brightness), Helligkeit L (lightness), Buntheit C (chroma), Sättigung s (saturation), Buntton H (Hue) und Farbigkeit M.

„Ein Farberscheinungsmodell (Farbeindrucksmodell) beschreibt für spezifische Betrachtungsbedingungen den Zusammenhang zwischen farbmetrischen Werten von Farben und daraus abgeleiteten Größen, welche mit der Farbwahrnehmung korreliert werden.

Das CIECAM02-Modell besteht aus einer Transformation zur Beschreibung der chromatischen Adaptation und aus Gleichungen zur Berechnung der Gruppe von Größen, die mit der Farbwahrnehmung korreliert sind" (zitiert aus der CIE-159:2004).

Die Funktion des CIECAM02 besteht darin, neben dem Farbreiz auch die Umgebung zu berücksichtigen, um eine Farberscheinung möglichst präzise entsprechend der menschlichen Wahrnehmung vorherzusagen. Das CIECAM02 benutzt dazu die drei XYZ-Werte vom Stimulus (Anreizpunkt), die XYZ-Werte des angenommenen Weißpunktes (whitepoint), den Hintergrund und Beleuchtungsinformation über die Umgebung

Das CIECAM02-Modell berücksichtigt darüber hinaus auch verschiedene Effekte wie den Simultankontrast (siehe Bild 5.8). Der Stevens-Effekt ist ein Effekt, der erläutert, dass der wahrnehmbare Lichtkontrast (Bildkontrast) sich bei zunehmender Adaptationsleuchtdichte erhöht. D. h. wenn die Adaptationsleuchtdichte zunimmt, erscheinen dunkle Farben dunkler und helle Farben erscheinen heller, siehe auch Bild 5.9. Zudem beschreibt das CIECAM02-Modell den Hunt-Effekt (Erhöhung des wahrgenommenen Farbgehalts durch erhöhte Luminanz) und andere Effekte.

CAM02-UCS

Auf der Grundlage des CIECAM02-Farberscheinungmodells wurde im Jahr 2006 der CAM02-UCS-Farbraum entwickelt, bei dem ähnlich wie beim CIELAB-Farbraum die Werte a' und b' die Farbanteile auf der Rot-Grün- bzw. Blau-Gelb-Achse darstellen.

6.3.9 Rec2020/BT.2020

Mit der Einführung von Ultra High Definition (UHD) in der Fernsehwelt wurde nicht nur die Auflösung gesteigert, sondern das Fernsehsystem wurde um High Dynamic Range (HDR) und Wide Color Gamut (WCG) erweitert. Die 1990 erstmals veröffentlichte ITU-R BT.709 bildet die Grundlage des High Definition-Videostandards. Sie ist der Nachfolger von ITU-R BT.601, in der der Standard Definition-Videostandard definiert ist. Mit der Erweiterung des Fernsehsystems in Richtung höherer Auflösungen, größerer Kontraste, größerer Farbräume und höherer Bildwechselfrequenzen wurde 2012 der Videostandard ITU-R BT.2020 eingeführt. Er reglementiert den erweiterten Farbraum (Wide Color Gamut), die beiden möglichen Auflösungen in Ultra High Definition (UHD-1 mit 3840 × 2160 und UHD-2 mit 7680 × 4320 Pixeln) und Bildwechselfrequenzen bis zu 120 fps. Allerdings bleibt der Kontrast zunächst unangetastet. Diese Erweiterung auf High Dynamic Range (HDR) wird erst 2016 in ITU-R BT.2100 standardisiert. Die Spitzenleuchtdichte eines Referenzdisplays wird mit 1000 cd/m^2 definiert, welches 1000 Nit entspricht. Es können neben feineren Abstufungen durch die Codierung also vor allem auch deutlich höhere Spitzenhelligkeiten erzeugt werden.

Zur vollständigen Repräsentation einer Farbinformation muss auf Seiten der xy-Darstellung nun außerdem die Helligkeit/Dunkelstufe Y mit eingebunden werden. Dadurch entsteht die dreidimensionale Darstellung in Bild 6.12, welches auch als Yxy-System oder Color Volume bezeichnet wird.

Bild 6.12 Links: Vergleich Farbraum BT.709 zu BT2020 in log-Einheiten und mit der xy-Farbtafel; rechts: 3D-Druck der beiden Farbräume zur Veranschaulichung der Größenverhältnisse

6.4 Additive und subtraktive Farbmischung

Eine additive Farbmischung entsteht, wenn auf dieselbe Netzhautstelle Licht verschiedener Wellenlänge fällt. Man spricht von einer subtraktiven Farbmischung, wenn z. B. Licht durch verschiedene Farbfilter fällt und dabei Anteile des Lichts absorbiert werden.

Bild 6.13 Links: additive Farbmischung mit drei getrennten Lichtquellen, rechts: subtraktive Farbmischung mit drei Farbfiltern

6.4.1 Additive Farbmischung

Werden alle drei additiven Grundfarben zusammen ausgestrahlt, so entsteht weißes Licht. Bild 6.13 links zeigt das Übereinanderprojizieren von drei getrennten Lichtquellen. Dementsprechend werden Bildschirmfarben mithilfe von drei nebeneinanderliegenden Farbphosphoren bzw. LEDs umgesetzt. Bei genügendem Beobachtungsabstand nimmt das Auge dann eine einheitliche Mischfarbe wahr (Prinzip der örtlichen Summation).

Bei der additiven Farbmischung werden die emittierten Strahlungsleistungen bei jeder Wellenlänge addiert. Bei drei Mischungskomponenten z. B. gilt:

$$\Phi_{e\lambda}(\lambda) = \Phi_{e\lambda,1}(\lambda) + \Phi_{e\lambda,2}(\lambda) + \Phi_{e\lambda,3}(\lambda) \tag{6.11}$$

$\Phi_{e\lambda}(\lambda)$ = spektrale Strahlungsleistung

wobei $\Phi_{e\lambda}(\lambda)$ die spektrale Strahlungsleistung der Mischstrahlung und $\Phi_{e\lambda,i}(\lambda)$ (i = 1, 2, 3) die drei Komponenten bei der Wellenlänge λ bedeuten.

Zu einer additiven Farbmischung kommt es dann, wenn die Mischungskomponenten örtlich oder zeitlich dicht aufeinander folgen, sodass sie vom Auge nicht mehr aufgelöst werden können. Die absorbierten Strahlungsleistungen der Mischungskomponenten werden vom Rezeptor addiert. D. h., wenn man einer Netzhautstelle nicht gleichzeitig, sondern in raschem periodischen Wechsel die verschiedenen Strahlungen zuführt, z. B. mit einer Frequenz von mindestens 25 Hz, so liefert uns das Auge einen konstanten, einheitlichen Farbeindruck, eben wieder die Mischfarbe.

Es gibt noch eine dritte Möglichkeit der additiven Farbmischung, deren Bedeutung vor allem auf dem Gebiet der technischen Farbreproduktion liegt: Bietet man dem Auge verschieden nebeneinanderliegende Farbpunkte an, die so klein sind und so eng benachbart liegen, dass das Auge sie nicht mehr aufzulösen vermag, dann entsteht der Eindruck einer gleichmäßig gefärbten Fläche, deren Farbe die additive Mischfarbe der nicht mehr aufgelösten Flächenelemente ist (Farbbildschirm, Drucktechnik).

6.4.2 Subtraktive Farbmischung

Subtraktiv nennt man die Mischung von Pigmenten, weil deren Farbwirkung darauf beruht, dass dem in die Pigmentschichten bzw. -partikeln eindringenden weißen Licht bestimmte Spektralanteile entzogen werden. Je mehr Pigmente gemischt werden, desto mehr Licht wird absorbiert und desto dunkler wirkt im Allgemeinen die Mischung (Bild 6.13, rechts).

Während sich die additive Mischung durch einfache Regeln beschreiben lässt, gilt dies nicht für die subtraktive Mischung. Die einfachste Darstellung einer subtraktiven Farbmischung ist das Hintereinanderschalten mehrerer Farbfilter. Es gilt dann für den Gesamttransmissionsgrad,

$$\tau(\lambda) = \tau_1(\lambda) \cdot \tau_2(\lambda) \cdot \tau_3(\lambda) \tag{6.12}$$

$\tau(\lambda)$ = Transmissionsgrad

wenn τ_1 (λ) bis τ_n (λ) die Transmissionsgrade der Einzelfilter darstellen.

> Fällt weißes Licht durch einen breitbandigen Gelbfilter und danach durch einen breitbandigen Magenta-Filter, so ergibt sich die subtraktive Mischfarbe Rot, da nur dieser Größenbereich des Spektrums durch beide Filter durchgelassen wird.

6.5 Farbwiedergabefaktoren und Farbwiedergabeindex

Die Lichtfarbe einer Lampe sagt nur etwas über das farbliche Aussehen der Lampe aus, nicht aber über die Farbwiedergabeeigenschaften der Lichtquelle. Dazu werden separate Kennzeichnungen bzw. Farbwiedergabefaktoren verwendet.

6.5.1 Farbwiedergabefaktor R_a

Der am häufigsten verwendete Farbwiedergabefaktor ist die Farbwiedergabe R_a bzw. CRI (color rendering index).

Die Farbwiedergabe kennzeichnet dabei das Maß der Übereinstimmung der Körperfarbe mit ihrem Aussehen unter einer definierten Bezugslichtquelle. Als Bezugslichtquelle werden vor allem zwei Normlichtarten verwendet. Dies ist zum einen die Lichtfarbe der Glühlampe, Normlichtart A mit 2855,4 K und das D65 (Daylight mit 6504 K). Dazu gibt es von Seiten der CIE und der DIN vierzehn definierte Farbmuster, die in einem Abmusterungskasten bewertet werden.

Die Messung wird mithilfe eines Abmusterungskasten durchgeführt, bei dem eine Seite des Kastens mit einer Lichtquelle der Normlichtart bestückt ist, während die andere Seite die zu untersuchende Lichtquelle beinhaltet. Bei der Farbwiedergabe Ra werden die ersten 8 Testfarben, siehe Bild 6.14, bemustert und bewertet, bei R_i alle 14 Testfarben. Dabei sind gewisse Abweichungen in den Farben erlaubt (MacAdam-Ellipsen), siehe die unten aufgeführte Formel.

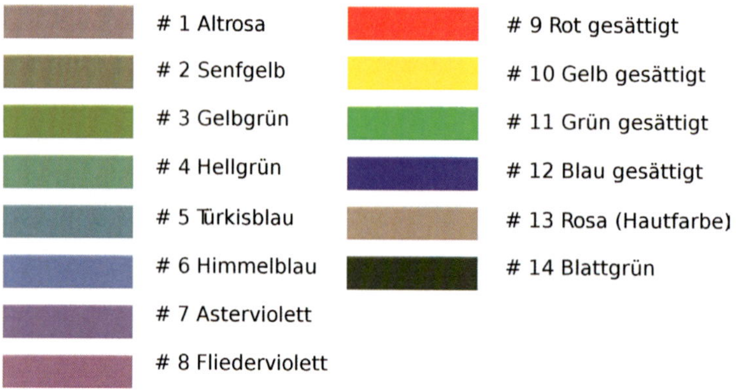

Bild 6.14 Farbmuster mit 14 Testfarben nach DIN 6169

Zur Berechnung des Farbabstandes wird der Farbwiedergabeindex R_i verwendet. Er berechnet sich aus dem Farbabstand ΔE_i nach

$$R_i = 100 - 4{,}6^* \Delta E_i$$
$$R_a = \frac{1}{8}\sum_{i=1}^{8} R_i \qquad (6.13)$$

R_i = spezieller Farbwiedergabeindex (i = 1 bis 14)
R_a = allgemeiner Farbwiedergabeindex (i = 1 bis 8)

Ein R_a-Wert von 100 bedeutet, dass unter den oben ausgeführten definierten Umständen mit einer Referenzlichtquelle acht ausgewählte Farbstreifen zu 100 % wiedergegeben werden. Möglich ist jedoch eine Toleranz von max. 4,6 %. Ein R_a-Wert von 80, den die meisten Leuchtstofflampen besitzen, bedeutet, dass nur 80 % der acht definierten Farben korrekt wiedergegeben werden. Die Angabe eines Farbwiedergabefaktors R_a gibt keine Aussagen darüber, wie gut kräftige Farben wie z. B. Rot oder Gelb oder auch Hauttöne wiedergegeben werden. Deshalb ist es in der Praxis üblich, nach dem R_i-Wert zu fragen oder ganz speziell nach dem R_9-Wert (gesättigtes Rot), da die meisten Lichtquellen in diesem Bereich Defizite haben.

Tabelle 6.2 Farbwiedergabestufen

Farbwiedergabe-Einteilung	Farbwiedergabe R_a
1a	100–90
1b	89–80
2	79–70
3	69–40
4	39–0

Diese lichttechnische Größe „Farbwiedergabe“ muss in der Zwischenzeit auf den meisten Verpackungen von Leuchtmitteln angegeben werden.

6.5.2 CQS

Um exaktere Farbwiedergabeindizes zu erhalten, die mehr der Realität entsprechen, wurde das CQS-System (Color Quality Scale System) eingeführt, das insgesamt 24 Musterfarben beinhaltet, die bewertet werden. Die Testfarben der Farbqualitätsskala sind im Gegensatz zu R_a alle gesättigt und enthalten neben den 18 Farben auch 6 Schwarz-Weiß-Töne (siehe Bild 6.15).

Bild 6.15 Farbsystem CQS: Die Wert unter jeder Musterfarbe des CQS-Systems geben die Farbwiedergabe einer LED-Leuchte an

6.5.3 TM 30-15

Durch den Einsatz von LED-Lichtquellen war die Aussagekraft des Farbwiedergabe R_a bzw. CRI nicht mehr aussagekräftig, insbesondere für die Beurteilung der Farbqualität und des Farbumfangs, sodass eine verbessertes Verfahren zur Beurteilung der Farbwiedergabe notwendig war. Die Illumination Engineering Society of America (IES) hat daraufhin 2015 die TM 30-15 entwickelt. Diese verwendet 99 Referenzfarben, siehe Bild 6.16.

Die Bewertung erfolgt nach einem ähnlichen Prinzip wie bei R_a bzw. CRI jedoch mit zwei neuen Begriffen: Rf (Fidelity-Index Rf) und Rg (Gamut-Index Rg). Beim Fidelity-Index Rf (Referenz-Spektrums Ähnlichkeits-Index) werden die Einzelfarben in einer Range von 0 – 100 wie beim R_a/CRI-Wert bewertet. Der Farbumfang (Gamut-Index Rg) wird durch den Wert Rg von ca. 60 bis 140 gekennzeichnet.

Zur Veranschaulichung wird ein zweidimensionales Vektordiagramm verwendet, Bild 6.17, das aus einem Referenz-Gamut aus 16 Farben besteht. Damit erkennt man sehr schnell den Einfluss der Lichtquelle auf die Farben, denn die Farbverschiebungen zur gemessenen Lichtquelle werden durch Vektoren dargestellt.

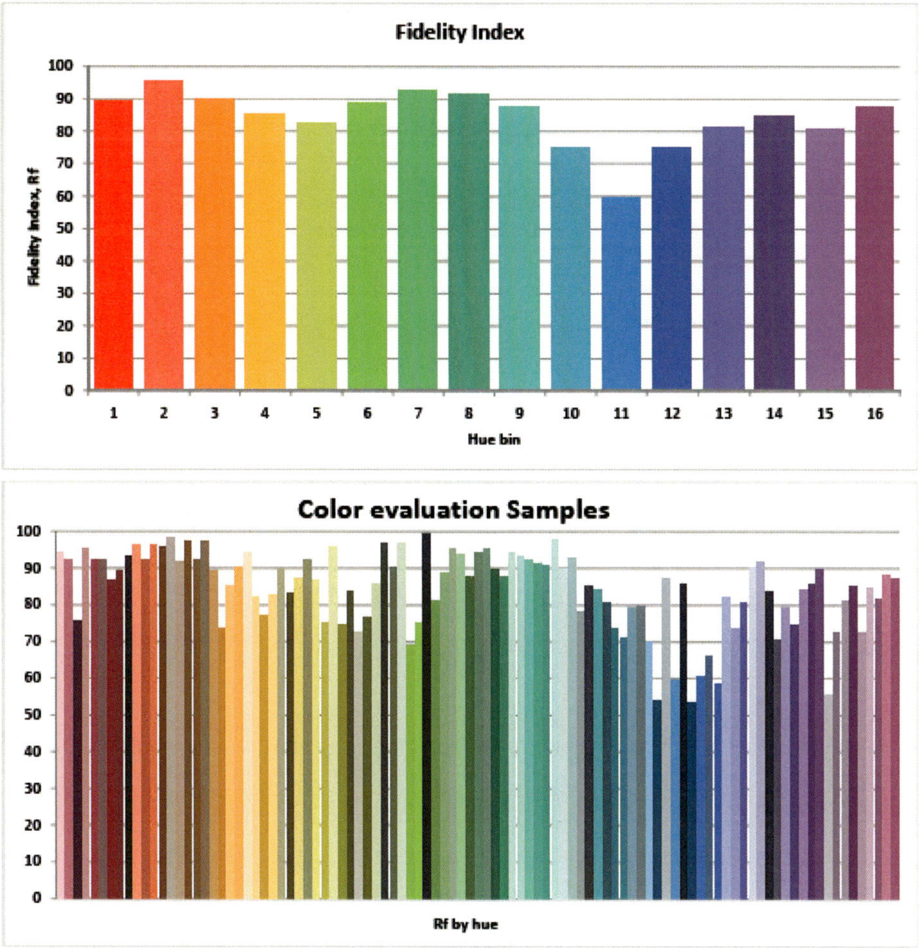

Bild 6.16 Farbmuster für TM 30-15, bezogen auf den Scheinwerfer T1Profile HighCRI

Für die Gegenüberstellung von Fidelity- und Gamut-Index hat man sich auf eine neue Darstellung geeinigt, siehe Bild 6.17. Das Optimum stellt eine Glühlampe mit Rf = 100, Rg = 100 an der Spitze dar. Der dunkelgraue Bereich kann durch kein reales Leuchtmittel erreicht werden. Der hellgraue Bereich kann von keiner Lichtquelle erreicht werden, die auf dem Plankschen Kurvenzug liegt.

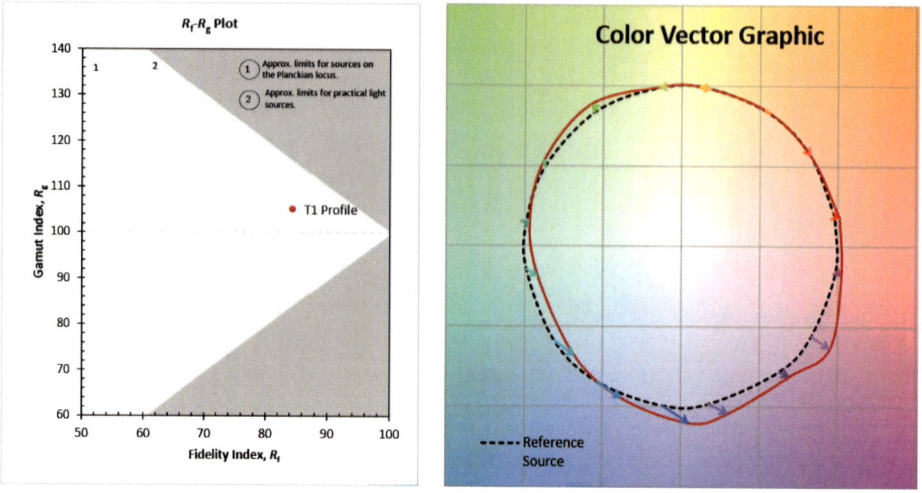

Bild 6.17 R_f-R_g-Plot und Vektorfarbdiagramm für TM 30-15, bezogen auf den Scheinwerfer T1Profile HighCRI der Firma Robe

6.5.4 TLCI-2012

Schon etwas früher als die Entwicklung des TM 30-15 hat die TV-Industrie einen eigenen Farbwiedergabeindex erarbeitet, den TLCI (Television Lighting Consistency Index) für Fernsehkameras. Mit dem TLCI-Index wurde, wie beim TM 30-15 auf die Schwächen von CRi bei LED reagiert. Die EBU (Europäische Rundfunkunion, European Broadcasting Union) hat diesen Index unter der Bezeichnung TLCI-2012 entwickelt und empfohlen. Als Referenz dienen 24 Testfarben welche speziell für Geräte zur Aufnahme und Anzeige in der Fernsehtechnik ausgewählt wurden. Der Index verläuft in der Range von 0 – 100.

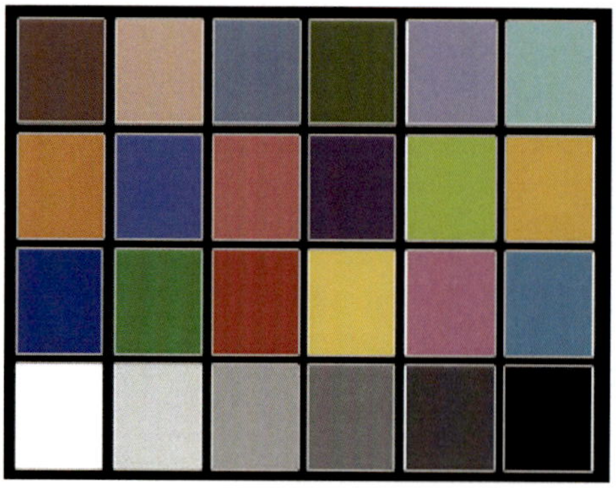

Bild 6.18
Farbmuster für TLCI-2012

6.6 Farbfolien, Farbgläser und Konvertierungsfolien

Eines der wichtigsten Instrumente der Lichtgestaltung im Theater, Konzert oder auch Showbereich ist der Einsatz von Farben bzw. Farbfilter. Kein anderes Medium bietet dem Lichtdesigner ein so hohes Maß an Möglichkeiten, wenn es darum geht, die Atmosphäre und die Emotionen einer Szene durch farbiges Licht zum Ausdruck zu bringen. Um die Farbe bzw. die Farbtemperatur einer Lichtquelle ändern zu können, stehen mehrere Möglichkeiten zur Verfügung:

- Farbfolien,
- Farbgläser und dichroitische Filter,
- Konversionsfolien, Neutralfilter und Korrekturfilter.

6.6.1 Farbfolien

Farbfolien im Entertainmentbereich dienen bzw. dienten vor allem dazu, Lichtstimmungen umzusetzen und den visuellen Ausdruck einer Produktion zu steigern. Dazu gibt es eine Vielzahl von unterschiedlichen Filterfarben. In Europa sind die Farbfolien der Firma LEE und ROSCO sehr weit verbreitet. Das Sortiment beider Firmen umfasst eine Auswahl von ca. 200 verschiedenen Farbabstufungen.

Aufbau einer Farbfolie

Filter bzw. Farbfilter (gels) bestehen aus einem Trägermedium, auf das entweder Farbpigmente aufgebracht oder in das Farbpigment eingelassen sind. Der Farbfilter lässt aufgrund der auf oder in dem klaren Trägermaterial eingebrachten organischen Farbpigmente bestimmte spektrale Anteile (Wellenlängen) aus der Lichtstrahlung durch, ein Teil wird reflektiert, der Rest wird absorbiert. Besonders hochwertige Filter setzen dabei auf die Verwendung von Polycarbonat. Polycarbonat ist extrem hitzebeständig, selbstverlöschend und verändert seine Form erst zwischen 149 °C bis 163 °C (Dauertemperatur 160 °C, Spitzentemperatur 225 °C).

Farbfolien-Bezeichnungen verschiedener Hersteller

Von den Herstellern gibt es eine Vielzahl von unterschiedlichen Anwendungsmöglichkeiten und Anwendungsbereichen, z. B. vom Entertainmentbereich bis hin zum Filmbereich und der Fotografie. Alle Firmen versehen ihre Filter dabei mit Nummern und teilweise mit klangvollen Namen. Dementsprechend gibt es eine Vielzahl von verschiedenen Farbfolien-Systemen, von denen hier nur einige beispielhaft aufgelistet werden.

- Rosco Supergel: Die Rosco-Supergel-Filter bestehen aus Polycarbonat, sind durchgefärbt und mit Lagen geschlossen (co-extrudiert). Supergel ist selbstverlöschend und entspricht den B1-Anforderungen nach DIN 4102.
- Rosco E-Color: Das Rosco-E-Color-Filtersystem („European Colour System“) ist ein speziell für Europa entwickeltes Farbfiltersystem für den Film- und Videobereich.

Bild 6.19
Auswahl an Rosco-Supergel-Farbfolien

- Lee/HT: Lee-HT-Filter bestehen aus extrem hitzebeständigem Polymerkunststoff. Der Schmelzpunkt liegt bei 220 °C und das Trägermaterial ist beidseitig oberflächenbeschichtet.
- Lee-Filter: Das Trägermaterial von Lee-Filtern besteht aus Polyester und ist beidseitig oberflächenbeschichtet.
- GamColor: Das Trägermaterial der GamColor-Filter ist Polyester, die Farbpigmente sind eindiffundiert.

6.6.2 Farbgläser

Wird eine große Hitzetoleranz und mechanische Beständigkeit gefordert, dann setzt man gerne Farbgläser ein. Ein Metallrahmen schützt den 2 bis 3 mm starken und 25 mm breiten Farbglasstreifen vor Bruch. Die gerahmten Glasfilter können so vor einen Scheinwerfer montiert werden. Der Vorteil besteht in seiner Farbbeständigkeit bei sehr hoher Wärmebelastung über die gesamte Lebensdauer.

Dichroitische Farbfilter

Dichroitische Farbfilter bestehen aus hitzebeständigen Borosilikatgläsern, auf die verschiedene Schichten von Oxyden aufgedampft sind, die nur für bestimmte Wellenlängen des Lichtes durchlässig sind. Dabei werden, im Gegensatz zu Farbfolien, die nicht gewünschten Farbanteile des Lichts nicht absorbiert, sondern als Restlicht vom Filter reflektiert. Jeder dichroitische Filter unterteilt das Licht der Lampe somit in einen durchgelassenen (transmittierten) und einen reflektierten Teil (siehe Bild 6.20).

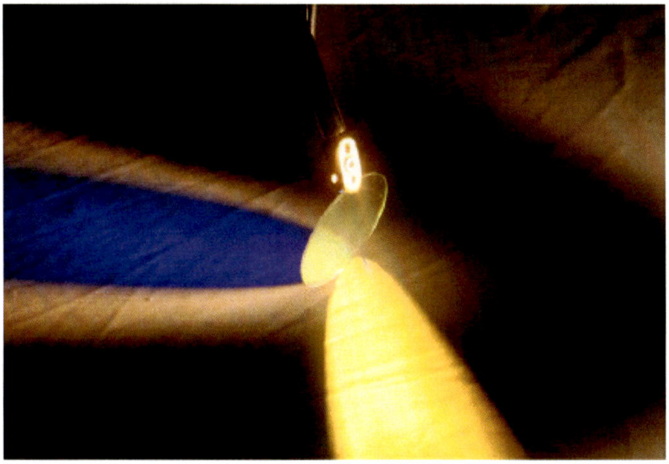

Bild 6.20 Dichroitischer Filter (Lichtstrahl aufgebrochen)

Die dichroitischen Filter können entweder in einem sogenannten Filterrad zum Einsatz kommen oder es können bewegliche, d. h. geneigte oder auch parallel verschiebbare Filter eingesetzt werden. Legendär ist die Anwendung von dichroitischen Filtern bei dem Movinglight der Firma Varilite Typ VL5. Die dichroitischen Filter wurden rotationssymmetrisch wie Turbinenschaufeln in die optische Achse positioniert. Insgesamt sind davon drei Reihen hintereinander angeordnet mit jeweils 12 dichroitischen Filtern. Durch die Winkelbewegung der Filter können somit im Strahlengang der Lichtquelle sehr schnell Farben ermischt werden.

Andere Hersteller ermöglichen die fließende Farbänderung dadurch, dass sie Verlaufsfilter als Filterplatten von der Seite bzw. von oben in den Lichtstrahl bewegen.

6.6.3 Konversionsfolien, Neutralfilter und Korrekturfilter

Konversionsfolien ermöglichen, dass das Licht eines Glühlampenscheinwerfers auf das Licht bzw. korrekter auf die Farbtemperatur eines Tageslichtscheinwerfers angepasst werden kann, indem bestimmte Farbanteile des Lichts herausgefiltert werden.

Ein Neutralfilter reduziert in mehreren Abstufungen die „Helligkeit" des Lichts und findet dort Anwendung, wo der Buntwert der Farbscheibe etwas abgedunkelt werden soll. Die Neutralfilter (ND = Neutral Density) bewirken eine farbneutrale Verringerung der Helligkeit einer Lichtquelle und sind in logarithmischen Abstufungen als ND 0.15, ND 0.3, ND 0.6, ND 0.9, ND 1.2 zu erwerben. Beispielsweise verringert die Neutralfolie ND 0.3 die Durchlässigkeit eines Materials von 100 % auf 50 %.

Korrekturfolien ermöglichen, dass z. B. durch Einsatz entsprechender Folien der Grünanteil von Leuchtstofflampen, insbesondere bei Filmprojekten, verringert wird.

6.6.4 MIRED

Neben dem Begriff der Farbtemperatur wird im Filmbereich und in der Fotografie auch sehr oft der Begriff Mired (micro reciprocal degree) verwendet. Der Mired-Wert entspricht dem reziproken Wert der Farbtemperatur multipliziert mit 1 000 000.

$$1\,000\,000/\text{Kelvin} = \text{Mired-Wert} \qquad (6.14)$$

Eine Halogenglühlampe mit der Farbtemperatur 3200 K besitzt einen Mired-Wert von 312.

6.6.5 Mired Shift Value

Um die Farbtemperatur eines Scheinwerfers oder das Umgebungslicht in seiner Farbe zu verändern und dem eingesetzten Filmtyp anzupassen (oder absichtlich die Farbtemperatur zu verändern), muss berechnet werden, welcher Filter vor die Kamera oder welche Folie vor den Scheinwerfer gesetzt werden soll. Dazu benutzt man den Mired Shift Value (MV).

$$\text{MV (Mired-Wert Filter)} = (1 / T2 - 1 / T1) \cdot 10^6 \qquad (6.15)$$

T1 = Farbtemperatur der Originallichtquelle bzw. des ausgewählten Filmes
T2 = Farbtemperatur der gewünschten Lichtquelle

Ist der Mired-Wert positiv, so benötigt man eine(n) Konvertierungsfolie/-filter, die/der rötlich/gelblich ist (CTO: conversion to orange). Ist der Mired-Wert negativ, so benötigt man eine(n) Konvertierungsfolie/-filter, die/der bläulich ist (CTB: conversion to blue).

Full CTO = 159 mrd

¾ CTO = 124 mrd

½ CTO = 109 mrd

¼ CTB = 64 mrd

Full CTB = −137 mrd

¾ CTB = −112 mrd

½ CTB = −78 mrd

¼ CTB = −35 mrd

6.7 Übungsbeispiele

1. Am Set soll ein Kunstlichtfilm eingesetzt werden (Sensibilisierung auf 3200 K). Es stehen jedoch nur Scheinwerfer mit Hochdruckentladungslampen (HMIs) zur Verfügung, die ein bläuliches Licht erzeugen bzw. eine Farbtemperatur von 5600 K besitzen. Welche Konvertierungsfolie ist notwendig, um die Farbtemperatur des Scheinwerfers an das Filmmaterial anzupassen?
2. Gegeben ist eine Farbe mit dem Wert $L^* = 90$, $u^* = 19{,}54$ und $v^* = 106{,}82$. Eine zweite Farbe besitzt die Werte $L^* = 92{,}35$, $u^* = 23{,}53$ und $v^* = 101{,}69$. Wir groß ist der Farbunterschied ΔE? Ist dieser Farbunterschied sichtbar?

7 Licht- und Farbmesstechnik

Das lichttechnische Maßsystem beruht auf der Bewertung von spektralen Strahlungen. Die Basis ist die relative spektrale Hellempfindlichkeit des Fotometrischen Normalbeobachters nach CIE 1931.

Da das Auge jedoch bzgl. der Abschätzung von Helligkeiten, Farbtönen, Buntheit (Grad der Sättigung) in absoluten Bereichen relativ schlecht ist, müssen entweder physikalische Messgeräte verwendet werden oder sogenannte visuelle Abgleichmethoden, bei denen das Auge Helligkeitsunterschiede und Farbunterschiede (Kontraste) relativ gut beurteilen kann. Verwendet wird dabei ein geeichtes Muster, das mit dem Testmuster verglichen wird.

Aus diesem Grund unterscheidet man drei Bereiche in der Fotometrie. Ist der Empfänger der physikalischen Strahlung das Auge des Beobachters, so spricht man von visueller Fotometrie. Ist der Empfänger ein lichtempfindliches, physikalisches Gerät, so spricht man von physikalischer Fotometrie. Sollen nicht nur einzelne lichttechnische Messgrößen, sondern auch die spektrale Verteilung der Strahlung gemessen werden, so spricht man von spektraler Fotometrie.

7.1 Visuelle Fotometrie

Bei der visuellen Fotometrie ist das Auge des Beobachters das Messgerät. Dabei wird die unbekannte fotometrische Größe, z. B. die Lichtstärke der unbekannten Lichtquelle, siehe Bild 7.1 rechts, durch einen Vergleich mit einer bekannten Größe gemessen. In einem entsprechenden Gerät, einem visuellen Fotometer, wird mittels eines Verfahrens zur messbaren Schwächung des Lichts, der Schwächungsmethode, ein Abgleich zwischen dem unbekannten, zu messenden Licht und dem Vergleichslicht dadurch herbeigeführt, dass die beleuchtete Fläche, in diesem Fall das Fotometerfeld in der Mitte, von beiden Seiten aus gesehen gleich hell erscheint, siehe Bild 7.1. Aus den Abständen, r^1 und r^2, kann dann über das **fotometrische**

Entfernungsgesetz, siehe Kapitel 3 „Lichttechnische Grundgrößen“, die Lichtstärke der zu bestimmenden Lichtquelle errechnet werden.

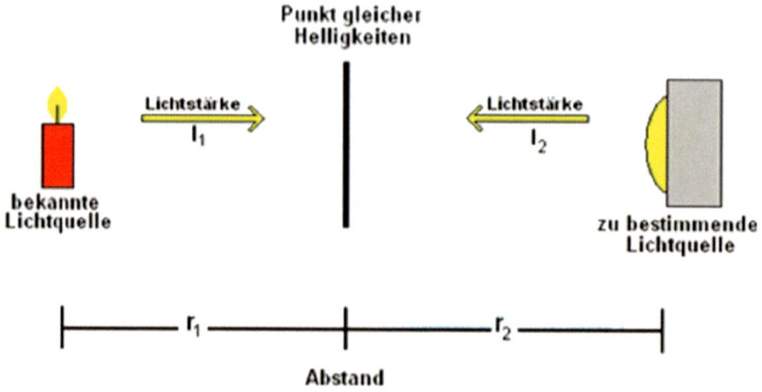

Bild 7.1 Abgleichverfahren

■ 7.2 Physikalische Fotometrie

Ist der Empfänger ein lichtempfindliches physikalisches Gerät, so spricht man von physikalischer Fotometrie. In diesem Fall kann in der Regel die zu messende Größe absolut angezeigt werden. Wichtig ist bei allen Messgeräten die Anpassung des physikalischen Empfängers an die V(λ)-Kurve oder falls erforderlich an die V(λ)'-Kurve. Das Gleiche gilt für das mesopische oder aktinische Messverfahren. Daneben sind die auch sonst in der Messtechnik bekannten Anforderungen an Empfänger und Messgerät zu stellen. Von der Vielzahl der Messgeräte sollen nur einige grundlegende Messgeräte in diesem Abschnitt vorgestellt werden.

7.2.1 Beleuchtungsstärkemesser

Beleuchtungsstärkemesser, auch Luxmeter genannt, gibt es in sehr vielen Variationen. Der Unterschied liegt darin, wie umfangreich der Messbereich ist. Entscheidend für eine gute Qualität ist die Angabe, wie genau niedrige Beleuchtungsstärken gemessen werden können. Weitere Unterscheidungsmerkmale sind die Messung von reinen Temperaturstrahlern (kontinuierliches Spektrum), von Leuchtstofflampen oder HMI-Lichtquellen (Linienspektren) und insbesondere von LED-Lichtquellen. Nicht alle Messgeräte können Linienspektren messen.

Ein weiteres wichtiges Unterscheidungsmerkmal ist der Genauigkeitsbereich (nach DIN 5032-7). Entsprechend gibt es verschiedene Klasseneinteilungen (L, A, B, C). Labormessgeräte (Güteklasse L) sind teure Geräte und müssen einmal im Jahr kalibriert werden.

Bezüglich der V(λ)-Anpassung (f1-Fehler) gilt:

- Klasse L: f1-Fehler < 1,5 % (Labormessungen),
- Klasse A: f1-Fehler < 3 % (Präzisionsmessungen),
- Klasse B: f1-Fehler < 6 % (Betriebsmessungen),
- Klasse C: f1-Fehler < 9 % (orientierende Messungen).

Die klassischen Luxmeter zur Messung von Temperaturstrahlern lassen sich relativ einfach mithilfe von Halbleiter-Fotoelementen auf Siliziumbasis realisieren. Vereinfacht dargestellt bedeutet dies: Der Beleuchtungsstärkemesser misst das auf das Fotoelement auffallende Licht bzw. den einfallenden Lichtstrom. Danach wird das einfallende Licht nach der V(λ)-Kurve gefiltert und das Ganze auf die Fläche A des Fotoelements bezogen.

Bild 7.2 Verschiedene Beleuchtungsstärkemessgeräte: links: Sekonic (Analoggerät), rechts: T-10 A Firma Konica Minolta, Spectromaster C-800 Sekonic

Wird die relative spektrale Empfindlichkeit des Fotoelementes mittels passender Filter an die relative Augenempfindlichkeit V(λ) angepasst, erhält man ein Messgerät für den auf das Fotoelement auftreffenden Lichtstrom Φ und da die Empfängerfläche konstant ist letztlich für die Beleuchtungsstärke E.

Cosinusgetreue Bewertung

Neben der Anpassung des Fotoelements an die relative Augenempfindlichkeit muss auch dafür gesorgt werden, dass die unter einem Winkel ε zum Lot auf die Empfängerfläche einfallende Strahlung auch cosinusgetreu gemessen wird. Dies wird bei den meisten Messgeräten durch eine halbkugelförmig gestaltete Kalotte umgesetzt, siehe Bild 7.2 rechts.

$$E_\varepsilon = \Phi / A = \Phi_0 \cdot \cos\varepsilon / A = E_0 \cdot \cos\varepsilon \qquad (7.1)$$

E_ε = Beleuchtungsstärke [lx]
Φ = Lichtstrom [lm]
A = beleuchtete Fläche [m^2]
ε = Winkel bezogen auf den Normalenvektor, unter dem das Licht einfällt

Moderne Messgeräte sind mit integrierter Cosinus-Korrektur ausgestattet. Ein solches Fotoelement erfasst alle Strahlungen korrekt.

7.2.2 Leuchtdichtemesser

Setzt man vor den Empfänger eines Beleuchtungsstärkemessers einen Tubus mit Linse, welcher die Lichtquelle oder eine beleuchtete Fläche auf dem Empfänger abbildet, erhält man ein Signal, welches zu der mittleren Leuchtdichte des auf dem Empfänger auftreffenden Lichts proportional ist. Diese einfache Art von Leuchtdichtemessern wird durch sogenannte Leuchtdichtevorsätze zu Beleuchtungsstärkemessern realisiert. Nachteile dieser einfachen Lösung sind: Die erfassten Messwinkel sind mit 5° bis 40° (für den vollen Öffnungswinkel) relativ groß und meist fehlt eine Kontrollmöglichkeit, welche Fläche genau anvisiert wird. Schließlich ist auch die Empfindlichkeit solcher Geräte relativ gering. Moderne Leuchtdichtemesser sehen aus wie eine Kamera, siehe Bild 7.3.

Bild 7.3
Leuchtdichtemessgerät LS-100 (Konica Minolta)

Leuchtdichtekamera

Es besteht die Möglichkeit, mit einer speziellen angepassten Kamera (siehe Bild 7.4) die Leuchtdichten in einem Innen- oder Außenraum korrekt aufzunehmen.

Die Leuchtdichtewerte können dann mit einer entsprechenden Software auch ausgewertet und weiterverarbeitet werden, bis hin zu einem Falschfarbenbild, was sehr schnell einen Eindruck über die vorhandenen Leuchtdichten im Raum ermöglicht.

Bild 7.4 Links: Leuchtdichtekamera Typ Canon D50 (Firma Techno Team), rechts: Falschfarbenbild

7.2.3 Messung von Lichtstärke-Verteilungs-Kurven

Für Messungen von Lichtstärkeverteilungs-Kurven (LVK) werden Goniofotometer eingesetzt. Sie bestehen aus einer beweglichen Halterung für die Leuchte, mit der die Leuchte gedreht werden kann. Der Messempfänger steht immer im Mittelpunkt der Leuchte, sogenannte Leuchtenwender. Die zweite Möglichkeit besteht aus einem Drehspiegel, d.h. nicht die Leuchte wird gedreht, sondern ein Spiegel bewegt sich um die fixierte Leuchte. Die Leuchte selbst kann nur in horizontaler Richtung um 360° gedreht werden.

Bild 7.5 Goniofotometer zur Messung von Lichtstärke-Verteilungs-Kurven (Firma LMT)

7.2.4 Ulbrichtkugel (U-Kugel)

Um den Gesamtlichtstrom einer Lichtquelle zu bestimmen, kann dies z.B. durch eine einzelne Messung in einer Ulbrichtkugel (U-Kugel) erfolgen. Die Besonderheit ist dabei, dass im Falle einer Kugel als Hohlkörper und bei homogenem, vollkommen gestreut reflektierendem Innenanstrich die direkte Beleuchtungsstärke konstant über die gesamte Innenfläche verteilt ist. Misst man daher die indirekte Beleuchtungsstärke an einer beliebigen Stelle der Kugelwand, so ermöglicht sie die Berechnung des Gesamtlichtstromes durch die Formel:

$$E_{ind} = \left(\Phi_L / A_H\right) \cdot \left(\rho / (1 - \rho)\right) \qquad (7.2)$$

E_{ind} = Beleuchtungsstärke [lx]
Φ_L = Lichtstrom [lm]
A_H = Innenfläche der U-Kugel [m^2]
ρ = Reflexionsgrad der Innenfläche der U-Kugel

Bild 7.6 Ulbrichtkugel (U-Kugel) (Firma LMT)

Messung der Stoffkennzahlen

Reflexions-, Absorptions- und Transmissionsgrade sind als Verhältnis des reflektierten, des absorbierten und des durchgelassenen Lichtstroms zum auftreffenden Lichtstrom definiert. Ihre Messung beruht daher auf der Ermittlung der entsprechenden Lichtströme mittels der Ulbrichtkugel, sofern nicht die Richtungsabhängigkeit von Reflexion und Transmission gemessen werden soll.

Um den Reflexionsgrad ρ einer Probe in gerichtetem Licht zu messen, wird eine Anordnung nach Bild 7.7 verwendet. Das durch die Kugel parallel gerichtete Licht der Lampe tritt durch die Öffnung der Ulbrichtkugel und trifft auf die Reflexionsprobe. Durch die vorher durchgeführte Kalibrierung der U-Kugel mit einem rein weißen, diffus reflektierenden Reflexionsnormal (ρ = 0,8459) und einem schwarzen Reflexionsnormal (ρ = 0,0617) kann der Reflexionsgrad des diffusen Materials ermittelt werden.

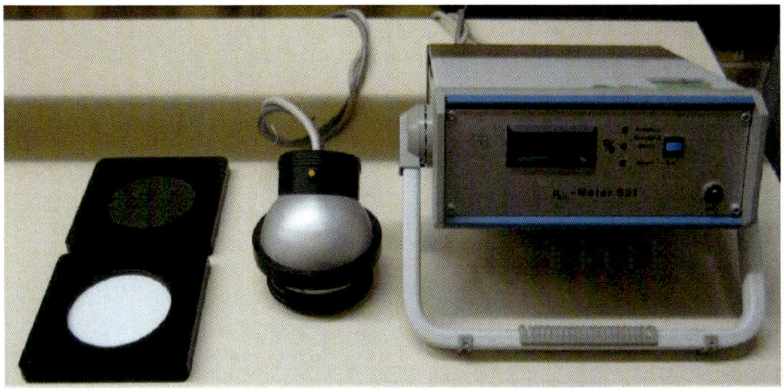

Bild 7.7 Reflexionsmessgerät (Firma PRC Krochmann)

7.2.5 Spektrale Fotometrie

Soll neben den lichttechnischen Grundgrößen (Beleuchtungsstärke, Lichtstärke, Lichtstrom, Leuchtdichte) auch die spektrale Verteilung der Strahlung gemessen werden, so müssen spektral auflösende Messgeräte verwendet werden. Mit diesen Geräten sind auch farbmetrische Messungen wie Farbtemperatur und Farbort etc. möglich, siehe Abschnitt 7.4. Die genaueste und seit einigen Jahren vermehrt eingesetzte Methode zur spektralen Auflösung von Lichtquellen ist die Spektralfotometrie.

7.3 Belichtungsmessung

Da sich beim Drehen eines Filmes zwischen dem Rezipienten (Zuschauer) und dem Abspielgerät (Bildschirm, Beamer) ein technisches Aufnahmegerät befindet, müssen die Lichtverhältnisse in Abhängigkeit des ausgewählten Filmmaterials (analog oder digital) gemessen werden, um optimale Bedingungen zu erhalten. Voraussetzung ist dabei die in Abhängigkeit der Dramaturgie gewünschte Arbeitsblende, um eine entsprechende Schärfentiefe zu erzeugen.

7.3.1 Belichtung

Bei der Lichtmessung in der Fotographie und im Filmbereich, auch Expositionsmessung genannt, unterscheidet man zwei verschiedene Messtechniken. Zum einen die sogenannte Objektmessung, bei der direkt am Objekt die einfallende Lichtmenge in Bezug auf den ausgewählten Film, gemessen wird. Zum anderen die sogenannte Spotmessung bei der wie bei einem Leuchtdichtemesser die reflektierte Leuchtdichte, im Idealfall auf einer Graukarte mit 18 % Remissionsgrad, gemessen wird. In Analogie zur Architektur- bzw. Fernsehbeleuchtung spricht man in diesen Fällen bei den Messgeräten von einem Belichtungsmesser bzw. einem Spotmeter.

7.3.2 Belichtungsmesser

Der Belichtungsmesser ist im Prinzip ähnlich aufgebaut wie ein Beleuchtungsmesser, siehe Bild 7.8, jedoch wird der Messwert mit dem Parameter „Zeit“ bewertet. Neben vielfältigen Anzeigemöglichkeiten ist die wichtigste Anzeige die der Blende, berechnet aus dem einfallenden Lichtstrom, bezogen auf die ausgewählte Filmempfindlichkeit ISO des eingesetzten Filmmaterials und die entsprechende Belichtungszeit. Die Opazität der Messkalotte auf dem Belichtungsmesser ist dabei so festgelegt, dass nur 18 % des auftreffenden Lichts die Messzelle erreicht.

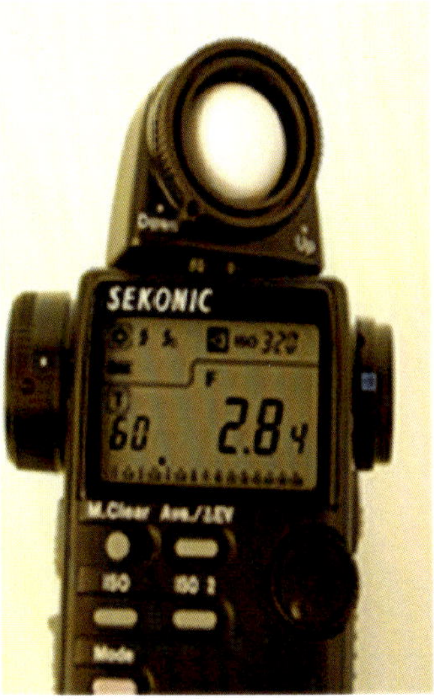

Bild 7.8
Belichtungsmesser mit integriertem Spotmeter (Firma Sekonic)

7.3.3 Spotmeter

Der Spotmeter ist im Prinzip ähnlich aufgebaut wie ein Leuchtdichtemesser. Je nach Typ ist es möglich, den Messwinkel zwischen 1° bis 4° zu variieren. Auch hier ist die entscheidende Anzeige die Blende, berechnet aus dem von einer Graukarte mit 18 % Remission reflektierten Licht, unter Berücksichtigung der ausgewählten Filmempfindlichkeit und der entsprechenden Belichtungszeit. Der Vorteil des Spotmeters ist, dass die Messung nicht direkt am Objekt durchgeführt werden muss, sondern der Kameramann von der Position der Kamera aus die vorhandenen Lichtintensitäten messen kann.

■ 7.4 Farbmessung

Wie in Kapitel 6 „Farbmetrische Grundlagen“ ausgeführt, unterscheidet man zwischen Farben einer Lichtquelle und den Farben einer nicht von selbst leuchtenden Oberfläche. Die selbstleuchtenden Lichtquellen werden Lichtfarben, die Farben von nicht selbstleuchtenden Oberflächen werden Körperfarben genannt. Für die

Bestimmung der Farbmaßzahlen gibt es ein visuelles Verfahren (Gleichheitsverfahren) und zwei physikalische Messverfahren (Dreibereichsverfahren und Spektralverfahren).

7.4.1 Gleichheitsverfahren

Bei dem Gleichheitsverfahren handelt es sich um den visuellen Vergleich einer Farbprobe mit Farbmustern aus Farbmustersammlungen. Das Gleichheitsverfahren basiert auf dem visuellen Vergleich mit dem Auge und ist daher das entscheidende Verfahren für grundlegende farbmetrische und physiologische Untersuchungen.

Als Farbmustersammlungen gibt es mehrere Systeme. Die bekanntesten sind z. B. Munsell, NCS (Natural Color System), DIN. Die entsprechenden Farbmuster, Farbkarten, Farbfächer sind von den Firmen zu beziehen, wobei die Farbmusterkarten nicht immer ganz preiswert sind (siehe Bild 7.9).

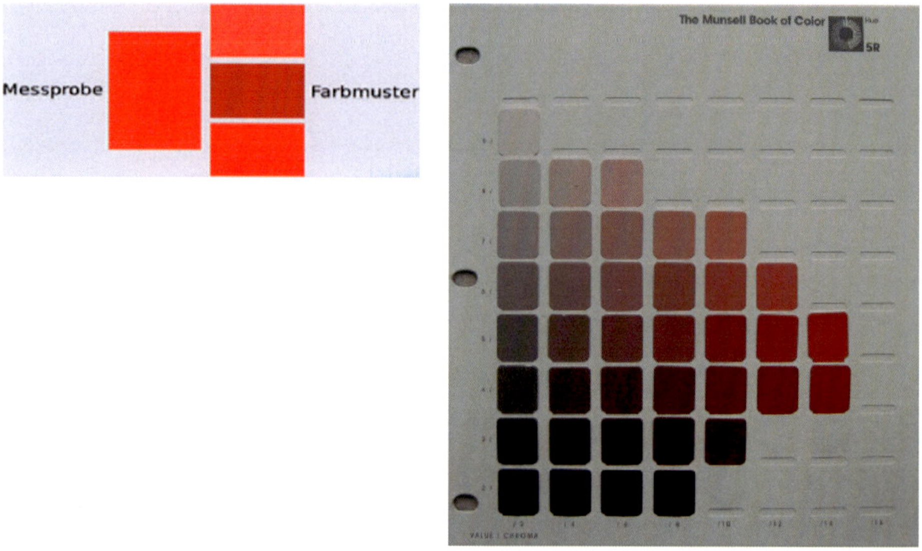

Bild 7.9 Links: Messprobe, rechts: Farbmusterseite 5R des Munsell-Systems zur Auswahl

7.4.2 Licht- und Körperfarben

Wie bereits erwähnt, gibt es Lichtquellen, z. B. Scheinwerfer, Tageslicht etc., die als Selbstleuchter oder im Fall der Farbmessung als Lichtfarben bezeichnet werden, und Licht, das von nicht selbstleuchtenden Oberflächen ausgesandt wird, auch Körperfarben genannt. Bei Körperfarben hängt die Farbe einer Oberfläche einerseits von der Beleuchtung ab, mit der das Material beleuchtet wird, andererseits von der Oberfläche, nämlich ihrer Eigenschaft, das auffallende Licht zu absorbieren oder wieder in die Umgebung abzustrahlen.

7.4.2.1 Spektraler Reflexionsgrad β(λ)

Die an einer Messöffnung liegende farbige Probe (Messgeometrien, siehe nachfolgender Abschnitt 7.5) verändert selektiv die Farbreizfunktion (= spektrale Energieverteilung) je nach Material und beleuchteter Lichtart. Diese Änderung der Strahlungsfunktion S(λ) nennt man den spektralen Reflexionsgrad β(λ). Spektral deutet in diesem Zusammenhang auf die Wellenlängenabhängigkeit hin.

7.4.2.2 Farbvalenz von Körperfarben

Man kann die Farbvalenz einer Körperfarbe durch verschiedene Tripel von Farbmaßzahlen kennzeichnen:

- die drei Normfarbwerte X, Y, Z,
- Normfarbwertanteile x, y und Hellbezugswert A,
- psychometrische Helligkeit L und Buntheit a, b (CIELAB),
- psychometrische Helligkeit L und Buntheit u, v (CIELUV).

Alle diese Farbmaßzahlen lassen sich aus den Normfarbwerten berechnen, wobei zu bedenken ist, dass sie nur für bestimmte Beleuchtungsarten gelten.

Für die Bestimmung der Farbmaßzahlen von Selbstrahlern und Körperfarben gibt es zwei physikalische Messverfahren: Dreibereichsverfahren und Spektralverfahren.

7.4.3 Dreibereichsverfahren

Das Dreibereichsverfahren beruht darauf, dass die Bewertung der Farbreizfunktion mit den drei Spektralwertkurven durch drei fotoelektrische Empfänger mit entsprechenden spektralen Empfindlichkeiten erfolgt. Das Licht von der zu messenden Oberfläche wird gleichzeitig auf die drei Empfänger geleitet, deren spektrale Empfindlichkeiten durch Filter an die Spektralwertkurven angepasst sein müssen. Man kann hier die Parallelen zum Luxmeter erkennen.

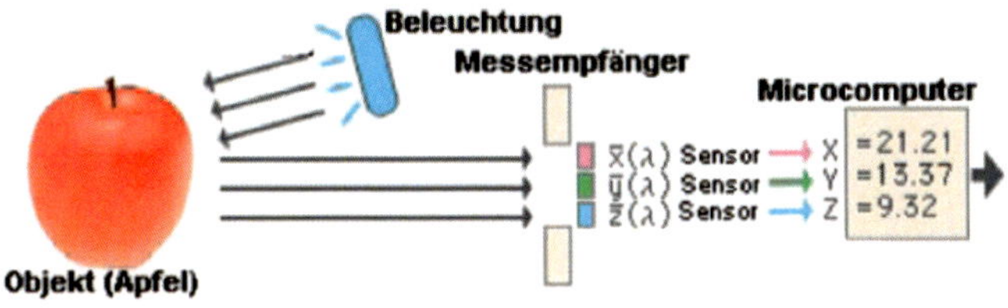

Bild 7.10 Grundprinzip des Dreibereichsverfahrens mit drei Messsensoren

Es gibt Messgeräte, die die Bestimmung der Normfarbwerte mit recht hoher Genauigkeit erlauben. In einem Messkopf befinden sich drei fotoelektrische Empfänger mit den erforderlichen Filtern. Durch einen streuenden Vorsatz vor dem Messkopf wird dafür gesorgt, dass alle drei Empfänger gleichförmig durch die einfallende Strahlung beleuchtet werden. Zusätzlich ist es möglich, das Gerät über eine Schnittstelle an einen PC anzuschließen, um das Ergebnis weiter auszuwerten.

Das Dreibereichsverfahren wird vor allem zur Messung von Farben an Selbstleuchtern, das heißt von Lichtquellen, Bildschirmen und Displays verwendet. Dabei müssen die zu messenden strahlenden Flächen eine gewisse Mindestleuchtdichte haben, die bei modernen Geräten nur wenige cd/m² beträgt.

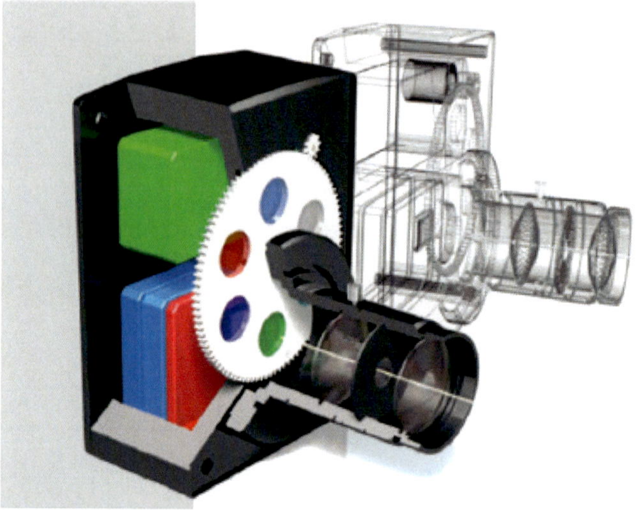

Bild 7.11 Messgerät nach dem Dreibereichsverfahren LMK Color (Firma Techno Team)

7.4.4 Spektralverfahren

Wie schon ausgeführt, kann die Spektralfotometrie auch für die Farbmessung eingesetzt werden. Das Messverfahren umfasst grundsätzlich zwei Arbeitsgänge, die Spektralfotometrie bzw. den Messvorgang in einem Spektralfotometer und die valenzmetrische Auswertung, d. h. die rechnerische Bewertung zur Ermittlung der eigentlichen Farbmaßzahlen.

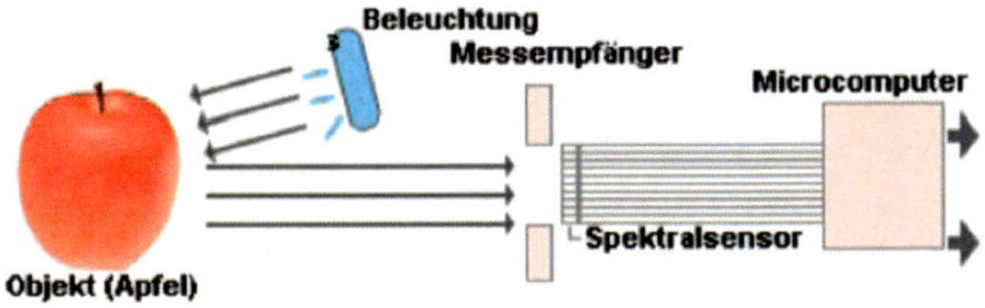

Bild 7.12 Prinzip des spektralfotometrischen Verfahrens

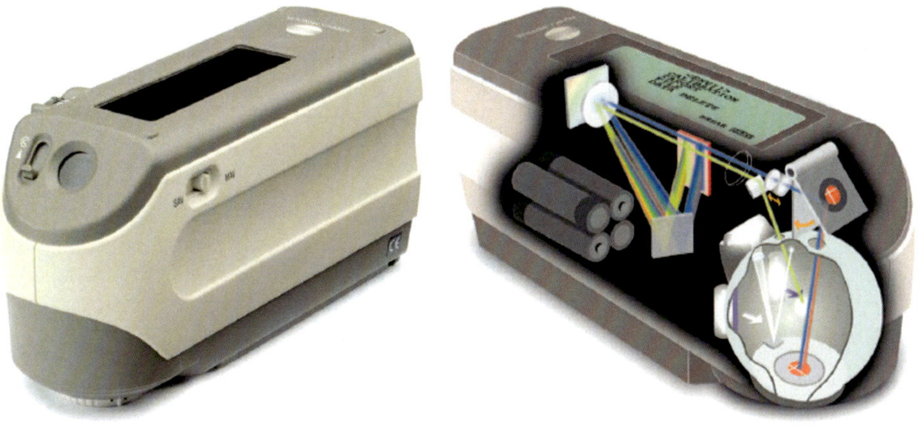

Bild 7.13 Links: Messgerät zur Messung von Körperfarben vom Typ CM-2600d (Firma Konica Minolta), rechts: Messprinzip

Die Spektralfotometrie ist eine rein physikalische Messung der optischen Kennwerte (Farbreiz) einer Farbprobe und dient der Ermittlung des spektralen Reflexionsgrades $\beta(\lambda)$ der Probe. Der Reflexionsgrad der Probe wird intern mit den bekannten Werten eines Weißstandards verglichen und als Quasi-Vergleich zweier Leuchtdichten gemessen:

$$\beta(\lambda)_p = \left(L_p / L_w\right) \cdot \beta(\lambda)_w \tag{7.3}$$

$\beta(\lambda)_p$ = Reflexionsgrad der Probe
$\beta(\lambda)_w$ = Reflexionsgrad des Weißstandards
L_p = Leuchtdichte der Probe
L_w = Leuchtdichte des Weißstandards

Nachdem über die Spektralfotometrie der spektrale Reflexionsgrad $\beta(\lambda)$ bestimmt wurde, schließt sich die valenzmetrische Auswertung an, durch die die physikalischen Daten in die von der Farbseheigenschaft des Auges abhängenden Farbmaßzahlen überführt werden.

Im Speicher des Spektralfotometers werden nun die spektralen Strahlungsdichtewerte $S(\lambda)$ der entsprechenden Normlichtarten (z. B. D65, A) abgerufen und mit dem gemessenen spektralen Reflexionswert β(λ) der Farbprobe multipliziert. Dieses Produkt bildet die sogenannte Farbreizfunktion:

$$\phi(\lambda) = S(\lambda) \cdot \beta(\lambda) \tag{7.4}$$

ϕ(λ) = Farbreizfunktion
S(λ) = Strahldichteverteilung Normlichtart
β(λ) = spektraler Reflexionsgrad

Die Farbreizfunktion stellt also die remittierte, in das Auge eintretende Lichtstrahlung und Lichtintensität dar. D.h. die Faktoren Lichtquelle (Strahlungsfunktion S(λ)), Probe (spektraler Reflexionsgrad β(λ)) sowie Beobachter (Normspektralwertfunktion x(λ) bzw. y(λ) bzw. z(λ)) müssen mathematisch verknüpft werden. Durch Aufsummieren über die Wellenlängen im sichtbaren Spektralbereich, also in definierten Δλ-Schritten (z.B. 10 nm) von 380 nm bis 780 nm, erhält man eine Größe, die zu dem vom jeweiligen Empfänger abgegebenen Signal proportional ist.

Für das Y-Empfängersignal des Augenmodells erhält man folgende Gleichung:

$$Y = \int_{380nm}^{780nm} S(\lambda) \cdot \beta(\lambda) \cdot y(\lambda) \cdot d\lambda \tag{7.5}$$

Y = Normfarbwert
S(λ) = Strahldichteverteilung der Lichtquelle
β(λ) = spektraler Reflexionsgrad der Messprobe
y(λ) = Normspektralwertfunktion

Man nennt diese Größe Normfarbwert. Entsprechend ist mit dem X- bzw. Z-Empfänger zu verfahren.

Messung von Lichtquellen

Bei der Messung von Selbststrahlern gilt im Prinzip die gleiche Vorgehensweise wie bei Körperfarben, nur dass in diesem Fall der spektrale Reflexionsgrad der Messprobe nicht berücksichtigt werden muss.

Bild 7.14
Messgerät CS 200 (Firma Konica Minolta)

7.5 Messgeometrien

Nachfolgend noch einige Begriffe zur Messgeometrie, die maßgeblich für die Güte von Messwerten notwendig sind. Bei den Messgeometrien unterscheidet man einerseits den Winkel, unter dem das Licht auf die Probe aufgebracht wird (z. B. 45°), oder die Art, wie das Licht verteilt wird (z. B. diffus), und andererseits die Lage des Messsystems (z. B. 0°).

7.5.1 Messgeometrie 45° 0°

Diese Art von Messanordnung ist gerätetechnisch besonders einfach zu verwirklichen, weist jedoch eine ganze Reihe von Nachteilen auf. Das Messlicht wird in diesem Fall unter einem Winkel von 45° auf die Probe aufgebracht. Der Messwinkel zwischen Probe und Messsystem beträgt 0°. Diese schräg gerichtete Beleuchtung bewirkt bei strukturierten Proben, wie sie z. B. bei Textilien mit verschiedenen Webbindungen auftreten, eine Schattenbildung, sodass Messwerte erheblich differieren können. Bei glatten und stark glänzenden Proben bietet diese Messgeometrie jedoch den Vorteil der vollständigen Eliminierung des Glanzes. Eine Verbesserung der einfachen 45°-0°-Messgeometrie stellt die Erhöhung der Anzahl der Beleuchtungen auf 2 x 45° 0° dar. Man erhält damit eine hinreichend gute Probenausleuchtung.

7.5.2 Messgeometrie diffus d/0°

Eine diffuse, das heißt von allen Seiten auftreffende Beleuchtung der Probe eliminiert die Gefahr der Schattenbildung vollständig und ermöglicht die „richtige“ messtechnische Erfassung auch grobstrukturierter Proben. Misst man eine derartige Probe bei jeweiliger Drehung um 90° mehrmals hintereinander, erhält man faktisch dieselben Messergebnisse. Problematisch hingegen ist die Messung hochglänzender oder spiegelnder Oberflächen.

7.5.3 Messgeometrie diffus d/8°

Der Unterschied zur vorgenannten Messgeometrie liegt in dem geneigten Blickwinkel, welcher sich an die realistische visuelle Abmusterung anlehnt. In der Praxis werden Proben immer unter geringem Neigungswinkel abgemustert bzw. bewertet, um mögliche Glanzeinflüsse weitestgehend auszublenden. Über die Jahre hat sich diese Messgeometrie in fast allen Industriebereichen erfolgreich durchsetzen können.

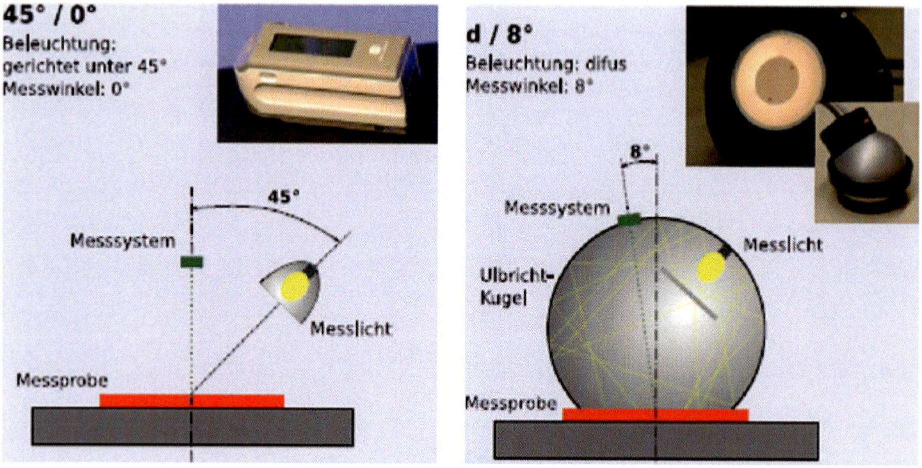

Bild 7.15 Links: Messgeometrie 45° 0°, rechts: Messgeometrie d/8°

■ 7.6 Übungsbeispiele

1. Gemessen wurde eine Messprobe mit den Werten: X = 21.21, Y = 13.37, Z = 9.32. Welche Farbe ist das?
2. Welche LEE-Folie bzw. welche Farbe stellt der dargestellte Spektralverlauf dar?

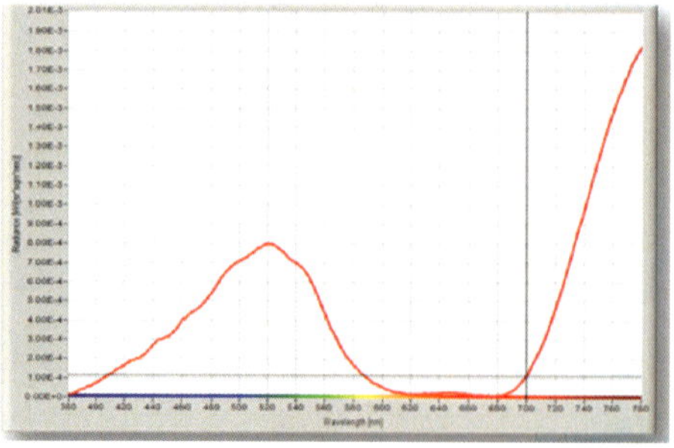

Bild 7.16
Spektraler Verlauf eines LEE-Filters, durchleuchtet mit Halogenglühlicht

8 Lichtquellen

Lampen sind technische Ausführungsformen von künstlichen Lichtquellen (Selbststrahler). Hinsichtlich ihrer Wirkungsweise lassen sich die Lampen in drei Hauptgruppen unterteilen, die ihrerseits wieder aus verschiedenen Untergruppen bestehen. Prinzipiell unterscheidet man zwischen Festkörper-, Temperatur- und Entladungslampen. Bild 8.1 zeigt die systematische Einteilung.

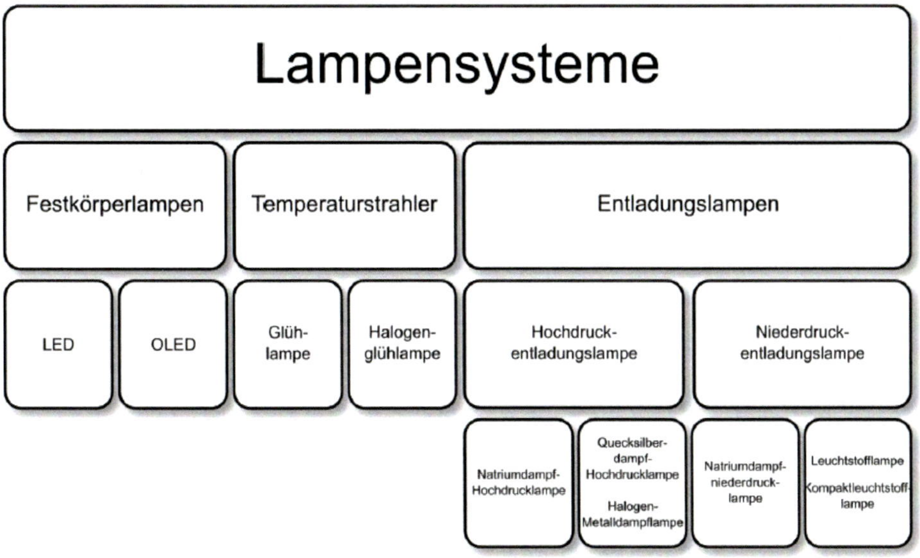

Bild 8.1 Übersicht verschiedener Lampentypen

Die Unterscheidung der Wirkungsweise der verschiedenen Lampen beruht auf deren verschiedenen Grundfunktionen, d.h. Anregung auf höhere Energieniveaus durch Wärme, Stoß oder Halbleiterprozesse, Rückkehr in den Grundzustand und dabei Abgabe elektromagnetischer Strahlung zum Teil im sichtbaren Bereich.

8.1 Aufbau und Wirkungsweise

Zur Beurteilung, ob Lampen für den jeweiligen Anwendungszweck und Einsatzort geeignet sind, ist es notwendig, die Vor- und Nachteile der Lampen zu kennen.

Als lichttechnische Auswahlkriterien können dienen:

- Lichtstrom,
- Lichtausbeute,
- Lebensdauer,
- Leuchtdichte (Blendung),
- Lichtfarbe und Farbwiedergabe,
- Leistungsstufen,
- Betriebsverhalten (Kalt- und Heißzündbarkeit, Anlaufzeit, Brennlage u. a.),
- Dimmbarkeit,
- Abmessungen.

8.2 Lebensdauer und Lampenalterung

Die Lebensdauer einer Lampe ist das Zeitintervall innerhalb dessen diese ganz ausgefallen ist bzw. auf ein bestimmtes Lichtstromniveau zurückgeht. In einer Lampenpopulation ist die mittlere Lebensdauer das Zeitintervall innerhalb dessen 50 % aller Lampen ausgefallen sind (C0B50-Wert). Das Intervall beträgt je nach Lampentyp 1000 h (einfache Glühlampe) bis zu 100 000 h (LED). Lampen altern zudem mit der Zeit. Als zweites wichtiges Kriterium wird daher neben dem Ausfall von Lampen auch ihr Lichtstromrückgang während ihres Betriebs betrachtet.

Bei LED wird heute der Lichtstromrückgang als hauptsächliches Lebensdauer-Kriterium angewendet. Gute LED-Leuchten liefern im Mittel noch 70 % Restlichtstrom nach 50 000 h bis 100 000 h (L70B50). Systemausfälle liegen hier bei kleiner 1 % je 10 000 Betriebsstunden, spielen also im Vergleich zum Lichtstromrückgang eine geringere Rolle. Die kurzlebigste Komponente in einem LED-System ist meist das Betriebsgerät, der sogenannte LED-Treiber. Bei LED-Austauschlampen beträgt der L70B50-Wert immerhin noch 25 000 h bis 45 000 h.

8.3 Glüh- und Halogenlampen

Der bedeutendste Temperaturstrahler ist die Glühlampe. Erste funktionierende Glühlampen, in der Technik auch Allgebrauchslampen oder Allgebrauchsglühlampen genannt, wurden 1854 durch Goebel hergestellt. Goebel benutzte als gleichstromführende Wendel verkohlte Bambusfasern, die er zum Schutz gegen Oxidation in evakuierten Parfümflaschen betrieb.

8.3.1 Die Glühlampe: Historie, Aufbau und Wirkungsprinzip

Eine technische Bedeutung erlangten aber erst die Kohlefadenlampen von Edison (1875), da Edison mit dem Generator auch eine großtechnisch nutzbare Stromquelle entwickelte.

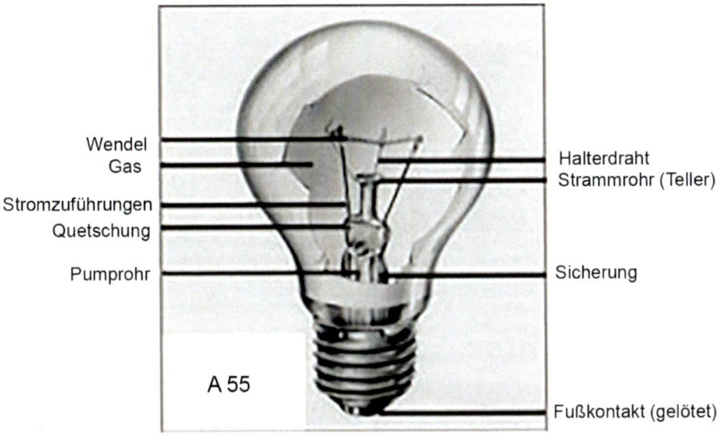

Bild 8.2 Aufbau einer modernen Glühlampe mit E27-Schraubsockel

In der modernen Glühlampe werden seit Anfang des 20. Jahrhunderts Wolframdrähte des Durchmessers 20 – 100 µm eingesetzt. Die mittlere Lebensdauer einer Glühlampe, d. h. der Zeitpunkt, nachdem in einer Lampenpopulation 50 % aller Leuchtmittel ausgefallen sind, beträgt bei Standard-Glühlampen ca. 1000 h. Sie wird durch Abdampfen von metallischem Wolfram von der Wendel sowie Rekristallisationsprozesse im Material selbst bestimmt. Eine Erhöhung der Betriebsspannung um 5 % halbiert in etwa die mittlere Lampenlebensdauer und erhöht den Lichtstrom um ca. 25 %. Die Effizienz einer Glühlampe steigt mit fallender Betriebsspannung und steigender Leistungsaufnahme.

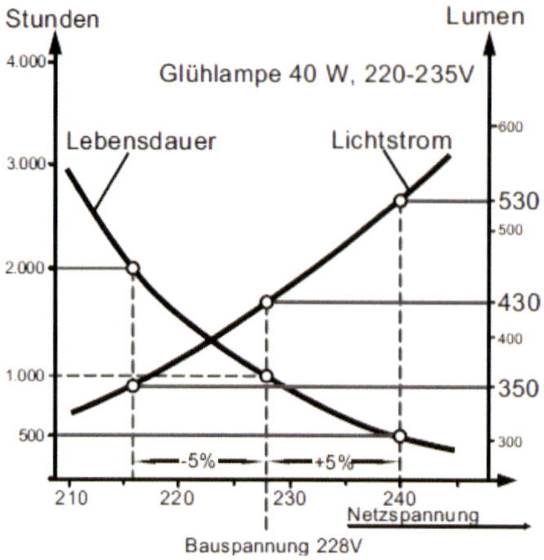

Einfachwendel

Doppelwendel

Bild 8.3 Links: Abhängigkeit der Lebensdauer und des Anfangslichtstroms einer 40W/230-Allgebrauchslampe von der Netzspannung, rechts: Wendelbauformen

Eine Standard-100W/230V-Glühlampe liefert eine Lichtausbeute von ungefähr 14 lm/W. Der überwiegende Teil (ca. 95 %) der elektrischen Leistung wird also bei einer Glühlampe nicht in sichtbares Licht (VIS) umgewandelt, sondern geht durch Wärmestrahlung und Wärmeleitung verloren. Dieser Wert liegt weit unterhalb des maximalen visuellen Nutzeffekts seines Thermischen Strahlers (95 lm/W bei 6600 K), da elektrisch leitfähige Wendelmaterialien mit Schmelz- oder Sublimationspunkten oberhalb von 4200 K (TaC) nicht zur Verfügung stehen. So liefert selbst Wolfram am Schmelzpunkt (3683 K) nur einen Wert von 54 lm/W. Das Effizienzmaximum bei technisch realisierten Niedervolt-Glühlampen hoher Leistungsaufnahme liegt bei etwa 40 lm/W.

Die Füllung des Lampenkolbens mit Inertgasen, wie Argon/Stickstoff, Krypton oder Krypton/Xenon, dient dem Ziel, die Abdampfrate des Wolframs zu reduzieren. Ein vergrößerter Wärmeverlust an den Kolben wird dabei zugunsten der verlängerten Lebensdauer in Kauf genommen.

8.3.2 Temperaturstrahlung

Ein heißer Festkörper emittiert ein Strahlungsspektrum, das eng mit seiner Oberflächentemperatur korreliert. Die Strahlungsdichte die ausgesandt wird, ist somit eine Funktion der Temperatur T und der Wellenlänge λ.

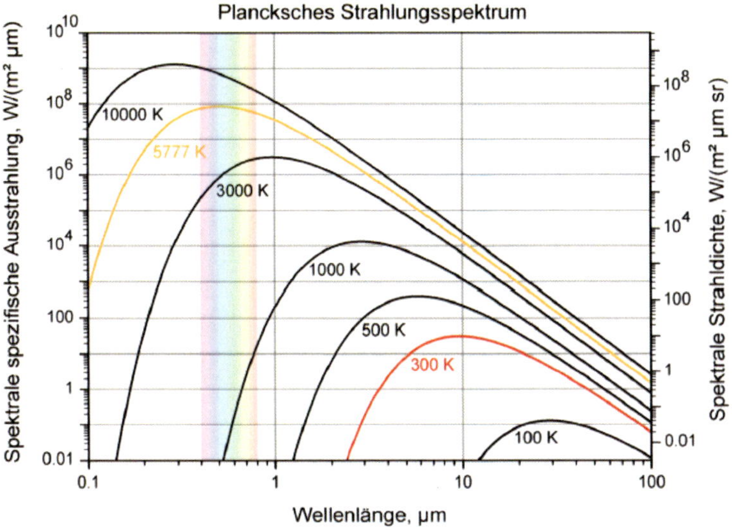

Bild 8.4 Abhängigkeit der Temperaturstrahlung. Mit wachsender Oberflächentemperatur steigt die Strahlungsemission und ihr Schwerpunkt verschiebt sich hin zu kürzeren Wellenlängen

Je höher die Oberflächentemperatur eines Festkörpers ist, desto mehr Strahlung gibt dieser pro Zeiteinheit ab und desto kurzwelliger ist der spektrale Schwerpunkt der Strahlung (Wien'scher Verschiebungssatz). Die emittierte sichtbare Strahlung (Licht) verändert sich also mit steigender Oberflächentemperatur von Rot über Gelb bis hin zu Blau-Weiß.

8.3.3 Aufbau und Wirkprinzip der Halogenlampe

Die Halogenlampe ist im Prinzip ein Temperaturstrahler, verbessert hinsichtlich der Lebensdauer, der Lichtausbeute und der Baugröße. Das Wirkprinzip von Halogenlampen basiert auf Kreisprozessen, die auf chemischen Transport zurückgehen. So können in der Halogenlampe zwei wichtige chemische Transportprozesse unterschieden werden. Der schädliche Wasser-Kreisprozess transportiert das Wendelmetall Wolfram zur kälteren Kolbenwand, was die Lebensdauer der Lampe verkürzt. Dabei wird das Wasser meistens bei der Lampenproduktion über die Glaskolbenwand ins System eingeschleppt. Technisch versucht man daher, diesen Kreisprozess durch Beschichtung der Wendel mit rotem Phosphor zu unterbinden.

Der nützliche **Halogen-Kreisprozess** hingegen transportiert verdampftes Wolfram aus der Gasphase zurück in Richtung Wendel, was die Lebensdauer der Lampe verlängert. Der Halogen-Kreisprozess erlaubt eine Reduktion des Kolbenvolumens bis zu einem Faktor 100 gegenüber einer Standardglühlampe mit den daraus resultierenden Designvorteilen. Gleichzeitig wird die Lebensdauer der Lampe verlängert und durch eine höhere Wendeltemperatur die Lichtausbeute um bis zu 20 % vergrößert.

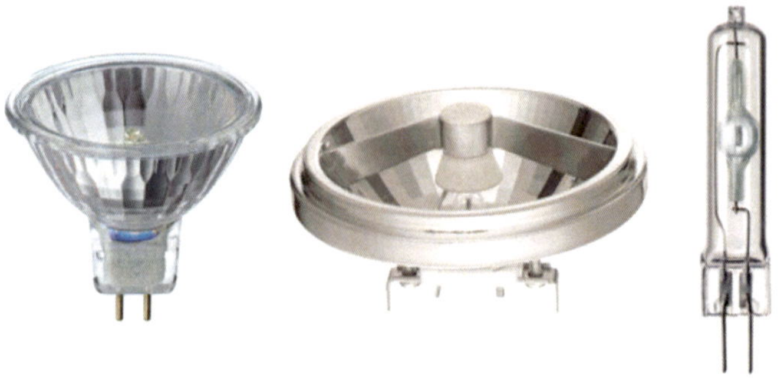

MASTER Line ES, Master Line 111 und Master Line TC
12 V Niedervolt-Kaltlichtspiegellampen mit IRC-Beschichtung

Bild 8.5 Moderne Halogen-Reflektorlampen

Der Halogen-Kreisprozess, der durch Zusätze von bromierten Methanverbindungen bei der Kolbenfüllung initiiert wird, verlängert die Lebensdauer der Glühwendel aber nur dann erfolgreich, wenn die Temperatur der Wendelaufhängungen nicht überschritten wird, d. h. deutlich niedriger als die Wendeltemperatur ist, und die Temperatur der Kolbenwand nicht unterschritten wird.

Ansonsten drohen Metallabscheidung an der Wendelaufhängung bzw. die Kondensation von Wolframoxohalogeniden an der Kolbenwand. Letzteres führt zum Zusammenbrechen des Halogen-Kreisprozesses. In leistungsreduzierten (gedimmten) Halogenlampen ist daher der Halogenprozess nur noch sehr eingeschränkt funktionsfähig, was die Lebensdauer des Leuchtmittels reduziert. Sollen Halogenlampen über längere Zeiträume hinweg leistungsreduziert betrieben werden, so ist es ratsam, zwischenzeitlich die Leuchtmittel wieder unter Volllast zu betreiben, da hierdurch die Lebensdauer deutlich verlängert werden kann.

Eine weitere Effizienzsteigerung kann durch den Einsatz von sogenannten $\lambda/4$-Schichten und $\lambda/2$-Schichten, optischen Schichten der Schichtdicke $d = \lambda/4n$ bzw. $d = \lambda//2n$, erreicht werden. Diese sogenannten IRC-Lampen (IRC = Infra Red Coating) liefern einen bis zu 40 % höheren Lichtstrom. Die Reduzierung von IR-Strahlung im Licht einer Halogenlampe gelingt bei Reflektorlampen aber auch durch die sogenannte Kaltlichtverspiegelung. Bei Kaltlichtspiegellampen werden im lampeneigenen Reflektor Licht und UV-Strahlung reflektiert. Die Infrarotstrahlung wird verstärkt durch den Reflektor hindurch in Richtung Lampensockel abgestrahlt, was die IR-Strahlung im Lichtkegel der Lampe um ca. 30 % reduziert.

8.3.4 Halogenlampen im Fernseh-, Film- und Theaterbereich

Im Fernseh-, Film- und Theaterbereich werden, wie in Kapitel 9 „Scheinwerfer“ noch detaillierter ausgeführt, vor allem Halogenlampen mit der Leistungsgröße 1000 W, 2000 W und 5000 W eingesetzt.

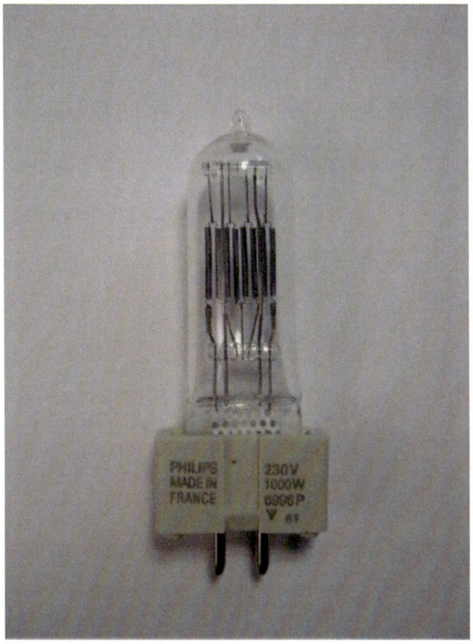

Bild 8.6
1000-W-Halogenlampe (Philips)

■ 8.4 Niederdruckentladungslampen

In Gasentladungslampen wird sichtbares Licht primär durch ein elektrisch angeregtes Plasma erzeugt. Unter einem Plasma versteht man dabei ein Gemisch aus Neutralteilchen, Ionen und Elektronen in verschiedenen Anregungszuständen mit starker Wechselwirkung untereinander und mit den Photonen (Licht), die das Plasma selbst erzeugt.

Leuchtstofflampen

Die bekanntesten Leuchtmittel, die Licht mit dem Prinzip der Niederdruckgasentladung erzeugen, sind die Leuchtstofflampen. Da der Verlauf der selbstständigen Gasentladung eine negative Kennlinie besitzt, muss der durch das Plasma fließende Strom durch ein der Gasentladungslampe vorgeschaltetes strombegrenzendes Bauteil begrenzt werden, damit die Lampe nicht „durchgeht“. In der Praxis wird hierfür im einfachsten Fall eine Spule (B) verwendet. Die meist oberhalb der Netzspannung von 230 V liegende Zündspannung liefert ein externes Zündgerät, oft auch Starter (S) genannt.

Zur Zündung von Leuchtstofflampen werden die beiden mit Emitterpaste beschichteten Elektroden, die die Form kleiner Glühwendeln besitzen, siehe Bild 8.7, elektrisch vorgeheizt, um ausreichend freie Ladungsträger im noch kalten Gas der Lampe zu produzieren. Wird dann der Startstromkeis unterbrochen, so zündet der aus dieser Unterbrechung resultierende Spannungsstoß die selbstständige Gasentladung. Bei brennender Gasentladung wird dann die zur Glühemission notwendige Elektrodenerwärmung durch das Plasma selbst erzeugt.

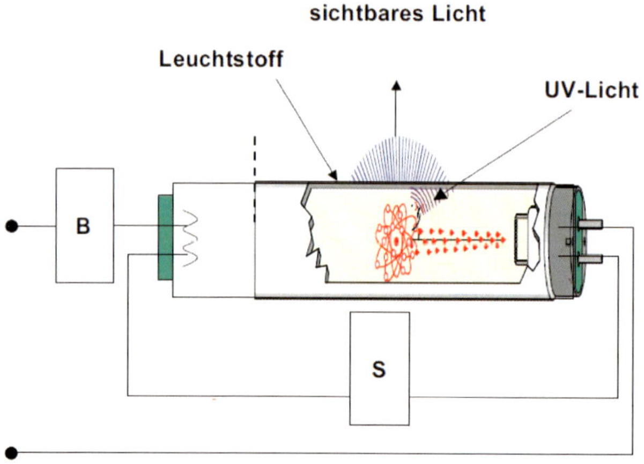

Bild 8.7 Lichterzeugungsmechanismus und Schaltskizze einer Leuchtstofflampe

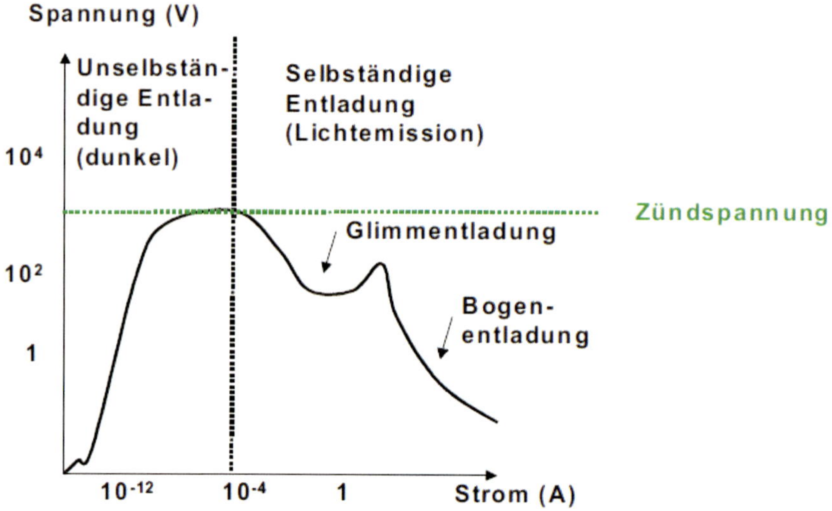

Bild 8.8 Zündphasen einer zur technischen Lichterzeugung genutzten Bogenentladung

Im 50 Hz/230 V-Wechselspannungsplasma einer Leuchtstofflampe zündet und erlischt die positive Säule mit einer Frequenz von 100 Hz, ohne dabei ihren Ort relativ zu den beiden Betriebselektroden zu verändern. Das Kathodenglimmlicht hingegen alterniert mit 50 Hz zwischen den umgepolten Elektroden. Aus diesem Grund kann bei allen Leuchtstofflampen, die direkt am 50 Hz/230 V-Netz betrieben werden, stets ein geringfügiges 50 Hz-Flackern beobachtet werden. In modernen Leuchten sind die Spule und der Starter durch ein elektronisches Vorschaltgerät (EVG) ersetzt. Dieses betreibt die Lampe mit einer kHz-Frequenz von 10 - 40 KHz. Das emittierte Licht wird hierdurch visuell angenehmer. Gleichzeitig zeichnen sich EVGs durch eine geringere Verlustleistung und ggf. auch Dimmoption aus.

Die Lichterzeugung in Leuchtstofflampen erfolgt durch die Anregung von Quecksilberatomen in einer Gasentladung, die zudem Argon als Zünd- und Puffergas enthält. Der Betriebsdruck beträgt ca. 10^{-3} mbar. Bei diesem Druck erreicht die Niederdruckquecksilberentladung ihr Effizienzoptimum. Wird der Druck erniedrigt, so sinkt die im Gas zur Anregung zur Verfügung stehende Quecksilberkonzentration, und der Lichtstrom der Lampe geht zurück. Wird der Druck hingegen erhöht, so sinkt der Lichtstrom ebenfalls infolge von Selbstabsorption des Quecksilbers. Aus diesem Grund hängt der Lichtstrom einer Leuchtstofflampe stark von der Temperatur der Röhrenwand (Umgebungstemperatur) ab und durchläuft ein Maximum, dessen absolute Lage mit dem Lampentyp variiert.

Da die Hauptemission des Quecksilbers, im Gegensatz zur Hochdruckentladung, bei der in der Leuchtstofflampe vorliegenden Niederdruckentladung ausschließlich im UV-Bereich erfolgt, wird die Innenwand der Leuchtstoffröhre mit fluoreszierenden Leuchtstoffen, den sogenannten „Phosphoren“ beschichtet. Dabei müssen mindestens zwei verschiedene Leuchtstoffe eingesetzt werden, um durch additive Farbmischung weißes Licht zu erzeugen. Dies ist bei Standardleuchtstofflampen der Fall. Hier werden mit Zinn und mit Magnesium dotierte Halophosphate verwendet. Weißes Licht mit einer Farbwiedergabe $R_a > 80$ erfordert hingegen den Einsatz von mindestens drei verschiedenen Leuchtstoffen (3-Bandentechnologie, z. B. TL-D Super 80 Leuchtstofflampen). Heutzutage kommen als Leuchtstoffe meist seltenerdendotierte Aluminate zum Einsatz. Die Konversionsraten moderner Leuchtstoffe liefern eine Quantenausbeute nahe 1. Dies bedeutet, dass fast alle UV-Lichtquanten in sichtbares Licht transformiert werden. Die Energiedifferenz geht dabei in Form von Wärme verloren.

Langlebige Leuchtstofflampen und Kompaktleuchtstofflampen besitzen speziell gefertigte Elektrodenwendeln. Durch einen kontinuierlichen Übergang zwischen dem Wendelkern aus Wolfram und dem Emittermaterial Bariumoxid kann der Verlust von Bariumoxid über die Zeit deutlich reduziert werden. Hierdurch werden die Lampen sehr schaltfest (> 100 000 Zündungen am Warmstart-EVG) und erreichen mittlere Lebensdauern von über 70 000 Stunden (TL-D Xtreme).

8.5 Hochdruckentladungslampen

In Hochdruckentladungslampen brennt eine Bogenentladung zwischen zwei meist nur wenige Millimeter entfernten Wolframelektroden. Diese bestehen im Gegensatz zu den heizbaren 70 µm-Wendeln einer Leuchtstofflampe aus wesentlich dickeren nicht heizbaren Wolframdrähten. Ein zusätzliches auf die Wendel aufgebrachtes Emittermaterial sichert, wie bei der Leuchtstofflampe, ein hohes Maß an Elektronenemission (Glühemission) bereits bei niedrigen Temperaturen (Startphase). Die hohen Stromdichten von Bogenentladungen führen im Entladungsbogen während des Lampenbetriebs zu Temperaturen von 6000 K–8000 K.

8.5.1 Hochdruck-Metallhalogendampflampen

Um die Lichtemission im sichtbaren Bereich noch weiter steigern zu können, wird bei Metallhalogendampflampen (MHL) auf Halogenide bestimmter Metalle zurückgegriffen, wie Alkalimetalle (Li, Na, Cs), Elemente der III. und IV. Hauptgruppe (In, Tl, Sn) und einige Seltenerdmetalle (Ho, Dy, Tm). Die genaue Zusammensetzung variiert je nach Lampentyp.

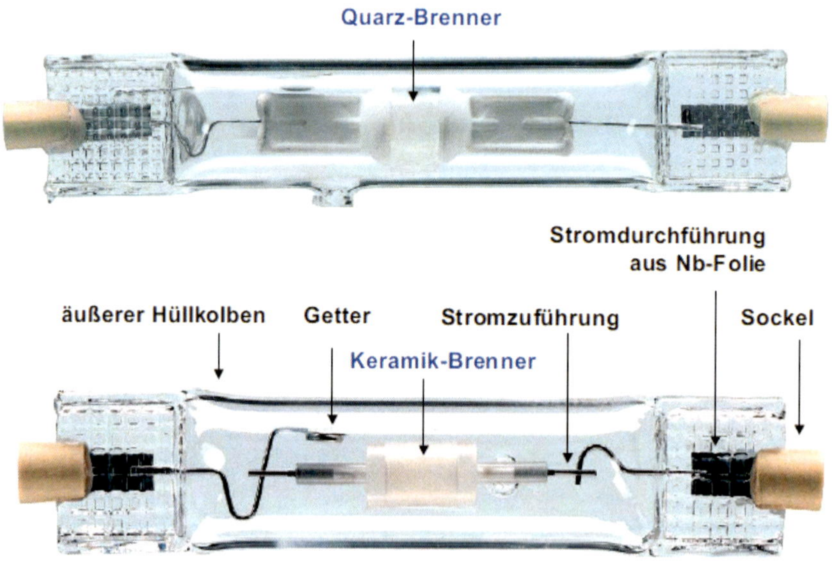

Bild 8.9 Aufbau von kompakten Metallhalogendampflampen mit Quarzbrenner (oben: MHN-TD Pro 70 W) und mit Keramikbrenner (unten: MASTER Colour CDM-TD 70 W)

Unter Betriebsbedingungen ist die Gasphase des Brenners an Metallhalogeniden gesättigt. Zur Lichterzeugung tragen sowohl die freien Metalle als auch ihre Monohalogenide bei. Das neben den Metalliodiden in geringen Mengen zugesetzte Quecksilber dient bei der Metallhalogendampflampe nicht der direkten Lichterzeugung, sondern fungiert als Puffergas, um durch elastische Stöße mit den Elektronen des Plasmas die Wandverluste zu reduzieren und die elektrische Feldstärke im Plasma zu vergrößern. Ein zusätzlicher, geringer Xenon-Basisdruck im Brenner sichert den Zündbetrieb des Leuchtmittels.

Metallhalogendampflampen mit Keramikbrenner (CDM 20 bis 150 W, CDM = Ceramic Discharge Metalhalide) zählen zu der Lampenklasse mit der besten Farbwiedergabe ($R_a > 80$ bzw. $R_a > 90$) und Farbstabilität (± 150 K nach 10 000 Betriebsstunden). Die Lichtausbeute liegt mit bis zu 105 lm/Watt um ca. 60 % höher als die vergleichbarer Hochdruck-Quecksilberdampflampen.

Xenonlampen

Xenonlampen sind spezielle Entladungslampen (35 W–15 KW), die bereits bei Raumtemperatur einen Überdruck an Xenon (5 – 10 bar) aufweisen. Die Kathode ist kegelförmig ausgelegt. Die Anode hingegen ist ein großer zylindrischer Metallblock aus Wolfram. Hauptanwendungen sind Kinoprojektoren, Pumpen in Festkörperlasern, Effekt- und Suchscheinwerfer sowie als Lichtquelle für wissenschaftliche Anwendungen. In Pkw-Scheinwerfern kommt eine Kombination von Xenon- und Metallhalogendampf-lampe zum Einsatz: Ihre mittlere Lebensdauer ist mit 2000 h etwa viermal so hoch.

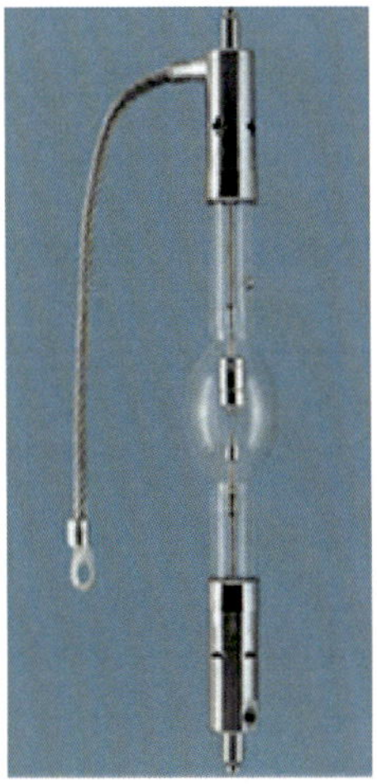

Bild 8.10
Xenonlampe XBO 2000 W

Die wichtigsten Abkürzungen von Hochdrucklampen (hier der Firma Osram) sind: D: Durable; H: Quecksilber (Hg); I: Halogenverbindungen (Iodide); M: Metalle (Seltene Erden); P: Projektion; R: Rare Earth Metals, S: Safe, T: Tageslicht

8.5.2 Hochdruckentladungslampen im Fernseh-, Film- und Theaterbereich

Im Fernseh-, Film- und Theaterbereich werden vor allem Hochdruckentladungslampen mit der Leistungsgröße 575 W, 1000 W, 1200 W für Tageslichtscheinwerfer und Movinglights eingesetzt.

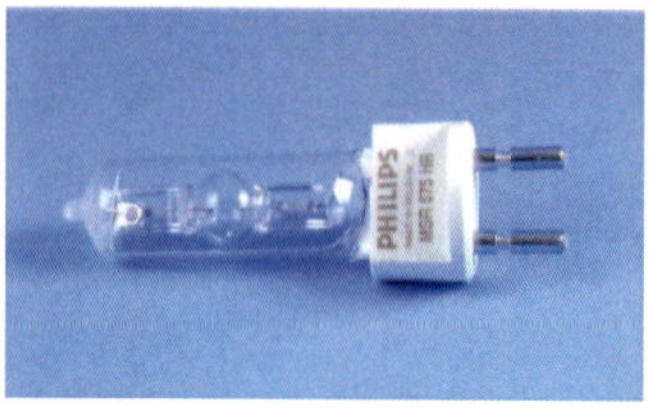

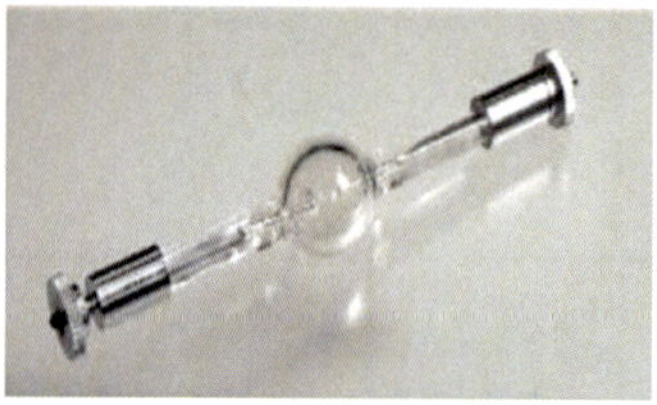

Bild 8.11 Hochdruckentladungslampen, links: MSR 575 HR, rechts: HIT 1000 W

8.6 Lichtemittierende Dioden (LED)

Lichterzeugung mittels LED basiert auf dem Wirkprinzip der Elektrolumineszenz. LED-Lichtquellen gewinnen in der Lichttechnik immer mehr an Bedeutung und verdrängen die anderen Lichterzeugungstechnologien im Bereich der Allgemein- und Eventbeleuchtung immer mehr.

8.6.1 Elektrolumineszenz

Bei dieser Form der Lichterzeugung wird wie beim thermischen Strahler eine Spannung an einen leitenden Festkörper angelegt und dieser von einem Strom durchflossen. Im Gegensatz zum thermischen Strahler speichert der elektrolumineszierende Festkörper die aufgenommene elektrische Energie jedoch nicht nur in Form von Gitter-Schwingungen, sondern auch in Form von elektronischer Anregung. Hierdurch kann im Gegensatz zum Festkörper die Emission von monochromatischem Licht beobachtet werden. Die wichtigsten Elektrolumineszenz-Strahlungsquellen in der Technik sind die III-V-Halbleiter.

8.6.2 Lichterzeugung im III-V-Halbleiter

Unter einem III-V-Halbleiter versteht man einen Festkörper, der aus den Elementen der dritten und fünften Hauptgruppe des Periodensystems gebildet wurde, wie GaAs, InP, GaN oder deren Mischkristalle. Ein reiner III-V-Halbleiter ist bei Raumtemperatur jedoch kaum elektrisch leitfähig. Erst durch einen geringfügigen Zusatz von Elementen differenter Elektronenkonfiguration (Dotierung), z. B. den Elementen der vierten Hauptgruppe, wie C, Si oder Ge, nimmt die elektrische Leitfähigkeit drastisch zu. Dabei können je nach Reaktionsführung als Reaktionsprodukt sowohl dotierte Halbleiter mit **Elektronenleitung** (n-Dotierung) als auch mit **Lochleitung** (p-Dotierung) hergestellt werden. Der dotierte Halbleiter ist nun für eine elektrische Leistungsaufnahme ausgelegt. Zur Lichterzeugung werden in einem LED-Chip n- und p-dotierte Halbleiterbereiche benachbart erzeugt (pn-Kontakt). Ein pn-Kontakt entsteht dabei in der Praxis nicht durch „mechanisches Berühren“ zweier verschiedener, unterschiedlich dotierter Halbleiterkristalle, sondern es werden mittels technischer Dünnschichtverfahren die unterschiedlichen Halbleiter direkt aufeinander abgeschieden und befinden sich im gleichen LED-Chip.

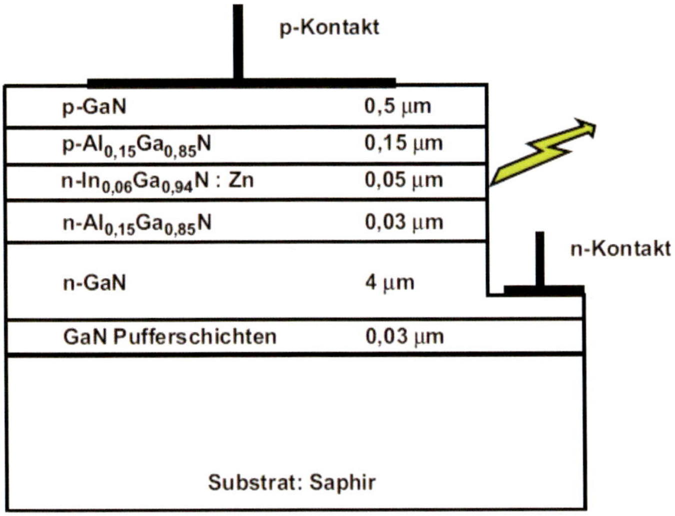

Bild 8.12 Aufbau der ersten technisch produzierten blauen LED (Nichia 1994)

8.6.3 LED-Technologie

Kommerziell verfügbare Halbleiter-Leuchtdioden bestehen aus einem Halbleiter-Chip (solid state lighting, SLL), der auf eine Trägerplatte/Leiterplatte montiert wird und mit einem Kunststoffüberzug/Kunststofflinse aus PMMA oder Silikon überzogen ist. Die Kunststofflinse bündelt das divergent abgestrahlte monochromatische Licht des LED-Chips und schützt gleichzeitig den LED-Chip vor Feuchtigkeit und Korrosion. Die Ankontaktierung erfolgte früher meist mittels eines Anschlussdrahtes (wire bonding). Neben den seit den 1970er-Jahren üblichen 5-mm-LED existieren seit 1999 auch die sogenannten High-Flux-LED. Letztere unterscheiden sich von 5-mm-LED durch einen je nach Lichtfarbe um den Faktor 20 bis 50 höheren Lichtstrom.

Die Leistungsverbesserung basiert neben der Zunahme der Chipgröße und Optimierung der Chipgeometrie vor allem auf einer Steigerung des Wirkungsgrades durch den Einsatz von Heterostrukturchips, die eine bessere Strom- und Lichtlenkung im LED-Chip ermöglichen. Heutzutage werden LED-Chips für lichttechnische Anwendungen meist entweder auf einer Keramik-Trägerplatte montiert (surface mount device, SMD) oder durch Leitkleber direkt mit der Trägerplatte verbunden (chip on board, COB).

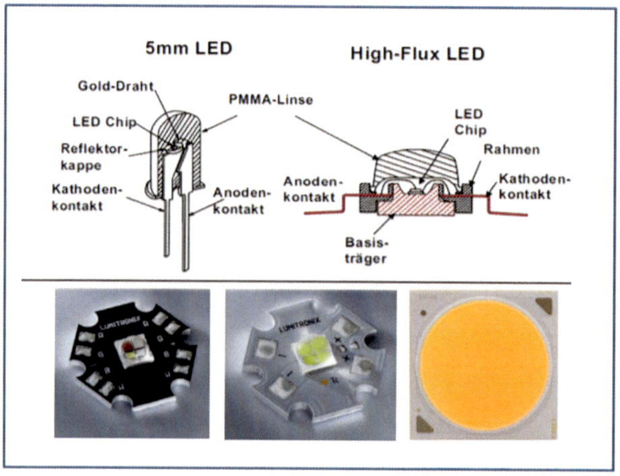

Bild 8.13 Oben: Aufbau von 5-mm-Standard-LED und High-Flux-LED, unten: moderne High-Flux-LED im SMD- und COB-Design (CREE)

8.6.4 Aufbau und Wirkungsgrad von LED-Lichtquellen

Halbleiter-Leuchtdioden sind heutzutage sowohl in fast allen Farben des sichtbaren Spektrums als auch als UV- oder Infrarotemitter verfügbar. Für die Erzeugung von weißem LED-Licht sind drei verschiedene LED-Bauformen denkbar. Zum einen kann das Licht einer roten, einer grünen, einer blauen LED (RGB) und ggf. noch einer gelben LED (RGBA) additiv zu weißem Licht gemischt werden. Stabile Farborte lassen sich damit aber nur einstellen, wenn diese, wie z. B. bei Bühnenscheinwerfern, aktiv gemessen und geregelt werden können. Für die Allgemeinbeleuchtung stellt die Beschichtung eines blau emittierenden LED-Chips mit mindestens einem Fluoreszenzfarbstoff eine wesentlich bessere Alternative dar. Hierdurch lassen sich sichtbare Schwankungen des Weißpunktes über die Lebensdauer der LED fast völlig eliminieren und die Farbwiedergabe auf $R_a > 90$ steigern. Die Farbtemperatur bzw. der genaue Farbort weißer LED wird durch die Schichtdicke und Zusammensetzung der Leuchtstoffschicht bestimmt. Heutzutage befinden sich die Leuchtstoffe allerdings oftmals direkt in der Kunststoff-Vergussmasse, mit der der LED-Chip auf der Leiterplatte überzogen wird.

LED müssen im Rahmen ihrer Herstellung vor der Verbauung in Modulen oder Leuchten in Schüttgutgruppen vereinzelt werden (binning). Hierbei werden die LEDs kurz elektrisch kontaktiert, um in einem automatisierten Verfahren den Farbort und den Lichtstrom zu bestimmen. Der maximale Farbortabstand bestimmt die Güte des LED-Bins, siehe auch Abschnitt 8.6.5. Der Farbortabstand und die Lichtstromdifferenz wird dabei so gewählt, dass bei einem späteren Einsatz der LED in der Applikation im Idealfall alle LED das gleiche optische Erscheinungsbild aufweisen, Details siehe nächster Abschnitt. Die Messgröße ist die sogenannte standard deviation of colour matching (SDCM). Leuchten mit einem SCDM-Wert ≤ 3 weisen kaum noch sichtbare Farbunterschiede auf. Die Farbortunterschiede nehmen allerdings mit steigendem Alter der LED-Lichtquellen zu. Vor allem im Theater- und Eventbereich ist ein Phänomen zu erkennen, dass durch die enge Position von LED an LED, diese LEDs schneller altern als im Architekturbereich und es dadurch zu erkennbaren Farbtemperaturunterschieden kommt. Wie bei Entladungslampen ist auch bei LED-Lichtquellen diese Drift gemäß Bild 8.14 von LED-Lichtquelle zu LED-Lichtquelle unterschiedlich und von ihrer Richtung her nicht vorhersehbar. Ursache der Farbdrift sind vor allem Veränderungen an den Grenzflächen zwischen LED-Chip und Polymer-Vergußmasse oder zwischen Leuchtstoff und Polymer-Vergussmasse bzw. Leuchtstoff und Binder.

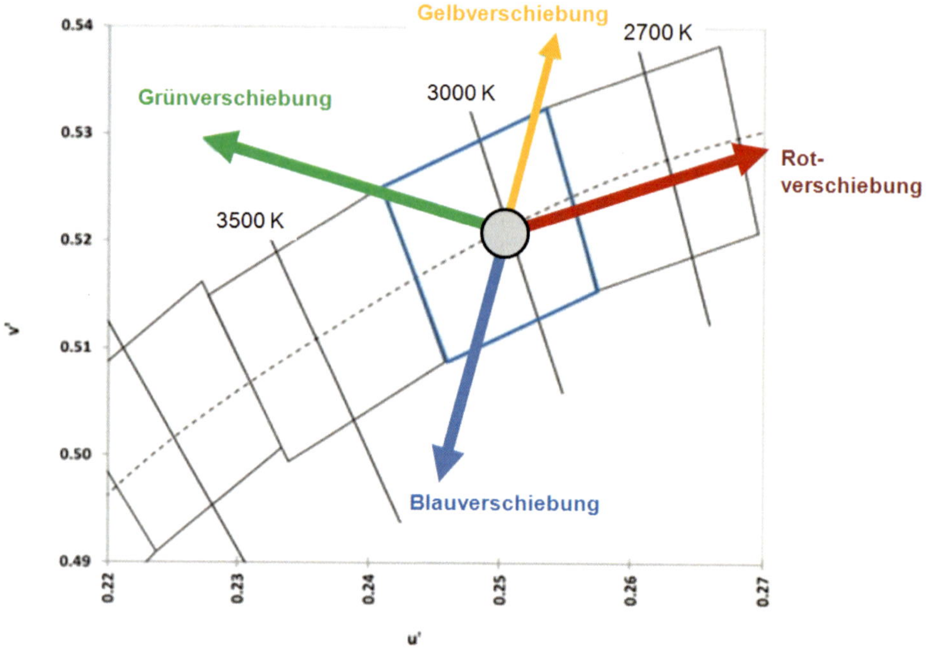

Bild 8.14 Visualisierung des Farbdrifts von LED-Lichtquellen mit steigender Betriebsdauer

Der technische Wirkungsgrad einer Leuchtdiode hängt neben der Lichtfarbe sehr stark von der Temperatur der aktiven Schicht im Halbleiterkristall ab: Der Lichtstrom fällt sehr stark mit steigender Umgebungstemperatur.

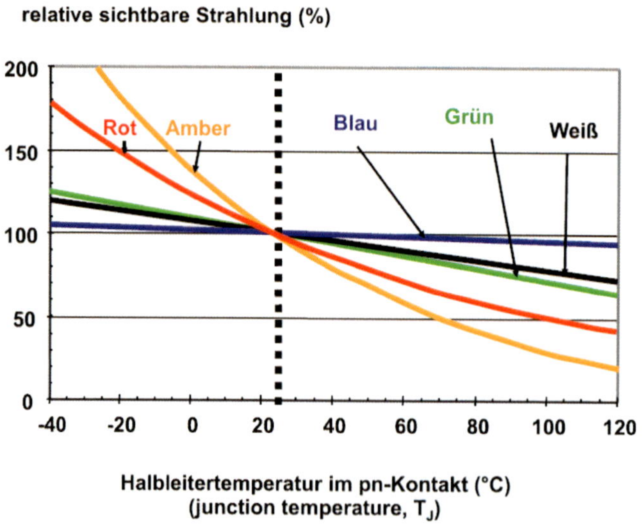

Bild 8.15 Lichtstromverhalten von LED in Abhängigkeit von der Temperatur im pn-Kontakt (junction temperature, T_j)

Da bei verminderter Leistungsaufnahme die Temperatur des LED-Chips abnimmt, führt bei LED-Lichtquellen im Gegensatz zu allen anderen Lichtquellen eine Leistungsreduktion zu einer Effizienzsteigerung, d.h. zu einer Verbesserung ihrer Lampenlichtausbeute. Aber auch die Ladungsträgerdichte im pn-Kontakt beeinflusst die Lichtausbeute einer LED. Aus wirtschaftlichen Gründen, d.h. um LED-Chipfläche zu sparen, werden Hochleistungs-LED im 100%-Betrieb heute fast immer mit einem Betriebsstrom versorgt, der oberhalb des Ladungsträgerdichteoptimums liegt. Wird der Betriebsstrom bei der Dimmung dann reduziert, so steigt die Effizienz der LED deutlich. Zunehmend werden LED-Lichtquellen daher auch nicht mehr aus einem einzigen LED-Chip gefertigt. Eine Zusammensetzung der Lichtquelle aus mehreren, eng beieinanderliegenden kleineren LED-Chips erleichtert ein gutes Temperaturmanagement bei immer noch guten optischen Eigenschaften der Lichtquelle.

Die Lebensdauer von LED-Lichtquellen, d.h. mögliche Betriebszeiten von LED-Leuchten, werden durch Ausfälle der LED-Betriebsgeräte (Treiber) und den Lichtstromrückgang der LED-Lichtquelle bestimmt. Als Faustregel kann angenommen werden, dass die Betriebsgeräte eine Frühausfallrate von 1 - 2 % je 10 000 Betriebsstunden aufweisen. Die Mittlere Lebensdauer der Betriebsgeräte beträgt hingegen zwischen 50 000 und 100 000 Betriebsstunden (Bezeichnung: C0B50 = 100 000 h). Der Lichtstrom-Rückgang wird durch die Bezeichnungen L70B50, L80B10 oder L90B10 beschrieben. Dabei bezeichnet die Zeitangabe L80B10 das Zeitintervall innerhalb dessen weniger als 10 % der noch funktionsfähigen LED-Leuchten nur noch einen Lichtstrom von weniger als 80 % ihres Startwertes aufweisen. Alle anderen funktionsfähigen Leuchten haben hingegen noch einen höheren Lichtstrom. Bei Büroleuchten sind heute technische Spezifikationen von L80B10 = 60 000 h ein üblicher Wert, bei Straßenleuchten sind es L90B10 = 80 000 h.

8.6.5 Binning

Bei der Produktion von LED-Chips ist es nach heutigem Stand der Technik nicht möglich, alle Chips exakt gleich herzustellen. Es treten daher zwischen Chip eines LED-Wafers in der Produktion selbst am gleichen Arbeitspunkt (Strom/Spannung) kleine Unterschiede im Lichtstrom und im Farbort auf. Um diese Effekte zu minimieren, werden produzierte LED-Chips gemäß Bild 8.17 in sogenannte Schüttgutgruppen unterteilt. Für diese Gruppenbildung müssen die Chips bereits montiert und elektrisch ankontaktiert sein. Diese Schüttgutgruppen werden auch Bins genannt, der Vorgang der Sortierung heißt Binning. Je geringer die Streuung aller Chips innerhalb eines Bins ist, desto hochwertiger ist der Bin. Der Abstand eines Bin zum Planck'schen Strahlungszug ist in der Allgemeinbeleuchtung ebenfalls ein Gütekriterium.

Der Begriff Standard Deviation of Colour Matching (SDCM) beschreibt bei Leuchten, wie hochwertig der verwendete Bin der LED-Lichtquelle ist. Zwischen Leuchten mit einem SDCM-Wert von ≤2 sind keine Farbunterschiede visuell zu erkennen. Ein SDCM-Wert von ≤3 ist ein guter Standard. Ein Wert von ≤6 wird von Lichtplanern hingegen nur in sehr einfachen flächigen Ausleuchtungen akzeptiert. Die visuelle Erkennung von Farbunterschieden, geht auf die sogenannten McAdams-Ellipsen zurück. Zwischen Farborten, die innerhalb einer McAdams-Ellipse liegen, können visuell selbst unter optimalen Laborbedingungen keine Farbunterschiede erkannt werden. Diese Wahrnehmungsschwellen sind allerdings von der absoluten Lage des Farbortes abhängig. Sie betragen auf dem Planck'schen Strahlungszug bei einer Farbtemperatur von 6700 K 480 K, bei 4700 K dann 230 K und bei 3000 K nur 60 K. Es gilt daher: Je geringer die Farbtemperatur, desto leichter werden Farbunterschiede zwischen LED-Lichtquellen visuell erkannt. Ein SDCM-Wert von 3 bedeutet dabei, dass der Farbortunterschied dem dreifachen einer McAdams-Ellipse entspricht.

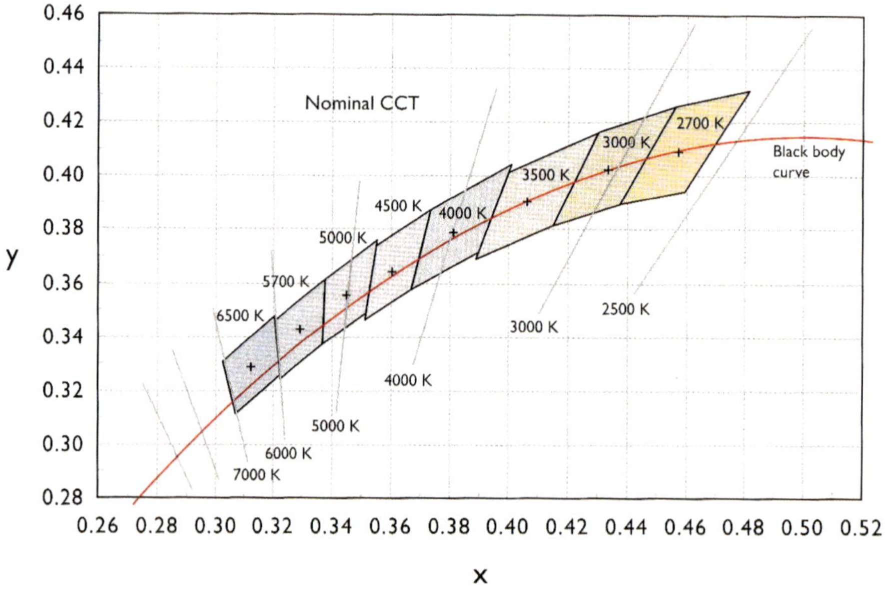

Bild 8.16 Darstellung verschiedener Binnings entlang des Plankschen Kurvenzugs

8.6.6 LED-Produkte und Applikationsfelder

LED sind hocheffiziente einfarbige Lichtquellen. In puncto Effizienz übertreffen sie alle bisher bekannten Lichtquellen, bei denen das farbige Licht aus weißem Licht durch Einsatz von optischen Filtern subtraktiv erzeugt wird. Aber auch in der Allgemeinbeleuchtung (Weißlicht) haben LED in den letzten Jahren Wirkungsgrade von 100 – 170 lm/W erreicht, die ihren Einsatz als Austauschlampen, Strahler, Downlights oder Straßenleuchten rechtfertigen. LED-Lichtquellen sind zudem meist sehr schaltstabil und liefern den vollen Lichtstrom bereits nach weniger als einer Sekunde.

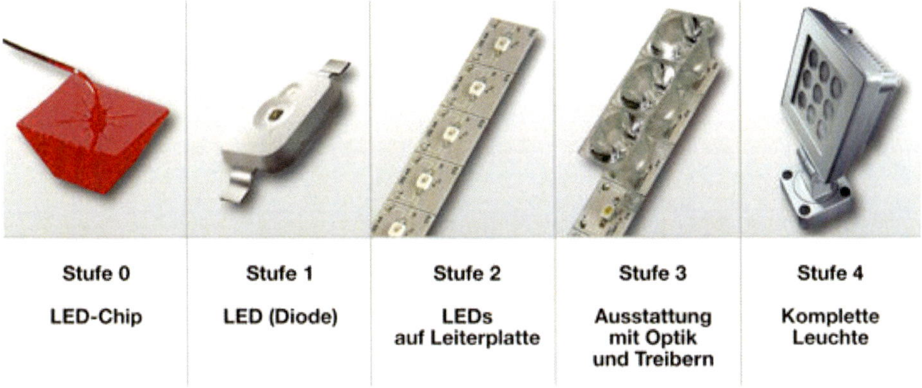

Bild 8.17 Produktion einer LED-Leuchte

Bild 8.18 Übersicht über die aktuellen Bauformen und Typen von LED-Austauschlampen (LED-Retrofits, Philips), Philips

8.6.7 Einzel-LEDs und LED-Engines in Movinglights

Je nach Typus von Movinglights gibt es verschiedene Systeme, wie die LEDs angeordnet sind. Entweder bestehend aus vielen einzelnen LEDs, siehe Bild 8.19 oder als LED-Engine, siehe Bild 8.20. In Bild 8.21 ist der Aufbau eines LED-Movinglights der Firma JB-Lighting dargestellt, bestehend aus 51 Einzel-LEDs (mit RGBA-LEDs).

Bild 8.19 Links und Mitte: Einzelner LED-Chip mit entsprechendem Kühlkörper, rechts: Gesamtaufbau

Bild 8.20 Anordnung der LEDs mit entsprechenden Linsen

Die LED-Lichtquelle bei leistungsstarken LED-Movinglights wird als LED-Engine bezeichnet. Eine LED-Engine besteht meist aus vielen einzelnen LED-Chips.

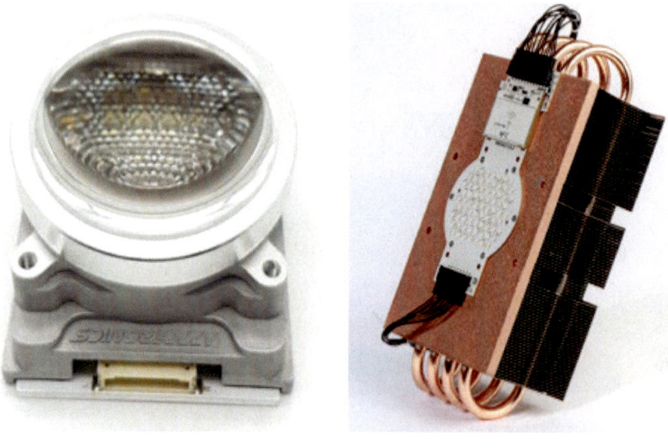

Bild 8.21 Links: LED-Engine der Firma Appatronic die in Movinglights verschiedener Hersteller verbaut wird, rechts: Weißlicht-LED-Engine mit einem passiven Kühlkörper, verbaut im Movinglight Robe Esprite

Die LED-Chips sind mit ihrer nicht lichtabgebenden Rückseite als Cluster auf einer Trägerplatte angeordnet und leitend verklebt. Die Trägerplatte ist dann mit einer größeren Platine verlötet. Diese LED-Platine wird dann mit einem Kühlkörper verklebt oder verlötet, der Wärme rückseitig abtransportiert. Auf jedem einzelnen LED-Cluster ist auf der lichtabgebenden Seite ein sogenannter Kollimator angebracht, der das Licht aus der breitabstrahlenden LED bündelt und in die Optik der LED-Engine leitet.

Maßgeblich entscheidet das Material des Kühlkörpers (Kupfer oder Aluminium) die Verbindung zwischen LED-Chip und Kühlkörper, die Bestromung der einzelnen Chips und ihre Ansteuerung über die Qualität und Lebensdauer einer LED-Engine. Grundlegend kann man zwischen Weißlicht-LED-Engine und Multispektral-LED-Engine unterscheiden. Gelegentlich gibt es auch Mischformen.

Weißlicht- und Multispektral-LED-Engines

Bei Weißlicht-LED-Engines sind ausschließlich blaue LEDs verbaut, die mit einer Leuchtstoffschicht überzogen sind und dadurch weißes Licht einer bestimmten Farbtemperatur abgeben. Die Modulation der Lichtfarbe oder weiterer Lichtparameter erfolgt subtraktiv im optischen System des Scheinwerfers. Es gibt unterschiedlichste Weißlicht-LED-Engines. Einige sind auf Helligkeit optimiert, andere auf hohe Farbwiedergabe, wiederum andere auf die Erzeugung von warmweißem Licht.

Bei Multispektral-LED-Engines sind mehrere unterschiedliche Gruppen von LED-Chips verbaut. Jedes Cluster emittiert eine andere Lichtfarbe. So gibt es z. B. Multispektral-LED-Engines, die mit vier, fünf, sieben oder acht verschiedenen LED-Clustern arbeiten. Weißes und farbiges Licht wird mit diesen LED-Engines additiv erzeugt.

Der Aufbau einer Multispektral-LED-Engine ist etwas komplexer, aber durchaus vergleichbar mit einer Weißlicht-Engine. Auch hier sind LED-Cluster an ihrer Rückseite auf einer kleinen Trägerplatte aufgeklebt die dann mit einer größeren Platine verlötet werden und das abgestrahlte Licht auf der Vorderseite der LEDs mit Kollimatoren in das optische System der Engine geleitet wird, siehe auch Bild 8.22. Anders als bei der Weißlicht-LED-Engine wird jedoch keine einfache Sammellinse verwendet, die das Licht bündelt und in die Abbildungsebene des Movinglight einkoppelt, sondern das Licht der einzelnen LED-Cluster trifft auf dichroitische Filter, die das Licht subtraktiv verändern und dann erst auf die Sammellinse lenken. So gelingt es einen homogenen weißen oder farbigen Lichtstrahl zu erzeugen, siehe Bild 8.22.

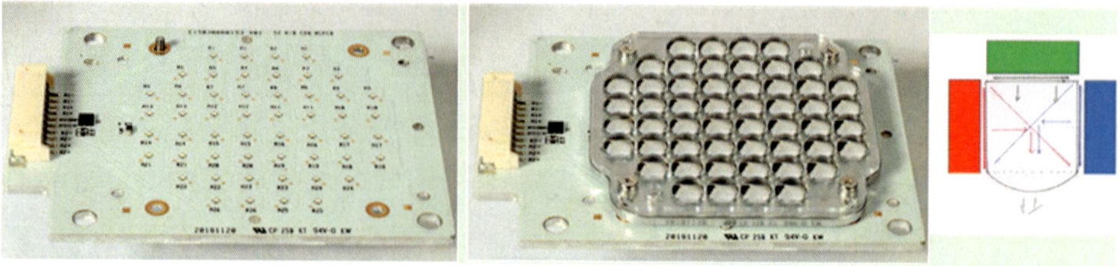

Bild 8.22 Links: Eines von drei LED-Boards für das Movinglight T1 der Firma Robe. Mitte: LED-Board mit Kollimator, rechts: Prinzipskizze des Lichtmischung mit dichroitschen Filtern

Bild 8.23 Blick auf den geöffneten Bereich mit den oben und unten angeordneten LED-Boards und den dichroitschen Filtern in dem Movinglight T1 der Firma Robe. Das dritte LED-Board schließt dann von oben das geöffnete System

Multispektral-LED-Engines haben gegenüber Weißlicht-LED-Engines viele Vorteile. Meist ist das Lichtspektrum farbortstabiler, Alterungsprozesse in der LED-Engine können besser ausgeglichen werden (Lichtstrom- und Farbortveränderungen der Einzel-Chips), der Farbort und der Sättigungsgrad ist variabler einstellbar, und man benötigt insgesamt im Movinglight weniger Bauteile. Trotzdem gibt es im Scheinwerfermarkt wesentlich mehr Weißlicht-LED-Engines. Das liegt u.a. am niedrigeren Preis der Weiß-Licht-Engine und an der größeren maximalen Helligkeit bei weißem Licht. Bei den Mischformen wird eine Weißlicht-LED-Engine um farbige LED-Cluster ergänzt, um z.B. Farborte flexibler verändern zu können oder die Farbwiedergabe bei weißem Licht zu optimieren.

8.7 Organische lichtemittierende Dioden (OLED)

OLED können entweder aus halbleitenden Polymeren („Kunststoffen“) oder niedermolekularen Verbindungen („Farbstoffen“, small molecules) bestehen. Für die aus Polymeren gefertigten organischen LED hat sich die Abkürzung p-OLED durchgesetzt. Als s-OLED oder sm-OLED werden die aus „small molecules“ hergestellten OLED bezeichnet.

8.7.1 Funktionsprinzip von OLED

Beim Anlegen einer äußeren Spannung werden wie bei der anorganischen LED Elektronen von der Kathode injiziert, während die Anode positive Löcher bereitstellt. Die verschiedenen Ladungsträger driften aneinander vorbei und treffen sich im Idealfall in der Emitterschicht, weshalb diese Schicht auch Rekombinationsschicht genannt wird. Die Elektronen und Löcher bilden dabei einen gebundenen Zustand, den man in Analogie zur LED als Exziton bezeichnet. Der angeregte Zustand setzt beim Übergang in den Grundzustand Energie in Form von Licht (Fluoreszenz) oder Wärme frei. Die Farbe des ausgesandten Lichts hängt vom Energieabstand zwischen dem angeregten Zustand und dem Grundzustand ab und kann durch Modifikation der Emitter gezielt verändert werden.

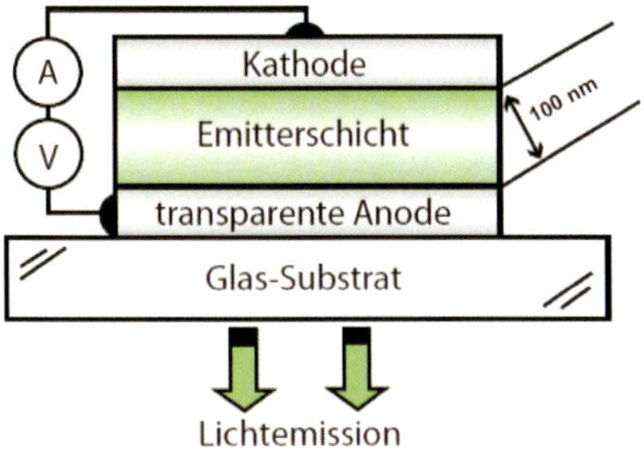

Bild 8.24 Vereinfachter Aufbau einer OLED für die Allgemeinbeleuchtung

Bild 8.25 Technisch realisierte Produkte (blaue und weiße OLED, Philips)

8.7.2 OLED-Display

Heutzutage werden OLED vor allem zur Herstellung kleiner farbiger Displays eingesetzt – mit einem Weltmarktvolumen von über 15 Mrd. Euro (2021). Da OLED-Displays aber bislang noch teurer als LCD-Displays sind, kommen sie bisher nur in speziellen Anwendungen zum Einsatz. Zu nennen sind insbesondere die farbigen Displays portabler Kleingeräte (z. B. Smartphones oder das iPhone von Apple). Die technischen Vorteile gegenüber LCD-Bildschirmen liegen vor allem in der geringeren Einbautiefe und dem geringen Energieverbrauch. OLED-Displays sind nämlich selbstleuchtend und müssen nicht wie LCD-Displays mit weißen Lichtquellen, z. B. LED, hinterleuchtet werden. Sie verfügen zudem über ein sehr hohes Kontrastverhältnis von bis zu 1 000 000:1, ein „perfektes" Schwarz, einen großen Blickwinkelbereich von bis zu 170°, eine hohe maximale Schaltgeschwindigkeit und eine sehr geringe Einbautiefe von nur 0,7 bis 2,0 mm. Im Jahr 2020 gelang Xiaomi erstmalig die Herstellung eines transparenten 55-Zoll OLED-Displays. LG bietet seit dem Jahr 2021 auch 88 Zoll 8K OLED-TVs an.

In der Allgemeinbeleuchtung haben sich OLED bisher noch nicht als Massenprodukt durchgesetzt. Die nähere Zukunft wird zeigen, ob OLED auch einen festen Platz in der Allgemein- und Eventbeleuchtung erobern werden.

9 Scheinwerfer

Nach der Betrachtung der lichttechnischen Grundgrößen sowie diverser Lichtquellen sind es die Scheinwerfer, die dabei helfen, Licht für die medientechnische Anwendung nutzbar zu machen. Hierbei können Scheinwerfer grundsätzlich in ihren Bauweisen oder aber in ihren Anwendungsfällen unterschieden werden. Auch eine historische Einteilung gibt einen Blick auf die Entwicklung von Scheinwerfern bis zu den heute üblichen Produkten.

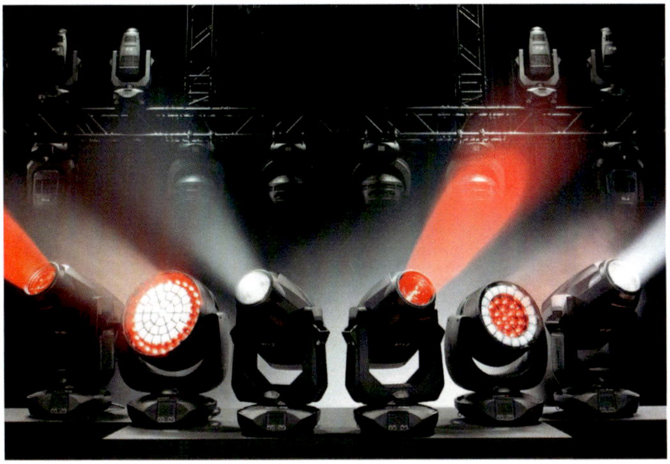

Bild 9.1 Verschiedene Scheinwerfertypen der Firma JB-Lighting

Der Aufbau von Scheinwerfern ist grundsätzlich sehr ähnlich und es gibt einige Faktoren, die trotz ihrer unterschiedlichen Komplexität, in jedem Scheinwerfer zu finden sind. Neben Gehäuse, Aufhängung, Lichtquelle und Lampensockel ist das optische System ebenfalls entscheidend. Hier wird zwischen den lichtsammelnden und dem abbildenden System unterschieden. Außer einigen wenigen Ausnahmen gibt es immer ein lichtsammelndes System. Wird ein abbildendes System verwendet, so besteht dies meist aus einer Sammellinse oder aus zwei gegeneinander verschiebbaren Sammellinsen. Hier finden oft Plankonvex- oder Bikonvexlinsen ihren Einsatz.

Je nach Komplexität lässt sich der Aufbau eines Scheinwerfers um diverse weitere optische Systeme erweitern. Dies können zum Beispiel Prismen, Gobos, Farbfilter (oftmals dichroitische Systeme) oder mechanische Strahlengangsbegrenzungen sein.

Die verwendeten Lichtquellen bei Scheinwerfern sind stark abhängig von Einsatzort und Einsatzzweck sowie den Aufgaben, die der Scheinwerfer erfüllen soll. Es kommen sowohl Halogenleuchtmittel als auch Entladungslampen sowie LEDs zum Einsatz. Auch wenn diverse Leuchtmittel verwendet werden, nimmt der Umfang, in dem Halogenleuchtmittel verwendet werden, stark ab. Auch Scheinwerfer mit Entladungslampen erfahren immer mehr Äquivalente mit LED-Engines, haben aber immer noch einen festen Platz in vielen Scheinwerfern.

9.1 Konventionelle Scheinwerfer

Die Bezeichnung „konventionell" meint oft Stufenlinsen, Plankonvexe Scheinwerfer oder Profil-Scheinwerfer. Dieser Begriff kann aber auch in Bezug zur historischen Entwicklung von Scheinwerfern verwendet werden und hierbei die weniger komplexen, manuell bedienbaren Geräte beschreiben. Da konventionelle Scheinwerfer als Gehäuseform und in ihren Aufgabenspektren an Relevanz nicht verloren haben, ist ein Bezug zur aktuellen Verwendung mit anderen Lichtquellen ebenfalls wichtig.

9.1.1 Fluter und Rampen

Fluter stellen die einfachste Form der Scheinwerfer dar. Unter Verwendung von Halogenleuchtmitteln bestehen diese oft nur aus einem sehr einfachen Gehäuse, einem Sockel sowie einem Reflektor. Sie dienen vor allem der großflächigen Ausleuchtung und haben keine speziellen optischen Komponenten. Als Sonderform und speziell für die Horizontbeleuchtung vorgesehen gibt es asymmetrische Fluter, deren Reflektor eine asymmetrische Lichtverteilung erzeugt. Typische Leistungsklassen sind hierbei von 500 W bis 5000 W (Halogenleuchtmittel) in Kombinationsgeräten, die mehrere einzelne Einheiten nutzen. Fluter gibt es ebenfalls mit Entladungslampen und finden dann hauptsächlich im Messebereich ihre Anwendung. Durch ihre Einfachheit finden sich Fluter auch oft als Outdoorvariante.

Neue LED-Lichtquellen brachten Flutern eine große Renaissance, auch außerhalb ihrer üblichen Anwendung bei Messen und im Theaterbereich. Als Cluster angewendet bilden solche LED-Flächen eine neue Generation von Flutern. Ein entscheidender Unterschied ist hierbei, dass bei den LED-Flutern nun auch diverse Optiken genutzt werden können, die auch eine komplexere Lichtlenkung realisierbar machen.

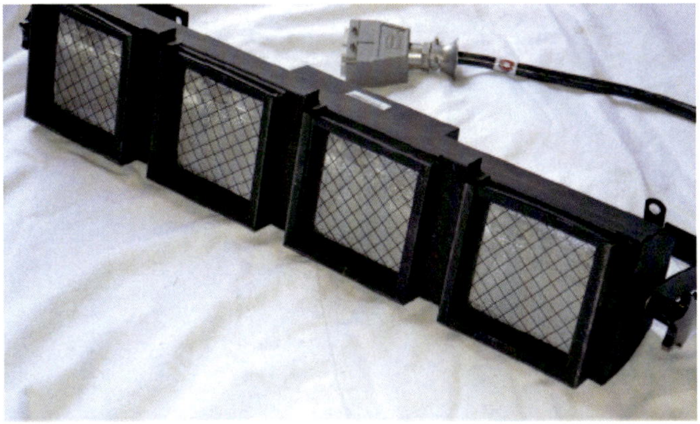

Bild 9.2 Rampe bzw. Horizontleuchten

Die veränderten Leistungsdaten durch LED-Lichtquellen ermöglichen nun kleinere Bauformen und erweitern durch die geringere Leistungsaufnahme massiv den Anwendungsbereich. Natürlich ist auch hier eine Verwendung im Außenbereich prädestiniert. Ein weiterer Aspekt der geringen Leistungsaufnahme ist die Möglichkeit, die Geräte als Akkugeräte freistehend ohne aufwendige Verkabelung zu nutzen. Eine Farbmischung, die bei herkömmlichen Flutern stets über Filter gelöst werden musste, ist hier nun additiv möglich, in dem mehrere, verschieden farbige LEDs verbaut werden. Typische Kombinationen sind hier RGB, RGBW, RGBWA.

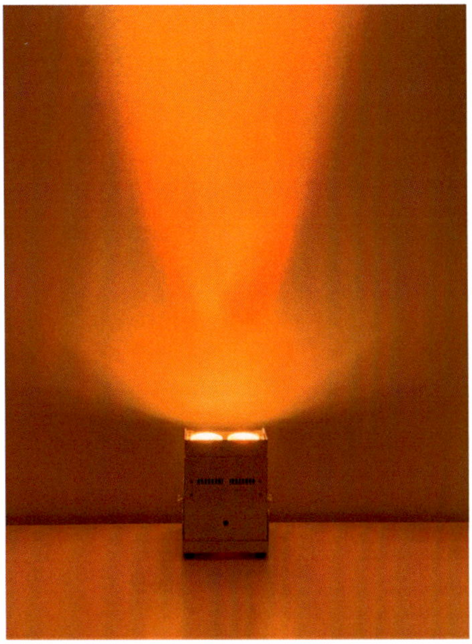

Bild 9.3
Uplight als Akkugerät
(Firma Lightcraft CubeX4)

Oft wurden viele kleine Fluter nebeneinander zu einer sogenannten Rampe verbaut. Diese ermöglichte es dann ebenfalls, Rückprospekte, Wände, Kulissen oder auch Protagonisten über die gesamte Bühnenbreite zu beleuchten. Diese Rampen werden heute oftmals durch LED-Bars abgelöst. Mit einer länglichen Bauform ähnlich den Fluterrampen sind diese allerdings über ihre gesamte Baubreite mit LEDs bestückt.

Bild 9.4
Einsatz von Rampen (Studioproduktion MINDimension), links: Blick hinter die Opera-Folie, rechts: Blick von der Zuschauerseite

9.1.2 Blinder

Der Begriff Blinder beschreibt Scheinwerfer, die meist aus einer Anordnung mit zwei bis acht Leuchtmitteln bestehen, die in Reihe geschaltet werden. Sie erzeugen eine massive Wand aus Licht und werden oft genutzt, um das Publikum bei Konzerten zu beleuchten oder kurzzeitig zu blenden.

Auch bei Blindern sind aktuell immer mehr Varianten mit LED-Leuchtmitteln verfügbar, der Klassiker setzt jedoch auf Halogenleuchtmittel. Eine bauliche Besonderheit von Blindern ist die Reihenschaltung der Leuchtmittel, weswegen je nach deren Anzahl eine Spannung zwischen 28 und 115 V verwendet wird.

Bild 9.5
8er-Blinder

9.1.3 Parabolspiegel-Scheinwerfer

Parabolspiegel-Scheinwerfer, abgekürzt PAR-Scheinwerfer (parabolic aluminized reflector), sind sehr einfach gefertigte Gehäuse, deren Besonderheit es ist, dass alle optischen Komponenten in den Leuchtmitteln selbst verbaut sind. Der Scheinwerfer selbst kommt in seiner Bauform einer Röhre gleich, bei der ein Ende offen, das andere geschlossen ist und über einen Sockel verfügt. Diese simple Bauform ermöglicht einen sehr kostengünstigen Scheinwerfer, der dann auch in großen Stückzahlen verwendet werden kann.

Bild 9.6 Links: PAR-Scheinwerfer, Mitte: Pressglaslampe CP 60, rechts: Vorderansicht einer Pressglaslampe CP 62

PAR-Scheinwerfer werden stets mit einer Zahl bezeichnet, um die Unterschiede der Größen zu definieren. Hierbei steht die Zahl für die Größe der Öffnung, aus der das Licht austritt. PAR-64 beschreibt ein Gehäuse mit einer Öffnung von 162 mm oder 6,4 Zoll. Andere Varianten sind PAR-56, PAR-36 oder PAR-16. Bei den größeren Varianten PAR-56 und PAR-64 wird noch zwischen kurzem und langem Gehäuse unterschieden, dies erfolgt durch die Kennzeichnung LN für Longnose und SN für Shortnose.

Verwendet werden Halogenleuchtmittel mit der Besonderheit, dass diese immer eine Einheit aus Leuchtmittel, Reflektor und Linse sind. Es entscheidet sich durch die Verwendung des Leuchtmittels, welchen Abstrahlwinkel der Scheinwerfer bietet. Typisch sind hierbei die folgenden Begriffe:

- VNSP – very narrow spot,
- NSP – narrow spot,
- MFL – medium flood,
- WFL – wide flood.

Die eingesetzten Leuchtmittel unterscheiden sich in ihrer Glasstruktur. CP 60 besitzt ein klares Glas und ermöglicht einen engstrahlenden Lichtaustritt. CP 61 besitzt ein mattiertes Glas und ist mittelbreitstrahlend. CP 62 besitzt ein geriffeltes

Glas und ist breitstrahlend, siehe auch Bild 9.7 rechts und wird am häufigsten eingesetzt. PAR-64-Gehäuse sind auch als Outdoorgehäuse verfügbar. Für einige spezielle Anwendungen gibt es auch PAR-Scheinwerfer mit Entladungslampen.

Bild 9.7 Lichtcharakteristik; links: CP60, Mitte: CP 61, rechts CP 62

Eine weitere Sonderform sind sogenannte „Studio PARs", die rotationssymmetrisch positionierte Leuchtmittel und einen festen Reflektor verwenden. Hier gibt es dann entsprechende Linsensätze und nur die gewünschte Linse wird entsprechend verbaut. Diese Variante hat sich auch mit Entladungslampen sehr stark im Messebereich durchgesetzt.

Bild 9.8
Studio-PAR, Typ ETC Source Four PAR EA Black

Bereits sehr früh wurden PAR-Scheinwerfer auch als Varianten mit LEDs angeboten. Hier findet der eigentliche Gedanke der Röhre mit den zu tauschenden Leuchtmitteln allerdings keine Verwendung mehr, lediglich die Bauform erinnert noch an PAR- Scheinwerfer. Wurden zunächst LED-PARs mit einer großen Fläche, bestückt mit unzähligen roten, grünen und blauen LEDs gebaut, verwenden aktuelle Bauformen RGB-Chips mit Sammellinsen davor. Auch sind Varianten mit mehr als nur den drei Grundfarben Rot, Grün und Blau verfügbar; so wird oftmals Weiß oder Amber ergänzt. Neben den festen Sammellinsen vor den Multicolor-LED-Chips werden bei immer mehr Variante tauschbare Linsensätze oder sogar motorisch verfahrbare Linsenebenen angeboten, sodass der Abstrahlwinkel flexibel gestaltet werden kann.

Musste bei herkömmlichen PAR-Scheinwerfern die Farbe ähnlich wie bei Flutern stets mit Filtern realisiert und somit für jede gewünschte Farbe ein Scheinwerfer gehängt werden, ist bei LED-PARs eine stufenlose, additive Farbmischung möglich. Durch die geringe Leistungsaufnahme und die gegenüber Halogenleuchtmitteln absolut überschaubare thermische Situation im Gehäuse sind auch Outdoorvarianten oder sogar Bauformen mit Akkus realisierbar. Neben LED-Pars mit LED-Clustern gibt es auch vermehrt Geräte, die nur eine leistungsstarke LED verwenden und somit noch homogenere Lichtergebnisse erreichen. Auch Farbschatten lassen sich durch diese Bauform minimieren.

9.1.4 Stufenlinsen-Scheinwerfer

Stufenlinsen-Scheinwerfer sind eine sehr weit verbreitete Bauform und werden oft und in diversen Bereichen verwendet. Unabhängig ob Theater, Musical, Messe, Film, TV oder Liveshow, überall finden Stufenlinsen ihre Anwendung. Sie bestehen aus einem Metallgehäuse, bei neueren Varianten oft auch aus Aluminium, um Gewicht einsparen zu können. Ein großer Haltebügel erleichtert die Montage des Gehäuses, in dem ein auf Schienen laufender Schlitten montiert ist. Dieser Schlitten beinhaltet sowohl den Sockel für das Leuchtmittel als auch den Reflektor, der somit in einem festen Abstand zum Leuchtmittel gehalten wird.

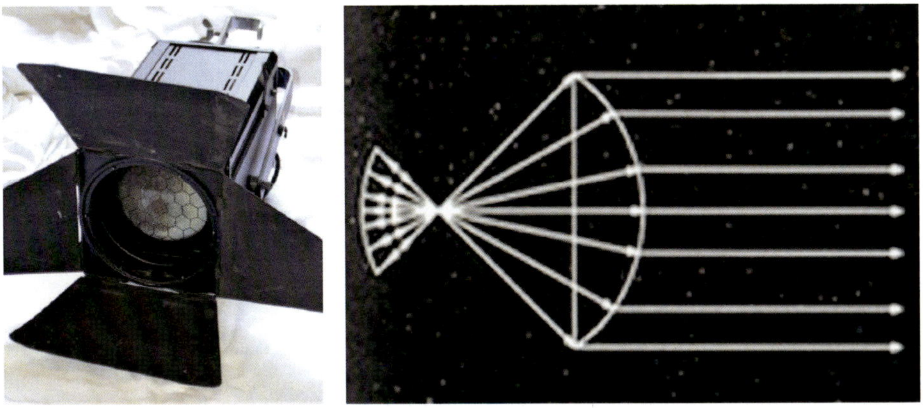

Bild 9.9 Links: Plankonvex-Scheinwerfer, rechts: schematischer Verlauf des Lichtstrahlengangs mit Spiegel, Lichtquelle und Plankonvexlinse

Besonderheit und Unterscheid zu einem PC-Linsen-Scheinwerfer ist die Linse selber. Während der PC-Scheinwerfer eine klare plan-konvexe Linse verwendet, wird bei der Stufenlinse eine Fresnel- oder Stufenlinse verwendet. Durch die Einsparung an Material, die Linse verwendet lediglich die kreisförmig angeordneten Wirkflanken, wird hier massiv Gewicht eingespart. Um eventuelle optische Abbildungsfehler aufgrund der Wirkungsflanken zu vermeiden, ist die plane Fläche der Linse satiniert bzw. aufgeraut.

Neben dem geringen Gewicht ist auch eine verminderte Wärmeabsorption an der Linse ein großer Vorteil. Gegenüber einem PC-Linsen-Scheinwerfer, wird das ausgehende Licht allerdings deutlich mehr gestreut, was umgekehrt oftmals auch ein sehr willkommener Effekt ist und als Begründung für oder gegen die Verwendung von Stufenlinsen-Scheinwerfern dient.

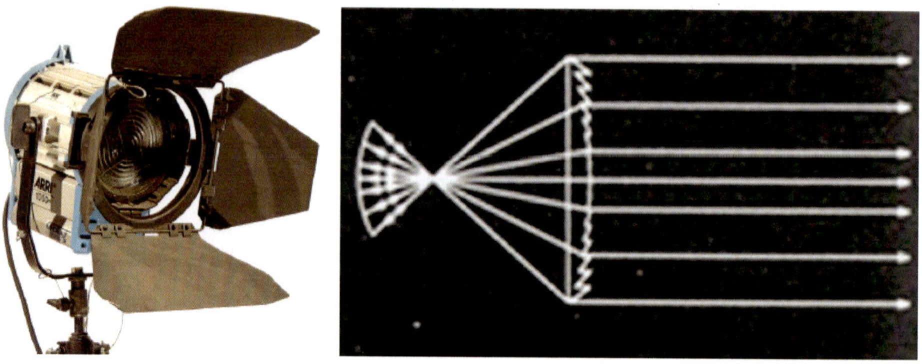

Bild 9.10 Links: Stufenlinsen-Scheinwerfer der Firma ARRI, rechts: schematischer Verlauf des Lichtstrahlengangs mit Spiegel, Lichtquelle und Fresnellinse

Stufenlinsen-Scheinwerfer, genau wie die Variante mit einer PC-Linse, gibt es auch als Bauform mit dem Kürzel P.O., „pole operated“. Dies bedeutet, dass mit einer Einleuchtstange vom Boden aus mehrere Funktionen des Scheinwerfers bedient werden können. Während ein großes, weißes Drehrad für die Steuerung der Scheinwerferneigung in der Vertikalen verantwortlich ist (TILT-Richtung), wird über das blaue Drehrad die horizontale Achse des Scheinwerfers bewegt (PAN-Richtung). Je nach Hersteller werden ein gelbes oder rotes Drehrad für die dritte Funktion, das Verschieben des Schlittens, auf dem das Leuchtmittel und der Reflektor montiert sind, verwendet. Über dieses Drehrad wird der Abstrahlwinkel von Spot auf Flood geändert, indem sich der Abstand des Leuchtmittels zur Linse verändert.

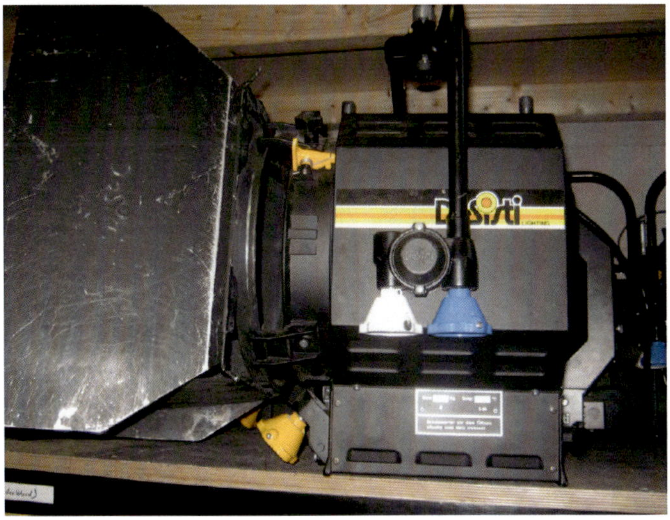

Bild 9.11 Farbig gekennzeichnete Drehräder zur Veränderung der Scheinwerfer in PAN- und TILT-Richtung sowie der Lichtcharakteristik

Als Lichtquellen dienen klassische Halogenleuchtmittel von 500 W bis zu 5000 W (Halogenleuchtmittel), es gibt aber auch Varianten mit Entladungslampen, die manchmal im Bühnenlicht, oftmals aber vor allem im Film oder bei Messen genutzt werden. Auch LED-Lichtquellen finden immer mehr Anwendung bei Stufenlinsen-Scheinwerfern. Hierbei steht dann aber stets eine hohe Farbqualität im Fokus, da oftmals die Halogenleuchtmittel noch als Referenz dienen. Vereinzelte Hersteller bieten auch Retrofit-Sets an, bei denen einfach nur das Halogenleuchtmittel gegen ein LED-Modul getauscht wird, welches dann 1:1 weiterverwendet werden kann. Dies betrifft ebenfalls die Verwendung von Dimmern.

Klassisch sind LED-Stufenlinsen allerdings mit einem Netzteil und Steueranschlüssen ausgestattet. Ein Vorteil einiger LED-Geräte ist die Verwendung nicht nur weißer, sondern verschiedenfarbiger LEDs, sodass sich direkt entweder Weiß, verschiedenen Farben oder auch stufenlose Farbtemperaturen einstellen lassen. Dies, in Kombination mit der geringeren Leistungsaufnahme gegenüber Halogenleuchtmitteln sind klare Vorteile der neueren Technologie.

9.1.5 Profil-Scheinwerfer

Während Stufen- und PC-Linsen-Scheinwerfer eher als Flächenleuchten Anwendung finden sind Profil-Scheinwerfer für klare Abbildungen, deutlich abgegrenzte Lichtkegel und für Projektionen vorgesehen. Sie verwenden Optiken, die es ermöglichen, Abbildungen gestochen scharf zu projizieren. Je nach Bauform werden entweder Linsen mit festem Abstrahlwinkel (z. B. 19°, 26°, 50°) verwendet oder zwei gegeneinander zu verschiebenden Linsen, die es ermöglichen, innerhalb eines definierten Rahmens, sowohl den Abstrahlwinkel zu verändern als auch die entstehende Abbildung zu fokussieren.

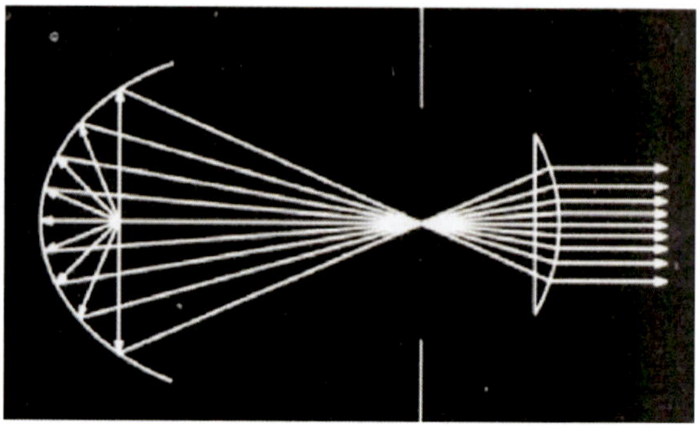

Bild 9.12 Links: Profil-Scheinwerfer „Source Four" der Firma ETC, rechts: schematischer Verlauf des Lichtstrahlengangs mit Ellipsenspiegel, Lichtquelle, Blendenschieber und Linse

Ergänzt werden Profil-Scheinwerfer oftmals durch eine Blendenschiebereinheit. Diese besteht aus vier einzelnen Blendenschiebern, die in den Strahlengang geschoben werden können und so auch quadratische oder flexibel geformte Abbildungen ermöglichen. Zusätzlich ist eine Anwendung einer Iris denkbar. Durch den Einschub von Gobos (engl. grafical optical blackout) lassen sich auch Muster oder Motive abbilden und projizieren.

Eine besondere Bauform des Profilers ist der Verfolger-Scheinwerfer, die Funktionsweise ist hierbei grundsätzlich identisch, lediglich die rein manuelle Bedienbarkeit ist hier vorgesehen und die Abstrahlwinkel sind meist, aufgrund der längeren Distanzen, deutlich geringer.

Auch bei Profilscheinwerfern sind Halogenleuchtmittel noch sehr weit verbreitet. Gerade durch die neuen Mehrfarben-LED-Engines finden sich aber auch sehr viele LED-Geräte auf dem Markt. LED-Profiler gibt es ähnlich wie bei Stufenlinsen auch in den Varianten mit einer Weißen LED, mit weißen LEDs zur stufenlosen Veränderung der Farbtemperatur oder mit mehreren Farben. Hier sind oft sieben oder acht Farben zu finden, die dann einzeln sowohl kräftige Farben als auch kombiniert ein qualitativ hochwertiges Weiß ermöglichen.

9.1.6 Stroboskope

Stroboskope sind Scheinwerfer, die dem Erzeugen von hellen, in verschiedenen regelbaren Geschwindigkeiten, Blitzen dienen. Sie nutzen entweder Xenon-Leuchtmittel oder in aktuelleren Varianten auch LEDs.

Bild 9.13 Stroboskop mit LED-Technik, Firma Martin Typ Atomic

9.1.7 Zubehör

An dieser Stelle sollen noch einige Details über das Zubehör für konventionelle Scheinwerfer erläutert werden.

Torblende

Die Torblende dient zur Begrenzung der Lichtcharakteristik. Sie bestehen aus zwei bis vier dreh- und schwenkbaren Metallblechen, die am Scheinwerfer montiert sind.

Gobohalter (Vignette)

Gobos sind Projektionsvorlagen für Scheinwerfer. Konventionelle Gobos sind aus dünnem Blech hergestellt. Sie ermöglichen die Projektion von Mustern und Formen. Gobohalter dienen zur Aufnahme von Gobos.

Iris

Die Iris bzw. Irisblende ist eine mechanische, kreisförmige Lamellenblende. Sie ist im optischen System des Scheinwerfers so angeordnet, dass sie den Streuwinkel des Scheinwerfers beeinflussen kann. Je nach Anordnung oder Einstellung der Brennweite kann sie zum Dimmen des Scheinwerfers genutzt werden.

Top Hat

Top Hats sind Erweiterungen von Scheinwerfern, um den Lichtkegel einzuengen.

Farbfilter

Farbfilter dienen dazu, das Weißlicht einer Lichtquelle farbig einzufärben. Mehr Details siehe Abschnitt 6.6.1 „Farbfolien“.

Frostfolie

Frostfolien oder Weichzeichner (WZ) sind Diffusionsfilter aus matten Folien in verschiedenen Diffusionsstärken, um den Streuwinkel einer Lichtquelle bzw. eines Scheinwerfers zu verändern.

9.2 Movinglights

Movinglights bezeichnet im Vergleich zu konventionellen Scheinwerfern eine Kategorie von Scheinwerfern, die aufgrund der verbauten Motoren über ein Steuerprotokoll bewegbar sind. Hierbei gibt es zahlreiche Zusatzfunktionen, die in modernen Movinglights abgebildet werden.

9.2.1 Scanner

Scanner sind die erste Kategorie von Movinglights. Während Par-Scheinwerfer, montiert auf einem Drehteller bereits eine Art Movinglight dargestellt hatten, waren doch Scanner die ersten wirklichen Movinglights. Hierbei handelt es sich um Scheinwerfer, die nach der abbildenden Optik einen Spiegel montiert haben, der das Licht entsprechend seiner Ausrichtung, durch den Raum lenkt. Der Spiegel selbst ist an zwei Motoren befestigt, die es ermöglichen, diesen in einem bestimmten Radius zu bewegen. Diese Bewegungen bezeichnet man horizontal als PAN und vertikal als TILT. Durch die Montage des Spiegels ist eine 360°-Rotation oder sogar eine endlose Rotation nicht möglich.

Neben einem Spiegel wurden in den ersten Scanner auch bereits einfache Farbräder mit dichroitischen Filtern verbaut, die in den Strahlengang des Scheinwerfers gedreht wurden und somit verschiedene Farben ermöglichten. In gleicher Bauweise wurden auch Goboräder installiert, sodass man Abbildungen auf Oberflächen projizieren oder interessante Lichtstrahlen im Gegenlicht erzeugen konnte. Vorteile von Scannern sind vor allem die enorme Geschwindigkeit des Spiegels, da dieser aufgrund des geringen Gewichts sehr einfach mit den Motoren bewegt werden kann.

Bild 9.14 Scan 1200XT der Firma Robe

Eine Sonderform der Movinglights sind Movingheads. Im Gegensatz zu Scannern wird hier der gesamte Scheinwerfer an einem Bügel aufgehängt, der wiederum auf einem Basement drehbar gelagert ist. Movingheads sind die am weitesten verbreiten Movinglights, wobei auch Scanner immer wieder eine Renaissance erleben und aufgrund ihrer kompakten Bauform für bestimmte Anwendungen und Bereiche mit niedrigen Bauhöhen sehr beliebt sind. Movingheads lassen sich in verschiedene Kategorien, gemäß ihren Anwendungen, aufteilen und beschreiben.

9.2.2 Spot-/Profile-Movinghead

Spot-Movingheads sind eine der Hauptgruppen und im Vergleich mit konventionellen Scheinwerfern den Profil-Scheinwerfern am nächsten. Gebaut für scharfe Abbildungen und zum gezielten Beleuchten von Personen und Objekten erfüllen sie eine extrem vielseitige Anwendungspalette.

Bei den Leuchtmitteln grenzen sich Movingheads zu den konventionellen Scheinwerfern deutlich ab, da hier fast ausschließlich Entladungslampen oder LED-Lichtquellen zum Einsatz kommen. Entladungslampen bieten hier bei relativ kompakten Bauform einen extrem hohen Output, was für ein Movinghead, welches gebaut ist, um scharfe Abbildungen zu schaffen, eine Bedingung ist. Bei den Entladungslampen finden sich Leistungsklassen von 125 W bis zu 1700 W, bei LED-Engines, die weißes Licht erzeugen, Leistungsklassen von 190 W bis zu 1200 W. Auch hierbei werden zum Teil sehr hohe Lichtströme erzeugt.

Bild 9.15
Spotlight P12 der Firma JB-Lighting

Die Besonderheit eines Movingheads ist seine Bewegung und diese liegt bei üblichen Geräten jenseits von 500° im Pan-Bereich sowie über 250° im Tilt-Bereich. Zusätzlich sind in diesen Scheinwerfern üblicherweise noch subtraktive Farbmischsysteme verbaut, die eine CMY-Farbmischung verwenden. Optional gibt es hier auch noch eine zusätzliche, stufenlos einstellbare Farbscheibe, die die Farbtemperatur anpassen kann. Bei Geräten mit Entladungslampen und Geräten mit reinweißen LED-Engines ist eine solche Farbmischeinheit für eine möglichst homogene Mischung direkt hinter der Lichtquelle montiert. Einige LED-Scheinwerfer nutzen hier auch eine mehrfarbige Engine mit vier, fünf oder sieben verschiedenen Farben. Bei diesen Systemen ist die Farbmischung noch wesentlich homogener und die Farbqualität gegenüber reinweißen Engines deutlich gesteigert. Die CMY-Farbmischung entfällt hierbei.

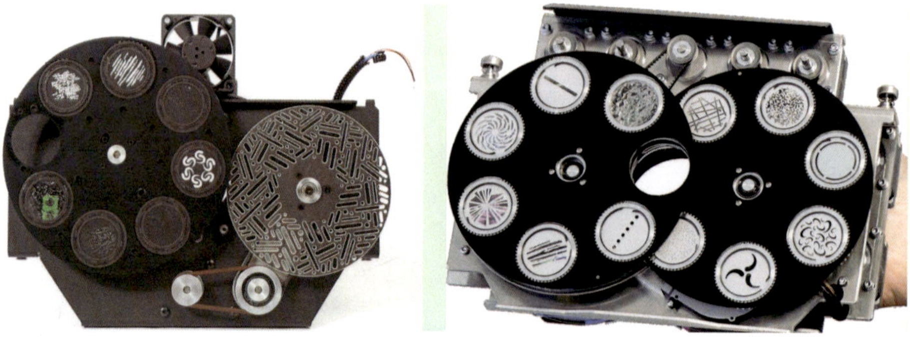

Bild 9.16 Links: Goboeinheit des T1 der Firma Robe, rechts: Goboeinheit beim Spotlight P12 der Firma JB Lighting

Nach der Farbmischung verfügen die meisten Scheinwerfer über ein oder zwei Goboräder, von denen mindestens eines in der Regel auch motorisch rotierbar ist. Es folgen verschiedene Frostfilter, ein oder mehrere Prismen, eine Iris und Animationsräder. Bei einigen Spot-/Profil-Movinglights werden genau wie in konventionellen Profil-Scheinwerfern Blendenschieber verbaut. Hierbei sind diese Blendenschieber allerdings motorisch ein- und ausfahrbar und lassen sich zusätzlich rotieren. Qualitätsmerkmale dieser Movingheads sind die Abbildungsqualität, die Homogenität der Farbmischung, die Präzision aller motorisch verfahrbaren Elemente, die Lautstärke, die Bewegungsgeschwindigkeit sowie das Dimmverhalten.

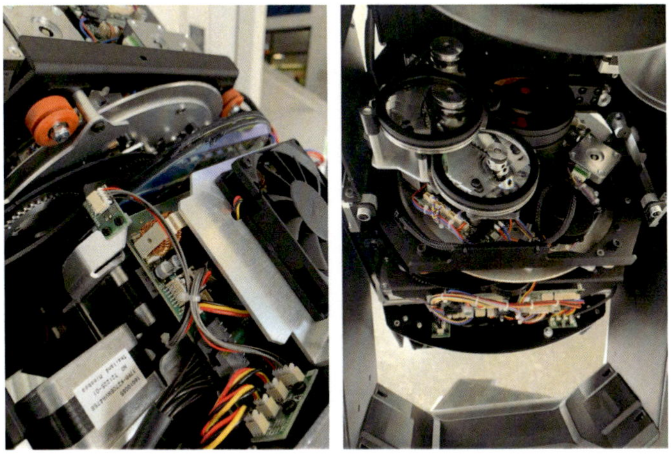

Bild 9.17 Links: Filtereinheit, rechts: Sekundäroptik (beide T1 Firma Robe)

9.2.3 Wash-Movinghead

Sind Spot-Movingheads die komplexen Pendants zu konventionellen Profil-Scheinwerfern, so bilden Washlights das Pendant zu Stufen- und PC-Linsen-Scheinwerfern. Sie dienen vor allem dem flächigen Ausleuchten großer Bereiche mit möglichst weichem, gestreutem Licht. Scharfe Abbildungen sind hiermit nicht möglich, auch wenn eine Abbildungsveränderung mit Beamshapern bei einigen Geräten möglich ist. Ähnlich wie bei Spotlights ist auch hier die Verwendung von Entladungslampen sowie LEDs üblich, frühe Geräte, die Halogenleuchtmittel verwendeten, sind aktuell nicht mehr in der Praxis zu finden. Bei keinem anderem Movinghead ist die Verwendung von LEDs so stark verbreitet wie bei Washlights, da hier LEDs großflächig montiert werden können und auch in früheren Entwicklungsschritten, als leistungsstarke LED-Engines noch nicht verfügbar waren, durch die Verwendung einer großen Menge die gewünschte Lichtleistung lieferten.

Bild 9.18 Links: Esprite Wash, Firma Robe, rechts: Tarrantula, Firma Robe

Daraus haben sich zwei aktuell übliche Variante entwickelt. Die klassische Variante mit einer Fresnel- oder PC-Linse, die eine Entladungslampe oder neue, leistungsstrake Weißlicht-LED-Engines verwendet oder die größeren Geräte, die auf einer Fläche mehrere Multicolor-LED-Chips verwenden. Bei der klassischen Variante ist eine CMY-Farbmischung verbaut, während die Multicolor-LED-Chips eine additive Farbmischung ohne Zusatzkomponenten zulassen.

Bild 9.19 Links: LED-Washlight A7 mit 108 Luxeon Hochleistungs-LEDs, variables optisches Zoomsystem 8 – 36°, rechts: LED-Washlight A12 mit 61 RGBW-Multichip-LEDs (beide Scheinwerfer Firma JB Lighting)

9.2.4 Beam-Movingheads

Beam-Movingheads weisen viele Ähnlichkeiten zu Spot-Movingheads auf, haben aber ein anderes Anwendungsgebiet. Bei großen Shows dienen sie speziell dazu, starke Beams zu erzeugen und so im Gegenlicht zu funktionieren. Hierzu werden überwiegend Entladungslampen als Lichtquellen genutzt, die einen besonders kurzen Lichtbogen haben. Dadurch ist zwar die Abbildungsqualität von Gobos nicht ideal, der erzeugte Beam ist dafür aber satt und deutlich zu erkennen. Auch die verbauten Gobos dienen dazu, diesen Effekt im Nebel als Gegenlicht noch zu verstärken, und werden hier entsprechend mit anderen Motiven verbaut als in Spot-Movingheads.

Aufgrund der relativ extremen Leuchtmittel ist insbesondere bei Beamlights auf erhöhte Sicherheit bei der Benutzung zu achten, da hier sowohl die thermische Gefahr deutlich in den Fokus rückt als auch die Gefährdung durch Blue Hazard. Die Geräte werden hierfür deutlich gekennzeichnet und vor einer Verwendung sind die entsprechenden Expositionsdauern sowie die Mindestentfernungen zu brennbaren Materialien zu prüfen.

Bild 9.20 Beam-Movinghead (Xtylos-Clay Parky)

9.2.5 Movinglights im Outdoorbereich

Open-Air-Veranstaltungen sind ein wichtiger Einsatzbereich von Movinglights. Ein Schutz gegen Witterungseinflüsse ist dabei sehr wichtig und bedeutet stets einen erhöhten Aufwand.

Immer mehr Produktreihen von Movinglight-Herstellern weisen daher Geräteserien auf, die ohne zusätzliche Maßnahmen eine Verwendung im Außenbereich zulassen. Diese sind besonders gekapselt, haben ein spezielles Thermomanagement und sind mit speziellen Anschlüssen versehen.

Hierbei ist aber nicht nur die Beständigkeit gegen Feuchtigkeit als ausschlaggebend zu betrachten, sondern auch der Schutz gegen Dreck und Staub.

Die bis vor der Coronakrise stark wachsende Kreuzfahrtindustrie hat zusätzliche Anforderungen zur Seewasserbeständigkeit von Movingheads auf den Schiffen hervorgebracht, was ebenfalls in diese Produkte mit einfließt.

9.2.6 Beam-Movinglight mit Weißlichtlaserlichtquellen

Firmen wie Claypaky und Robe haben noch engere und sehr lichtintensiven Movinglights unter Verwendung einer Laser-Source-Engine entwickelt. Diese Technik wird in diesem Abschnitt grundsätzlich dargestellt.

Das Funktionsprinzip von Weißlichtlaserlichtquellen ist dem Prinzip der Lichterzeugung von Weißlicht-LED-Lichtquellen ähnlich. Blaues Laserlicht trifft auf eine mit Leuchtstoffen beschichtete Oberfläche und bringt diese zum Leuchten. Die von der Leuchtschicht abgegebene Strahlung und ein Teil der ursprünglichen Strahlung werden in der Lichtquelle gebündelt und dann in den neuen Weißlichtlaser-Scheinwerfern genutzt. Doch so einfach ist es nicht! Zunächst muss man verstehen, was der Unterschied zwischen Laserlicht und „herkömmlichen" Licht ist.

Eine Lichtquelle, ob Halogenleuchtmittel, Entladungslampe oder LED-Lichtquelle, sendet Strahlung mit vielen unterschiedlichen Wellenzügen aus. Jeder Wellenzug wiederum besteht aus mehreren Wellenbergen und Wellentälern. Der Abstand zwischen dem Höhepunkt eines Wellenberges zum nächsten Höhepunkt wird als Wellenlänge bezeichnet. Ein Wellenzug besteht also aus mehreren Wellenlängen. Die Wellenlänge ist wiederum charakteristisch für die Lichtfarbe eines Wellenzuges. Jetzt senden Lichtquellen nicht kontinuierlich Wellenzüge einer Lichtfarbe aus. Bei herkömmlichen Lichtquellen ist zwischen einem ausgesendeten Wellenzug und dem nächsten ausgesendeten Wellenzug mit denselben Wellenlängen eine willkürliche Pause. Dadurch haben nicht alle Wellen einer Wellenlänge zum gleichen Zeitpunkt denselben Höhepunkt ihrer Welle, sondern sie sind willkürlich versetzt.

Bei Laserstrahlung ist dies anders: Alle Wellenzüge der Strahlung haben zum selben Zeitpunkt ihr Maximum bzw. Minimum. Diese nennt man zeitliche Kohärenz. Bei der Erzeugung von Laserlicht wird aber nicht nur zeitlich kohärente Strahlung ausgesendet, sondern sie ist auch noch örtlich kohärent, d. h., alle Wellenzüge bewegen sich exakt zur selben Zeit in dieselbe Richtung. Zu allem Überfluss ist diese Strahlung auch noch monochromatisch, die ausgesendeten Wellenlängen einer Laserlichtquelle haben also alle dieselbe Wellenlänge und folglich dieselbe Lichtfarbe. Bei LED-Lichtquellen kann das ausgesendete Licht zwar sehr eng gefasst sein in Bezug auf das Spektrum, es ist aber nie monochromatisch.

Laserlicht ist durch die zeitliche und örtliche Kohärenz sehr energiereich und die Lichtquellen sind farblich auch über lange Zeiträume sehr stabil, was beides Vorteile und Gründe für die Verwendung solcher Quellen darstellt. Trifft Laserlicht aber in das Auge des Menschen, kann dies je nach Strahlungsmenge und/oder Bestrahlungsdauer zu Schädigung des Sehorganes führen. Deshalb dürfen Geräte, die Laserlicht aussenden, nur unter besonderen Sicherheitsmaßnahmen eingesetzt werden und werden in Abhängigkeit ihrer Laserstrahlungsleistung in Laserschutzklassen klassifiziert.

> **!** Bei Weißlichtlaserlichtquellen wird kohärente Strahlung in inkohärente Strahlung (gewöhnliche Strahlung) umgewandelt und keine kohärente Strahlung ausgesendet.

In Weißlichtlaserlichtquellen nutzt man die sehr energiereiche Laserstrahlung aus, um damit eine sehr hohe Lichtmenge konventioneller Strahlung zu erzeugen. Dazu nimmt man blaue Laserdioden und leitet das blaue monochromatische Licht auf einen Strahlenteiler. Ein Teil des Laserlichtes wird auf eine rotierende Scheibe gelenkt, die mit einer Leuchtstoffschicht beschichtet ist. Der andere Teil wird auf einen Spiegel geleitet. Die Leuchtstoffschicht wird durch das Laserlicht zum Leuchten angeregt und wandelt das Laserlicht in inkohärente sichtbare Strahlung mit vielen verschiedenen Wellenlängen um. Das Laserlicht, das auf den Spiegel umgeleitet wurde, wird durch den Spiegel in inkohärente Strahlung mit ähnlichen Wellenlängen wie das ursprüngliche blaue Laserlicht umgewandelt. Die gesamte nun entstandene inkohärente Strahlung wird im Folgenden gebündelt und dann an einer dafür vorgesehenen Öffnung aus der Lichtquelle herausgelenkt. Die Anordnung der Bauteile innerhalb der Lichtquelle stellt sicher, dass auch bei einer Fehlfunktion niemals kohärente Strahlung das Gerät verlassen kann. Deshalb unterliegen Geräte, die mit dieser Art der Lichtquellen ausgestattet sind, streng genommen nicht den Laserschutzklassen. Viele Hersteller geben aber die Laserschutzklasse 1 für ihre Produkte an. Laser der Klasse 1 sind unter „vernünftigerweise vorhersehbaren Bedingungen und beim bestimmungsgemäßen Betrieb" ungefährlich. Das bedeutet, dass die abgestrahlte Leistung sehr niedrig oder das Lasersystem so gekapselt ist, dass keine kohärente Strahlung austreten kann.

Das Spektrum einer Weißlichtlaserlichtquelle besteht aus einem starken Peak im Blaubereich des sichtbaren Spektrums und einen zweiten Wellenberg wärmerer Wellenlängen. Die Blaulichtgefährdung ist hoch.

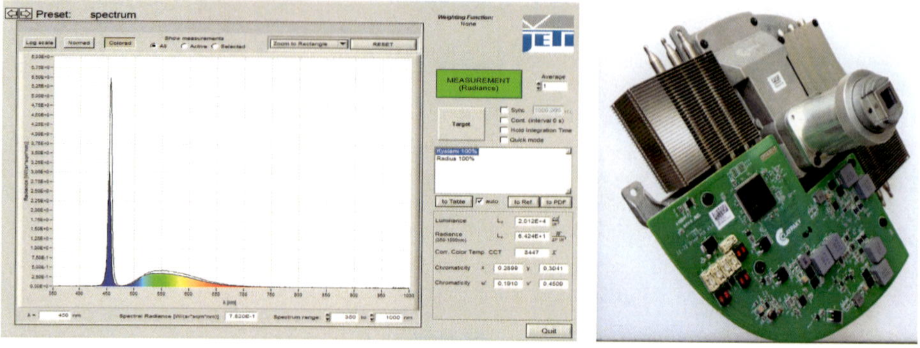

Bild 9.21 Links: Spektrum einer Weißlichtlaserlichtquelle (Claypaky XTYLOS), rechts: Detailbild der Laser-Engine von Claypaky

Das Licht von Scheinwerfern mit Weißlichtlaserlichtquellen, egal welchen Herstellers, ist aktuell sehr kalt (zwischen 9000 K und 10 000 K). Die Farbwiedergabe ist sehr schlecht und zum Beleuchten von Personen derzeit ungeeignet. Den Charakter des Lichtes kann man als scharf und klar bezeichnen. Der starke Peak im Spektrum bei 452 nm bzw. 454 nm führt zu einer starken Blaulichtgefährdung. Obwohl die Geräte nach Laserschutzklasse eingestuft werden, ist eine Kennzeichnung gemäß der Blaulichtgefährdung ebenfalls notwendig. Die Scheinwerfer mit Weißlichtlaserquellen sind zum Zeitpunkt des Erscheinens dieses Buches alle in der Risikoklasse 3 eingeordnet (siehe hierzu Abschnitt 5.6).

Bild 9.22
Beamwinkel in der Anwendung beim Weißlichtlaser von iBOLT (Robe)

9.3 Hybridscheinwerfer, komplexe Pixelsysteme und kreative Scheinwerfer

Die Vielzahl an verfügbaren Scheinwerfern sorgt für ein hohes Investitionsvolumen, um für alle Anwendungsbereiche passende Produkte vorhalten zu können. Aus dieser Problematik entstanden Hybridscheinwerfer. Meist sind dies Movingheads, die sowohl als Spot- als auch als Beam-Movinghead genutzt werden können. Ein solches Produkt ist dabei immer ein Kompromiss, da hier entweder die satten Beams mit kurzen Lichtbögen erreicht werden oder perfekte Abbildungen durch ein perfektes Zusammenspiel von Leuchtmittel und optischen Komponenten.

Wash-Movingheads, die aus vielen einzelnen LEDs bestehen, haben zusätzlich oft die Möglichkeit, dass jedes Pixel auch einzeln angesteuert werden kann. Bereits kleinere Produkte mit nur sieben einzelnen 30 W-LEDs erreichen so in der Ansteuerung bereits schnell hohe Kanalbelegungen. In Kombinationen von mehreren oder vielen Geräten lassen sich so bereits einfache Videoinhalte über die Scheinwerfer wiedergeben. Sie können also als Washlight zum Beleuchten genutzt werden, dienen aber im Gegenlicht auch als Pixelfläche für Effekte. Diese Effekte sind entweder als simple Pattern in den Geräten hinterlegt oder können mit Pixelmapping durch Medienserver erzeugt werden.

Kreative Scheinwerfer dient als Oberbegriff neuer Varianten komplexer Scheinwerfer, die verschiedene Bauformen und Funktionen kombinieren. So ist hier eine klare Zuordnung ihrer Funktion zu den Aufgaben nicht mehr möglich. Bei einigen Produkten werden beispielsweise LED-Rampen mit einer Zoom- und Tilt-Funktion ausgestattet, um sowohl als Flächenleuchte als auch als bewegtes Element nutzbar zu sein. Stroboskope sind ebenfalls mit einer Tilt-Funktion erhältlich und werden in einigen Bauformen mit sehr hellen LEDs als Stroboskopeinheit, umrandet mit Pixelflächen zur grafischen Nutzbarkeit ausgestattet. Weitere kreative Scheinwerfer sind unzählige Varianten, bei denen einzelne LED-Pixel in verschiedenen Anordnungen zu finden sind, teilweise auch in Retro-Gehäusen, um als Designelement selbst genutzt zu werden.

Bild 9.23 Links: Pixelmapper JDC-1 (GLP), rechts: Spiider (Robe)

Projektor-Movinglights

Die Vorteile der Kombination eines Movingheads mit einem eingebauten Projektor sorgen für eine neue Vielfalt an gestalterischen Möglichkeiten. Hierbei sind große Leistungsklassen aufgrund der mechanischen Probleme mit dem ansteigenden Gewicht nicht verfügbar; kleine bis mittlere Projektorgrößen in Bereichen bis 5000 Ansilumen sind aber in mehreren Varianten auf dem Markt erhältlich. Neben kreativen Projektionen von Inhalt an diversen Positionen sind auch die unbegrenzte Anzahl an Gobos, die hier lediglich als Grafikdatei erstellt werden müssen, ein gutes Argument für diese Produkte.

Bild 9.24 Links: Projektor-Movinglight (Promotion von Robe), rechts: Anwendung beim LD Robe Summit 2021 an der HAW-HH

10 Lichtsteuerung und Lichtstellpulte

Lichtsteuerungen sind zentrale Elemente eines Beleuchtungssystems. Mit ihnen können die entsprechenden Scheinwerfer ausgewählt und ihre Funktionen angesteuert werden. Presets einzelner Parameter von Scheinwerfern können ebenso wie ganze Sequenzen vorab programmiert, gespeichert und dann im Live-Betrieb abgerufen werden. Inzwischen sind Lichtstellpulte auch zentrales Element bei der Ansteuerung von Pixelmappingsystemen, LED-Wänden oder Medienservern. Die einfache Funktion, die Helligkeit von Scheinwerfern zu verändern ist dabei lediglich eine Funktion unter vielen und eben diese Vielfalt sorgt dafür, dass komplexe Softwareprogramme einfache Schieberegler ersetzt haben.

Bild 10.1 Programmierung einer Lichtshow an verschiedenen Lichtstellpulten im Lichtlabor der HAW-HH

Das Gebiet der Lichttechnik bei großen Veranstaltungen ist längst nicht mehr nur auf das Bedienen von Movinglights und konventionellen Scheinwerfern beschränkt. Die Entwicklung von LEDs als zusätzliche Elemente im Bühnenbild oder auch von Scheinwerfern mit vielen einzelnen Pixeln sorgt für eine enorm gestiegene Anforderung an Steuerprotokolle, sodass Lichtstellpulte nicht nur Scheinwerfer oder LED-Paneele mit altbekannten Protokollen wie DMX (Digital Multiplex) ansteuern, sondern auch die Ansteuerung von Medienservern bei aufwendigen Videoinstallationen oder Pixelmapping die Verwendung von Netzwerkprotokollen erfordern. Das Lichtstellpult hat sich konstant weiter zu einer „multimedialen Steuerkonsole“ entwickelt. Hierfür werden auch die entsprechenden Steuerprotokolle benötigt, die ausreichend Steuerparameter möglichst ausfallsicher übertragen können.

10.1 Entwicklung der Lichtsteuerung

Die Aufführungen von Theaterstücken in den griechischen Theatern bzw. den späteren Amphitheatern der Römer fand vorwiegend bei Tageslicht statt. Wenn das Theaterstück sich dann doch in den Abend hineinzog, dann waren Fackeln oder Öllampen notwendig, die aber eher mystisch wirkten als der Beleuchtung der „Schauspieler“ dienten. Eine Steuerung, geschweige denn eine Regelung der Lichtquellen war zu diesem Zeitpunkt noch nicht möglich. Selbst im Mittelalter wurden die Theaterstücke bzw. meist religiöse Aufführungen auf dem Marktplatz bei Tageslicht durchgeführt. Auch das berühmte Globe-Theater zu Shakespeares Zeiten war ebenfalls ein Tageslichttheater und die Stücke wurden am Nachmittag aufgeführt.

Die ersten konkreten, jedoch noch einfachen Lichtsteuerungen wurden im 16. Jahrhundert eingesetzt, als Joseph Furttenbach zur Abdunkelung Blechbehälter benutzte, die mithilfe eines Seilzugs über Wachskerzen abgesenkt werden konnten und somit das Licht „dimmten“.

Im Jahr 1783 erfand Aime Argand die Rüböllampe mit Docht, Zylinder und Vorratsbehälter, bei der mithilfe der Veränderung der Dochtlänge die „Helligkeit“ verändert werden konnte.

Mit der Erfindung des Knallgases und damit der Möglichkeit, Gas als Leuchtmittel einzusetzen, wurde eine neue Ära in der Theaterbeleuchtung eingeläutet. Die Gasbeleuchtung ermöglichte zum ersten Mal auch eine helle und breitstrahlende Beleuchtung von Szenen und Schauspielern. Mit dem Einsatz von raffinierten Linsen und Tuben war es auch möglich, die ersten Spotlichter zu verwirklichen. Und vor allem konnte jetzt auch Licht „gesteuert“ werden, aufgeteilt in Seitenbühne und Vorderlicht. Mit der Weiterentwicklung des elektrischen Lichts, insbesondere der Glühlampe durch Edison war es nun im größeren Stil möglich, Licht bewusst zu dimmen und zu steuern.

Nach der Erfindung der Glühlampe bestand auch die Möglichkeit, das Licht über sogenannte Hebelregulatoren zu steuern, an deren Enden entweder ein Salztopf, Wassertöpfe oder Drahtwiderstände bzw. Schiebewiderstände den Strom regulierten. Die älteste Form dieses Stellers war der „Salztopf". Die Durchflussmenge des Stromes wurde dabei durch die Höhenverstellung der Elektroden in der Salzlösung reguliert. Das Prinzip des Wasserwiderstandes ist ähnlich. Je mehr Wasser sich zwischen den beiden Kontakten befand, desto höher war der Widerstand.

Im großen Stil setzte sich die Steuerungstechnik durch das berühmte Bordoni- bzw. Salani-Regelsystem Mitte der 1930er-Jahre durch. Diese Systeme bestanden aus einem Stelltransformator mit der Stromabnahme über bewegte Schlitten. In den weiteren Jahren der Theaterbeleuchtung wurden alle technischen Errungenschaften nach und nach eingesetzt, seien es Thyratronröhren, Magnetbandgeräte oder Lochstreifenleser. Damit konnte auch der „Dimmerraum" und das Lichtstellpult zum ersten Mal örtlich weiter voneinander getrennt werden, da bis dahin immer mechanische Verbindungen, d. h. Drahtseile notwendig waren.

Das Jahr 1982 brachte in der Lichtsteuerung eine entscheidende Wende. Bis dahin benutzten Lichtkonsolen und Dimmer analoge elektrische Verbindungen, d. h. jeder Dimmer besaß eine eigene Leitung. Mit der Patentanmeldung des LAN (Local Area Network bzw. EtherNet) am Palo Alto Research in den USA wurde eine neue Ära im Bereich der Lichtsteuerung eingeleitet. Etwa zeitgleich entwickelte die Firma Varilite einen eigenen Datenbus zwischen ihrem Lichtstellpult und ihren Movinglights (Varilights) sowie weitere Firmen die ersten analogen Multiplex-Signale (AMX 192, D 54 u. a.). Diese analogen Multiplex-Signale bestanden aus einer analogen Ansteuerung mit Niedervolt-Spannungen (0 – 10 V, 0 – 15 V, 0 – 24 V) für die Halogenglühlampen-Scheinwerfer bzw. die Dimmer.

Mit der Entwicklung des DMX-512 (Digitales-Multiplex-Signal)-Protokolls 1986 in den USA wurde der bisherige Bereich „digital". Im Jahr 1990 wurde das DMX-512/1990 von der USITT (United States Institute for Theatre Technology) zum Quasi-Standard erhoben, der sich weltweit etabliert hat. Im Jahr 1994 gab es in Deutschland eine erste Gruppierung von Anwendern mit der Absicht, DMX-512 zur nationalen Norm zu erklären. 1999 wurde dann DMX-512/DIN zur Norm (DIN 56930). Im Jahr 2000 veröffentlichte die Firma Artistic Licence das Protokoll Art-Net. Im Jahr 2004 wurde DMX-512A ein neuer Standard von der USITT und ESTA.

Bald war es die rasante Entwicklung im Bereich der Scheinwerfer und Echtzeit-Videosteuerung, die ein Umdenken und neue Lösungsansätze benötigte, mit den nun erforderlichen, enormen Steuerparametern umzugehen. Waren zu Anfangszeiten der Lichtsteuerung und von DMX noch 512 Steuerkanäle eine schier unendliche Kanalmenge, benötigen moderne Scheinwerfer in einigen Betriebsmodi bereits über 150 Steuerkanäle.

10.1.1 Analoge Steuertechnik

Wie im vorherigen Abschnitt erwähnt, benutzten Lichtkonsolen bzw. Lichtpulte zur Ansteuerung von Dimmern bis zum Jahr 1982 hauptsächlich analoge Verbindungen zwischen Lichtkonsole und Dimmer. Ab dem Jahr 1982 setzten sich dann analoge und digitale Multiplex-Signale in der Veranstaltungstechnik durch.

In der Lichttechnik bedeutet analoge Steuerungstechnik, dass für jeden einzelnen Steuerkanal des Lichtpultes eine gesonderte Leitungsader, beziehungsweise ein Adernpaar zur Verfügung stehen muss. Die Übertragung der Steuerinformation geschieht parallel als Potenzialunterschied (Spannung) zwischen der Signalleitung und einer gemeinsamen Masse. Gängige System sind hier 0 - 10 V oder 1 - 10 V. Dieses sehr einfache Prinzip ist allerdings sehr anfällig für Störquellen.

10.1.2 Analoges Multiplexing

Analoges Multiplexing bedeutet, dass die zuvor parallellaufenden Steuersignale der einzelnen Kanäle nun zeitversetzt hintereinander zu einem seriellen Steuersignal zusammengefasst werden (Zeitmultiplex oder Time Division Multiplex, TDM). Zur Übertragung der Steuerinformation ist nur noch ein einzelnes Adernpaar (Signalleitung und Masse) erforderlich. Um die einzelnen analogen Steuersignale des Lichtstellpultes den zugehörigen Dimmern zuzuweisen, ist noch ein weiteres Signal zur Synchronisation notwendig. Mit diesem Synchronsignal werden Impulse übertragen, um dem Empfänger mitzuteilen, dass der nächste Analogwert für den nächsten Dimmerkanal übertragen wird. Auch dieses System ist anfällig für Störungen.

10.1.3 Digitales Multiplexing

Durch die Einführung des digitalen Multiplexing-Verfahrens wurde die analoge Lichtsteuerung relativ zügig abgelöst. Die Entwicklung von Multiplexsignalen auf digitaler Basis begann in den 1980er-Jahren. Zu dieser Zeit war die vorgeschaltete Elektronik der Dimmersysteme bereits in der Lage, digitale Datenprotokolle zu verarbeiten und zu interpretieren. Die Helligkeitswerte mehrerer Dimmer konnten nun in Form von einzelnen Datenpaketen auf nur einer Steuerleitung übertragen werden. Auch die Fehleranfälligkeit sank mit der Verwendung digitaler Steuersignale.

10.1.4 DMX-512

Der Datenbus DMX-512 ist ein digitales Multiplexverfahren, das bis zu 512 Steuerwerte über einen symmetrischen Datenkanal transportieren kann. Das Signal wird über einen 5-poligen XLR-Stecker transportiert, obwohl eigentlich nur drei der fünf Adern notwendig wären. Das digitale Multiplexprotokoll DMX-512 basiert auf der seriellen Schnittstelle EIA-485 (ehemals RS-485). Pro Leitung können bis zu 512 Steuerkanäle in Form einzelner Datenpakete mit einer Auflösung von 8 Bit übertragen werden. Die Übertragungsgeschwindigkeit liegt bei 250 kbps. Bei Vollauslastung aller 512 Kanäle liegt die Refreshrate bei 44.1 Hz.

Dieses Multiplexverfahren ist sehr schnell der Standard bei der Steuerung von Licht im Theater-, Event- und Fernsehbereich geworden. Es dient als Datenbus für die Verbindung zwischen Sender und Empfänger, ist dabei aber unidirektional. Dieser Datenbus, der ursprünglich für die reine Dimmersteuerung gedacht war, wird heute auch für die Ansteuerung von Movinglights, LED-Kacheln und Medienservern verwendet. Mit dem Durchbruch von Mikrocontrollern wie zum Beispiel Arduinos wurde DMX auch für viele weitere Steuervarianten, insbesondere auch im privaten Bereich, als ein solides Protokoll verwendet.

Die Daten werden asynchron seriell übertragen. Die Pegelwerte für die einzelnen Dimmer werden sequenziell übertragen, beginnend bei Kanal 1, aufsteigend bis maximal Kanal 512. Es werden immer alle 512 Kanäle übertragen, auch wenn die Steuereinheit nur wenige Kanäle regeln kann. Vor dem ersten übertragenen Wert wird ein RESET-Signal, gefolgt von einem Startbyte, übertragen. Gültige Signalwerte umfassen den Wertebereich 0–255 (00h–FFh). Der Bezug dieser Werte zum aktuellen Wert des angesteuerten Kanals oder dessen spezielle Funktion im Empfängergerät wird nicht definiert. Als Beispiel wird der empfangene Kanalwert vom Movinglight interpretiert und entsprechend ein Gobo oder eine Farbe in den Strahlengang gefahren.

Im Ruhezustand liegt die Datenleitung auf hohem Potenzial (MARK). Der aktive Pegel ist Low (BREAK, SPACE); die Begriffe MARK, SPACE und BREAK entstammen der Terminologie serieller Schnittstellen. Die Übertragung beginnt mit einem BREAK, der mindestens 88 µs Dauer aufweisen soll (2 Framezeiten). Dieser Break wird als RESET-Signal interpretiert. Alle angeschlossenen Geräte (Empfänger) müssen auf einen RESET reagieren; ein RESET beendet in jedem Falle eine laufende (auch eine nicht abgeschlossene) Übertragung.

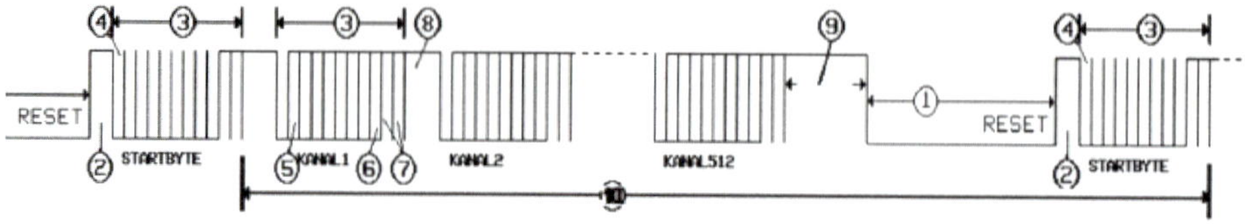

Bild 10.2 Datenprotokoll des DMX-512/1990-Standards

Der RESET wird von einem MARK gefolgt, der den Beginn der Datenübertragung signalisiert. Dieser MARK soll eine feste Länge von 8 µs nicht unterschreiten. Alle Empfänger müssen in der Lage sein, einen 8 µs MARK-nach-BREAK zu erkennen und auszuwerten. Empfänger, die darüber hinaus auch in der Lage sind, einen 4 µs MARK-nach-BREAK (gemäß DMX-512-Standard von 1986) erkennen und auswerten zu können, dürfen mit der Bezeichnung DMX-512/1990 gekennzeichnet werden.

Im Anschluss hieran werden n+1 Datenbytes gesendet, die die Daten für n Kanäle enthalten. Jedes Byte wird von einem Startbit (SPACE) eingeleitet und mit zwei Stoppbits (MARK) beendet. Man beachte jedoch, dass eine zu sendende 0 als BREAK, eine zu sendende 1 als MARK gesendet wird. Das erste gesendete Byte wird als Startbyte bezeichnet und hat den festen Wert null (00h). Um zukünftigen Erweiterungen Rechnung tragen zu können, sind auch von null verschiedene Startbytes möglich; für Dimmersteuerung ist hingegen Startbyte null definiert. Angeschlossene Dimmer müssen also alle nachfolgenden Daten ignorieren, wenn ein anderes Startbyte als null gesendet wird.

Jede DMX-512-Verbindung unterstützt bis zu 512 Dimmer; eine Mindestzahl ist nicht vorgegeben. Nachdem der letzte gewünschte Wert gesendet wurde, kann die Übertragung abbrechen und die Datenleitung verbleibt auf Ruhepegel (MARK). Mit einem nachfolgenden RESET wird eine neue Übertragung eingeleitet. Zwei aufeinanderfolgende Übertragungen sollen nicht enger als 1196 µs (von Anfang BREAK bis Anfang des folgenden BREAK) aufeinanderfolgen.

Die Datenübertragungsrate beträgt 250 KBit/s. Daraus ergibt sich eine Bitzeit von 4 µs, entsprechend 44 µs pro Datenwort. Die Gesamtübertragungsdauer für 512 Kanäle ergibt sich im besten Falle zu $(88 + 8 + 44 + 512 * 44) = 22668$ µs. Daraus ergibt sich eine maximale Refreshrate von 44,1 Hz.

Die digitalen Steuersignale moderner Lichtstellanlagen entsprechen heute, wenn nicht firmeneigene Übertragungscodes verwendet werden, der Spezifikation DMX-512 nach dem USITT-Standard bzw. der DIN-Norm.

Nr.	Signalname	Min.	Typ.	Max.	Einheit
1	RESET	88	88		us
2	MARK zw. RESET und Startbyte	8	-	1 s	us
3	Frame-Zeit	43,12	44,0	44,48	us
4	Startbit	3,92	4,0	4,08	us
5	LSB (niederwertigstes Datenbit)	3,92	4,0	4,08	us
6	MSB (höchstwertigstes Datenbit)	3,92	4,0	4,08	us
7	Stoppbit	3,92	4,0	4,08	us
8	MARK zwischen Frames (Interdigit)	0	0	1,00	s
9	MARK zwischen Paketen	0	0	1,00	s

Bild 10.3 Datenübertragung DMX-512/1990-Standard

Die DMX-Verkabelung gestaltet sich als relativ einfach, aufgrund des Daisy-Chain-Prinzips manchmal aber etwas unpraktisch. Jedes Empfangsgerät hat eine Eingangsbuchse und eine Ausgangsbuchse. Die DMX-Leitung wird ausgehend vom Sender durch alle Empfänger durchgeschleift. An welcher Stelle sich ein Empfänger in der Schleife befindet, spielt keine Rolle. Die Festlegung, welche Adresse der Empfänger hat, wurde bei frühen Geräten durch DIP-Schalter oder bei den aktuelleren Geräten per Touchpanel, Drehtaster, Drucktasten oder Kombinationen aus diesen eingestellt. D. h. jedem Empfänger wird eine Adresse zugewiesen. Es sind maximal 32 Geräte in einem DMX-Strang zulässig, dies beinhaltet auch den Sender.

Bild 10.4
5-poliger XLR- Stecker nach DIN

DMX-Booster/-Splitter

Um bei DMX-Installationen das Signal zu verstärken, werden Booster eingesetzt. Damit können selbst stark gestörte Signale wieder regeneriert werden. Ein Splitter vereinfacht die Verteilung des Signals, indem es das eingespeiste DMX-Signal gleichzeitig auf mehrere Ausgänge aufteilt. Bei vielen Geräten wird das Signal zusätzlich aktiv verstärkt. Deshalb werden diese Geräte „Booster/Splitter“ genannt. Es entstehen dabei nicht mehr Steuerparameter, es sind aber natürlich so auch mehr als 32 Geräte in einem DMX-Universum (512 Kanäle) möglich. Hilfreich sind Splitter ebenfalls, um das Steuersignal bei größeren Bühnen oder Installationen nicht durch alle Geräte durchschleifen zu müssen, sondern die verschiedenen Geräte sternförmig zu verkabeln.

Bild 10.5
DMX-Booster/-Splitter, Typ DB1-8, Firma Showtec

DMX-Merger

Mit einem Merger können zwei DMX-Signale auf eine gemeinsame Leitung zusammengefügt werden. Dies findet vor allem Anwendung, wenn es mehr als ein Lichtstellpult gibt und Havarielösungen erstellt werden. In Zeiten von Netzwerktechnik ist diese Variante nicht mehr weit verbreitet.

USB-DMX-Interface

Einfache Interfaces, die es ermöglichen, DMX-Daten mit einer PC-Software per USB auszugeben.

DMX-Tester

Tools in diversen Varianten, die das Auslesen oder die Ausgabe von DMX-Daten für jeden einzelnen DMX-Kanal ermöglichen. Bei professionelleren Testern ist es auch möglich, die einzelnen Zeiten der Breaks auszulesen, um so Fehler in DMX-Systemen zu erkennen.

Bild 10.6
DMX-Tester

10.1.5 DMX-512A

Für das ursprüngliche DMX-Protokoll (1990) wurde im Jahr 2004 eine Erweiterung definiert (DMX-512A), wobei die DIN-Normung (2000) schon gewisse Änderungen im Vergleich zum ursprünglichen Protokoll berücksichtigte. Seit 2004 existiert der neueste Standard der USITT und der ESTA, das DMX-512A. In früheren Zeiten der Entwicklung war es unter der Bezeichnung „DMX-2000“ bekannt. Das neue DMX-512A-Protokoll ist kompatibel zu dem bisherigen Standard.

Die Ziele der Entwicklung eines erweiterten Standards waren zum einen, eine höhere Übertragungssicherheit zu gewährleisten und zum anderen die Abwärtskompatibilität zum DMX-512/1990 zu garantieren. Die Spezifizierung des DMX-512A erfolgt mit der ANSI (American International Standard Institute) E1.11 und wird von der ESTA (Entertainment Services and Technology Association) definiert. Die Datenübertragungsrate beträgt auch weiterhin 250 kbps und auch die Kanalzahl, wie schon der Name vermuten lässt, bleibt bei 512 Kanälen pro Signalleitung. Der Protokollaufbau bleibt vom Prinzip her derselbe, es wurden nur einige Parameter zeitlich verändert.

10.1.6 DMX-512 RDM (Remote Device Management)

RDM steht für Remote Device Management und baut auf dem DMX-Protokoll auf. RDM erlaubt Rückmeldungen, um insbesondere das Einrichten der Lichtstellpulte bei einer Lichtinstallation zu vereinfachen. Die Geräte schicken nach dem Einschalten von sich aus ihre Identifikationsnummer (UID) an das Lichtsteuerpult. Dabei nutzt das Protokoll die Zeit zwischen den einzelnen DMX-Datenpaketen, um RDM-Daten zu transportieren. RDM erlaubt sogar einen gemischten Betrieb mit älteren DMX-512-Geräten. Soll RDM genutzt werden, müssen allerdings alle Komponenten und verwendeten Geräte RDM-fähig sein. RDM wird hauptsächlich genutzt, Scheinwerfer vom Lichtstellpult aus zu adressieren, Betriebsmodi umzustellen oder auch Fehlermeldungen auszulesen. Aufgrund der Funktionsweise ist eine Verwendung im Live-Betrieb nicht üblich, um Ausfälle bei der Übertragung der eigentlichen Steuerdaten zu vermeiden.

10.1.7 Drahtloses DMX

Das DMX-Protokoll lässt sich inzwischen auch „wireless“, also drahtlos übertragen. Es gibt verschiedene Systeme auf dem Markt, diese nutzen aber generell den Frequenzbereich von 2,4 Ghz zur Übertragung. Auch diese sind meist RDM-fähig und es gibt Sender, Empfänger oder Kombinationsgeräte, die sowohl senden als auch empfangen können. Auch gibt es Sender, die mehrere DMX-Eingänge zu verschiedenen Empfängern übertragen können. Bei hochwertigen Geräten ist sogar eine Monitoring-Funktion vorgesehen, bei der die Auslastung der Funkfrequenzen überwacht werden kann, für den Fall, dass noch andere Geräte in dem genutzten Frequenzband arbeiten. Um diese nicht zu stören, lassen sich sogar einzelne Frequenzbereich für das drahtlose DMX ausblenden.

Bild 10.7
Drahtlos DMX
(Lumenradio CRMX Nova RX DMX)

■ 10.2 Lichtnetzwerke

Obwohl DMX-512 als Datenübertragungsstandard sehr weit verbreitet ist, kann es nicht immer den Anforderungen von modernen Lichtsystemen Rechnung tragen. DMX-512 ist entwickelt worden, um Dimmer anzusteuern. Zur Zeit der Entwicklung war nicht abzusehen, dass über dieses Protokoll einmal ein vernetztes System verschiedener Mediengeräte angesteuert werden soll. Doch in heutigen Produktionen müssen hohe Datenmengen und verschiedene Arten von Steuersignalen transportiert werden, um den Ansprüchen Folge zu leisten.

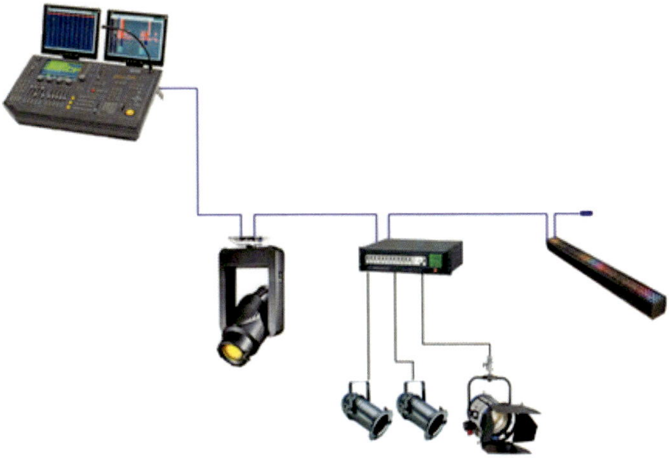

Bild 10.8 Ansteuerungsbeispiele über DMX-512

Im Bereich der Lichttechnik findet das Ethernet-Netzwerk generell bei größeren Produktionen mit mehreren Lichtpulten und großen Datenmengen Verwendung. Es gibt verschiedene Firmen in der Veranstaltungstechnik, die eigene Lösungen zur Übertragung von DMX-512 über Ethernet entwickelt haben. Gemeinsam haben alle Firmen, dass sie ein Protokoll entwickelt haben, dass die Übertragung von DMX-512-Signalen über das Ethernet ermöglicht. Da die unteren beiden Schichten des OSI-Modells im Ethernet-Standard definiert sind, ergeben sich Unterschiede in den höheren Schichten. Zum Teil gehören die Herstellerfirmen der „ArtNet Alliance“ an und unterstützen neben dem eigenen Protokoll auch das ArtNet-Protokoll.

10.2.1 Ethernet

Eine Eigenschaft des Ethernets ist, dass nicht nur eine Signalart übertragen werden kann. Es besteht die Möglichkeit, verschiedene Daten schnell und gleichzeitig zu versenden, wie z. B. DMX-512-, Video- oder MIDI-Signale oder Signale zur Ansteuerung von Handfernbedienungen. Das Ethernet ist eine weit verbreitete Vernetzungstechnologie für lokale Netzwerke (LAN). Die Ethernet-Netzwerktechnik trägt zu einer wesentlichen Vereinfachung der Signalverteilung zwischen Lichtsteuerungs- und anderen beleuchtungstechnischen Geräten bei, insbesondere bei großen Events. Zugleich mindert sie auch den Aufwand des Datenaustausches bzw. der Kommunikation zwischen mehreren Lichtsteuerungen und ermöglicht eine zielgerichtete Verkabelung, da hier keine reine Daisy-Chain-Verkabelung erforderlich ist. Lichtpulte, die einen Ethernet-Port, also eine Ethernet-Schnittstelle besitzen, können direkt in die Netzwerkinstallation eingebunden werden. An welcher Stelle das Pult nun angedockt wird, spielt keine Rolle.

10.2.1.1 Aufbau eines Ethernet-Netzwerkes (Topologie)

Es gibt verschiedene Möglichkeiten, ein Ethernet-Netzwerk aufzubauen:

- **Bus-Topologie:** Bei der Bus-Topologie sind alle Teilnehmer linear miteinander an ein Segment bzw. ein Haupt-Netzwerkkabel angeschlossen.
- **Ring-Topologie:** Bei der ringförmigen Anordnung von Netzwerkknoten sind die Teilnehmer an einer Art Ringleitung angeschlossen.
- **Stern-Topologie:** Bei der sternförmigen Netzwerktopologie sind alle Netzwerkteilnehmer an einem zentralen Punkt mit einer Punkt-zu-Punkt-Verbindung (Peer-to-Peer-Networking) angeschlossen.
- **Baum-Topologie:** Die Baum-Topologie wird angewendet, wenn zwischen Stationen größere Entfernungen überbrückt werden müssen.
- **IP-Adresse:** Jeder Teilnehmer in einem IPv4-Netzwerk benötigt eine eigene IP-Adresse, damit eine Kommunikation stattfinden kann.
- **Subnetzmaske:** Die Subnetzmaske legt in einem Netzwerk fest, wie viele und welche IP-Adressen in einem Netzwerk für Geräte zur Verfügung stehen. Nur Geräte in demselben Adressbereich können miteinander kommunizieren.

Power over Ethernet/LAN

Power over Ethernet bzw. Power over LAN ist ein weiterer Ethernet-Standard, der unter IEEE 802.3af spezifiziert ist. Die Veröffentlichung erfolgte im Jahr 2003. Diese Technologie ermöglicht eine integrierte Übertragung von Daten und Spannung innerhalb eines Netzwerkes und schafft so die Möglichkeit, kleine Komponenten ohne externe Stromversorgung zu betreiben. Bei modernen Netzwerkswitchen oder auch Trackingkameras und Sensoren in der Lichtsystemtechnik findet PoE häufig seine Anwendung.

10.2.1.2 Netzwerkkomponenten

Es gibt diverse Netzwerkkomponenten, die den Aufbau eines Netzwerkes sehr flexibel, aber auch komplex werden lassen können. Lichttechnische Teilnehmer in einem Netzwerk können Scheinwerfer, Lichtstellpulte, Dimmer, Medienserver oder Movinglights sein. Eine besondere Aufmerksamkeit gilt hier den Nodes. Diese sind Protokollwandler, die verschiedene Protokolle vereinen und verwalten können. Sie stellen die Möglichkeit dar, aus dem Ethernet-Netzwerk wieder in ein DMX-Protokoll zu wandeln oder auch ein DMX-Protokoll umzuwandeln, sodass es in einem Ethernet-Netzwerk übertragen werden kann. Dabei beschränken sich Nodes nicht nur auf das DMX-Protokoll, sondern sind generell als Protokollwandler für verschiedene Protokolle verfügbar.

Die Verwendung von Netzwerkkomponenten, klassischen Switches oder Routern erfordert für die Steuerung in der Lichttechnik ein umfangreiches Wissen. Allein die Möglichkeit der Ring-Topologie im Netzwerk macht es notwendig, die Datenverteilung in den Netzwerkswitches zu regeln, da hier sonst Daten im Ring unendlich oft verteilt werden und das System in kürzester Zeit überlastet ist und nicht mehr funktioniert. Auch die Übertragung verschiedener Daten aus Licht-, Video- oder Tontechnik über ein und dieselbe Übertragungsstrecke ist hierbei möglich, macht es aber notwendig, sogenannte V-LANs (Virtual Local Area Network) zu schaffen, um das Netzwerk an den Endgeräten so zu strukturieren, dass die jeweils korrekten Einzeldaten aus dem gesamten Datenstrom abgerufen werden können. Auch die Datenraten der einzelnen Netzwerkkomponenten sollten im Netzwerk überprüft werden, da alte Geräte eventuell ein ganzes Netzwerk verlangsamen können.

Spezielle, für die Medientechnik entwickelte Switches ermöglichen, viele komplexe Netzwerkeinstellungen mit entsprechend aufgearbeiteten Benutzeroberflächen oder Remoteprogrammen zu erstellen. Datenraten, angeschlossene Geräte und Knotenpunkte sind deutlich zu erkennen und zu managen. Auch die Möglichkeit innerhalb eines Netzwerks und Protokolls Endgeräte zu priorisieren bietet eine neue Chance, Ausfallsicherheit und Backup-Elemente in Systeme einzubetten.

10.2.2 Proprietäre Herstellerprotokolle

Das MA-Net-Protokoll ist ein hausinternes, proprietäres Protokoll der Firma MA Lighting. Es wurde je nach Lichtstellpulteserie weiterentwickelt und die aktuelle Version ist MA-Net3. Obwohl das Protokoll herstellereigen ist, nutzen auch viele Endgeräte MA-Net zum Empfangen von Steuerdaten. MA-Net senden ist dabei nicht möglich bei externen Geräten. Auch wenn ein eigenes Protokoll existiert, unterstützt MA Lighting andere Systeme, wie z. B. ArtNet. Neben MA Lighting hat fast jeder Lichtstellpultehersteller ein eigenes, proprietäres Protokoll. Der Vorteil hier liegt auf Seiten der Hersteller, da diese alle relevanten Daten, die ihre eigenen Geräte zum Austausch benötigen, in ein eigenes Protokoll integrieren können.

10.2.3 ArtNet

Da das ACN-Protokoll im Jahr 2000 noch nicht genormt war, aber Teillösungen notwendig waren, hat sich seit dem Jahr 2000 das ArtNet-Protokoll als eine „Überbrückungslösung“ entwickelt und zu einem Quasistandard gewandelt. Das ArtNet-Protokoll wurde von der britischen Firma Artistic Licence Anfang des Jahrtausends entwickelt. Inzwischen haben sich mehrere Herstellerfirmen aus dem Bereich der Lichtsteuerung zu der sogenannten „ArtNet Alliance“ zusammengeschlossen. Das ArtNet ist ein Protokoll, dessen Spezifikation frei verfügbar ist. Es ist ein offenes

TCP/IP (UDP) basiertes Protokoll. Das bedeutet, dass das komplette Protokoll öffentlich zur Verfügung steht und jeder es verwenden kann. ArtNet ermöglich rein rechnerisch die Übertragung von 32768 DMX Universen, dies ist aber in der praktischen Nutzung nicht üblich.

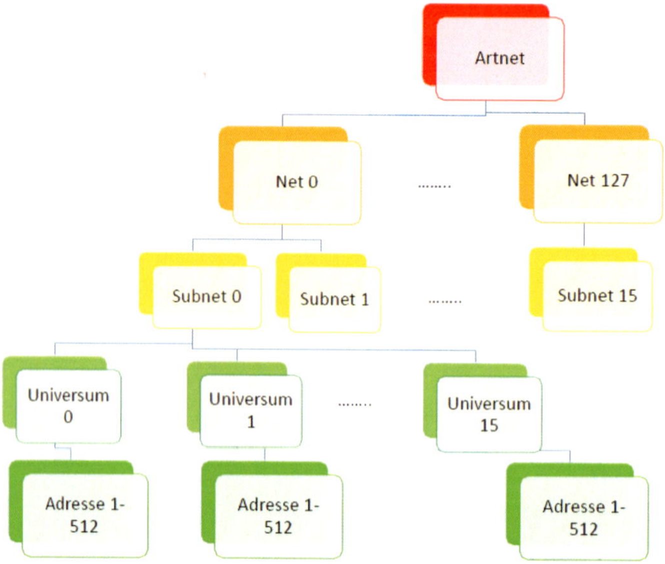

Bild 10.9 Ansteuerung über ArtNet

Als IP-Bereich werden üblicherweise der 2.X.X.X oder der 10.X.X.X Bereich genutzt. Da ArtNet selbst als eine Art Containerformat für DMX-Daten dient, muss auch hier eine DMX-Adresse angegeben werden, zusätzlich aber noch die Information, welches Universum genutzt werden soll. ArtNet selbst ist bei der neuesten Version bei Adressierungsebene aufgeteilt in 128 Netze, die jeweils aus 16 Subnetzen bestehen, welche jeweils 16 Universen beinhalten. Üblich bei der Verwendung von Empfangsgeräten bei ArtNet ist allerdings die Angabe von Subnetzen und Universen sowie die jeweilige DMX-Adresse in dem entsprechenden Universum. Da bei ArtNet die Zählung der Universen jeweils bei Null beginnt, hat als Beispiel ein Scheinwerfer ein Subnetz 0, Universum 3 und die Adresse 35. Der Scheinwerfer ist also im vierten DMX-Universum angelegt mit der Adresse 35.

10.2.4 ACN (Architecture for Control Networks)

Um eine erfolgreiche Kommunikation zwischen verschiedenen Komponenten herstellen zu können, ist das Ziel, zukünftig ein gemeinsames Protokoll zu benutzen. Die ESTA-Arbeitsgruppe Control Protocols Working Group (CPWG) startete 1997 die Entwicklung dieses Protokolls unter dem Namen „ANSI/ ESTA BSR E1.17 Entertainment Technology-Multipurpose Network Control Protocol Suite“. Das ACN-Protokoll wird das Lichtsteuerungsnetzwerk so vereinheitlichen, dass es erlaubt sein wird, viele unterschiedliche Signalarten von lichtsteuerungsverwandten Daten über ein Kabel zu transportieren und Equipment von verschiedenen Herstellern miteinander zu verbinden. ACN ist als ANSI E1.17-2010 genormt. In Deutschland gibt es dafür noch keine Norm; sie ist aber in Vorbereitung (DIN 56930-4).

In Bereich der Lichtsteuerung ist die Verwendung nur eines Teils von ACN, den sACN oder streaming ACN üblich, welche als ANSI E1.31-2016 definiert, speziell für die Übertragung von DMX-Daten entwickelt und kompatibel zu ACN sind. Streaming ACN ermöglicht die Übertragung von theoretisch 63999 Universen und ist wie ArtNet als Broadcast, Multicast oder Unicast zu übertragen:

- Broadcast – ein Sender sendet offen an alle Daten in das Netzwerk.
- Multicast – ein Sender sendet Daten an mehrere, definierte Empfänger.
- Unicast – ein Sender sendet an genau einen Empfänger, es gibt also eine direkte Verbindung.

10.2.5 Klingnet

Klingnet ist ein proprietäres Steuerungsprotokoll der Firma ArKaos, welches primär Verwendung in den Medienservern Mediamaster von ArKaos Verwendung findet.

10.2.6 Weitere verbreitete Protokolle

Neben den klassischen Protokollen zur Lichtsteuerung selbst gibt es auch viele Protokolle, die inzwischen verwendet werden, um Steuerbefehle oder auch Trackingdaten zwischen Lichtstellpulten, Medienservern und anderen Gewerken zu senden. Hier findet aktuell oft noch das etwas in die Jahre gekommene Midi-Signal Anwendung, was aber vermehrt von OSC (Open-Sound-Control) abgelöst wird. Bei Produktionen, wo ein externes Gewerk, als Beispiel die Spieletechnik einer Gameshow, Einfluss auf die Lichtstimmungen nehmen soll, dienen einfache Befehle als Trigger, um vorab gespeicherte Szenen aufzurufen. Umgekehrt können auch Lichtstellpulte diese Protokolle nutzen, um Geräte anderer Gewerke zu schalten. Ein Beispiel hierfür wäre eine Steuerung mit dem Telnet-Protokoll, bei der eine Videomatrix umgeschaltet werden kann, die bei Ausfall eines Medienservers die Videosignale auf die Backupmaschine umschaltet.

10.3 Lichtstellpulte

Genau wie die Entwicklung der Steuerprotokolle mit den Anforderungen der Scheinwerfer oder anzusteuernden Geräte gewachsen ist, so haben sich auch Lichtstellpulte weiterentwickelt.

Als Lichtstellpult bezeichnet man eine Steuereinheit, mit der alle Steuerkanäle von angeschlossenen Geräten geregelt werden können. Im Theater kommt hier oft noch der Begriff Stellwerk zum Einsatz, resultierend aus den früheren Stellwerksräumen, als jede Steuerung noch viel Platz brauchte und ganze Räume benötigte.

Aufgrund der vielfältigen Anforderungen an Lichtstellpulte unterscheidet man diese zum einen in den Bereich manuelle Lichtsteuerung, d.h. relativ einfache Lichtstellpulte und zum anderen in die Speicherlichtsteuerung, wobei diese noch weiter klassifiziert werden kann.

- Manuelle Lichtsteuerung
- Speicherlichtsteuerung:
  - Lichtsteuerung für konventionelles Licht (Stufenlinsen- und Profilscheinwerfer)
  - hybride Lichtsteuerung für konventionelles Licht und Movinglights
  - Movinglight-Steuerung.

Eine alternative Aufteilung ist möglich in die Anwendungsbereiche:

- Lichtstellpulte im Fernsehstudio
- Lichtstellpulte im Theaterbereich.

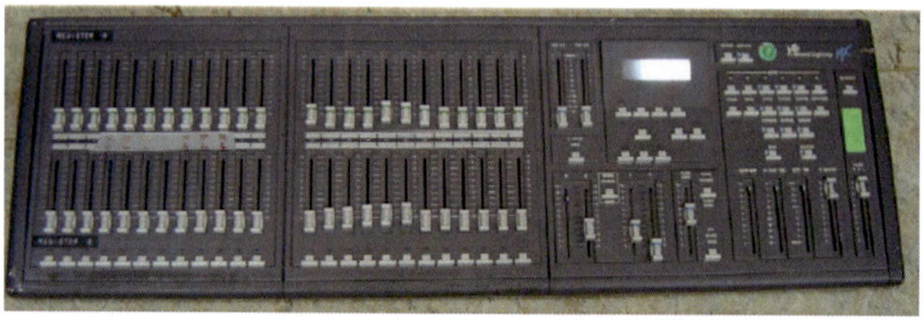

Bild 10.10 Manuelle Lichtsteuerung mit zwei Voreinstellungen (Presets) (Pult MX 32, Firma Strand Lighting)

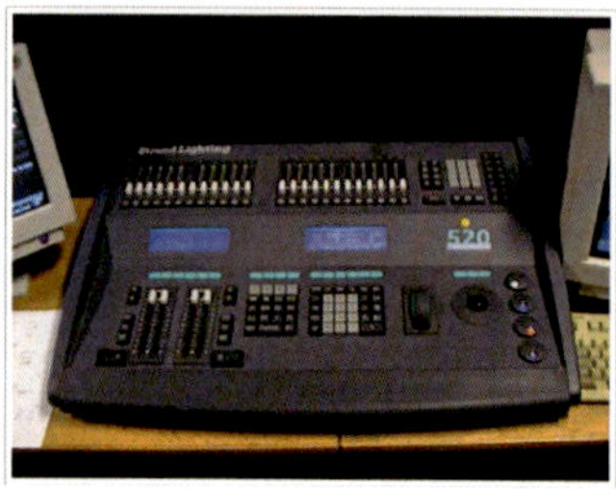

Bild 10.11 Links: Lichtstellpult Genius 520 Firma Strand Lighting, rechts: Lichtstellpult Kongo, Firma ETC

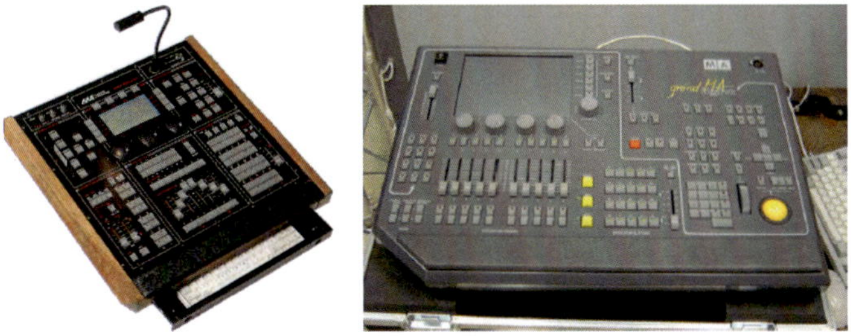

Bild 10.12 Links: Scan Commander, rechts: Lichtstellpult grandMA Light

Moderne Lichtsteuerungen bestehen meist aus einem System, welches auf derselben Softwarebasis verschiedene Hardwareausführungen anbietet. Auch Varianten, bestehend aus Software und einfachen USB- oder Netzwerknodes sind durchaus üblich. Oftmals sind auch ergänzende Softwareprogramme zum Beispiel zur Visualisierung verfügbar. Unterscheiden kann man die verschiedenen Ausführungen neben der Hardware auch anhand der jeweils nutzbaren DMX-Kanäle. Während einfache manuelle Lichtstellpulte in ihrer Anfangszeit rein analoge Ausgänge hatten oder nur einmal 512 DMX Kanäle ausgeben konnten, wird bei aktuellen Lichtstellpulten entweder in Parametern oder in DMX-Universen gerechnet.

Bild 10.13 Links: grandMA2 fullsize, rechts: grandMA3 fullsize

Bild 10.14 Links: grandMA3 onPC Command Wing, rechts: als Tourpack

10.3.1 Komponenten von Lichtstellpulten

Ein- und Ausgänge

Neben den obligatorischen DMX-Ausgängen verfügen Lichtstellpulte in der Regel auch über Netzwerkanschlüsse, USB-Ports und Displayausgänge. Hinzu kommen diverse Eingänge, um die Lichtstellpulte fernzusteuern. Hier finden sich oftmals Midianschlüsse, analoge Inputpins für Schalter oder Taster, Timecode-Eingänge oder auch Audioeingänge.

Haptische Komponenten

Für die Bedienung werden Fader oder Taster verbaut. Auch Touchscreens sind üblich und helfen bei der komplexen Eingabe. Neben Fadern sind auch Drehknöpfe oder sogenannte Encoderwheels üblich. Hinzu kommt bei einigen Geräten der Verbau eines Trackballs, einer runden Kugel, die ähnlich einer Computermaus funktioniert.

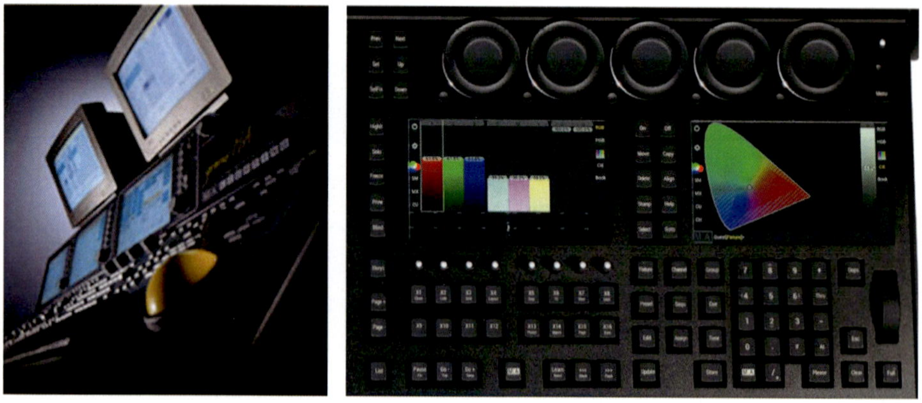

Bild 10.15 Rechts: Draufsicht auf die Endcoderwheels der grandMA3 fullsize; links: Trackball bei der grandMA fullsize

10.3.2 Arbeitsweisen

Patchen

Als Patchen wir das Zuordnen von DMX-Adressen zu Scheinwerfern, die im Pult aus einer Bibliothek analog den tatsächlich verwendeten Geräten angelegt werden. Wichtig hierbei ist die korrekte Auswahl des Scheinwerfers inklusive dessen Betriebsmodus aus der Datenbank des Pults und der Überprüfung, ob alle Steuerkanäle des Geräts im Pult korrekt hinterlegt sind.

Gruppen und Presets

Gruppen lassen sich in Lichtstellpulten beliebig erstellen und erleichtern das Auswählen diverser Scheinwerfer in verschiedenen Zusammenstellungen. Presets werden genutzt, um einzelne Einstellungen von Scheinwerferparametern wiederholt auswählen zu können. Hierbei werden als Beispiel Positionen oder Farben in Presets abgelegt und es lassen sich über die Kombination von Gruppen und Presets sehr schnell viele Geräte in die gewünschten Einstellungen bringen.

Programmer

Der Programmer eines Lichstellputs ist der Arbeitsspeicher. Alle Funktionen, die ausgewählt werden, alle Parameter, die eingestellt werden, werden hier zwischengespeichert. So lassen sich auch verschiedene Lichtszenen Schritt für Schritt zusammenfügen und am Ende als eine Szene speichern. Der Programmer kann jederzeit wieder gelöscht und erneut mit anderen Parametern gefüllt werden.

Cues und Sequenzen

Lichtszenen werden in einzelnen Cues gespeichert. Hier werden alle Parameter, die im Programmer zwischengespeichert sind, abgespeichert. Diese lassen sich dann jederzeit wieder aufrufen. Zusätzlich lassen sich in Cues auch für alle einzelnen Parameter individuelle oder für alle Parameter identische Fade- oder Delayzeiten speichern. Werden mehrere Cues nacheinander in einer Cueliste gespeichert, ist dies eine Sequenz. Auch in einer Sequenz lassen sich Überblend-, also Fadezeiten definieren oder einzelne Cues durch bestimmte Bedingungen ausführen.

Pixelmapping

Viele Lichtstellpulte haben eigene Programme innerhalb ihrer Software, die es erlauben, eine Scheinwerferanordnung zu hinterlegen und dann Videoinhalte oder Grafiken über alle dort angelegten Scheinwerfer wiederzugeben.

11 Digital Lighting

Dieses Kapitel gibt eine Einführung in Technologien und Möglichkeiten moderner Medientechnik. Es erweitert die klassische Betrachtung von Licht und Beleuchtung zur szenischen Darstellung um die Möglichkeiten bewegter Bilder und moderner Videotechnik. Die historisch gewachsenen Teilbereiche einer lichttechnischen Inszenierung – Weißlicht („Licht zum Sehen"), Showlicht („Licht zum Hinsehen") und Ambiente bzw. Dekoration („Licht zum Ansehen") – wurden in den letzten Jahren durch den Bereich Video erweitert. In nahezu allen Bereichen werden Bewegtbilder – ob nun Animation oder Film – dazu benutzt, um die Aufmerksamkeit des Betrachters zu gewinnen, Inhalte zu transportieren und das Erlebnis zu maximieren. Ob bei animierten Werbetafeln im urbanen Umfeld, den bewegten Hintergründen in (TV-)Shows oder der Projektion von verschiedenen Szenerien im Bühnenbild eines Theaterstücks: Immer mehr bestimmen komplexe und dynamische Bildinszenierung und Videowiedergabe das Anforderungsprofil und die Wünsche der Kunden, Produktionen ohne medial bespielte Flächen sind mittlerweile rar.

Aber Projektionen oder LED-Flächen sind auch immer Lichtquellen innerhalb der Inszenierung und werden als solche auch gezielt eingesetzt, d. h. als beleuchtendes Element ähnlich einem Scheinwerfer, um Bereiche und Personen sichtbar zu machen. Auch werden Projektionen für Gegenlichteffekte genutzt. Hier erfüllt sich der Begriff „Digital Lighting": Statt festgelegten Gobos und Fokus ergeben sich über die Bildverarbeitung nahezu unbegrenzte Möglichkeiten.

Der Begriff „Digital Lighting" verdeutlicht zudem den Versuch einer Abgrenzung zur klassischen Videotechnik. Systemintegration, Technik und vor allem Inhalte werden nicht dem Bereich Video- bzw. Fernsehtechnik zugeordnet, sondern unterliegen der Verantwortung und Kreativität von Set-Design und Lichtgestaltung. Durch die Entwicklung von leistungsfähigen und variabel einsetzbaren LED-Systemen ergeben sich für Bühnenbild und Lichtdesign völlig neue Möglichkeiten. So ermöglichen moderne LED-Systeme nicht nur freie Bildformate (im Gegensatz zu klassischen Formaten wie 16:9), sondern lassen auch Freiformflächen oder sogar räumliche Anordnungen zu. Auch Videoprojektoren warten mit immer höheren

Lichtstärken und Auflösungen auf, sodass z.B. großformatige Projektionen über ganze Häuserzeilen kein Problem mehr darstellen.

Bild 11.1 Links: „Cross Hatch"/Luminale 2018, (Urban Screen, Illustrationen: Andreas Preis, Art Direction: Alexander Trattler); rechts: „Überwältigung"/ Nibelungenfestspiele 2019

11.1 LED-Wände

In Kapitel 8 „Lichtquellen" wurden bereits die Grundlagen der Lichterzeugung innerhalb von Halbleitern dargestellt. Je nach Dotierung des Halbleiters können LEDs in zwei Typklassen – warme (Rot bis Amber) und kalte (Grün bis Blau) Farben – unterteilt werden. Um Abstände möglichst klein zu halten, kann dies bereits auf Halbleiterebene, vor allem in SMD-Technik (SMD: Surface Mounted Device) realisiert werden (sogenannte 3-in-1-LED).

11.1.1 Grundlagen

Um aus verschiedenen LEDs einen einzelnen Bildpunkt zu erstellen, ergeben sich verschiedene Varianten: Eine Möglichkeit besteht in der Kombination von einzelnen Single-LEDs in RGB ähnlich der Phosphore innerhalb eines Röhrenmonitors. Vorteil ist hierbei, dass sich die Lichtströme der einzelnen LEDs addieren und die Leistung pro LED, also pro Farbkanal höher sein kann. Durch die räumliche Trennung ist zudem ein besseres Temperaturmanagement möglich ist. Um Helligkeit und Farbwiedergabe zu erhöhen, können zusätzlich reinweiße LEDs zu einem Pixel hinzugefügt werden (RGBW). Um die einzelnen LEDs als Pixel wahrzunehmen, muss allerdings ein ausreichender Betrachtungsabstand bzw. entsprechende Brennweite bei Kameras gegeben sein. Zudem ergeben sich durch die räumliche Anordnung Farbvariationen bei unterschiedlichen Betrachtungswinkeln – durch partielle Verdeckung der abstrahlenden LED ist nicht das komplette abgestrahlte Spektrum sichtbar. Im Gegensatz hierzu steht der Einsatz von 3-in-1-LEDs. Diese

LED ist bereits ein vollwertiges Pixel, die Farbmischung findet direkt am Halbleiter bzw. am Diffusor statt. LED-Flächen aus Full-Color-LEDs sind blickwinkelstabiler und erlauben abhängig vom Pixelpitch auch nähere Betrachtungsabstände. Allerdings sind durch die hohe Integrationsdichte die Leistungen pro Bildpunkt im Gegensatz zu Single-LEDs geringer. Um trotzdem hohe Bildhelligkeiten zu erreichen, können Pixel aus mehreren Full-Color-LEDs zusammengesetzt sein.

11.1.2 Auflösung und Farbe

Die Ansteuerung einzelner Bildpunkte eines Systems wird mittels spezieller Controller gelöst. Das jeweilige Eingangssignal bzw. dessen Auflösung und Format werden auf die zu bespielende Fläche abgebildet. Wichtige Eckdaten von LED-Wandsystemen sind maximale Auflösung, Adressierung und Ansteuerung einzelner Wandbereiche, genereller Kontrastumfang und Farbauflösung des Systems und Korrekturmöglichkeiten von Farb- und Helligkeitswerten. Gerade die Möglichkeit, das komplette System und einzelne Paneele in ihren Wiedergabecharakteristiken zu beeinflussen, ist ausschlaggebend: Eine LED-Wand soll trotz Produktstreuungen gleichmäßig farbig erscheinen, der Kontrast und die Graustufenauflösung sollen trotz Begrenzung der Maximalhelligkeit möglichst hoch bleiben. Betrachtet man die Eingangssignale, so sind die Farbwerte eines Pixels jeweils in 8 Bit für RGB aufgelöst; will man die volle Farbauflösung bei z. B. reduzierter Gesamthelligkeit oder bereits angepasstem Weißpunkt nutzen, muss der Controller alle Werte entsprechend anpassen. Die interne Signalverarbeitung und Farbauflösung kann dabei höher sein; moderne Controller und LED-Systeme bieten mittlerweile auch die Möglichkeit, Eingangssignale mit erhöhtem Farb- und Kontrastumfang zu verarbeiten (HDR: High Dynamic Range). Durch den Aufbau aus einzelnen Kacheln müssen LED-Wände zum einen in sich abgeglichen werden, also Farbe und Helligkeit einzelner Kacheln zueinander und zusätzlich auf das jeweilige Zielmedium, d. h. das menschliche Auge oder ein Kamerasystem.

11.1.3 Helligkeit

Die Helligkeit von LED-Wänden wird üblicherweise in Nit angeben (1 Nit = 1 cd/m^2), gängige Produkte im Event-Bereich bewegen sich zwischen 1500 – 6000 Nits. Hierbei muss der Anwendungsbereich berücksichtigt werden: LED-Wände im Außenbereich bei Tageslicht müssen andere Helligkeiten ermöglichen als Systeme für ein Konzert in einer abgedunkelten Halle. Die Anforderungen an Dynamik und Farbauflösung bleiben allerdings gleich.

11.1.4 Pixelpitch

Die Abgrenzung verschiedener Produkte kann über deren Eigenschaften geschehen. Der Bereich der klassischen Videowände kann von sogenannten Creative-LED-Produkten zum einen über das Format, aber auch über die Auflösung definiert werden. LED-Wände für die Zuspielung von Standard-Videosignalen sind üblicherweise in den gängigen Bildformaten 4:3 bzw. 16:9, zudem ist der Pixelabstand (engl.: Pixelpitch) so eng, dass das Publikum keine einzelnen Bildpunkte mehr wahrnehmen kann. Hier ist der Betrachtungsabstand ausschlaggebend: Aufgrund des Auflösungsvermögens des Auges und der Bildverarbeitung im Gehirn ergibt sich als Faustformel: Pixelpitch in mm ist maximal der Betrachtungsabstand in m. Legt man hier gängige Bühnentiefen von ca. 10 bis 15 m zugrunde, wäre ein Pixelpitch von 10 mm als Grenze zu sehen. Ein weiteres Gestaltungselement sind transparente LED-Systeme, bei denen der Bereich zwischen den LEDs freigelassen wurde.

Bild 11.2 LED-Modul (Martin EC-20), Mitte: LED-Segment mit 6 mm Pixel-Pitch (BARCO C5), rechts: transparentes LED-System (CH Elidy)

Für TV-Sendungen müssen zudem Kameraposition und -auflösung berücksichtigt werden. Je nach Einsatz werden hier LED-Systeme mit einem Pixelpitch bis hinab zu 1 mm verwendet. Die höhere Pixeldichte schlägt sich natürlich in entsprechenden Kosten nieder.

Ein weiteres Kriterium kann die inhaltliche Vorgabe einer LED-Fläche sein. Betrachtet man die Bildfläche mehr als narratives Element, d.h. es wird eine mehr oder minder komplexe Geschichte erzählt und dargestellt, oder soll sich die LED-Ebene als gestalterisches Element in ein Bühnenbild als Ganzes einfügen? Diese Frage kann auch in Hinblick auf die kreativ verantwortliche Person gestellt werden: Werden die Inhalte eher von der (Live-)Regie oder vom Licht- bzw. Setdesign bestimmt?

Die Versuche, das Feld Creative LED und Digital Lighting einzugrenzen, können nur Anhaltspunkte sein. Auch nicht gängige Formate können der Bild- und nicht der Lichtgestaltung untergeordnet werden, auch hochaufgelöste Flächen müssen sich in ein Bühnenbild einpassen und entsprechend bespielt werden.

Bild 11.3 Eurovision Song Contest - Baku 2012

11.2 Projektionen

Im Gegensatz zu LED-Flächen werden Projektionen meistens dann eingesetzt, wenn für den Betrachter - ob reale Person oder Kamerabild - keine Pixelstruktur mehr wahrnehmbar sein soll. Betrachtet man Projektion in Hinblick auf das Themenfeld „Digital Lighting", so ergeben sich ähnlich wie bei LED-Wänden die Fragestellungen hinsichtlich Format und darzustellenden Inhalten. Projektionen im Umfeld von Inszenierung sind nicht wie klassische Filmvorführungen oder Datenpräsentationen an ein festes Format gebunden. Auch wenn eine Projektion ein Standard-Format darstellt, so muss sich nicht nur der Inhalt meist in ein großes Ganzes einfügen - die bespielte Fläche ist nur ein Teil eines zu gestaltenden Gesamtbildes.

Neben der Lösung von festen Bildformaten können Projektionen im kreativen Umfeld sich auch von den normalen zweidimensionalen Flächen lösen: Es ist möglich, Bildinhalte auf beliebige Formen anzupassen, im Zweifelsfall können diese zudem bewegt oder sogar veränderbar sein.

11.2.1 Projektoren

Die Kriterien für die Auswahl von Projektoren lassen sich von LED-Wänden ableiten: natives Auflösungsvermögen des Projektors, Helligkeit in ANSI-Lumen, Kontrastumfang, Farbwiedergabe und Schwarzwert. Für die im Veranstaltungsbereich angestrebten Helligkeiten ab ca. 10 000 ANSI-Lumen sind mittlerweile DLP-Projektoren marktbestimmend. Als Lichtquellen fungieren hier neben speziellen Entladungslampen auch RGB-Laser. Üblicherweise werden für bessere Farbwiedergabe und höhere Lichtleistungen 3-Chip-Systeme verwendet, die je Primärvalenz Rot,

Grün und Blau eine separate Bilderzeugung besitzen. Sowohl Helligkeiten als auch Auflösungen werden kontinuierlich weiterentwickelt, aktuelle Modelle erlauben 4k-Auflösungen (4096 x 2160 Pixel) mit bis zu 60 000 ANSI-Lumen (Stand 2021).

Bild 11.4 Links: 40k-ANSI-Lumen-Projektor (Barco HDQ2k4034), Mitte: 4K-Projektor (Christie D4K40), rechts: Projektor in Flugrahmen (Christie RoadieHD35K)

11.2.2 Technische Grundlagen

Betrachtet man die technischen Grundlagen für Projektionen und analysiert diese für das Einsatzfeld „Digital Lighting“, so treten vor allem folgende Punkte in den Vordergrund:

11.2.2.1 Geometrie und Entzerrung

Idealerweise werden Projektoren orthogonal zur Projektionsfläche positioniert. In vielen Fällen ist dies allerdings nicht möglich: Durch die Position außerhalb der Projektionsachse wird das Bild perspektivisch verzerrt auf der Fläche dargestellt, es bedarf einer sogenannten Trapezkorrektur. Um die Verzerrung auszugleichen, ergeben sich zwei Möglichkeiten: Zum einen kann dies durch ein Verschieben des Objektives zur Bildfläche entzerrt werden (Lens Shift), zum anderen kann dies durch Vorverzerrung des zu projizierenden Bildes geschehen (Keystone-Korrektur). Im Gegensatz zum Lens Shift wird bei der Keystone-Korrektur die resultierende Auflösung geringer, da das Original-Bild an den betreffenden Kanten kleiner gerechnet werden muss und entsprechend nicht alle Pixel des Panels genutzt werden können. Gleichzeitig muss beachtet werden, dass durch die Entzerrung auch die Geometrie innerhalb des Bildes für den Betrachter perspektivisch richtig erscheint.

Aufwendiger werden Projektionen auf nicht plane Oberflächen wie gekrümmte Leinwände. Hier müssen die Bildkanten entlang von Kurven entzerrt und es muss auf die Geometrie innerhalb des Bildes geachtet werden. Werden als Projektionsflächen dreidimensionale Objekte benutzt, muss die Entzerrung bereits im Vorfeld bei der Bildgestaltung mit einfließen.

Einfache Korrekturen werden üblicherweise in der Software-Matrix des Projektors vorgenommen, um die volle Panelauflösung zur Korrektur nutzen zu können. Eine 3D-Entzerrung bedarf einer detaillierten Vorplanung: Entweder müssen alle Inhalte entsprechend vorverzerrt werden oder es werden Geräte eingesetzt, die eine flexible Anpassung der Inhalte auf die Objekte erlauben – diese Aufgabe übernehmen zumeist Medienserver.

Bild 11.5 Links: Projektionsgrid auf Auto zur Entzerrung (Looplight), rechts: Architektur-Mapping „Siegfrieds Erben"/Nibelungenfestspiele 2018

11.2.2.2 Farbe

Der Farbraum einzelner Projektoren ist durch die eingesetzten Typen und deren Leuchtmittel und Farbfilter vorgegeben. Innerhalb des Geräts können üblicherweise Farbanpassungen vorgenommen werden, um Produktstreuungen auszugleichen. Beim Einsatz von Projektoren muss darum die Farbigkeit und der Weißpunkt mithilfe von Testbildern angeglichen werden. Handelt es sich nur um einen Projektor, geschieht dies hinsichtlich des Zielmediums, d. h. des menschlichen Auges oder der Kamera. Werden mehrere Projektoren eingesetzt, so müssen alle Projektoren aufeinander und zudem auf das Zielmedium abgeglichen werden.

11.2.2.3 Helligkeit

Auch die Helligkeit wird durch die Auswahl des verwendeten Projektors bestimmt. Hierbei spielen neben der Lichtstärke des Projektors auch die Projektionsentfernung und das Material der Projektionsfläche eine Rolle. Die Helligkeit von Projektoren wird in ANSI-Lumen angegeben. Bei dem genormten Messverfahren (ANSI: American Nation Standards Institut) werden auf einer Projektionsfläche die Messwerte von neun Messungen gemittelt auf die Fläche normiert: $lm = lux * m^2$.

Kann das Material der Fläche gewählt werden, so können Leinwände anhand des Gain-Faktors, ein Maß für die Reflexionseigenschaften, ausgewählt werden. Je höher der Gain-Wert, desto gerichteter wird das Licht reflektiert. Ein Gain = 1 entspricht einer mattweißen Oberfläche. Die Projektionsentfernung kann meist nur bedingt frei gewählt werden: Entweder erlauben eingeschränkte Räume nur kurze Distanzen wie z. B. innerhalb eines Fernsehstudios oder es müssen größere Entfernungen überbrückt werden wie bei Inszenierungen im öffentlichen Raum. Reicht die Helligkeit eines Projektors aus verschiedenen Gründen nicht aus – Budget, Verfügbarkeit, Entfernung, bespielte Fläche –, so können mehrere Geräte zu einem Verbund zusammenfasst werden. Bei dieser Mehrfachprojektion oder Stacking (Stack, engl.: Stapel) ist die Konvergenz der beiden Bilder ausschlaggebend: Die einzelnen Pixel müssen exakt übereinanderliegen, um Unschärfen zu vermeiden.

11.2.2.4 Auflösung und Format

Im Gegensatz zu LED-Wänden wird bei Projektionen nicht der Abstand zwischen den Pixeln wahrgenommen, vielmehr sind bei zu geringer Auflösung die einzelnen Pixel als Bildpunkte erkennbar.

Projektoren liefern üblicherweise ein 16:9- oder 16:10-Bildformat in den gängigen Auflösungen (z. B. 1920 × 1080/1920 × 1200 Px bzw. 3840 × 2160/3840 × 2400 Px). Soll eine Fläche bespielt werden, deren Dimension und Format die Möglichkeiten eines einzelnen Projektors übersteigt, z. B. eine 360°-Projektion, so muss das projizierte Bild durch mehrere Projektoren generiert werden. Um eine bestmögliche Bildqualität auch am Übergang von zwei Projektoren zu liefern, werden deren Bildbereiche nicht hart nebeneinandergelegt, sondern überlappen. Da in diesem Überlappungsbereich die Bildhelligkeit entsprechend höher ist, muss mittels Softedge-Blending ein möglichst weicher Übergang kreiert werden. Bei Bedarf kann mit diesem Verfahren eine beliebige Fläche mit der gewünschten Auflösung bespielt werden. Grundlegende Problemstellungen wie ausreichende Gesamthelligkeit, Farbanpassung und Geometrie-Korrekturen müssen natürlich zusätzlich bedacht werden.

11.3 Pixelmapping – Pixel und Scheinwerfer

Durch die weite Verbreitung von LED-Leuchtmitteln in verschiedenen Bauformen steigt der Bedarf, diese nicht nur als einzelne Lichtquelle anzusteuern, sondern mehrere Pixel oder ganze Arrays mit Bildinhalten zu bespielen. Dies gilt nicht nur für einfache LED-Pixel oder Pixelstreifen, wie man sie z. B. als Kantenbeleuchtung oder Bühnenbildelement findet, auch LED-Scheinwerfer mit Multi-LED-Chip-Engine können als Fläche für die Videowiedergabe dienen.

Die Ansteuerung der verschiedenen LEDs kann dabei auf verschiedene Weisen erfolgen: Einfache LED-Pixel werden wie gewohnt über DMX angesteuert, das DMX-Signal wird allerdings nicht vom Lichtpult generiert, sondern aus einem Medienserver auf Basis der RGB-Werte des Bildpunkts. Weitere Möglichkeiten der Datenübertragung sind die verschiedenen Netzwerkprotokolle (Art-Net, KlingNet o. ä.).

Um den Bildinhalt „richtig" darzustellen, muss die Steuerung die Position des Pixels innerhalb des Bilds bzw. Videos kennen: Das Pult oder der Medienserver brauchen eine sogenannte Bitmap bzw. Pixelmap. Auch Multi-Chip-Scheinwerfer können so gemappt werden. In der Steuerung müssen dann zusätzlich noch die Pixeladressierung und der Pixelabstand innerhalb des Scheinwerfers definiert sein. Üblicherweise werden Farbe und Helligkeit durch das Pixelmapping kontrolliert, je nach Einsatzgebiet gibt es aber auch Mischanwendungen, in denen das Pixelmapping temporär durch die Lichtsteuerung überschrieben wird. Scheinwerfer können Daten für Pixelmapping auch über Netzwerkschnittstellen erhalten, zudem gibt es oft die Möglichkeit, verschiedene Signale und Protokolle je nach Anwendungsfall zu mischen, z. B. Bewegung und Intensität über DMX vom Lichtpult, Farbinformationen der Einzelpixel über Netzwerk vom Pixelmapping.

Einfache LED-Pixel sind als u. a. als selbstklebende Bänder, Streifen oder Kacheln verfügbar. Bei den Multi-LED-Chip-Scheinwerfern finden sich klassische Wash-Movinglights, LED-Sticks mit und ohne Tilt-Antrieb oder auch Flächenleuchten. Die Anzahl der Pixel variiert dabei nicht nur nach Produkt, sondern kann über verschiedenen Modi intern gewählt werden, abhängig von Anwendung und verfügbarer Kanalanzahl.

Bild 11.6 Links: Tetra2 (Robe), Mitte links: Mac Aura PXL (Martin), Mitte rechts: JDC-1 (GLP), rechts: Dream Panel Shift (Ayrton)

■ 11.4 Medienserver

Betrachtet man die technische Entwicklung von LED- und Projektionstechnologie, so haben leistungsfähige und vor allem erschwingliche Systeme Ende des 20. Jahrhunderts ihren Siegeszug im modernen Lichtdesign angetreten; Videoflächen unterschiedlichster Art sind in fast allen Szenarien zu finden. Bereits früher gab es Videozuspielungen, die in die Inszenierung eingebettet waren (vgl. Pink Floyd, Pulse-Tour 1994: Projektionen im Hintergrund mittels Kinofilmprojektor), allerdings ergab sich für Designer und Regisseure immer die Aufgabenstellung, alle Inhalte komplett vorab produzieren zu müssen. Um auch noch vor Ort Einfluss auf die

Inhalte zu haben und damit Design und Look zu variieren, waren andere Systeme nötig. Nachdem 1999 das erste Movinglight mit „Soft-Gobo“ (LSD Icon M), ein kopfbewegter Projektor auf DMD-Basis (Digital Micromirror Device), auf der LDI (Live Design International) gezeigt wurde, folgten in den nächsten Jahren schnell verschiedene technische Lösungen, um die Konvergenz von Video und Licht zu forcieren. Es folgte das Catalyst-System, ein DMX-gesteuerter Ablenkspiegel für Videoprojektoren, der später auch Namensgeber für die erste Version des zugehörigen Medienservers war. Spiegel und Zuspieler wurden durch ein DMX-Interface von einem Lichtpult gesteuert: Das bedeutete, dass sowohl Licht als auch Video in den Händen des Lichtdesigners lagen. In der Folgezeit wurden weitere Medienserver mit unterschiedlichen Ausrichtungen und Funktionsumfang entwickelt. Basis hierfür war auch die Verfügbarkeit von günstiger Computerhardware und vor allem leistungsfähiger Grafikkarten durch den wachsenden Markt bei Computerspielen.

Betrachtet man den Begriff **„Medienserver“** genauer, zeigt sich schnell, dass unter diesem Marketingschlagwort viele verschiedene Produkte und Lösungen zu finden sind. Nur die namentlichen Grundeigenschaften, also verschiedene Medien – in der Wortbedeutung „Kommunikationsmittel“ – bereitzustellen (engl. to serve), reicht für einen Einsatz in Bereich Lichtdesign und -gestaltung nicht mehr aus. Hier unterscheiden sich Medienserver im Bereich von Show-Produktionen von Broadcast-Ausspielrechnern oder Streaming-Servern: Es wird ein komplexes Computer-Programm zur Echtzeitbildbearbeitung und eventuell zugehöriger Hardware erwartet. Die Einordnung verschiedener Systeme kann auf Basis dieser Vorgabe – Echtzeitbildbearbeitung – über verschiedene Aspekte wie Funktionsumfang, Aufgabenfeld oder Produktphilosophie erfolgen.

Durch die Einschränkungen von Live-Produktionen im Rahmen der Covid 19-Pandemie wurden Medienserver-Systeme auch zunehmend im Bereich von AR (Augmentend Reality), VR (Virtual Reality) oder allgemein XR (eXtended Reality) eingesetzt. Durch die Verknüpfung mit Echtzeitpositionsdaten und Live-Kamerabildern ermöglicht die Echtzeitbildbearbeitung eine Erweiterung oder einen Ersatz für reale Umgebungen ähnlich zu Green-Screen-Szenen im Filmbereich. Der Übergang zu anderen Realtime-Rendering-Umgebungen ist hier fließend. Zum Beispiel werden hier auch Games-Rendering-Engines wie Unreal oder Unity genutzt, Content-Management und Steuerung unterschieden sich dabei allerdings deutlich.

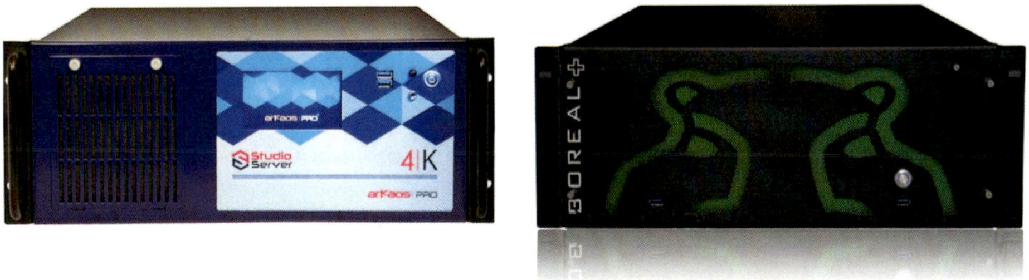

Bild 11.7 Links: ArKaos StudioServer 4k (ArKaos), rechts: Hippotizer Tierra (Green Hippo)

Bild 11.8 Links: Pandoras Box (Coolux), rechts: disguise gx2c (disguise)

11.4.1 Überblick Grundfunktionen

Komplexe Bildbearbeitung scheint durch immer leistungsfähigere Hardware kein Problem mehr darzustellen. Die Anforderungen an moderne Medienserver umfassen aber noch weitere Kriterien, um in modernen Produktionsumgebungen einsetzbar zu sein.

Medienserver sind zuerst eine Content-Datenbank mit integrierter Abspieleinheit. Content umfasst hierbei neben einfachen Grafiken auch Videos und Live-Signale. Im Server muss dieser Content strukturiert werden und auf Abruf ohne Verzögerung abspielbar sein. Des Weiteren soll ein Echtzeit-Compositing über mehrere Ebenen möglich werden. Dies beinhaltet neben dem reinen Playback von Inhalten auch deren Modifizierung, im Bedarfsfall auch dynamische Bildeffekte. Das so zusammengestellte Bild soll schließlich auf einem oder mehreren Ausspielwegen ausgegeben werden. Hierbei kann eine finale Bildmanipulation zur Bildanpassung geschehen. Anzahl und Art der Ausspielung kann dabei variieren, von einfachen Videoformaten über Pixelmapping auf RGB-Scheinwerfer bis hin zu aufwendiger 3D-Entzerrung. Dabei sollen möglichst viele Parameter dieses Design-Prozesses durch interne und/oder externe Schnittstellen variiert und gesteuert werden können. Auch hier ist der Begriff „in Echtzeit" ausschlaggebend: Nimmt man die Bildwiederholraten von aktuellen Fernsehsystemen (NTSC 60 Hz = 30 Fps (Frames per second, Vollbilder/s), PAL 50 Hz = 25 Fps) als Basis, so muss jegliche Bildberechnung innerhalb eines Frames abgeschlossen sein.

Die jeweiligen Server bzw. Server-Systeme verfügen über unterschiedliche Ausstattungen und Möglichkeiten, nicht immer sind alle Features vorhanden - dies hängt vom jeweiligen Hersteller und von den Lizenz-Bedingungen ab. Hier gilt es, aus den zur Verfügung stehenden Systemen das für den jeweiligen Aufgabenzweck sinnvollste zu wählen.

11.4.1.1 Layer

Basis für alle Bildmanipulationen ist der sogenannte Layer. Layer sind Bildebenen, die neben Content weitere Informationen, z. B. über Transparenz oder Objekt, beinhalten können. Die mögliche Anzahl und Eigenschaften einzelner Layer bestimmen die Funktionalität eines Medienservers. Grundlegende Eigenschaften sind die Sichtbarkeit bzw. Transparenz des einzelnen Layers und der zugewiesene Content. Der Layer stellt ein Objekt dar, dem eine Textur zugewiesen wird. Üblicherweise ist dieses Objekt eine plane Fläche ähnlich einem Blatt Papier. Je nach System kann dieses Objekt jedoch auch dreidimensional sein und frei zugewiesen, bei einigen Systemen sogar verformt werden. Das Objekt beinhaltet zudem die Information, wie die Textur - also der Content - darauf aufgebracht wird (UV-Mapping). Um aus mehreren Layern eine Gesamtkomposition zu erstellen, muss definiert sein, wie und in welcher Reihenfolge die Layer übereinanderliegen. Einfache Server arbeiten hier mit einer festen Layer-Reihenfolge, komplexere Systeme ordnen Layer in einem virtuellen 3D-Raum an. Hier befindet sich jeder Layer auf einer z-Position, die je nach System auch als Parameter angesprochen werden kann. Das Arbeiten im 3D-Raum ermöglicht zudem die freie Positionierung, Rotation und Skalierung in allen drei Achsen.

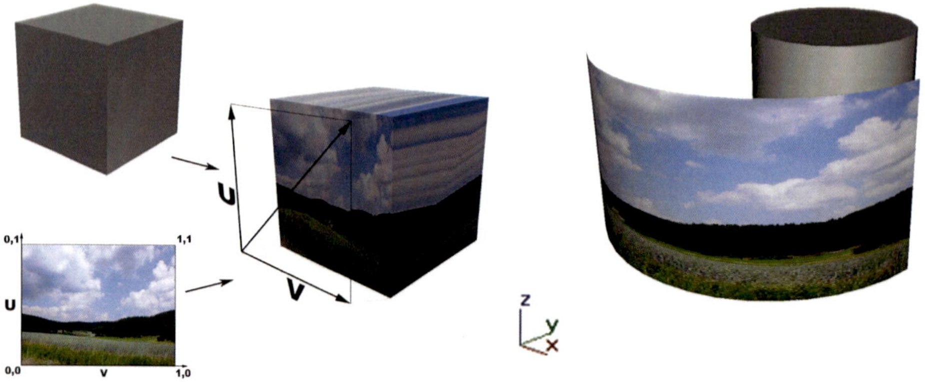

Bild 11.9 Links: Prinzip UV-Mapping, rechts: UV-Mapping an einem 3D-Objekt

11.4.1.2 Content

Content ist der Inhalt der einem Layer zugewiesenen Textur. Dies können statische Grafiken oder Videos sein. Die Textur kann aber auch mit einem realen oder virtuellen Input gefüllt werden. Üblich sind Video-Input-Karten für diverse Schnittstellen, es ist aber auch möglich, Information aus Streams oder aus anderen Layern erstellte Submixes zu verwenden. Die Möglichkeiten richten sich hier nach Hersteller bzw. Lizenz des jeweiligen Systems. Dabei muss zudem beachtet werden, wie und welche Arten von Grafiken und Videos das System unterstützt. Einige Server bieten zudem eine freie Positionierung, Rotation und Skalierung des Contents auf dem Layer an (variables UV-Mapping). Ein weiterer grundlegender Punkt ist die Wiedergabesteuerung bei Bewegtbildwiedergabe: Von einfacher Play-/Stop-/Pause-Funktionalität über Wiedergabe via Indizes eingegrenzter Bereiche bis hin zu möglichst gleichmäßiger Geschwindigkeitsanpassung von Highspeed bis zum Stillstand sind verschiedene Optionen implementiert. Nicht alle Server verfügen über alle Möglichkeiten, auch sind einige Features nicht immer voll oder vergleichbar ausgeprägt.

11.4.1.3 Texturen und Manipulation

Betrachtet man den Content als Textur, d.h. „Tapete" für ein 2D- oder 3D-Objekt (vgl. UV-Mapping), so lassen sich Bildmanipulationen aus dem Verhältnis von Objekt zu Bespielung generieren. Einfaches Verschieben, Rotieren oder Skalieren des Bildinhalts auf der zu bespielenden Fläche bzw. Objekt, wahlweise auch kontinuierlich und dynamisch, ermöglichen einfache Video-Effekte. Zudem können Texturen verformt oder eingefärbt werden. Die Manipulationsmöglichkeiten sind je nach Server-Anwendung sehr ausgeprägt und dienen zum einen für dynamische Effekte, können aber auch z.B. im Bereich Farbigkeit zur Anpassung an verschiedene Ausgabeziele fungieren (z.B. Projektion oder LED).

11.4.1.4 Ebenen

Um gesteuerte Überblendungen durchzuführen, müssen die Layer einer Anzeigenreihenfolge folgen. Wird ein höherer Layer eingeblendet, müssen der oder die niedrigeren entsprechend überlagert werden. Diese Anzeigereihenfolge kann innerhalb des Medienservers fest vorgegeben sein (z.B. Ordnungszahlen), sie kann aber auch durch den Nutzer bestimmt werden, indem der jeweilige Layer „vor" den anderen positioniert wird.

Um das Layer-Handling für den Anwender einfacher zu machen, bieten einige Hersteller Überblendungen innerhalb eines Layers an: Hierbei wird meist ein zusätzlicher Steuerkanal genutzt, um Blendmodus und -zeit vorzugeben – wird dann der Content gewechselt, wird entsprechend der Voreinstellungen überblendet.

Die Priorisierung der Layer kann bei einigen Systemen nicht nur durch Sortierung bzw. Auswahl der Schichten geschehen, sondern auch durch das Positionieren innerhalb eines virtuellen 3D-Raums. Hierbei werden die Objekte als „Träger“ der Texturen im Raum zueinander und zur virtuellen Kamera positioniert. Die Anzeigenreihenfolge wird dann durch die jeweilige z-Koordinate (z-Achse = Kameraachse) bestimmt und kann entsprechend angepasst und variiert werden.

11.4.1.5 Ausgabe

Ausgangspunkt einer Komposition ist üblicherweise das zu bespielende Medium. Je nach Produktion kann dies eine einfache Projektion sein, aber auch die Bespielung von ganzen Setdesigns aus vielen kleinteiligen LED-Flächen kann das Ziel sein. Die Ausgabesektion eines Medienservers kann hier eine weitere Abstraktionsschicht bilden, um bei der Gestaltung das Gesamtbild im Auge zu behalten und möglichst unabhängig von realen Gegebenheiten zu agieren. So lassen sich z. B. finale Skalierungen oder Entzerrungen in einem sogenannten Camera-Layer realisieren. Diese virtuellen Kameras definieren gleichzeitig den Blickwinkel und die Position in Bezug auf die Layer und rendern (errechnen) das resultierende Bild. Das resultierende Signal kann zudem mehrere logische Flächen beinhalten, Begriffe dafür sind u. a. Output-Mapping oder Feed-Mapping. Eventuelle Anpassungen innerhalb der virtuellen Kamera, z. B. zur Entzerrung oder für Farbkorrekturen, lassen so die eigentliche Komposition unberührt und können je nach Umgebung variiert werden. Die Ausgabe dieser Ansicht muss allerdings nicht zwingend als Bildsignal erfolgen. Es ist auch möglich, die RGB-Werte der einzelnen Bildpunkte z. B. als DMX-Signal für LED-Scheinwerfer auszugeben (Pixelmapping).

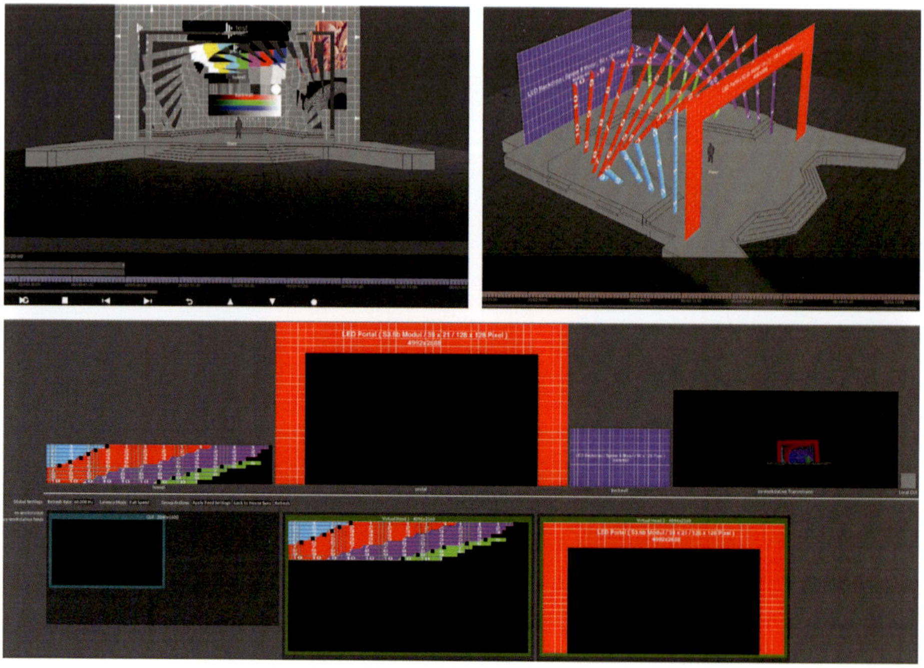

Bild 11.10 Bambi 2019, Content Mapping und Feed Map (disguise/Otto Schildknecht)

11.4.1.6 Virtuelle Kamera und 3D-Raum

Erweitert man das Konzept des abgefilmten 3D-Raums (Camera-Layer) um frei definierbare Kamerapositionen und 3D-Objekte, so lassen sich nicht nur ansprechende Effekte und Bildkompositionen gestalten, auch komplexe Entzerrungen werden dadurch möglich. Wird z.B. diese virtuelle Kamera mit dem Projektor einer Projektion gleichgesetzt, so ist das resultierende Bild der Output des Projektors. Auf diesem Weg können aufwendige Entzerrungen realisiert werden, indem die virtuelle Kamera den realen Bedingungen (Blickwinkel, Bildwinkel, Position) angepasst wird. Werden zudem noch die beteiligten Objekte als 3D-Daten in das System integriert, so lassen sich komplexe Szenarien erstellen. Das Zusammenspiel der 3D-Daten von Objekten und Kamera ermöglichen dann erstaunliche Illusionen. Werden die 3D-Daten nicht nur auf einem Server, sondern innerhalb eines Server-Verbundes verwaltet, können auch großformatige Installationen (z.B. Fassadenprojektionen) relativ schnell entzerrt bzw. angepasst werden. Werden im Beispiel der Fassadenbespielung mehrere Projektoren für Format und Helligkeit benötigt, so greifen alle genutzten Server auf ein 3D-Objekt für die Fassade zurück, allerdings nutzt jeder Server eigene virtuelle Kameras zur Berechnung und Ausgabe des jeweiligen Projektorbildes.

Bild 11.11 Links: Entzerrung mittels Medienserver, Mitte: Grid auf der Fassade, rechts: fertige Entzerrung

11.4.1.7 Erweiterte Funktionen

Um die Funktionalität und Möglichkeiten der Bildgestaltung zu erweitern, bieten diverse Serversysteme erweiterte Funktionen an.

So gibt es bei einigen Servern die Möglichkeit, das Mischverhalten der Layer vorzugeben. Dabei werden vergleichbar zu klassischer Bildbearbeitungssoftware Ebenen addiert, subtrahiert oder miteinander multipliziert. Dadurch ist es möglich, das von klassischen Videomischern bekannte Mask-Key-Fill-Verhalten zu gestalten. Dabei bestimmt ein Content die Maske der Überlagerung, ein zweiter Inhalt wird dann in diese Maske eingefügt.

Des Weiteren können verschiedene Effekte bzw. Effektebenen verwendet werden, die Auswahl an dynamischen Effekten ist sehr groß und variiert von System zu System. Einige Systeme bieten zudem die Möglichkeit, mit eigenen Effektgeneratoren zu arbeiten, z.B. Partikelsysteme oder virtueller Beleuchtung von Layern bzw.

Objekten, hier verschwimmen dann die Grenzen zu bekannten Compositing- und 3D-Softwarelösungen.

Durch die Integration von weiteren Softwareschnittstellen können zudem externe Effekte und Algorithmen für in Echtzeit erzeugten Content als sogenannte „Blocks“ geladen werden (z. B. Notch). Die Möglichkeiten werden hier nur durch Lizenzierung und Rechenleistung des Systems begrenzt.

11.4.1.8 Zeitbasis

Um ein System in eine vorhandene Produktionsumgebung zu integrieren, können auch noch Anforderungen an die verwendete Zeitbasis der einzelnen Zuspieler und des Gesamtsystems auftreten. So muss im Bereich von Fernsehstudios die Bildausgabe in 50 Hz geschehen, um Probleme beim Abfilmen von bespielten Flächen zu verhindern (Helligkeitsschwankungen/Schwebung). Grund hierfür ist die aus dem europäischen Stromnetz resultierende Grundfrequenz (50 Hz) der verwendeten Studiotechnik; die Computerhardware und Grafikkarten der Medienserver arbeiten üblicherweise auf Basis von 60 Hz (USA, Japan) und müssen eine entsprechende Anpassung ermöglichen.

Bei Nutzung der Medienserver als direkte Quelle für TV-Studios bzw. Ü-Wagen wird oft die Möglichkeit der Synchronisation der Bildausgabe erwartet. Um dies zu gewährleisten, werden die Grafikkarten mit dem Studiotakt (Genlock-Signal) synchronisiert. Dadurch ist gewährleistet, dass alle im System befindlichen Server das Bildsignal zeitgleich ausgeben.

Wichtig ist aber nicht nur die zeitgleiche Ausgabe des Bildsignals, sondern auch die Synchronität des Bildinhalts. Sämtliche Ausgänge eines Systems sollten das berechnete Bild zeitgleich am Ausgang bereitstellen, um einen sichtbaren Versatz im Bild zu verhindern. Hierzu muss nicht nur die Bildausgabe, sondern auch das Compositing des gesamten Systems synchronisiert werden. Dies geschieht üblicherweise über proprietäre Netzwerkprotokolle der Hersteller.

Soll der Content bzw. die Gesamtkomposition mit externen Geschehnissen (Musik, Licht, Ton) synchronisiert werden, so muss das System Timecode-Signale (z. B. SMPTE, MIDI) verarbeiten können. Die Kopplung kann dabei je nach System bzw. Hersteller direkt für einen Content oder für die Gesamtkomposition geschehen.

11.4.1.9 Steuerung und Ansteuerung

Man muss unterscheiden zwischen der Steuerung einzelner Funktionen und Parameter der Medienserveranwendung und der externen Ansteuerung des eigentlichen Geräts. Während die Steuerung sich mit der Bedienung und Bedienphilosophie der Software des Medienservers beschäftigt, werden im Bereich der Ansteuerung die verschiedenen physikalischen Schnittstellen oder Protokolle betrachtet. Dabei gibt die Art der Steuerung den prinzipiellen Systemaufbau vor.

Bedienkonzepte basieren meist auf gewachsenen Strukturen. So ist bei den im VJ-Bereich (VJ = Visual Jockey) angesiedelten Medienservern eine lokale und direkte Bedienung geläufig. Diese sind oft als Single-Server-Systeme mit integrierten Steuerungen ausgeführt, um Budget, Systemkomplexität und Bedienungs-Know-how möglichst gering halten zu können. Bei Systemen, die aus dem Bereich der Lichtsteuerung kommen, sind die Benutzeroberflächen meist an die Steuerung von Multifunktionslampen angelehnt, um dem Nutzer ein gewohntes Gerät zu suggerieren. Neuere Systeme versuchen durch ein an Videoschnitt- oder Compositing-Software angelehntes Oberflächen-Design die Verbindung zum klassischen Broadcast-Bereich zu schaffen. Nicht zuletzt sind Bedienkonzepte und Strukturen auch an Lizenzierungsmodelle gekoppelt. Erweiterte Möglichkeiten der Fernsteuerung, eines größeren Systemaufbaus oder erweiterter Netzwerkfunktionalität finden sich in entsprechend höheren Preisstufen wieder.

Viele Medienserversysteme bieten zudem hybride Steuerungsumgebungen an: So können z. B. innerhalb des Server vorprogrammierte Kompositionen über externe Schnittstellen abgerufen werden oder nur einzelne showrelevante Parameter über ein Lichtstellpult gesteuert werden.

Unabhängig davon gibt es bei vielen Systemen noch separate Bedienoberflächen für Systemeinstellungen, Content-Verwaltung und -Synchronisation, Output- oder Pixel-Mapping-Einstellungen.

Die Ansteuerung ist lediglich Mittel zum Zweck und kann auf verschiedene Arten erfolgen. Diese unterscheiden sich hinsichtlich des Funktionsumfangs, der Informationsübertragungskapazität und des Verkabelungsaufwandes.

11.4.1.10 Integrierte Benutzeroberflächen

Bei integrierten Benutzeroberflächen werden alle Systemeinstellungen sowie Programmierung und Wiedergabe innerhalb eines GUI vorgenommen. Diese Art der Benutzeroberfläche findet sich vor allem bei Single-Server-Systemen. Hier ist es nicht notwendig, teilweise auch nicht erwünscht, erweiterte Einstellungen außerhalb des lokalen Medienservers zu ermöglichen, denn so können weniger komplexe Anwendungen schnell und einfach realisiert werden. Gleichzeitig ist dieser Modus aber auch für die Einrichtung und Fehlersuche bei größeren Szenarien sinnvoll. Nahezu alle Anbieter bieten diese Möglichkeit der Steuerung ihrer Systeme.

Ein Beispiel für ein integriertes GUI ist die Medienserver-Software Resolume Arena. Innerhalb der Oberfläche finden sich neben einem Vorschaufenster (hier Preview genannt) sowohl ein Bereich zur Programmierung (Effekte) als auch eine Liste des zur Verfügung stehenden Bildmaterials. Sämtliche Einstellungen über Ausgabegröße, Hardwareeinstellungen oder Fernsteuerung via ArtNet werden innerhalb der gleichen Oberfläche verändert. Die Verwaltung der Inhalte (Content) findet ebenfalls hier statt. Im unteren Teil der Anwendung findet sich zusätzlich eine Wiedergabeübersicht (Playback). Diese kann als Tastaturlayout angezeigt werden, wobei kleine Vorschaubilder (Thumbnails) die einzelnen Funktionen kennzeichnen.

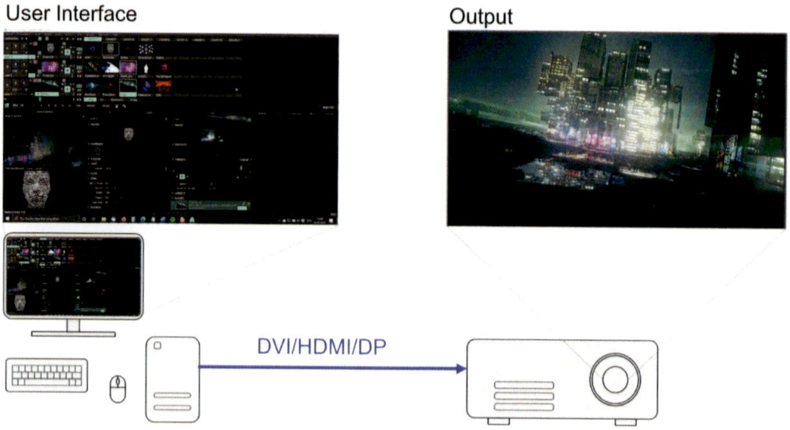

Bild 11.12 Schema: integrierte Bedienoberfläche (Resolume)

11.4.1.11 Bedienung durch Lichtstellpulte

Das klassische Bedienkonzept stellt die Steuerung eines Medienservers durch ein Lichtpult dar. Hier findet eine Trennung in zwei separate Bedienmodule statt, die meist auf getrennter Hardware ausgeführt werden. Diese klare Aufteilung der Aufgabenbereiche ergibt zwei getrennte Benutzeroberflächen. Der Medienserver dient als reine Wiedergabestation, innerhalb deren Benutzeroberfläche lediglich Systemeinstellungen und Contentverwaltung vorgenommen werden. Alle anderen Funktionalitäten, wie zum Beispiel Programmierung und Wiedergabesteuerung, werden im Lichtpult bedient, welches die Steuerung übernimmt.

Die benötigte Verbindung zwischen den beiden Anwendungen, Steuerung auf der einen und Wiedergabe auf der anderen Seite, kann über verschiedene Protokolle stattfinden und fällt in den Bereich der Ansteuerung. Üblicherweise wird dafür als Basis DMX-512A verwendet. Durch den hohen DMX-Kanalbedarf und die entsprechende Datenmenge werden diese Verbindungen aber praktisch immer via Netzwerk (ArtNet, sACN oder proprietäre Netzwerkprotokolle) realisiert.

Im Lichtpult erfolgt die komplette Programmierung und Wiedergabesteuerung von einem oder mehreren Medienservern. Am Medienserver selbst werden nur administrative Aufgaben erledigt. Die Kommunikation, ergo die Ansteuerung, erfolgt über Netzwerkprotokolle. Proprietäre, d.h. nicht offene Protokolle ermöglichen die bidirektionale Kommunikation von Steuerung und Server(n) und stellen oft zusätzliche Funktionen bereit wie Synchronisierungsdaten, Thumbnail-Vorschau oder Contentverteilung im Netzwerk.

Der Zugriff auf den Medienserver gestaltet sich ähnlich wie bei einem Multifunktionsscheinwerfer. Alle Layer und ihre Funktionen sind im Pult entsprechend angelegt und gepatcht, das bedeutet, es erfolgt eine Verknüpfung von Funktionen zu entsprechenden DMX-Adressen. Die Programmierung erfolgt Cue-orientiert. Das bedeutet, dass der Operator zunächst verschiedene Stimmungen (Cues) für Szenen oder einzelne Showelemente programmiert. Diese werden dann als Abfolge von Stimmungen in Listenform als Sequenzen (Sequence oder CueList) gespeichert. Bei der üblichen Darstellungsform von untereinander gestapelten Stimmungen spricht man von „vertikaler Programmierstruktur".

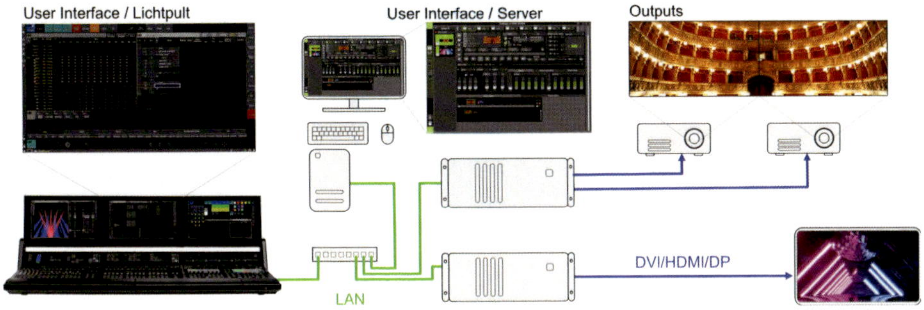

Bild 11.13 Schema: Ansteuerung mit Lichtstellpult (grandMA3/Hippotizer)

Der große Vorteil dieser Steuerungsart besteht in der bekannten Arbeitsweise für Stellwerker bzw. Operator und der guten Livetauglichkeit durch die der Anwendung angepassten Bedienoberfläche von Lichtpulten. Der Nachteil ergibt sich aus der Komplexität der aktuellen Medienserver, welche mit ihren vielen Funktionen nicht nur viele DMX-Adressen benötigen, sondern auch schnell unübersichtlich werden. Zudem erfordert schon die Funktionsvielfalt innerhalb eines Lichtpultes eine gut durchdachte Arbeitsweise. Das klassische Bedienkonzept mittels Lichtpult hat durch den vermehrten Einsatz von Netzwerktechnik eine Erweiterung der Funktionalität und Loslösung von den Einschränkungen des DMX erfahren. Dadurch verschieben sich die Steuerung und Ansteuerung von der klassischen Lichtsteuerung hin zu Netzwerken mit Master-Client-Struktur.

11.4.1.12 Manager-Anwendung und Timeline

Neuere Konzepte zur GUI-Gestaltung orientieren sich beim Workflow und Design an aktueller Videoschnitt- oder Compositing-Software. Diese Videoediting-Systeme arbeiten üblicherweise entlang einer Zeitleiste (Timeline). Durch die immer weitere Verbreitung und qualitative Weiterentwicklung von Medienserversystemen wird deren Einsatz in Bereichen realisiert, die früher Broadcast-Videotechnik vorbehalten waren. Für Anwender aus dem Bereich Video wird durch timelinebasierte Systeme eine bekannte Arbeitsumgebung bereitgestellt. Eine netzwerkbasierte

Master-Client-Struktur ermöglicht darüber hinaus integriertes Arbeiten innerhalb von Verbundanwendungen. Dabei bieten die Timeline und die grafische Benutzeroberfläche bei der Steuerung erhebliche Vorteile.

Um die Systemressourcen sinnvoll zu verteilen und die Aufgabenverteilung innerhalb großer Verbundsysteme zu strukturieren, wird die Programmiersektion und Wiedergabesteuerung auf einen separaten Steuerrechner ausgelagert. Dieser enthält ein spezielles Managerprogramm und besetzt die Masterfunktion. Nahezu die gesamte Bedienung eines oder mehrerer Medienserver wird über das GUI dieses Programms erledigt. Im Gegensatz zum Lichtpult erfolgt hier auch die Contentverwaltung. Im Medienserver selbst, der Client-Anwendung auf optimierter Serverhardware, verbleiben nur grundlegende Netzwerk- und Hardwareeinstellungen sowie die Bildberechnung (engl.: Rendering) und die Bildausgabe.

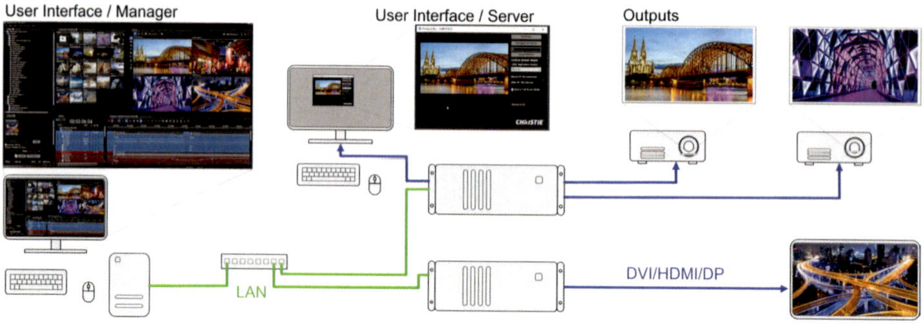

Bild 11.14 Schema mit GUI: Manager-Software inklusive Timeline (PandorasBox)

Die eigentliche Programmierung findet anhand einer Timeline mit „horizontaler Programmierstruktur" statt. Die Timeline bietet dabei eine aufgeräumte und übersichtliche Struktur auch und gerade für komplexere Shows, da sie in mehreren Spuren alle verwendeten Attribute direkt anzeigen kann. Die Wiedergabe fertiggestellter Sequenzen kann direkt aus der Manager-Software oder durch Ansteuerung der Timeline von außen mit einem Triggersignal erfolgen. Manager-Programme mit Timeline bieten gute Möglichkeiten zur Vorprogrammierung, da auch ohne die Medienserver gearbeitet werden kann (engl.: Offline-Programming).

11.4.2 Signale und Schnittstellen

11.4.2.1 Ansteuerung und Synchronisation

Da der ursprüngliche Einsatzbereich von Medienservern in Verbindung mit Lichtstellpulten stattfand, basiert bei vielen Produkten die Ansteuerung noch auf dem DMX-Protokoll. Da allerdings die Funktionsvielfalt selbst einfacher Systeme sehr viele Parameter umfasst und zudem diese in höherer Genauigkeit (16 Bit vs. 8 Bit) kontrolliert werden sollen, wird zur Steuerung ein immenser Bedarf an DMX-Adressen benötigt. Um Latenzen durch Wandler-Hardware zu umgehen, werden mittlerweile nahezu alle Systeme über Netzwerk, zumeist ArtNet oder sACN, gesteuert.

Viele Medienserversysteme nutzen zusätzlich eigene proprietäre Protokolle, die dem Nutzer einigen Mehrwert bieten. So werden z. B. die Ausgänge mehrere Server synchronisiert. Zudem kann die Content-Organisation und -Verteilung inklusive Encodierung von einem zentralen Admin-Rechner verwaltet werden, anschließend werden Thumbnails an die angeschlossenen Steuerungen übertragen. Systemeinstellungen wie Format, Auflösung oder Output-Mapping mehrerer Server werden via Netzwerk vorgenommen. Hinsichtlich immer größerer Systeme und engerer Produktionszeiten ist eine zentrale Administration und Synchronisierung durch eine Person eine zwingende Funktionalität.

11.4.2.2 Bildschnittstellen

DVI (Digital Visual Interface) war die übliche Schnittstelle für realen Ausgänge. DVI unterscheidet sich in Dual Link bzw. Single Link: Können DVI DL (Dual Link) Outputs bis zu 7,22 Gbit/s (2560 × 1600 Pixel bei 60 Hz) übertragen, sind es bei Single Link nur 3,72 Gbit/s (1600 × 1200 Pixel/60 Hz). Bei DVI-I-Ausgängen (Integrated) sind zusätzlich zu den digitalen auch noch analoge Signale verfügbar. DVI-D (Digital) stellt am Stecker nur noch digitale Signale bereit. Trotz der begrenzten Übertragungsbandbreite sind DVI-Ausgänge bzw. -Geräte noch weit verbreitet u. a. wegen der Möglichkeit, die Stecker-Buchsen-Verbindung mit zwei Schrauben zu sichern. DVI-D und DVI-I sind aufwärtskompatibel zu HDMI.

HDMI (High Definition Multimedia Interface) ersetzt mittlerweile viele DVI-Schnittstellen. HDMI bietet eine volldigitale Übertragung von Video- und Audiodaten und stellt zudem zusätzliche Kopierschutzinformationen (HDCP) bereit. Die Möglichkeiten und Bandbreiten werden kontinuierlich weiterentwickelt. Der aktuelle Standard HDMI 2.1 hat eine Bandbreite von bis zu 42,6 Gbit/s, die s ermöglicht Bildsignale von 8 K/60 Hz (8192 × 4320 Pixel/60 Hz) inklusive HDR (HDR: High Dynamic Range). HDMI-Verbindungen sind nicht mechanisch verriegelt, die Leitungslänge sollte 10 m nicht überschreiten.

DisplayPort ist ein weiterer digitaler Übertragungsstandard. Im Gegensatz zu HDMI ist DisplayPort nicht mit DVI aufwärtskompatibel. Die aktuelle Version Display-

Port 2.1, ermöglicht Übertragungsraten von bis zu 77,37 Gbit/s. DisplayPort-Steckverbindungen sind optional über Federkontakte verriegelbar.

SDI (Serial Digital Interface) ist die Standard-Videoschnittstelle in professionellen Studioumgebungen. SDI überträgt unkomprimierte Videosignale im Format YCRCB in 4:2:2 mit je 10 Bit Auflösung, üblicherweise über Koaxialkabel. SD-SDI überträgt Auflösungen von 576i (PAL) bzw. 480i (NTSC), für HD-Formate muss HD-SDI (720p/1080i) genutzt werden. Für progressive Full-HD-Auflösungen (1080p) wird der Standard 3G-SDI verwendet. Auflösungen von 4K benötigen 6G-UHD-SDI (2160p30) bzw. 12G-UHD-SDI (2160p60). SDI-Verbindung sind als BNC-Verbindungen ausgeführt, HD-SDI-Übertragungsstrecken können bis zu 100 m ohne Verstärkung überbrücken. Oft wird parallel zu SDI-Signalen in TV-Studios auch ein Genlock-Signal bereitgestellt, um den Bildwechsel aller Systembestandteile (z. B. Medienserver, Matrizen o. ä.) zu synchronisieren.

NDI (Network Device Interface) ermöglicht die Übertragung von Video- und Audio-Daten über Gbit-Netzwerkverbindungen mit geringer Latenz. Das Protokoll ist lizenzfrei und kann neben einem Alpha-Channel auch diverse zusätzliche Metadaten wie Audio oder Tally-Steuerung übertragen. NDI-Streams sind mittlerweile als virtuelle Eingangssignale in vielen Medienserver integriert. Pro NDI-Stream werden ca. 100 Mbit Bandbreite im LAN beansprucht; mittlerweile gibt es mit NDI | HX bzw. NDX | HX2 ressourcenschonendere, aber stärker komprimierte Standards.

Als mittelbare Bildschnittstellen können hier noch DMX bzw. ArtNet oder sACN aufgeführt werden, da sehr viele Medienserver die Möglichkeit bieten, die Farb- bzw. Helligkeitswerte einzelner Pixel oder Bildsegmente als DMX-Daten an z. B. LED-Scheinwerfer auszugeben (Pixelmapping).

11.4.2.3 Sonstige Schnittstellen

In professionellen Umgebungen wird das Tonsignal meist separat verarbeitet, Standard-Schnittstellen hierfür sind symmetrische Audioausgänge an den Servern, je nach Ausbaustufe von Stereo bis Mehrkanal-Ton. Wahlweise können die Audio-Signale auch über Netzwerk eingebunden werden, z. B. über Dante oder vergleichbar Protokolle.

Mögliche weitere Schnittstellen zur Kommunikation mit anderen Geräten oder Systemen sind unter andere MIDI und SMPTE-Timecode, wobei Medienserver nicht nur Informationen annehmen, sondern auch senden können, um externe Hardware anzusteuern.

Mittlerweile werden viele dieser Schnittstellen allerdings in Software bzw. als Netzwerkprotokolle implementiert, um den Systemtechnikern die Möglichkeit zu bieten, auch zukünftige Entwicklungen miteinbeziehen zu können. Es gibt zudem z. B. für das Pandoras Box System von Coolux Software-Schnittstellen für Kinect-Kameras oder auch Gamecontroller, die dem Server-System 3D-Daten in Echtzeit übermitteln Für Echtzeitpositionsdaten wurde von VYV in Zusammenarbeit mit MA Lighting das PSN-Protokoll (PosiStageNet) entwickelt. In dem offenen Protokoll werden die Positionsdaten von verschiedenen Sender im Netzwerk bereitgestellt und können von den Anwendungen für das Tracking von Objekten und Personen genutzt werden. Beispiel hierfür ist etwa eine dynamische Entzerrung von Projektionen auf bewegte Objekte in Echtzeit. Zudem lassen sich dadurch auch Menschen oder Objekte nicht nur mit Scheinwerfern automatisch verfolgen, die Personen (oder Objekte) können auch mit Vorder- und/oder Hintergrund (Projektion, LED-Wand, etc.) interagieren, da die Software 3D-Daten mit den vorhandenen Bildinformationen verarbeiten kann. Diese und weitere Möglichkeiten der Interaktion lassen sich auch mit verschiedensten Trackingsystemen realisieren. Durch weitere Software-Erweiterungen und Anbindung an 3D-Render-Engines ergeben sich zudem vielfältige Möglichkeiten in Hinblick auf VR- (Virtual Reality), XR (eXtended Reality)-Anwendungen und Virtual-Production-Umgebungen.

11.5 Berufsfeld „Digital Lighting“

Das Berufsfeld „Digital Lighting“ hat Schnittmengen mit Set-Design bzw. Bühnenbild, der Video-, Netzwerk- und Licht-Technik, aber auch mit Content-Erstellung und Videoschnitt, Computergrafik und 3D-Compositing. Da diese Bereiche zu komplex sind, um von einer Person umfassend abgebildet zu werden, bedarf es üblicherweise einer Projektplanung und -leitung, die die Kommunikation und Bedürfnisse der einzelnen Gewerke versteht und kommunizieren kann.

Für die Inhalte ist das sog. Content-Design verantwortlich: Dies können einzelne Videokünstler, aber auch verschiedene Teams aus Mediengestaltern, Grafikern, 3D-Designern und Compositing-Spezialisten sein. Deren Hauptaugenmerk ist die inhaltliche Bildgestaltung nach den Vorgaben von Künstler, Regie, Licht- und Set-Design. Das Content-Design liefert die fertigen Dateien nach den Vorgaben der Projektleitung bzw. der Server-Operator an.

Der Media-Operator übernimmt die Programmierung der Szenen, die in der späteren Show oder Aufführung zu sehen sein werden. Hierbei geht es um die richtige räumliche und zeitliche Komposition der verschiedenen Contents. In größeren Systemen – vor allem in Systemen mit mehreren Live-Bildquellen – ist Media-Operation Teamarbeit: Server-Programmierung und Live-Bildmischung mehrerer Quellen auf verschiedene Outputs gehen dabei Hand in Hand. Die Umsetzung der Vorgaben wann was wie zu sehen ist, erfolgt dabei in enger Abstimmung mit den anderen kreativen Gewerken wie Licht, Bühne und Regie bzw. Künstler.

Die Dateien – Bewegtbild, Grafik, 3D-Mapping-Files, Alpha-Masken usw. – werden vom Server-Operator (auch „Server Farmer") organisiert und in die Server geladen. Im Bedarfsfall werden Dateien noch encodiert oder transcodiert. Der Server-Operator kümmert sich sowohl um die Anbindung der Medienserver an die videotechnische Signalverarbeitung (Projektoren, LED-Controller, o. ä.) als auch an die bidirektionale Verknüpfung mit Steuerung(en) und evtl. weiterer Signalquellen wie Live-Inputs, Tracking-Daten usw. Je nach Komplexität des Systems kann diese Position auch mit mehreren Spezialisten besetzt sein.

Bild 11.15 Slush 2018, Helsinki (Designed by Sun Effects; Executive LD Martin Rupprecht): Oben: Mapping, Mitte: Rendering, unten: Veranstaltung/Symposium

Den technischen Teil übernehmen die Spezialisten für die jeweiligen Bereiche: Die exakte Entzerrung von Projektionen, Architektur-Mapping oder Signalrouting für komplexe LED-Screens erfordert gleichzeitig Know-how und Erfahrung.

Je nach Produktionsgröße können einige dieser Aufgaben auch von einer Person abgedeckt werden, z. B. Server und Media-Operator oder Content-Design und Projektmanagement. In größeren Produktionen ergibt sich aber eine Trennung der Aufgabenfelder: es ist sinnvoll, das Projektmanagement als eigenständige Position zu besetzen. Diese Projektleitung (auch „Screen Producer“) übernimmt die interne Kommunikation über Content-Formate und -Codierungen, technische Schnittstellen und die allgemeine Projektkoordination gleichzeitig ist er oder sie auch Ansprechpartner für alle kreativen Fragen von Künstlern und Regie bzw. den technischen Anforderungen aus anderen Gewerken wie Licht, Ton, Broadcast-Technik usw. In den Verantwortungsbereich fallen oft auch Personal- und Budget-Planung und sämtliche Dokumentation und Organisation vor Ort.

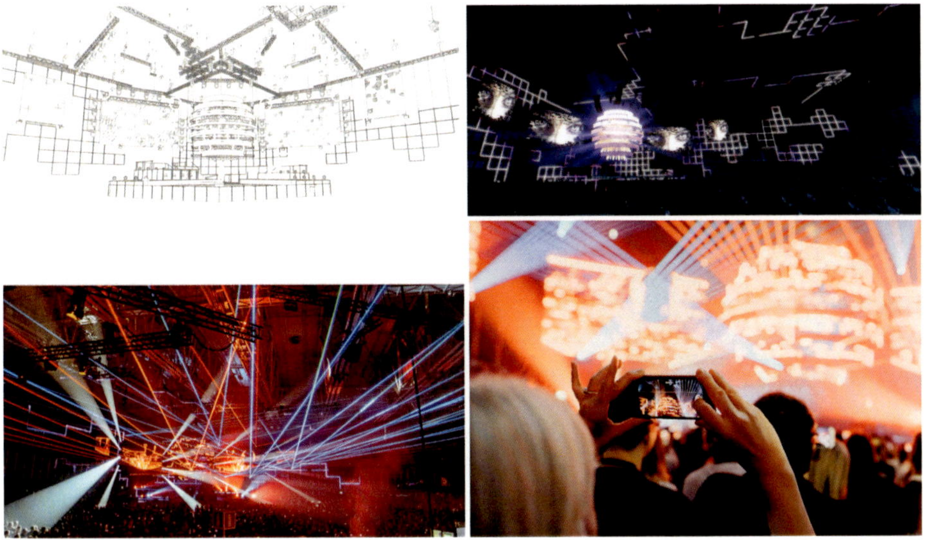

Bild 11.16 Slush 2019, Helsinki (Designed by Sun Effects; Executive LD Martin Rupprecht): oben links: Scribble, oben rechts: Rendering, unten rechts: Zuschauerin und Kamerabild, unten links: Show

12 Lichtführung

Nachdem in den letzten Kapiteln die Theorie bzw. die Grundlagen der Licht- und Beleuchtungstechnik, die **„Geräte“** (Scheinwerfer, Lichtsteuerung, Medienserver) besprochen wurden, sollen in den nächsten Kapiteln die verschiedenen Bereiche der Anwendungen betrachtet werden. Grundlage einer guten Lichtgestaltung bzw. eines Lichtdesigns ist einerseits die Lichtführung und damit das Zusammenspiel von Licht und Schatten und dann vor allem die Erzeugung eines **„Look“** bzw. eines Lichtstils, Details dazu siehe Kapitel 13 „Lichtgestaltung und Lichtdesign“.

Die Wirkung des Lichtes kann man dabei in verschiedene Parameter unterteilen. Man kann durch die Lichtgestaltung eine Person ins „helle Licht“ setzen, den Gesichtszügen schmeicheln, weich und diffus ausleuchten, dies durch zusätzliche Effektfilter noch unterstützen, oder man kann genauso durch ausgewählte Lichtrichtungen, z. B. von schräg unten, das Gesicht „negativ“ oder sogar bedrohlich ausleuchten, sodass die jeweilige gewollte Dramaturgie einer Szene eindrucksvoll unterstützt werden kann. Die Schatten spielen aus diesem Grund eine große Rolle innerhalb der Film- und Fernsehausleuchtung sowie der Theater-, Konzert- und Showbeleuchtung. Licht bzw. die Lichtgestaltung ist dabei immer ein untrennbarer Teil der szenischen Handlung.

Bild 12.1 Verschiedene Lichtrichtungen bei der Ausleuchtung eines Gesichts (erstes Foto: Vorderlicht, zweites Foto: Seitenlicht, drittes Foto: Licht von unten, viertes Foto: Dreipunktbeleuchtung

Um später den Stil bzw. den Look einer Show, eines Konzertes, eines Theaterstückes zu definieren, sollen zu Beginn die Grundlagen von Licht und Schatten definiert werden. Welche Lichtrichtungen gibt es und welche Lichtrichtungen ermöglichen welche Emotionen? Licht von unten ist immer theatralisch und zieht die Aufmerksamkeit auf die Person, auf das Stück. Dazu ist auch wichtig, sich zu vergewissern, welches Licht es gibt (hartes Licht, weiches Licht, diffuses Licht, Flächenlicht, gerichtetes Licht) und wie sich der jeweilige Schattenwurf darstellt.

12.1 Licht und Schatten

Das räumliche Erkennen von Gegenständen setzt die richtige Verteilung von Licht und Schatten auf den Oberflächen und der Umgebung der Gegenstände voraus. Bei einer schattenlosen Ausleuchtung wirken alle Gegenstände flach, das Bild hat keine Tiefe, ermöglicht jedoch eine sehr weiche Ausleuchtung. Bei zu starker Schattigkeit gehen die Feinheiten verloren. Die richtige Ausleuchtung, je nach der Stimmung, die erreicht werden soll, ist ein wesentliches gestalterisches Element der Licht- und Beleuchtungstechnik im Medienbereich.

Wo Licht ist, entsteht auch Schatten, sobald das Licht auf einen dreidimensionalen Körper fällt. Der Schatten ist das in unserer Betrachtung visuelle Resultat aus einer strahlenden Quelle, deren Strahlung auf einen Körper trifft. Die Ausbildung des Schattens, oder besser des nicht belichteten Bereiches, ist die Folge von der Größe der leuchtenden Fläche (bzw. von der Parallelität des abgestrahlten Lichtes), der Anzahl der Lichtquellen und der Größe und Form des Objektes.

Natürliche Lichtrichtungen

Aus unserer alltäglichen Erfahrung sind uns verschiedene Beleuchtungssituationen vertraut: das gerichtete Licht der Sonne bei wolkenlosem Himmel und das diffuse Licht bei geschlossener Wolkendecke. Charakteristische Eigenschaften sind dabei vor allem die gleichmäßige, fast schattenlose Beleuchtung bei bedecktem Himmel gegenüber dem dramatischen Wechsel von Licht und Schatten im Sonnenlicht. Diffuses Licht kommt immer von großen leuchtenden Flächen. Dies können das Himmelsgewölbe bei Tageslicht oder großflächige Leuchten im Kunstlichtbereich sein, wie Chimera-Lighting oder Bouncing-Lighting (Details siehe Kapitel 16 „Film-Licht"). Damit wird eine gleichmäßige, weiche Beleuchtung erreicht, die wenig Schatten oder Reflexe erzeugt.

Gerichtetes Licht geht immer von punktförmigen Lichtquellen aus. Dies ist beim Tageslicht die Sonne, im Kunstlichtbereich sind es kompakt gebaute Scheinwerfer wie engstrahlende Fresnelscheinwerfer oder Profilscheinwerfer. Die wesentlichen Eigenschaften von gerichtetem Licht sind die Erzeugung von Schatten auf Körpern und strukturierten Oberflächen sowie Reflexe auf spiegelnden Objekten.

12.2 Lichteinfall und Schattenwirkung

Der Mensch ist nur dann in der Lage, Gegenstände zu erkennen, wenn von ihnen Lichtstrahlen ausgehen oder zurückgeworfen (reflektiert) werden. Körper aus Glas, die fast alles auffallende Licht hindurchlassen (transmittieren), können nur schwer erkannt werden. Erst der Wechsel von Licht und Schatten macht die Struktur einer Oberfläche sichtbar.

Das korrekte räumliche Erkennen von Gegenständen setzt die richtige Verteilung von Licht und Schatten auf den Oberflächen und der Umgebung der Gegenstände voraus. Bei einer schattenlosen Ausleuchtung wirken alle Gegenstände flach, das Bild hat keine Tiefe. Bei zu ausgeprägter Schattigkeit gehen die Feinheiten verloren. Die passende Ausleuchtung, je nach der Stimmung, die erreicht werden soll, ist ein wesentliches gestalterisches Element der Lichtgestaltung.

Wird z.B. eine Wandoberfläche, siehe Bild 12.2 rechts unter völlig diffuser Beleuchtung betrachtet, so ist ihre räumliche Gestalt nicht wahrzunehmen, die Fuge ist kaum sichtbar. Erst wenn gerichtetes Licht auf die Wandfläche trifft (in Bild 12.2 links ein Licht von schräg oben) werden alle Details oder auch Fehler sehr gut erkannt.

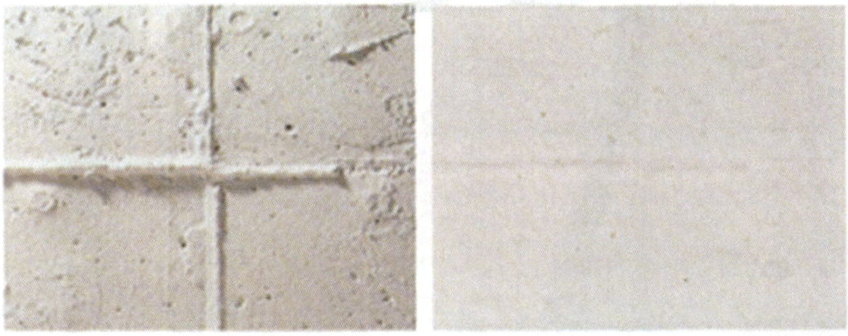

Bild 12.2 Licht- und Schattenwirkung bei einer identischen Wandoberfläche, jedoch mit unterschiedlichem Lichteinfall, links: schräges Licht von oben, rechts: gleichmäßig diffuses Licht direkt von vorne

12.2.1 Gerichtetes Licht

Gerichtetes Licht geht von punktförmigen Lichtquellen aus. Dies ist beim Tageslicht unsere natürlichste Lichtquelle, die Sonne; im Bereich des Kunstlichtes sind es kompakt gebaute Leuchten. Die Sonne, ist ein extremer Punktstrahler. Das bedeutet Folgendes: Wann immer Menschen oder Objekte von der Sonne beleuchtet werden, sind sie scharf ausgeleuchtet und haben einen sehr klaren harten Schatten (siehe Bild 12.3). Dieser Schatten ändert sich auch dann nicht, wenn man sich in der Sonne bewegt.

Die wesentlichen Eigenschaften von gerichtetem Licht bestehen in der Erzeugung von Schatten auf Körpern und strukturierten Oberflächen sowie von Reflexen auf spiegelnden Objekten. Diese Wirkungen treten bei einem geringen Anteil von diffusem Licht an der Gesamtbeleuchtung besonders deutlich hervor (siehe Bild 12.3).

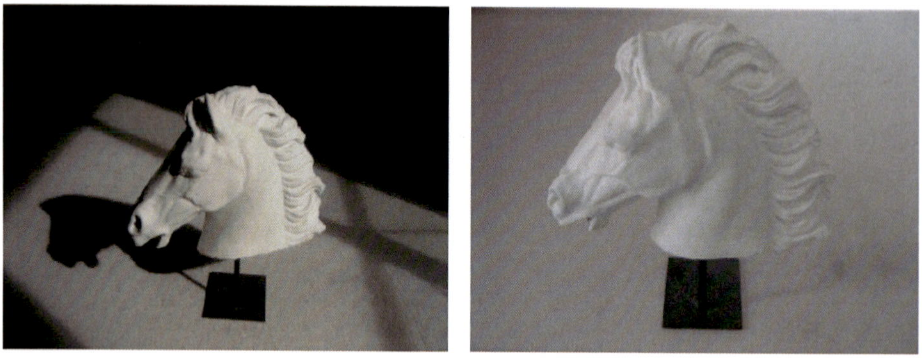

Bild 12.3 Links: Lichtquelle punktförmig (Sonne), rechts: Lichtquelle großflächig (diffuser Himmel)

Die Form und die Größe des Schattens können beeinflusst werden. Die Größe des Schattens wird bestimmt durch den Abstand der Lichtquelle vom Objekt, während der Lichteinfallswinkel und die Stellung des Objektes zum Hintergrund sowohl Größe als auch Form des Schattens beeinflussen. Je steiler der Lichteinfall, umso kleiner bzw. kürzer ist der Schatten.

12.2.2 Kernschatten (Zentralschatten, Schlagschatten, Umbra)

Ist eine Lichtquelle punktförmig, so entsteht ein scharf abgegrenzter Zentralschatten (Kernschatten), auch als Schlagschatten oder Umbra bezeichnet. Dieser kann nur entstehen, wenn die Lichtquelle kleiner ist als der beleuchtete Gegenstand. Der Schlagschatten stellt bei idealen Bedingungen, also einer absolut punktförmigen Lichtquelle, eine scharfkantige Projektion des Körpers dar. Da es keine unendlich kleine Lichtquelle gibt, besitzt der Kernschatten in der Realität immer einen Übergang zum Licht, den sog. Halbschatten (Penumbra). Die Wahrnehmung bzw. Ausbreitung des Halbschattens hängt zusätzlich vom Projektionsabstand der beleuchteten Fläche zur Betrachtungsfläche ab. Je näher der „Schattenwerfer" an der belichteten Fläche ist, umso kleiner wird der Bereich des Halbschattens.

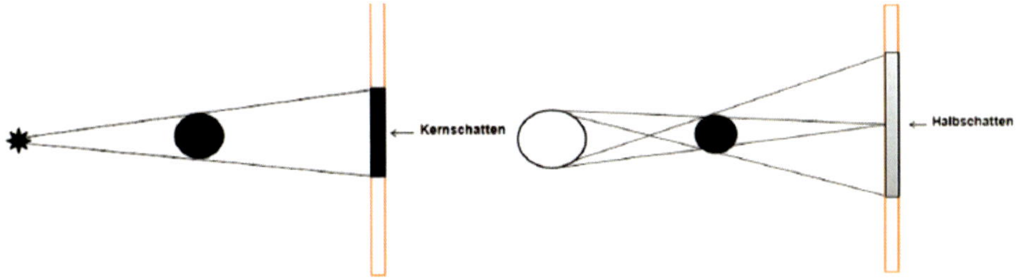

Bild 12.4 Schematische Darstellung von Kern- und Halbschatten

12.2.3 Halbschatten (Penumbra)

Bei größeren Lichtquellen oder einem kurzen Abstand zwischen Lichtquelle und Objekt bilden sich neben dem Zentralschatten noch Zonen des Halbschattens aus. Ist die Fläche der Lichtquelle größer als der schattenwerfende Gegenstand, so entsteht nur Halbschatten (siehe Bild 12.4).

12.2.4 Harter bzw. weicher Schatten

Wird Körperschatten in der Inszenierung bewusst eingesetzt, so ist die Distanz zwischen Lichtquelle und dem beleuchteten Objekt von entscheidender Wichtigkeit. Befindet sich die Lichtquelle relativ nahe am Objekt, so verliert der Schatten an Schärfe (siehe Bild 12.5).

Bild 12.5
Hartes bzw. weiches Licht

12.2.5 Licht zur Orientierung

Eine ebenso selbstverständliche wie grundlegende Eigenschaft unserer Umwelt ist ihre Dreidimensionalität. Uns über diesen Aspekt zu informieren, ist ein wesentliches Ziel der visuellen Wahrnehmung. Da wir im Film- und Fernsehbereich die Bilder auf einem zweidimensionalen Medium (Filmleinwand bzw. Fernsehbildschirm) betrachten, ist gerade die Lichtrichtung, insbesondere für die Wahrnehmung räumlicher Formen und Strukturen, die sogenannte „Modellierung" durch Licht und Schatten, von entscheidender Bedeutung, siehe dazu auch Abschnitt 16.7.

Aufgabe der Ausleuchtung von Gegenständen und Personen muss es also sein, ein der jeweiligen Situation angemessenes Verhältnis von diffusem und gerichtetem Licht zu erzeugen. Bei der Planung gerichteter und diffuser Beleuchtungsanteile sollten unsere elementaren Erfahrungen bezüglich Lichtrichtung und Lichtfarbe bei Tageslicht aus der Natur berücksichtigt werden. So kommt das gerichtete Sonnenlicht von oben oder von der Seite, jedoch nie von unten. Die Lichtfarbe des Sonnenlichts ist deutlich wärmer als die des diffusen Himmelslichts. Das bedeutet, eine Beleuchtung, bei der ein gerichtetes Licht schräg von oben einfällt und eine warme Lichtfarbe besitzt, wird als natürlich empfunden. Der Einsatz abweichender Lichtrichtungen und Farbtemperaturkombinationen ist möglich, führt jedoch zu besonders auffälligen Effekten.

Ziel der Wahrnehmung ist nicht das Registrieren von Lichterscheinungen, sondern die Information über die Umwelt. Interessant sind nicht nur die Leuchtdichten die eine Ansammlung von Objekten abstrahlt, sondern vielmehr die Information über die Beschaffenheit dieser Objekte und über die Beleuchtungssituation, unter der diese Beschaffenheit wahrgenommen wird.

Licht ist also nicht nur dazu da, etwas zu beleuchten, Licht transportiert auch immer eine Information. Wir können aus dem Lichtfall, der Lichtrichtung und dem Schatten sehr schnell auf die Situation schließen, wo die Szene sich abspielt.

12.3 Ausleuchtung von Personen (Personenlicht) nach McCandless

Historisch gesehen, ist die Lichtinszenierung im Theaterbereich die älteste, so dass mit den Grundlagen der Lichtinszenierung im Theater begonnen werden soll. Ausgehend von der Theorie von McCandless und natürlich auch anderen Lichtdesignern haben sich im Laufe der Jahrzehnte in den verschiedenen Medienbereichen (Film, Fernsehen, Theater, Show) teilweise gleiche, teilweise verschiedene Lichtrichtungen etabliert, die in diesem Kapitel ausführlich erklärt werden sollen.

McCandless (1897 - 1967) wird oft als der Vater der modernen Bühnenbeleuchtung bezeichnet. Er war von Hause aus Architekt und einige Jahre als selbstständiger Lichtberater in New York tätig. Als in den 1920er-Jahren die Yale School of Drama gegründet wurde, bekam McCandless den Auftrag, dort das Fach Bühnenbeleuchtung zu lehren. Dies tat er von 1925 bis zu seiner Pensionierung 1964. Er lehrte dabei vor allem eine strukturierte Methode für die Lichtführung und den Lichtdesignprozess.

Für die Ausleuchtung des Spiellichtes im Theater legt McCandless fest, dass die ideale Scheinwerferposition zur harmonischen Ausleuchtung des Darstellers im horizontalen und vertikalen Winkel von 45 Grad zu beiden Seiten des Kopfes zu positionieren ist. Er ging dabei von einer Lichtrichtung im Frühjahr um 10.00 Uhr aus, bei der die Sonne schräg von oben eine Person ausleuchtet. Dies Lichtrichtung und auch der Schattenwurf war für ihn die natürliche Beleuchtung, wie eine Person im Theater beleuchtet werden sollte. Das Himmelslicht als weiches Umgebungslicht sollte dabei die Dreidimensionalität unterstützen.

Damit ist nach McCandless eine Beleuchtung einer Person durch ein seitliches, hohes Vorderlicht für die Darstellerbeleuchtung ideal. Man spricht von einem „optimalen" Lichteinfallswinkel, wenn die Lichteinfallsrichtung und die Beobachtungsrichtung räumlich einen Winkel von 45° bilden. Das bedeutet, eine Person wird von zwei Scheinwerfern ausgeleuchtet, die im Idealfall einen Winkel von 2 × 45° zueinander besitzen.

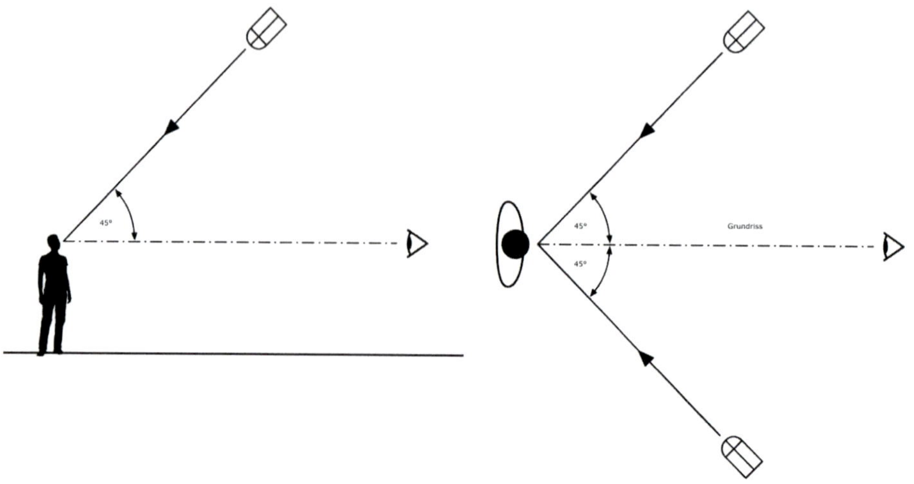

Bild 12.6 Links: idealer Lichteinfallswinkel nach McCandless zur Ausleuchtung einer Person von der Seite, rechts: von oben gesehen

Umsetzung der Theorie von McCandless

Wie erwähnt, berufen sich die meisten amerikanischen Lichtdesigner für die Ausleuchtung des Spiellichtes auf die Theorien von McCandless, der im Prinzip festgelegt hat, wie die ideale Scheinwerferposition zur harmonischen Ausleuchtung des Darstellers sein soll. Um diese Theorie umzusetzen und eine lückenlose Ausleuchtung zu erhalten, muss die Bühnenfläche in gleichmäßige Kreise (areas) aufgeteilt werden, die als Fokuspunkte für die Scheinwerfer dienen. Eine Aneinanderreihung von mehreren „areas" wird dabei zu einer „Zone". Jede „Zone" hat dabei ein in sich einheitliches System der Beleuchtung.

Nach McCandless ist eine Beleuchtung durch ein seitliches, hohes Vorderlicht ideal. Das bedeutet, jede „area" wird von zwei Scheinwerfern ausgeleuchtet, die im Idealfall einen Winkel von 2 × 45° zueinander besitzen. Diese beiden Vorderlichter müssen dabei, gemäß dem McCandless'schen Prinzip, ein „warmes" und ein „kaltes" Licht besitzen, um die Person wie in der Natur vergleichbar auszuleuchten. Warmes Sonnenlicht auf der einen Seite, „kühler" Schatten auf der anderen Seite. Einer der beiden Vorderlichtscheinwerfer wird dabei als „key-light" (Hauptlicht/Führungslicht) eingesetzt.

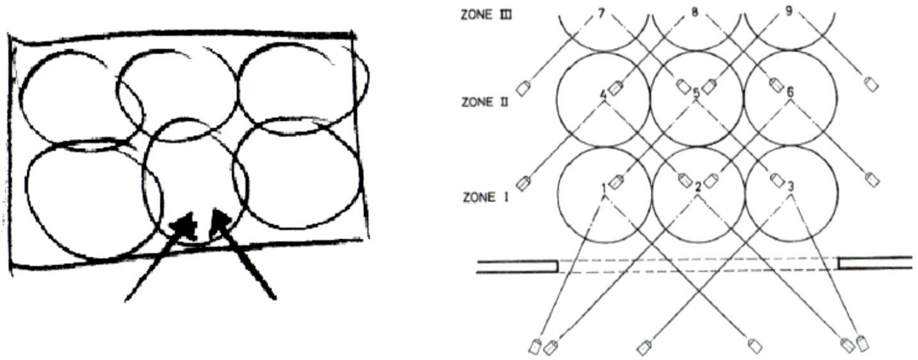

Bild 12.7 Aufteilung der Bühnenfläche in „areas" nach McCandless

Um Plastizität zu erzielen, ist es notwendig, dass Licht von vorne (Vorderlicht), schräg seitlich (seitliches Vorderlicht), von den Seiten (Seitenlicht bzw. Gassenlicht), von hinten (Hinterlicht) und von oben (Oberlicht) auf den Körper auftrifft. Zusätzlich müssen je nach Dramaturgie des Stückes weißes oder farbiges Flächenlicht, Dekorationslicht und Specials eingesetzt werden.

12.4 Lichtrichtungen

Ganz prinzipiell kann man folgende Lichtrichtungen definieren:

- Vorderlicht,
- Seitenlicht,
- Hinterlicht,
- Gegenlicht,
- Oberlicht,
- Unterlicht,
- Akzentlicht,
- Grundlicht,
- Spitzlicht,
- Kameralicht,
- Kostümlicht,
- Kantenlicht,
- Augenlicht,
- Haarlicht (Gegenlicht),
- 3/4-Gegenlicht.

12.4.1 Vorderlicht

Das Vorderlicht ist eines der am häufigsten eingesetzten Lichtarten, um eine Person oder Gegenstände zu beleuchten. Mit dem Vorderlicht wird das Gesicht eines Schauspielers gut ausgeleuchtet. Die Schatten, die auf den Boden bzw. auf die Dekorationsflächen fallen sind noch relativ groß. Das Vorderlicht wird normalerweise im Theater in der Z-Brücke oder in den seitlichen Nischen angebracht.

Bild 12.8 Links: Vorderlicht, rechts: Vorderlicht und seitliches Vorderlicht

12.4.2 Seitliches Vorderlicht

Seitliches, hohes Vorderlicht ist für die Darstellerbeleuchtung ideal. Man spricht von einem „optimalen“ Lichteinfallswinkel, wenn die Lichteinfallsrichtung und die Beobachtungsrichtung räumlich einen Winkel von 45° bilden. Dieser Winkel kann natürlich flacher oder steiler werden, je nach gewünschter Dramaturgie oder Gegebenheiten am Set.

12.4.3 Oberlicht

Das Oberlicht besitzt im Gegensatz zum Vorderlicht einen steileren Einfallswinkel. Diese Scheinwerfer sind meist in den Portalbrückenbereichen angeordnet. Das Oberlicht schafft Lichtübergänge vom Vorderlicht zum Seitenlicht und kann, richtig eingesetzt, eine offene Raumatmosphäre suggerieren.

Bild 12.9 Links: Oberlicht, rechts: Kopflicht

12.4.4 Kopflicht (Toplight)

Das Kopflicht, auch Toplight genannt, ist die besondere Form des Oberlichtes und wird senkrecht über einer Person platziert. Gesichtspartien bleiben bei einem solchen Licht meist dunkel. Das Kopflicht wird direkt im Rigg über der Bühne montiert.

12.4.5 Hinterlicht bzw. Gegenlicht

Das Hinterlicht dient dazu, die von vorne beleuchtete Person vom Hintergrund zu trennen. Es entspricht im Prinzip einem von oben einfallenden Licht, das speziell die Haare und die Schultern einer Person zusätzlich ausleuchtet. Da sich die Lichtquelle hinter dem Objekt befindet, beleuchtet es von der Rückseite und wirft Schatten nach vorne. Dieses Licht vermittelt dem Betrachter ein Gefühl für die Tiefe des Raumes.

Ein sehr weit nach hinten und unten gezogenes Hinterlicht wird als Gegenlicht bezeichnet, das die Umrisslinien des Objektes betont. Es ist ein Hilfslicht zur Erzielung von scharfen Konturen und Kanten und entspricht den Vorschlägen von McCandless nach Dreidimensionalität. Auch die Scheinwerfer für das Hinterlicht sind im Rigg über der Bühne angebracht.

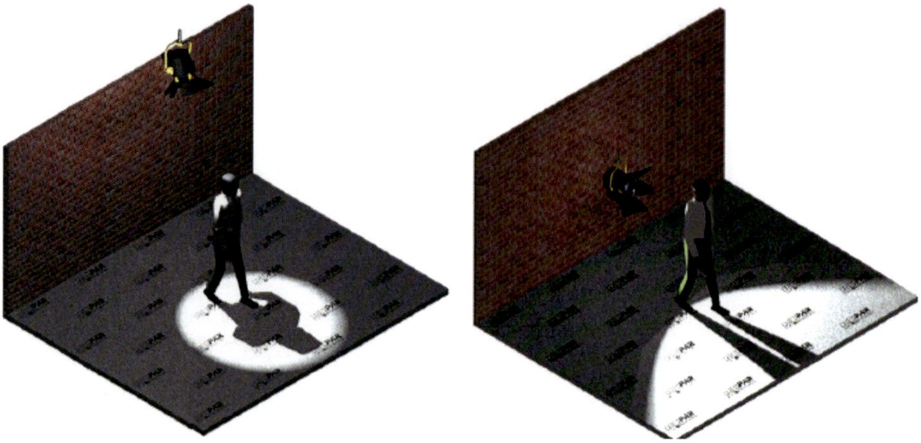

Bild 12.10 Links: Hinterlicht, rechts: Gegenlicht

12.4.6 Seitenlicht

Das Seitenlicht wird durch ein schräg von oben einfallendes Licht erzeugt. Das Seitenlicht lässt die Person noch plastischer wirken und unterstützt die Dreidimensionalität. Das Seitenlicht wird an den Beleuchtungsgalerien befestigt.

Bild 12.11 Links: Seitenlicht, rechts: Gassenlicht

12.4.7 Gassenlicht

Das Gassenlicht ist eine Sonderform des Seitenlichts und fällt im 90°-Winkel von der Seite auf die Person. Dieser Einfallswinkel vergrößert den plastischen Effekt und wird vor allem im Ballett und Tanztheater verstärkt eingesetzt, um die Konturen der Tänzer:innen hervorzuheben, ohne das Bühnenbild aufzuhellen. So wird die Aufmerksamkeit der Zuschauer auf den Tanz fokussiert. Die Scheinwerfer werden meist auf Stativen angebracht.

12.4.8 Rampenlicht, Unterlicht, Fußlicht

Das Rampenlicht charakterisiert eine Lichtart, die von unten auf die Person fällt und durch die „verkehrte" Licht- und Schattenwirkung im Gesicht eine besondere Aufmerksamkeit beim Zuschauer erzeugt. Das Licht erscheint unnatürlich und vermittelt einen theatralisch überhöhten Effekt. Dieses Licht wird auch Unterlicht oder Fußlicht genannt. Es steht meist am vorderen Bühnenrand.

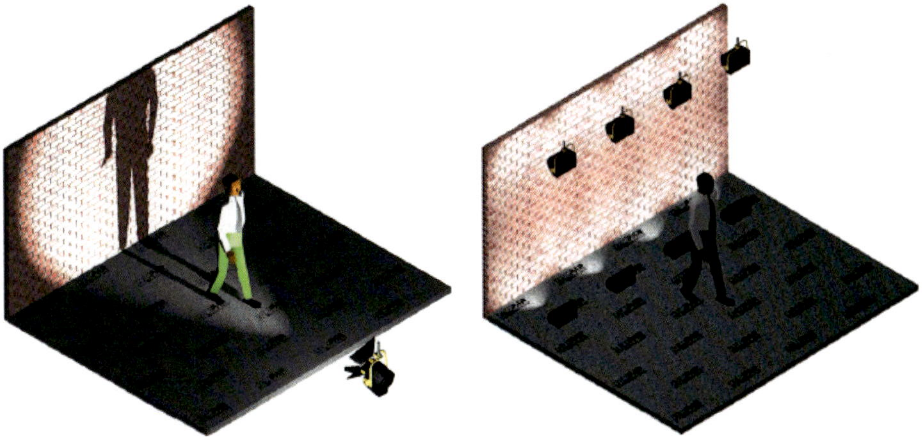

Bild 12.12 Links: Rampenlicht, rechts: Horizontlicht

12.4.9 Horizont- bzw. Hintergrundlicht

Das Horizontlicht dient zur Beleuchtung von Dekorationen im hinteren Bühnenbereich. Diesem Licht kommt bei der Bühnenbeleuchtung eine große Bedeutung zu. Es bestimmt die dritte Dimension, die Raumtiefe. Hier werden häufig auch Opera-Folien eingesetzt, die von hinten mit asymmetrischen Flutern möglichst flächig beleuchtet werden.

12.5 Lichtgestaltung für Fernsehkameras

Bei der klassischen Fernsehaufnahme und damit Fernsehbeleuchtung werden am Set mindestens drei, meistens aber noch viel mehr Kameras eingesetzt, da der Regisseur bzw. der lichtsetzende Kameramann bei einer Live-Produktion oder „Live-on-tape-Produktion“ unmittelbar zwischen den verschiedenen Kameras schneidet, je nachdem welches Motiv gerade die Aufmerksamkeit des Zuschauers erregen soll. Dadurch müssen die Scheinwerfer deutlich weiter entfernt platziert werden, um nicht im Fernsehbild zu erscheinen.

12.5.1 Lichtrichtungen im Fernsehbereich

Nur in wenigen Situationen sind wir aufgefordert, eine homogene Lichtkonzeption zu entwerfen. Bei der Mehrzahl von Beleuchtungseinrichtungen gehen wir davon aus, dass eine Hauptlichtquelle, auch Führungslicht genannt, die Lichtführung bestimmt. Eine solche Entscheidung wird natürlich immer mit der Dramaturgie der Szene vereinbart. Bestimmte Positionierungen der Scheinwerfer wie z. B. Führungslicht, Aufhelllicht und Hinterlicht (Kante) haben sich auch im Film- und Fernsehbereich durchgesetzt.

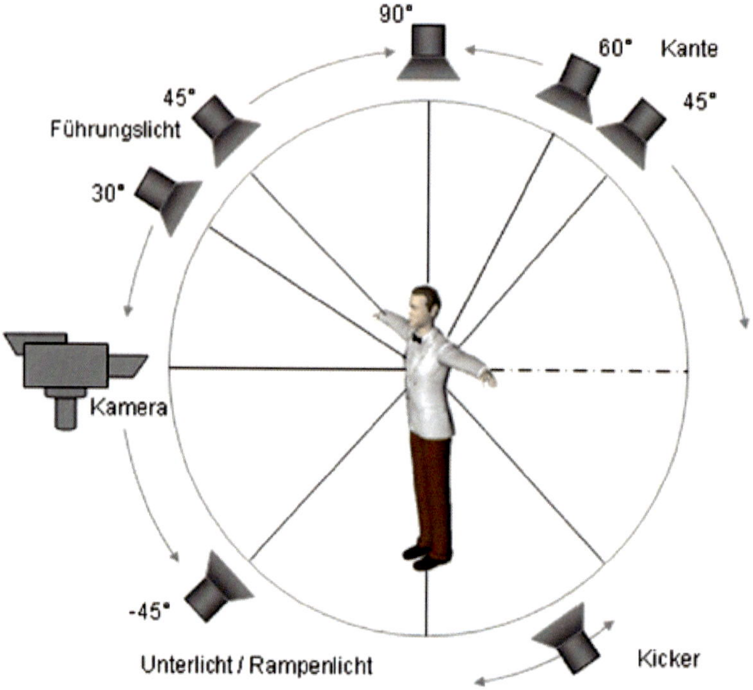

Bild 12.13 Verschiedene Lichtrichtungen im TV-Bereich

Führungslicht

Das Führungslicht ist das prägende, d.h. das wichtigste Licht (Hauptlicht) der Ausleuchtung und bestimmt damit die Gesamtbeleuchtung. Es ist vergleichbar mit dem Vorderlicht. Mit dem Führungslicht wird die Moderator:in, die Nachrichtensprecher:in so beleuchtet, dass die Person so charakteristisch wie möglich erscheint oder die Handlungsgeschichte in der Szene mit unterstützt wird.

Aufhellung

Die „Aufhellung“ hat die Aufgabe, die eventuell durch das Führungslicht auftretenden Schatten zu vermindern. Aus diesem Grund wird daher eine Lichtquelle verwendet, die diffuses Licht ausstrahlt. Dies können entweder Leuchten mit bereits weichstrahlendem Charakter sein oder aber auch „weichgezogene“ Fresnelscheinwerfer.

Hinterlicht/Kantenlicht/Spitzlicht

Das Hinterlicht, auch Kanten- bzw. Spitzlicht genannt, dient dazu, die von vorne beleuchtete Person vom Hintergrund zu trennen.

Kicker

Der Kicker ist ein von schräg unten gegen das Objekt gerichtetes Streiflicht und dient, ähnlich wie das Hinterlicht, zur Erzeugung einer Kontur.

Augenlicht

Das Augenlicht soll den Glanz in den Augen der Darstellerin/des Darstellers unterstützen. Hierfür wird meistens ein sogenanntes „Kameravorderlicht“ eingesetzt. Dieses Kameravorderlicht befindet sich direkt oberhalb des Objektivs der Kamera und erzeugt einen Glanzpunkt in der Pupille der Darstellerin/des Darstellers.

Gloriole (Haarlicht)

Die Gloriole ist ein Licht, das direkt von hinten eine Person ausleuchtet. Insbesondere werden durch dieses Licht die Haare der dargestellten Person extrem ausgeleuchtet und so eine Art „Heiligenschein“ erzeugt.

12.5.2 Personenausleuchtung im Fernsehbereich

Um Einzelpersonen im Fernsehbereich qualitativ gut auszuleuchten, gibt es verschiedene Möglichkeiten. Man unterscheidet dabei Einpunkt-, Zweipunkt-, Dreipunkt- oder Vierpunkt-Beleuchtung. Natürlich gibt es, davon abgeleitet, noch eine Vielzahl von Varianten, entsprechend den Notwendigkeiten z.B. einer großen Talkrunde oder Ausleuchtung von großen Fernsehaufzeichnungen.

12.5.2.1 Einpunkt-Ausleuchtung

Man spricht von einer Einpunkt-Ausleuchtung, wenn nur ein einziger Scheinwerfer auf die Person gerichtet ist. Dieser Scheinwerfer entspricht dem Führungslicht und hat vor allem den Zweck, das Gesicht bzw. die Gesichtspartien auszuleuchten.

12.5.2.2 Zweipunkt-Ausleuchtung

Bei der Zweipunkt-Ausleuchtung dient der zweite Scheinwerfer als Hinterlicht, um Haare und Schultern zu betonen und damit eine gewisse Plastizität zu erzielen, was bei einer reinen Einpunkt-Ausleuchtung nicht möglich ist.

12.5.2.3 Dreipunkt-Ausleuchtung

Zur Ausleuchtung von Personen hat sich im Laufe der-Jahre die Dreipunkt-Ausleuchtung, auch Studio-Porträt-Ausleuchtung genannt, durchgesetzt. Die aufzunehmende Person und die Verbindungslinie zur Kamera bildet die optische Achse. Auf diese Achse muss die Ausleuchtung bezogen werden. Entsprechend einer natürlichen Beleuchtung oder einer dramaturgisch begründeten Lichtrichtung wird zuerst das Führungslicht gesetzt. Dementsprechend folgt dann die Lichtsetzung durch das Aufhelllicht und das Hinterlicht.

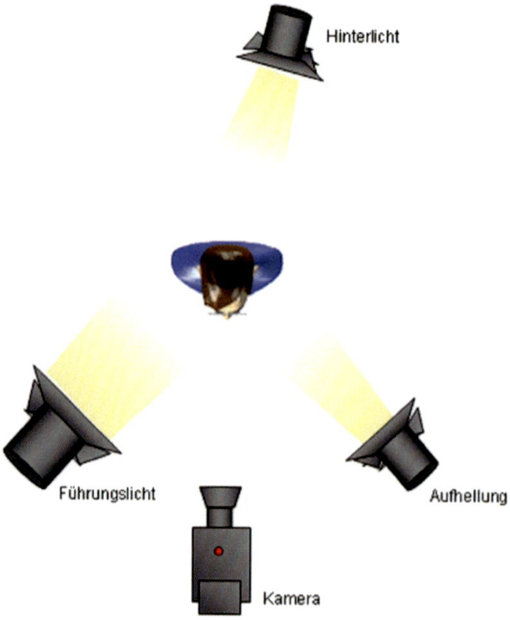

Bild 12.14
Dreipunkt-Ausleuchtung bzw. Studio-Porträt-Ausleuchtung

Dies bedeutet, dass bei einer Talksendung im Fernsehen mit z. B. sechs Gästen allein für die Personenausleuchtung 6 × 3 Scheinwerfer, also 18 Scheinwerfer notwendig sind sowie zusätzliche Scheinwerfer für die Dekoration.

12.5.2.4 Vierpunkt-Ausleuchtung

Seit einiger Zeit wird im Fernsehbereich von der Dreipunkt-Beleuchtung abgewichen und eine sogenannte Vierpunkt-Beleuchtung eingesetzt. Dabei werden aus der Kameraachse ein Führungslicht, zwei seitliche Seitenlichter und ein Hinterlicht gesetzt.

Bild 12.15 Vierpunktausleuchtung

12.5.2.5 Personenbeleuchtung bei Green-/Blue-Box-Anwendung

Bei virtuellen Studios, typischerweise eingesetzt bei Nachrichtensendungen wie heute journal, wird noch deutlich aufwendiger ausgeleuchtet. Bild 12.16 zeigt den Lichtplan einer Green-Box-Ausleuchtung mit einer klassischen Dreipunkt-Beleuchtung, jedoch erweitert um zwei Leuchten von der Seite (Gassenlicht) und ein zweites Hinterlicht.

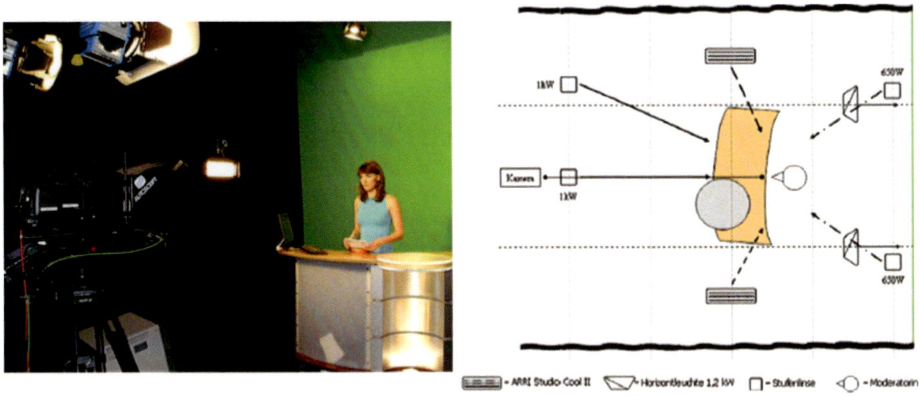

Bild 12.16 Links: Greenbox-Ausleuchtung (TV-Moderator*in), rechts: Lichtplan einer Green-Box-Ausleuchtung

12.5.2.6 Personenbeleuchtung bei der Tagesschau

Bei der Hauptmoderationsposition bei der Tageschau und auch den Tagesthemen werden für die Sprecher*innen 10 Scheinwerfer (ARRI LC-7) eingesetzt. Zwei Frontlichter von vorne (einer ist sozusagen Reserve, falls ein Frontlicht ausfällt), zwei Seitenlichter, zwei schräge Seitenlichter für die Kleidung, drei Hinterlichter (linke, rechte Schulter und Haare) und ein Licht für die Textvorlage.

Bild 12.17 Tagesschau-Moderation, Position C, Frau Daubner am 17.04.14

12.6 Lichtsetzung im Film

Wie im Falle der Theater- und Fernsehbeleuchtung haben sich im Laufe der Jahre bestimmte Positionierungen der Scheinwerfer wie z.B. Führungslicht, Aufhelllicht und Hinterlicht (Kante) durchgesetzt, wobei beim Film vor allem die sehr gleichmäßige Beleuchtung der Gesichter der Schauspieler:innen von entscheidender Bedeutung ist. Das bedeutet, dass neben dem Führungslicht vor allem die Aufhellung einen wichtigen Part am Drehort spielt.

Das Führungslicht ist wie im TV-Bereich das prägende, d.h. das wichtigste Licht der Ausleuchtung und bestimmt die Gesamtbeleuchtung. Mit dem Führungslicht wird die/der Schauspielerin/Schauspieler so beleuchtet, dass der Charakter oder die Dramaturgie der Szene erkennbar ist („key-light").

Die „Aufhellung" hat im Filmbereich die Aufgabe, einerseits die eventuell durch das Führungslicht auftretenden Schatten zu vermindern, zum anderen, das Gesicht sehr gleichmäßig auszuleuchten. Aus diesem Grund werden Lichtquellen verwendet, die diffuses und auch „weiches" Licht ausstrahlen.

12.6.1 Fotografische Stile

Jede Szene eines Filmes und damit auch die einer Fernsehproduktion benötigt ihren eigenen fotografischen Stil. Von der rein technischen Seite gesehen, unterscheiden sich diese Lichtstile lediglich durch die Leuchtdichteverteilung und die Leuchtdichteunterschiede im Gesicht der Schauspieler oder der Dekoration voneinander.

Von der ästhetischen und dramaturgischen Betrachtungsweise aus gesehen, sind dies jedoch Welten, die sich grundlegend voneinander unterscheiden. Das bedeutet, dass der zuständige Regisseur gemeinsam mit dem lichtsetzenden Kameramann vor Drehbeginn den gewünschten Stil diskutiert und festlegt, da der fotografische Stil die Ausleuchtung entscheidend bestimmt. Man unterscheidet dabei drei prinzipielle Lichtstile:

Es haben sich im Lauf der-Jahre sogenannte „klassische" Lichtstile wie Normal-, Low-Key- und High-Key-Stil und Varianten herausgebildet. Im Filmbereich gibt es neben diesen klassischen Lichtstilen auch besondere, von einem gewissen Genre geprägte Lichtstile, wie **„Film Noir"** oder **„Dogma95"** u. a., die hier als „Genre-Lichtstile" bezeichnet werden, siehe dazu Kapitel 16 „Film-Licht".

12.6.2 Normal-Stil

Der Normal-Stil ist gekennzeichnet durch eine weitgehend gleichmäßige Ausleuchtung. Schlecht oder kaum durchzeichnete Flächen gibt es beim Normal-Stil nicht. Deshalb werden die meisten Filmaufnahmen im Normal-Stil gedreht. Er findet grundsätzlich überall dort Anwendung, wo der Zeitpunkt der Handlung und die im Drehbuch festgelegte Stimmung keine Abweichung vom Normalempfinden des Betrachters verlangen.

12.6.3 Low-Key-Stil

Charakteristisch für den Low-Key-Stil sind ausgedehnte, schwach oder überhaupt nicht durchgezeichnete Schattenflächen. Angebracht ist dies, wenn entweder der Zeitpunkt oder die Dramatik des Geschehens nach dieser kunstvollen Ausleuchtung verlangen. Beim reinen Low-Key-Stil sollten harte Kontraste vermieden und somit Schatten relativ weich dargestellt werden. Beim Low-Key-Stil gibt es noch weitere Unterteilungen in Lichtstile wie „unausgeglichener Low-Key" und „aufgehellter Low-Key".

Bild 12.18 Links: Low-Key-Stil mit der Tendenz zu „unausgeglichenem Low-Key“, rechts: High-Key-Stil

12.6.3.1 Unausgeglichener Low-Key

Jede Übertreibung des Low-Key-Stils führt zu einer unausgeglichenen Beleuchtung, dem sogenannten „unausgeglichenen Low-Key“. Er fällt durch extrem harte Übergänge von Hell zum Dunkel auf, sodass Mitteltöne gänzlich fehlen und die Schatten absolut dominieren. Die dramaturgische Funktion des unausgeglichenen Low-Key liegt vor allem in der Darstellung der ungeschminkten Realität, einer betonten Realistik.

12.6.3.2 Aufgehellter Low-Key

Der „aufgehellte Low-Key“ gilt als Übergangsform des Normalstils zum reinen Low-Key. Im Gegensatz zum unausgeglichenen Low-Key dominieren bei dieser aufgehellten Variante nicht die so gut wie gar nicht durchgezeichneten Schattenpartien. Der aufgehellte Low-Key ist weicher als der reine Low-Key und besitzt einen verhältnismäßig hohen Mittelton-Anteil.

12.6.4 High-Key-Stil

Bezeichnend für den High-Key-Stil sind helle, lichte Tonwerte. Im Bild überwiegen die Elemente mit hohem Reflexionsgrad. Der High-Key-Stil zeichnet sich durch eine sehr freundliche Grundstimmung aus, die Hoffnung, Zuversicht und Glück betont. Verschiedene Regisseure benutzen diesen Stil auch, um z. B. auf eine gute Wende im Geschehen hinzuweisen.

12.6.5 Grundregeln der Lichtführung

Die nachfolgenden Grundregeln der Lichtgestaltung für den Filmbereich wurden von dem Kameramann und Dozenten Hilmar Mehnert formuliert und stellen die theoretische Basis für jede Lichtplanung dar. Die nachfolgenden neun Regeln sind zitiert aus Mehnert, H., Das Bild in Film und Fernsehen, VEB Fotokinoverlag 1986.

1. „In der Natur ist die Hauptlichtquelle die Sonne. Daraus ergibt sich ein definierbarer Schatten, verursacht vorwiegend durch die Hauptlichtquelle. Der entscheidende Schritt jeder Lichtführung ist daher die Festsetzung des Führungs-(Haupt-)Lichtes."
2. „Jede Szene soll so ausgeleuchtet werden, dass sie wie durch die im Bild vorhandene (oder dem Betrachter bekannte) natürliche Lichtquelle beleuchtet zu sein scheint."
3. „Die Hauptlichtquelle (das Führungslicht) muss aus einer dem szenischen Aufbau entsprechenden Richtung strahlen (z. B. Fenster), und zwar auch dann, wenn die Lichtquelle nicht im Bild zu sehen ist, aber ihr Standort aus vorangegangenen Einstellungen bekannt ist."
4. „Das Führungslicht soll so an der natürlichen Lichtquelle aufgestellt werden, dass das auf die Dekoration und die Darsteller fallende Licht richtungsgemäß mit dem der praktischen Lichtquelle übereinstimmt."
5. „Strahlen mehrere Lichtquellen in die Szene, so müssen sie so angeordnet werden, dass sich die von den Gegenständen der Szene entworfenen Schatten richtungsgemäß nicht widersprechen."
6. „In vielen Fällen muss man gegen die Logik verstoßen, und der Geschlossenheit des Bildes, der Ästhetik oder der Dynamik des Schattens wegen, einen einzigen Schatten entwerfen."
7. „Das Führungslicht muss/soll im Regelfall die stärkste Lichtquelle darstellen."
8. „Die Beleuchtungsdifferenzierung richtet sich allein nach der Leuchtdichte des vom Führungslicht getroffenen Gesichtsteils."
9. „Die im Bild zu sehende praktische Lichtquelle muss heller sein als jeder beliebige andere, von ihr beleuchtete Gegenstand."

13 Lichtgestaltung und Lichtdesign

Ausgehend von der Theaterwelt mit den Grundlagen von McCandless (siehe Kapitel 12 „Lichtführung“) sollen in diesem Kapitel die Besonderheiten der Lichtgestaltung bzw. des Lichtdesigns vermittelt werden. Im Prinzip bedeutet Lichtdesign, einen „Look“ aus verschiedenen Lichtstimmungen (Cues) zusammenzusetzen. Die kreative Kunst, diese Lichtstimmungen zu „designen“, wird im deutschsprachigen Raum auch als Lichtgestaltung definiert. Grundlage eines guten Lichtdesigns ist neben der Lichtführung und dem Zusammenspiel von Licht und Schatten die Erzeugung einer Gesamtästhetik.

Dabei gibt es natürlich sehr große Unterschiede, ob man ein Rock-’n’-Roll-Konzert, ein Musical, eine TV-Show, oder einen Film beleuchtet. Jeder dieser Bereiche hat seinen eigenen Look, wobei es immer grundlegende Dinge gibt, die in diesem Kapitel beschrieben werden.

Bild 13.1 European Song Contest 2021 in Amsterdam

13.1 Kurzer historischer Überblick

Von einer wirklichen „Lichtinszenierung“ kann erst mit Beginn des 20. Jahrhunderts gesprochen werden. 1900 entrümpelte der Londoner Bühnenbildner und Regisseur Edward Gordon Graig (1872 – 1966) die Bühne, entfernte gemalte Kulissen und verkündete: „Licht wird nicht mehr gemalt, sondern geleuchtet.“ Sein schweizerischer Kollege Adolphe Appia (1862 – 1928) führte im Jahr 1901 die Reorganisation des Raums in Deutschland durch. Er setzte dreidimensionale Körper im Bühnenraum ein, was die Beleuchter dazu zwang, zum ersten Mal auch Raumtiefen zu leuchten und Gegenstände plastisch auszuleuchten. Entsprechend wurden dadurch die ersten Scheinwerfer entwickelt.

Stanley McCandless wird oft als der Vater der modernen Bühnenbeleuchtung bezeichnet. Er war von Hause aus Architekt und einige Jahre als selbstständiger Lichtberater in New York tätig. Als in den 1920er-Jahren die Yale School of Drama gegründet wurde, bekam McCandless den Auftrag, dort das Fach Bühnenbeleuchtung zu lehren. Dies tat er von 1925 bis zu seiner Pensionierung 1964. Er lehrte dabei vor allem eine strukturierte Methode für den Lichtdesignprozess.

Durch die Entwicklung des Rock'n' Rolls bzw. den Auftritten der ersten Bands in den 1960er-Jahren zuerst in Sport- und Messehallen, später in großen Stadien hat die Lichtinszenierung eine neue Dimension erhalten. Während in den Anfängen die Gruppen noch mit wenig Licht- und Tonequipment unterwegs waren, standen Bands wie Jethro Tull in den 1970ern bereits ein Lkw mit Scheinwerfer zur Verfügung. Gruppen wie Genesis, Rolling Stones füllten in den 1980er-Jahren riesige Hallen und Stadien.

In den erwähnten Messe-, Sport- und Mehrzweckhallen gab es damals als einzige Beleuchtung nur das Hauslicht, eventuell ein dreifarbiges Lichtband vor der Bühne. Eine Showbeleuchtung wie heute mit Rigging, Movinglights gab es zu der damaligen Zeit noch nicht. Das bedeutete, dass bis Anfang der 1960er-Jahre Konzertlicht als Teil der Bühnenperformance kaum bekannt war. Mitte der 1960er brachte Harry Belafonte als einer der Ersten Licht mit auf seine Konzerte. Der **„Lichtdesigner“** Chip Monck war damals für das Licht verantwortlich und startete mit Belafonte seine Karriere als Lichtdesigner. Viele andere Bands nahmen Notiz davon und integrierten ebenfalls Konzertbeleuchtung mit in ihre Auftritte. Weltweit bekannt wurde Chip Monck durch sein Lichtdesign bei dem legendären Woodstock-Festival im Jahr 1969, bei der er als Zeremonienmeister fungierte.

Mit dem Einsatz von LED- und Medienwänden sowie Medienservern, sowie auch Augmented Reality sind weitere Dimensionen im Bereich der Lichtinszenierung eröffnet worden. Durch die großflächigen Medien- und Videowände können opulente Bilder und Räume visualisiert werden, die gewaltige Dimensionen annehmen können.

Bild 13.2 Treffen des Autors mit Chip Monk (links), einem der berühmtesten Lichtdesigner der Welt bei den Lightpower OpenDays 2019 in Paderborn

Personen

Schaut man sich den Abspann einer Fernsehsendung oder eines Filmes an, so wird am Ende eine relativ lange Liste von beteiligten Mitarbeitern aufgeführt (Produzent, Regisseur, Kameramann, Bühnenbildner u. a.). Relativ selten wird dort der zuständige Lichtgestalter oder Lichtdesigner erwähnt, obwohl Licht ein essenzieller Teil der kreativen Arbeit ist. Dies ist bei Musicals oder im Showbereich anders. Hier gibt es den speziellen Lichtdesigner, der in den USA eine eigene akademische Ausbildung durchläuft und dort als Künstler gesehen wird. In Deutschland ist die Berufsbezeichnung „Lichtdesigner“ nicht geschützt und das Fach wird nur an wenigen Hochschulen unterrichtet.

In mittleren und kleineren Theatern in Deutschland übernimmt das Lichtdesign meist der Beleuchtungsmeister. Beim Film und Fernsehen ist der Kreative der **„lichtsetzende Kameramann“** (DoP, Director of Photography), der sich um die Bild- und Lichtgestaltung kümmert.

Allgemein unterscheidet man:

- Lichtdesigner (Lighting Designer),
- Oberbeleuchter (Gaffer),
- Best Boy, Assistent des Oberbeleuchters (Assistant Chief Lighting Technician),
- Beleuchter (Electrician),
- Lichtpultoperator.

Im Showbereich kommen dann noch Spezialisten für Videocontent, Netzwerk, Medienserver und IT-Spezialisten dazu. Die Besonderheiten der einzelnen Medienbereiche (Theater, Film, Fernsehen, Konzert, Show) sieht man auch in der Festlegung, wer die künstlerische Verantwortung in den einzelnen Bereichen für das Licht bzw. die Lichtgestaltung besitzt.

13.2 Grundregeln der Lichtgestaltung bzw. des Lichtdesigns

Es gibt eine Menge Grundregeln, wie man Licht gestalten kann. Die wichtigste Grundregel kommt aus dem Theater und lautet: „Man muss die Schauspielerin bzw. den Schauspieler sehen, um sie/ihn zu hören“. Eine weitere wichtige Grundregel lautet: „Licht präsentiert und gewichtet.“ Da unser Blick unweigerlich vom hellsten Lichtpunkt angezogen wird, ist eine der Hauptaufgaben der Beleuchtung einer Szene (Lichtgestaltung), diese durch wechselnde Lichtverteilung und Schwerpunktsetzung dynamisch zu halten.

Die weiteren Grundsätze zitiert nach Marie-Luise Lehmann aus ihrem Buch Lichtdesign lauten „Licht schafft, enthüllt und verändert Körper“. Mit Licht muss die Dreidimensionalität von Personen und Räumen unterstützt werden: „Licht erzeugt Stimmungen“ bzw. Emotionen; „Licht begleitet und kommentiert die Handlung“; Licht und Lichtänderungen markieren Wendepunkte in der Dramaturgie. „Licht vermittelt abstrakte Begriffe“ durch Farben, Kontraste und Lichtrichtungen und „Licht ist ein Designelement“ das seine eigene Ästhetik besitzt. Details dazu siehe Kapitel 13 „Lichtgestaltung und Lichtdesign“.

James Turell, einer der größten noch lebenden Lichtkünstler der Welt, definiert Lichtgestaltung mit dem Begriff „Light behind the eye“. Das bedeutet, bei einer Lichtgestaltung muss ein Bild beim Zuschauer entstehen, es müssen Emotionen transportiert und es muss eine Geschichte erzählt werden.

13.3 Lichtinszenierung nach McCandless

Von den vielfältigen Theorien und Vorgehensweisen für die Lichtgestaltung insbesondere für die Theaterbeleuchtung soll an dieser Stelle die grundlegende Theorie von McCandless vorgestellt werden. Weitere Informationen zur Theorie von McCandless im Hinblick auf die „areas“ finden sich in Abschnitt 12.3.

Stanley McCandless, der Pionier der Theaterbeleuchtung und einer der ersten Wissenschaftler, der sich mit Lichtinszenierungen beschäftigte, unterteilt in seinem 1932 erschienenen Buch **„A Method of Lighting the Stage“** das Licht in unterschiedliche Qualitäten und Funktionen. Für McCandless ist das natürliche Licht die Grundlage des Lichtdesigns. Dieses Licht kann in zwei Kategorien unterteilt werden, zum einen in ein allgemeines Licht (Himmelslicht bzw. das Licht des bedeckten Himmels) zum anderen in das speziell gerichtete Licht (Sonnenlicht).

13.3.1 Qualitäten des Lichts

Nach seiner Vorstellung besitzt das Licht folgende vier Qualitäten: Intensity, Color, Distribution, Movement.

Intensität (Intensity)

- Das menschliche Auge ist durch natürliches Licht an einen großen Leuchtdichtebereich gewöhnt, daher steht ein großer Spielraum bei der Gestaltung mittels Kunstlicht zur Verfügung.
- Ein helleres Objekt wird vom Zuschauer aus psychologischen Gründen stärker gewichtet.
- Entscheidende Bereiche können durch erhöhte Beleuchtungsstärke aus dem gesamten Bühnenbild hervorgehoben werden.

Farbe (Colour)

- Gezielt ausgerichtetes Licht mit warmer Farbgebung dient der Nachbildung von Sonnenlicht.
- Mit kaltem Licht lassen sich die bei Sonnenlicht entstehenden Schatten gestalten.
- Warme sowie ungesättigte Farben werden typischerweise mit Komödien assoziiert, der Tragödie werden kalte und gesättigte Farben zugesprochen.

Verteilung des Lichtes (Distribution)

- In der Natur kommt das meiste Licht von oben. Im Theater eingesetzt, hätte das einen sehr geringen Eindruck von Räumlichkeit und Tiefe sowie die Entstehung von störenden Schatten auf den Gesichtern der Darsteller zur Folge.
- Fällt das Licht im anderen Extrem nur in einem sehr flachen, vertikalen Winkel ein, bewirkt dies einen sehr flächigen und unnatürlichen Eindruck.
- Erst durch die Beleuchtung aus verschiedenen Richtungen erhalten Darsteller und Objekte Plastizität, der räumliche Eindruck wird verbessert.

Bewegung (Movement)

- Sichtbarkeit erfordert Zeit. Wenn diese nicht zur Verfügung gestellt wird, ist Verwirrung die Folge. Änderungen müssen verhältnismäßig langsam ablaufen.
- Die Bewegung sowohl eines beleuchteten Objektes als auch einer Lichtquelle bewirkt eine Veränderung von Intensität, Farbe, Form und Richtung.
- Schnelle Veränderungen von Lichtverteilung, Farbe oder Helligkeit liefern einen komödiantischen Aspekt. Für die Tragödie sind langsame Bewegungen typisch.

13.3.2 Funktionen des Lichts

Ausgehend von diesen vier Qualitäten des Licht besitzt das Licht folgende Funktionen: Visibility, Naturalism, Composition, Mood. McCandless betrachtet dabei nicht den physikalischen Aspekt des Lichtes, sondern den psychologischen Aspekt.

Sichtbarkeit (Visibility)

- Der Zuschauer muss das Dargestellte erkennen können, nur so kann er es verstehen.
- Dinge werden entsprechend ihres Bedeutungsgrades mehr oder weniger sichtbar gezeigt.
- Angedeutete, nicht eindeutig erkennbare Formen regen die Phantasie des Betrachters an.

Natürlichkeit/Formgebung (Naturalism)

- Ein Objekt muss natürlich, d.h. dreidimensional erscheinen.
- Natürliches Licht ist unaufdringlich und wird meist unbewusst wahrgenommen.
- Anhand der Lichtstimmung schließt der Betrachter auf Ort und Zeit.

Gestalterischer Aufbau (Composition)

- Der Gesamteindruck von einem Bühnenbild entsteht durch die Anordnung und Positionierung der Akteure und Objekte.
- Deshalb sind Darsteller und vorhandene Objekte proportional zu ihrer Wichtigkeit zu beleuchten.
- **„Die Bühne mit Licht malen"**. Vorbilder für die Lichtgestaltung sind die großen Meister der Malerei, wie Caravaggio, Rembrandt u. a.

Stimmung (Mood)

- Eine bestimmte Stimmung ist das Resultat des Zusammenspiels von Sichtbarkeit, Natürlichkeit und gestalterischem Aufbau.
- Stimmungen wie z. B. Gefühle von Freude, Traurigkeit oder Angst entstehen in den Gedanken des Zuschauers.
- Ungewöhnliche „extreme" Beleuchtung wird mit einer tragischen Grundstimmung assoziiert, unauffälliger Beleuchtung werden die Attribute der Komödie zugesprochen.

Bild 13.3 Anugerah Juara Lagu als Beispiel für eine Gesamtlook (Mood)

13.3.3 Theorie nach Richard Pilbrow

Pilbrow und auch andere Lichtdesigner haben die oben aufgeführte Theorie von McCandless etwas modifiziert und an heutige Bedingungen angepasst. Richard Pilbrow (1933 – 2023) definiert seine Vorgehensweise bei der Ausleuchtung der Darsteller und der Spielfläche wie folgt:

- dominant lighting (key-light),
- secondary lighting (sekundäres Licht),
- Rim-Lighting (Kantenlicht),
- Fill-Lighting (Fülllicht).

Pilbrow definiert, dass zuerst das „key-light“ als das dominante Licht festgelegt und gesetzt werden muss. Dieses Licht sorgt für das Grundgerüst, auf welchem der Rest der Komposition aufgebaut wird. Als nächstes kommt dann das „secondary lighting“, was im Prinzip der Beleuchtung der Aktionsbereiche nach McCandless entspricht. Bei dem „Rim-Lighting“ handelt es sich um die Akzentuierung von oben oder seitlich des Darstellers. Es unterstützt die Dreidimensionalität seines Körpers durch ein „Kantenlicht“ und hebt ihn vom Hintergrund ab. Das „Fill-Lighting“ wird hautsächlich von vorne eingesetzt, um Schatten auszuleuchten.

13.4 Erzeugung eines Looks

Lichtdesign ist das Kreieren eines **„Looks“** mit dem passenden Equipment, damit am Ende ein Gesamtbild, eine Emotion, ein Feeling herauskommt, das dem Zuschauer bzw. dem Besucher eines Events vermittelt werden soll. Wie McCandless ausgeführt ist, ist es beim Lichtdesign wichtig eine Ästhetik, bzw. einen Look zu kreieren, bei dem die Lichtrichtungen, die Intensitäten und die Farben zusammenpassen.

Der Look ist von mehreren Faktoren abhängig: von der Handlung und damit der Dramaturgie des Stückes, der gewählten Ästhetik, dem Raum bzw. Bühnenraum und damit dem Bühnendesign, dem eventuell vorhanden Videocontent und natürlich von den ausgewählten Lichtrichtungen bzw. Farben. Ein Look bedeutet, es muss alles aus einem Guss sein. Es passt alles zusammen. Die Farbe, die Lichtrichtungen passen und sind stimmig.

13.4.1 Dramaturgieverlauf zur Erzeugung von Emotionen

Lichtdesign ist vergleichbar mit einem Musikstück oder einem Sounddesign für einen Film. Wichtig sind dabei die Dramaturgie und der Spannungsbogen. Durch das intensive Lesen eines Theaterstückes, den Gesprächen mit den Künstler*innen bzw. Sänger*innen entwickelt sich der Spannungsbogen und der gewollte Look oder überspitzt gesagt die Emotionen die beim Publikum erzeugt werden sollen.

Das Lichtequipment entspricht dem eines Orchester. Man hat sehr viele Violinen, Violas, Celli, Kontrabässe, Flöten, Oboen, Klarinetten, Trompeten, Hörner, Posaunen, Tuben, Schlagwerk und Tasteninstrumente. Die sind alle sehr genau und örtlich korrekt platziert und gestaffelt. Die Anzahl ist wichtig bzw. ändert sich je nach Musikstück. D.h. man muss jedes Musikinstrument bzw. jeden Scheinwerfertyp kennen und überlegen, welche werden benötigt, wie viele davon, wo positioniert man diese?

- Was bei einem Musikstück ist wichtig, wie beginnt man?
- Wie stellt man die einzelnen Akteure, Schauspieler vor?
- Wie baut man die Spannung auf?
- Gibt es mehrere Plots, Höhepunkte?
- Will man den Zuschauer überraschen, ihn mitnehmen, weitere Emotionen erzeugen?
- Kommen neue Schauspieler dazu, neue Akteure?
- Wie bindet man diese in das Gesamtbild ein?
- Wie kann man den Gesamtbogen halten, damit der Zuschauer nicht müde wird, dass es spannend bleibt, neue Überraschungen gibt?
- Wie leitet man in die nächste Szene über?
- Wie beendet man das Stück?

Dementsprechend folgen die nächsten ersten Schritte für die Lichtrichtungen und die Farbe:

- Welche Lichtrichtungen sollen gewählt werden? Von unten, von oben, düster, dramatisch, im hellen Licht.
- Welchen Lichtausfallkegel bzw. Beams will man einsetzen? Ist dieser engstrahlend oder breitstrahlend?
- Wie ist die zeitliche Bewegung, langsam von unten nach oben, von der Seite, schnelle Änderung etc.?
- Bleibt man in dem gewählten Lichtstil oder gibt es zwischendrin Überraschungen, Dissonanzen, Spektakuläres?
- Welche Farbe wählt man aus?
- Wie schnell soll sich die Farbe ändern?

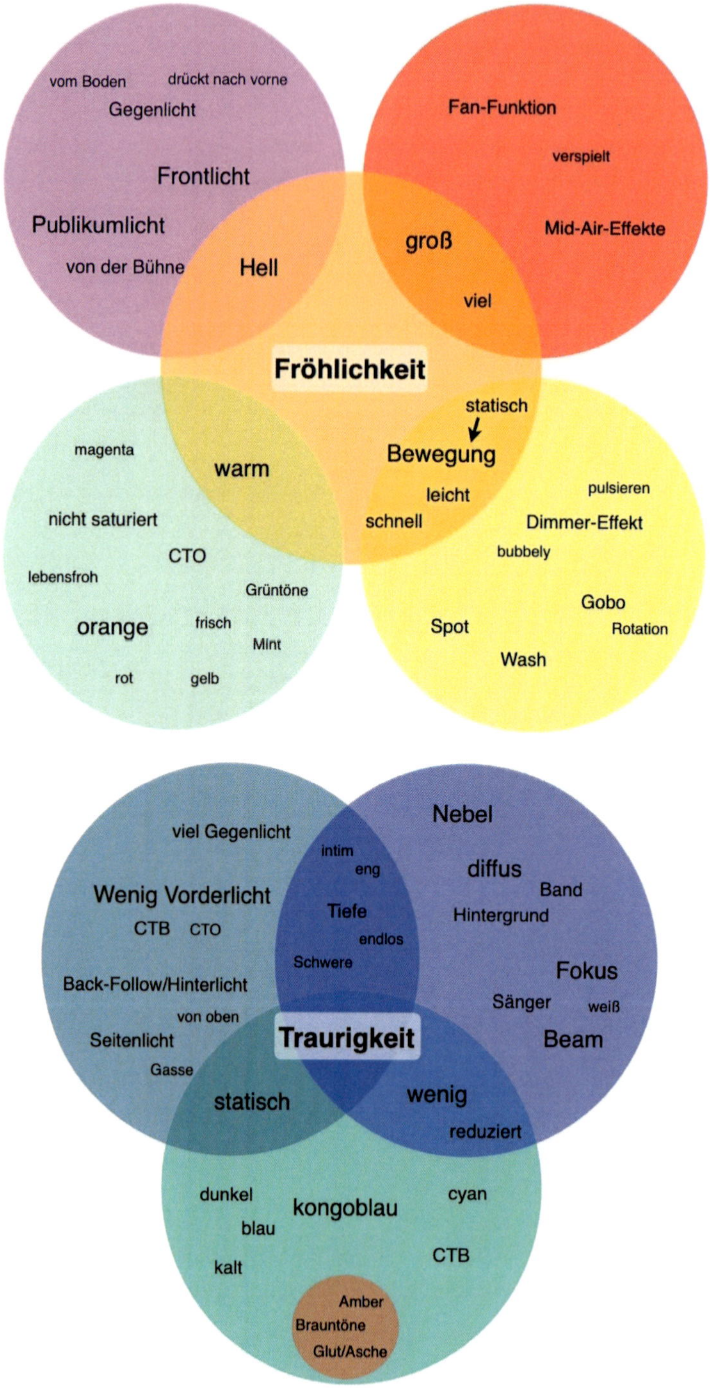

Bild 13.4 Vorschläge zur Erzeugung von Emotionen, oben: Look für die Emotion Fröhlichkeit, unten: Look für die Emotion Traurigkeit

13.4.1.1 Dramaturgie

„Dramaturgie ist die Wissenschaft von der Kunst des Dramas und des Theaters, die aus der Lehre von seinem Wesen die inneren Gesetze und Aufbaumittel im Hinblick auf ihre Bühnenwirksamkeit deduktiv oder induktiv ableitet." Zitat aus der Online-Enzyklopädie (Enzyklo).

13.4.1.2 Ästhetik

Der Begriff der Ästhetik wird alltagssprachlich meist als Synonym für schön, geschmackvoll oder ansprechend verwendet. In der Zwischenzeit hat die Beleuchtung im 20. Jahrhundert unzählige Entwicklungen erfahren und entwickelt sich stetig weiter. Mit jeder technischen Neuerung ändert sich auch die Ästhetik und es werden neue gestalterische Möglichkeiten offenbart, seien es Halogen-Metalldampflampe HMI (Tageslichtscheinwerfer), Movinglight, LED-Scheinwerfer oder LED-Wände.

13.4.1.3 Bühnenraum bzw. -design

Neben dem Lichtdesign besitzt das Bühnendesign einen wichtigen Stellenwert. Geprägt war das Bühnenbild im 19. Jahrhundert durch die Kulissenbühne, d. h. zweidimensionale Bühnenbilder. Die perspektivische Bühnenmalerei täuschte dabei eine Dreidimensionalität vor. Heute beherrschen die Bühne großflächige LED-Wände oder Videoprojektionen.

13.4.1.4 Video-Content

Durch den Einsatz von LED-Wänden, großflächigen Projektionen und Live-Einspielungen ist bei einer Show zu bedenken, welcher Content eingesetzt wird. Wie passen Lichtdesign, Bühnendesign und Videocontent zusammen? Welche Farbe, welche Größen, welche Informationen werden transportiert? Schaut der Zuschauer noch auf die Band, hört er ihr noch zu oder betrachtet er nur den Videoinhalt?

13.4.2 Gestaltungsregeln

Betrachtet man die verschiedenen Konzerte und Bühnenbilder, dann gibt es sehr viele Möglichkeiten. Im Prinzip jedoch gelten ähnliche Design- und Gestaltungsvorgaben wie in der Architektur.

- Was soll in den Vordergrund, was in den Hintergrund platziert werden?
- Wo ist die optische Mitte?
- Symmetrie oder Asymmetrie: Soll eine Harmonie durch Gleiches entstehen oder eher eine Disharmonie durch Verschiedenes?

- Wie ist die Nah- und Fernwirkung des angestrebten Mediums?
- Wie sind die Prägnanz bzw. der Grad der gewünschten Aufmerksamkeit?
- Wie sind die Hierarchien, die Auffälligkeiten?
- Für Scheinwerfer müssen, entsprechend den Definitionen nach McCandless, siehe Abschnitt 13.3, folgende Funktionen berücksichtigt werden: Intensität (Intensity)/Farbe (Color)/Lichtrichtung (Distribution)/Bewegung (Movement).

Bild 13.5 Lichtdesign für Purple Schulz

13.4.3 Anordnung der Scheinwerfer

Scheinwerfer können in vielfältiger Weise positioniert werden (siehe Bild 13.6 bis Bild 13.8):

- als Fächer,
- als Uplights,
- verengend,
- schräg nach oben (aufstrebend),
- einrahmend (Roof-Look, Fan-Look),
- die Lichtstrahlen bündelnd in einem Punkt,
- überlappend (Cross-Look),
- in Richtung Publikum (Audience-Look),
- im Kreis,
- mehrere Kreise bildend.

Bild 13.6 Lichteffekte bei der Band Deichkind („Befehl von ganz unten" - Tour 2012)

Bild 13.7 Verschiedene Anordnungen von Scheinwerfern mit weißem Licht, links: Fächer von oben, rechts: überkreuzende Strahler

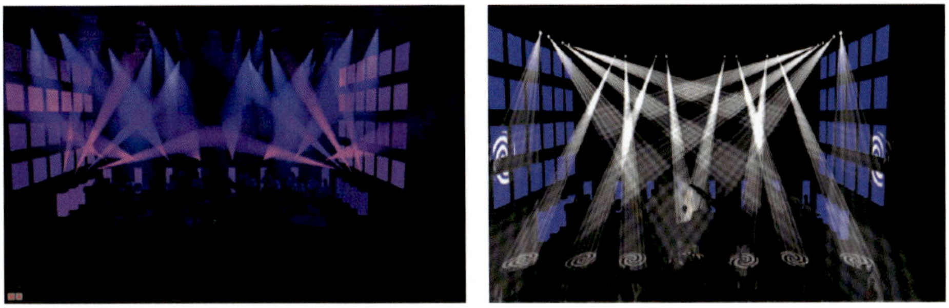

Bild 13.8 Gleicher Song wie vorher, links: jetzt mit farbiger Unterlegung, rechts: Weiß und Blau

13.4.4 Grundlagen Farbkonzept

Neben den Anordnungen der Scheinwerfer ist Farbe ein sehr wichtiges Instrument zur Emotionalisierung einer Show. Auch hier gelten Gestaltungsgrundsätze.

- Welche Emotionalität sollen die Farben vermitteln und was sollen die Farben symbolisieren?
- Wirken die Farben in ihrer Kombination?
- Welche Farbkontraste werden eingesetzt?
- Wird durch die Farbwahl die gestalterische Idee unterstützt?
- Besteht ein Zusammenhang zwischen Farbe und Inhalt?
- Löst die Farbgestaltung beim Betrachter die gewünschten Gefühle und Reaktionen aus?

Bild 13.9 Farbige Beleuchtung der Band Deichkind („Show 3.0“ 2009), links: rote Beleuchtung, rechts: andere Lichtrichtung und blaue Beleuchtung

Farbkontraste

Nach der Theorie von Itten gibt es sieben verschiedene Farbkontraste, die sich hinsichtlich ihrer Wirkung gegenseitig beeinflussen:

- Warm/Kalt-Kontrast (z. B. Orange zu Grün),
- Hell/Dunkel-Kontrast (z. B. Hellblau zu Dunkelblau),
- Komplementärkontrast (z. B. Gelb zu Blau) (siehe Bild 13.10),
- Simultankontrast (z. B. gleiche Innenfeldfarbe zu unterschiedlicher Umgebungsfarbe),
- Qualitätskontrast (z. B. kräftiges Rot zu abgeschwächtem Rot (Buntheitsunterschied)),
- Quantitätskontrast (z. B. wenige kleine rote Punkte in einem blauen Umfeld),
- Flimmerkontrast (z. B. rotes Innenfeld zu grünem Außenfeld).

Bild 13.10 Komplementärkontrast mit blauer und gelber Beleuchtung (A state of trance)

13.5 Bühnenbeispiele

In diesem Abschnitt soll anhand von einigen Beispielen gezeigt werden, wie ein Lichtdesign, abhängig von den Anforderungen, durch Größe und Vielfalt der eingesetzten Scheinwerfer variieren kann. Bei der Auswahl der Farbfilter bietet sich eine große Palette verschiedenster Farben. In den gezeigten Beispielen wurde zur Veranschaulichung eine einfache Farbauswahl getroffen. Zu beachten ist hierbei, dass bei dunklen Farbfiltern viel Licht der Scheinwerfer durch Transmission verloren geht, weshalb meistens mehr Scheinwerfer mit dunklen Farbfiltern bestückt werden als mit hellen Farbfiltern.

13.5.1 Kleine Bühne

Die in Bild 13.11 dargestellte Bühne hat die Maße 4,0 m × 4,0 m mit einer Lichtpunkthöhe von 3,5 m. Das hier gezeigte Lichtdesign ist für kleine Bands, Live-Acts oder Discjockeys auf kleinen Bühnen gedacht. Es handelt sich um einen sehr einfachen Aufbau, mit dem man im Rahmen der Möglichkeiten so viel wie möglich machen kann.

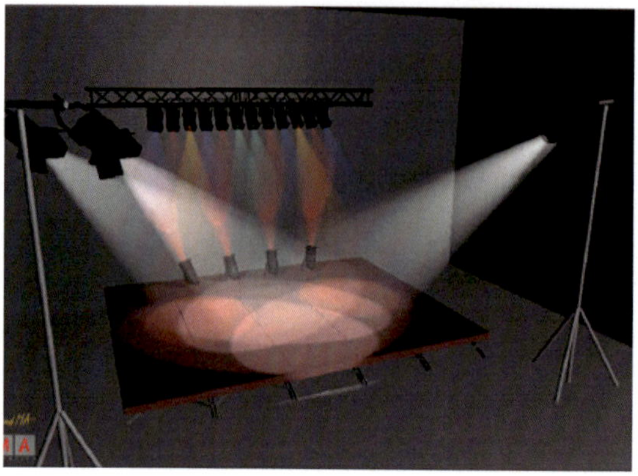

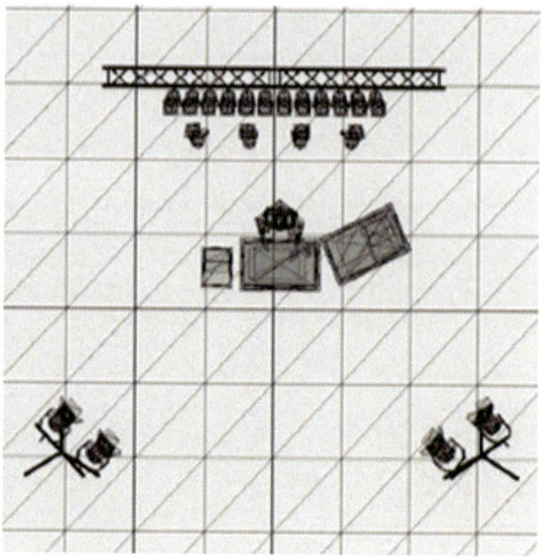

Bild 13.11 Kleine Bühne: links: Beleuchtungsanordnung, rechts: Blick von oben

Tabelle 13.1 Verwendetes Material (kleine Bühne)

Anzahl	Scheinwerfer/Material	Bemerkung
12	PAR-64 CP 61	aufgeteilt in zwei 6er-Bars
4	PAR-64 CP 61	Floorspots
4	Stufenlinse 1000 W bzw. LED-Retrofit	Frontlicht
4	Kurbelstativ	
2	Traverse F34 2,5 m	
1	Dimmer 12 Kanal	
1	Lichtpult 12 Kanal	

Die Beleuchtung der Personen auf der Bühne erfolgt durch je zwei Stufenlinsenscheinwerfer links und rechts vor der Bühne auf Kurbelstativen (siehe Bild 13.12).

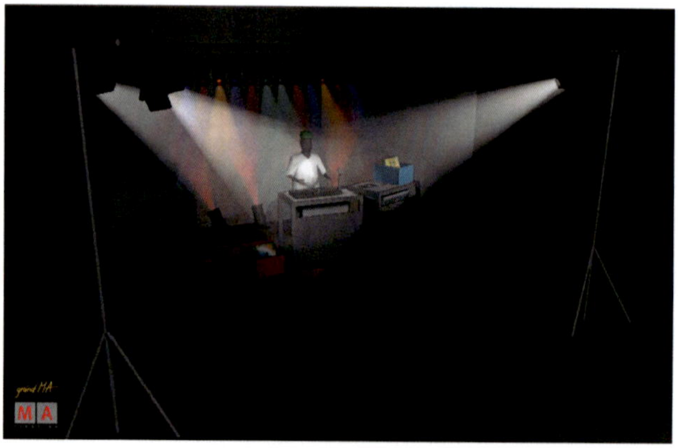

Bild 13.12 Kleine Bühne mit DJ

Um die Bühne wirkungsvoll mit farbigem Licht zu beleuchten, werden zwei „6er-Bars“ an einer Quertraverse aufgehängt, die wiederum von zwei weiteren Kurbelstativen gehalten wird. Um zusätzlich noch eine räumliche Wirkung zu erzielen, wird die Rückwand mit 4 einfachen PAR-64 Floorspots beleuchtet.

13.5.2 Mittlere Bühne

Dieses Design (Bühnenmaß 6,0 m × 5,0 m mit einer Lichtpunkthöhe von 5 m) ist für größere Live-Bands und Live-Acts gedacht, zum Beispiel bei Stadtfesten oder kleinen Open-Air-Veranstaltungen. Auch hier gibt es eine Aufhellung für die Künstler aus der Front, allerdings sind die Stufenlinsenscheinwerfer an einer Traverse aufgehängt. Ein Teil der farbigen Effektbeleuchtung wird auch hier durch „6er-Bars“ realisiert, die in den hinteren und seitlichen Traversen hängen.

Zusätzlich wird bei diesem Design allerdings auf die Verwendung von Movinglights gesetzt, um die ansonsten statischen Szenen durch das farbige Licht aufzubrechen und die Lichtstimmungen noch besser auf dargebotene künstlerische Leistung abzustimmen. So lassen sich Bewegungen erzeugen, Motive projizieren, Farbveränderungen herbeiführen und auch verschiedenste Kombinationen aus diesen Effekten (siehe Bild 13.13).

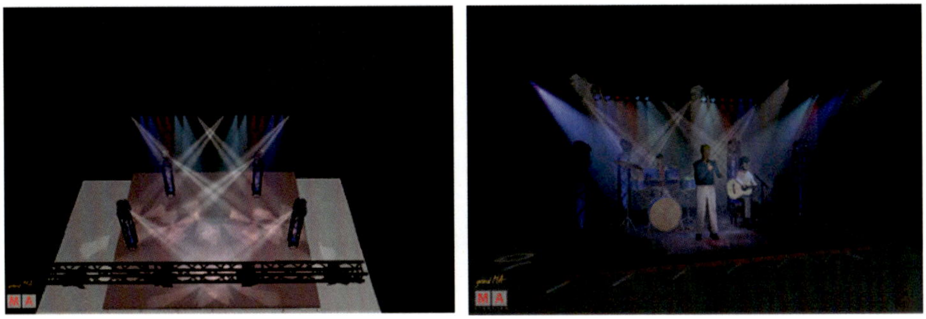

Bild 13.13 Mittlere Bühne, links: Beleuchtungsanordnung, rechts: mit Band und Sänger

Tabelle 13.2 Verwendetes Material (mittlere Bühne)

Anzahl	Scheinwerfer/Material	Bemerkung
24	PAR-64 CP 61	aufgeteilt in vier 6er-Bars
4	LED PAR	Floorspots in Traversentower
8	Movinglights Spot	
4	Stufenlinse 1000 W bzw. LED-Retrofit	Frontlicht
2	Traverse F34 3 m	seitliche Traversen

Tabelle 13.2 Verwendetes Material (mittlere Bühne) *(Fortsetzung)*

Anzahl	Scheinwerfer/Material	Bemerkung
6	Traverse F34 2 m	Front- und Backtruss
4	Traverse F34 1,5 m	Traversentürme
1	Lichtpult Hybrid	
2	Dimmer 12 Kanal	
8	Motorkettenzug	alternativ Traversenlift

Ein zusätzlicher Effekt sind LED-Scheinwerfer in den Traversentürmen auf der Bühne, auf denen vier der Movinglights stehen. So lassen sich farbige „Säulen" erzeugen, die aufgrund der Anordnung der Traversentürme eine räumliche Wirkung erzielen. Für eine solche Show wird bereits ein Hybridpult zur Ansteuerung benötigt, um die komplexen und vielfältigen Parameter der Movinglights zu kontrollieren.

13.5.3 Große Bühne

Bei dem Beispiel für eine große Bühne wurden viele verschiedene Scheinwerfertypen verwendet. Hier finden sich einfache „6er-Bars", Profilscheinwerfer, Spot-Movinglights und LED-Movinglights. Maße der Bühne 9,0 m × 6,0 m, mit einer Lichtpunkthöhe von 5,0 m (siehe Bild 13.14).

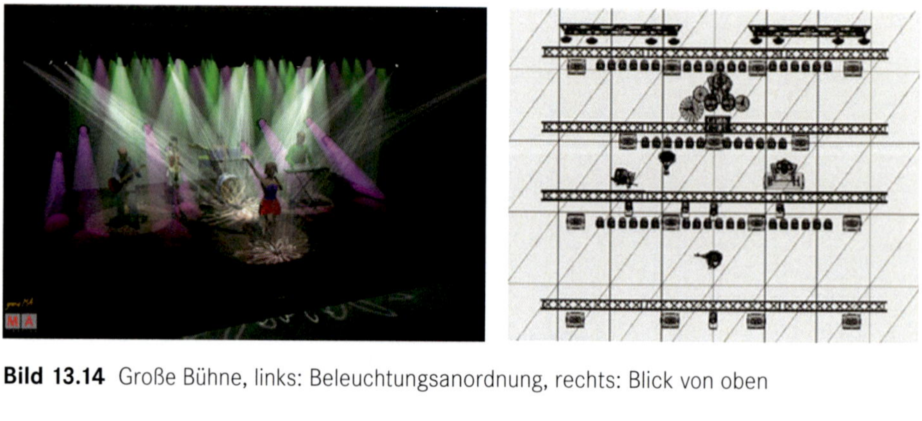

Bild 13.14 Große Bühne, links: Beleuchtungsanordnung, rechts: Blick von oben

Durch den gezielten Einsatz von Profilscheinwerfern werden die einzelnen Mitglieder der Band aufgehellt und hervorgehoben.

Mit insgesamt acht „6er-Bars", gefiltert in zwei Farben, wird hier ein farbiges Hinterlicht als Grundlage geschaffen. Hier wurden bewusst nur zwei Farben ausgewählt, da sich diese in verschiedensten Kombinationen mit den Movinglights verwenden lassen.

Die 15 Spot-Movinglights hängen an verschiedenen, strategisch günstigen Positionen, um sowohl jeden Ort auf der Bühne durch ihren Einsatz zu erreichen als auch imposante Muster, Fächer, Bewegungen und Szenenbilder zu generieren. Sie lassen sich so als Rücklicht, Frontlicht oder Toplicht für die Musiker nutzen.

Als zusätzliches Element wurden zwei halbe Traversenkreise im hinteren Bereich auf der Bühne positioniert und mit sogenannten Washlights, in diesem Fall in LED-Ausführung, bestückt. Hier lassen sich kräftige Farben in die Decke, auf den Boden, direkt ins Publikum oder gefächert über die Bühne leuchten.

Diese Vielfalt lässt alle Möglichkeiten für ein anspruchsvolles und hochwertiges Lichtdesign zu, welches direkt auf und mit den Künstlern abgestimmt werden kann. Die komplexe Ansteuerung erfordert auch hier ein Hybridpult.

13.5.4 Beispiel: Eurovision Song Contest 2012 in Baku – große Bühne

Als eine von vielen großen Shows soll an dieser Stelle das Equipment und das Technikteam beim Eurovision Song Contest 2012 in Baku, Aserbaidschan, betrachtet werden. Es gab in Baku zwei Semi-Finale am 22.05.12 bzw. 24.05.12 und das Finale am 26.05.12. Ca. 125 Millionen Zuschauer verfolgten das Finale über TV. Für das Lichtdesign war Jerry Appelt (Hamburg) verantwortlich. Federführend für die Creative Production die Brainpool TV GmbH aus Köln. Das Licht und das Rigging kam von der Firma Cape Cross (Köln) (siehe Bild 13.15).

Bild 13.15 Eurovision Song Contest Baku 2012

Insgesamt waren 2800 Scheinwerfer installiert, davon rund 1400 Movinglights. An Lichtstellpulten und Netzwerkkomponenten wurden eingesetzt:

- 8 × grandMA2 full-size,
- 5 × grandMA2 fader wing,
- 15 × MA NPU (Network Processing Unit),
- 21 × MA NSP (Network Signal Processor).

Um die Ausmaße dieser Show zu erkennen, ist unten die Crew bzw. das Team aufgeführt, das für den ESC in Baku vor Ort war:

- Lichtdesigner: Jerry Appelt,
- Set-Designer: Florian Wieder,
- Technischer Koordinator und Oberbeleuchter: Matthias Ra,
- Concert und Stage Producer: Ola Melzig,
- Oberbeleuchter/Spot-Caller: Thorsten Berger,
- Showlighting Operator: Sascha Matthes,
- Weißlicht-Operator: Markus Ruhnke,
- Greenroom- und Publikumslicht-Operator: „Matze“ Meyert,
- Video-Operator: Stephan Flören,
- Exterior-Lighting-Operator: Sebastian Huwig,
- Server-Farmer: Roland Greil,
- Systemtechniker: Martin Rupprecht.

14 Theater-Licht

„Man muss den Schauspieler, die Schauspielerin sehen, um ihn/sie zu hören.“ Leitsatz von McCandless. Die Mimik und die Gestik eines/einer Schauspielers/in ist ein wichtiges Ausdrucksmittel auf der Bühne. Kann der Zuschauer die Gesichter nicht erkennen, verliert er schnell das Interesse und fühlt sich gelangweilt. Dieses Zitat von McCandless, drückt aus, welchen wichtigen Stellenwert das Licht bzw. die Lichtgestaltung im Theater-/Bühnenbereich besitzt (siehe Bild 14.1).

Bild 14.1 Electric Circus South Africa

Dieses Kapitel ist der klassischen Theaterbeleuchtung gewidmet. Ein grundlegendes Verständnis für Lichtrichtungen und Beleuchtungsstile ist notwendig, um ein gutes Lichtdesign zu schaffen. Kennt man die Grundlagen, sind der Fantasie keine Grenzen gesetzt. So werden heute bei den meisten sehr großen Theaterproduktionen Videoprojektionen oder LED-Elemente als Beleuchtung oder sogar als Teil des Bühnenbildes eingesetzt. Deren Einsatz setzt auf den klassischen Beleuchtungslösungen auf.

14.1 Kurzer historischer Überblick

Die Faszination von Aufführungen und Theaterstücken ist mit der Entwicklung des Menschen direkt verknüpft. Von den Griechen weiß man aufgrund der Amphitheater recht gut, dass schon damals „Szenerien" durchgeführt wurden, seien es nun Bühnenstücke oder auch Sängerwettstreite.

Man unterteilt die Geschichte des Theaters und damit indirekt auch die der Theaterbeleuchtung in verschiedene Epochen. Diese unterscheiden sich nicht nur durch verschiedene Themen und Aufführungsarten, sondern auch durch den Einsatz der theatralischen Mittel wie Beleuchtung und Akustik.

Bei den Griechen wurden Theaterstücke zu Ehren des Gottes Dionysos aufgeführt. Diese Theaterstücke besaßen zwar nur einfache Hintergründe, dauerten jedoch den ganzen Tag und bedienten sich des natürlichen Tageslichts. Das römische Theater fand aber auch abends und oftmals in geschlossenen Räumen statt, sodass eine große Anzahl an Kerzen, Öllampen und Fackeln benötigt wurde, die allerdings nur einen praktischen, jedoch keinen dramaturgischen Effekt besaßen. Im Mittelalter fanden die Aufführungen beinahe ausnahmslos in Kirchen oder auf großen Plätzen im Freien statt, da es zu dieser Zeit keine Theaterbauten gab. Die Aufführungen fanden bei Tage statt, sodass Tageslicht das vorherrschende Licht war.

In der Renaissance wurde in Italien ein völliger Wandel der Bühnenform eingeführt. Das höfische Theater in Italien erhielt erstmals Rampen-, Ober- sowie Seitenlichter. Angelo Ingegneri (1550 – 1613) unterstrich mit der Forderung, die Bühne heller zu beleuchten als den Zuschauerraum das Prinzip der Guckkastenbühne und bewirkte damit den ersten Schritt in Richtung Barocktheater. Der Architekt Nicola Sabbattini (1574 – 1654) entwickelte verschiedene mechanische Verdunklungsmöglichkeiten, z. B. das langsame Absenken von Blechrohren über Flammen oder die Verwendung von Lichtquellen in einem drehbaren Halbzylinder, um die Lichtintensität in einer Richtung zu reduzieren. Diese und andere praktische Überlegungen bereiteten den Weg für erste lichtdramaturgische Ansätze.

Joseph Furttenbach (1591 – 1667) empfahl z. B. verdecktes Licht oberhalb der Bühne, welches mithilfe von Spiegeln auf diese gelenkt wurde. Des Weiteren empfahl er eine Fußrampe mit Reflektoren, um die Zuschauer nicht zu blenden. Diese und andere Empfehlungen waren bis zur Hälfte des 18. Jahrhunderts bestimmend. Das Theater des Barocks war bahnbrechend für die Entwicklung des heutigen Theaters. Die szenentechnischen Elemente wurden plötzlich üppig und farbenfroh. Bis heute entsprechen in Europa Theater und Opernhäuser im Wesentlichen den damals entwickelten Strukturen. Die Lichteffekte wurden immer mehr perfektioniert, trotzdem blieb die einzige effektive Beleuchtung die Fußrampe. Durch diese Beleuchtungsart verlor sich das Licht sehr schnell zur Bühnenmitte, und dort, wo es eigentlich am hellsten sein sollte, herrschte Schatten. Aufgrund der schwachen

Lichtquellen war selbst mit Reflektoren keine ausreichend gleichmäßige Ausleuchtung zu erzielen. Dadurch musste sich der größte Teil der Handlung vorne am Bühnenrand abspielen und die Darsteller wurden unnatürlich ausgeleuchtet.

Mit der Entdeckung des Steinkohlegases (1785) und damit der Möglichkeit, Gas als Leuchtmittel einzusetzen, wurde eine neue Ära in der Theaterbeleuchtung hervorgerufen. Insbesondere war es nun möglich, die einzelnen Bereiche wie Seitenbühne, Oberbühne etc. einzeln zu steuern und zu dimmen. Die Gasbeleuchtung ermöglichte zum ersten Mal auch eine helle und breitstrahlende Beleuchtung von Szenen und Schauspielern. Mit der Entwicklung der Bogenlampe und allgemein mit dem Einzug der elektrischen Beleuchtung im Theater wurden die Vorteile, die die elektrische Beleuchtung mit sich brachte, sehr schnell für den Einsatz im Theater erkannt. 1858 wurde der erste Verfolgerspot mit Bogenlampe und Shutter in einem Londoner Theater eingesetzt.

Lichtinszenierung im 20. Jahrhundert

Wie in Kapitel 13 „Lichtgestaltung und Lichtdesign" schon ausgeführt, entrümpelte im Jahr 1900 der Londoner Bühnenbildner und Regisseur Edward Gordon Graig die Bühne und führte eine radikale Veränderung in der Bühnengestaltung und -beleuchtung ein. Weitere Pioniere der Lichtinszenierung waren in den USA die „Lichtdesigner" Stanley McCandless, Norman Bel Geddes, Abe Feder, Jean Rosenthal. McCandless wird oft als der Vater der modernen Bühnenbeleuchtung bezeichnet. In den 1980er-Jahren führte der Bühnenbildner und Regisseur Robert Wilson eine weitere Revolution im Bühnenbild und in der Lichtinszenierung durch. Wilson forderte ultimativ, dass der Großteil der Dekoration von der Bühne zu entfernen sei. Das Theaterstück sollte nur noch von den Schauspielern:innen und riesigen farbigen Flächen im Hintergrund leben.

Durch den Einsatz von Tageslichtscheinwerfern (HMI) in Theaterstücken führte der Beleuchtungsmeister und Lichtdesigner Max Keller in den 1980er-Jahren eine völlig neue Ästhetik im Bühnenbereich ein. Die Bühnenbilder und das Lichtdesign wurden sehr viel heller und dramatischer, im Prinzip expressionistisch beleuchtet und ermöglichten ganz neue Interpretationen von Bühnenstücken. Max Keller gilt seither als der Pionier des Lichtdesigns im Theater in Deutschland.

Heutzutage ist eine Verschmelzung von Lichtdramaturgie und Bühnenbild vollzogen. Insbesondere wird auch immer stärker der Einfluss aus dem Architekturbereich und aus dem Rock-'n'-Roll-Bereich sichtbar. Als ein Beispiel von vielen soll die Verpflichtung des Lichtdesigners Patrick Woodroffe für das Lichtdesign der Neuinszenierung der Oper von Romeo et Juliette von Gounod im Jahr 2001 an der Wiener Staatsoper sein (Regie: Jürgen Flimm). Patrick Woodroffe war langjähriger Lichtdesigner der Rolling Stones, von Tina Turner, Rod Stewart, Cher, Phil Collins u. v. a. Als aktuelles Beispiel soll an dieser Stelle noch der finnische Licht- und Bühnendesigner Mikki Kunttu erwähnt werden, der sehr spektakuläre Ballet- aber auch Operninszenierungen vor allem mit Videocontent umsetzt.

14.2 Verantwortliche

Die zentrale Person bei der Entstehung eines Theaterstückes ist der Regisseur. Er interpretiert den zu bearbeitenden Stoff meist in Zusammenarbeit mit einem Dramaturgen. Dann gibt er seine konzeptionelle Idee an die einzelnen Gewerke (Bühne, Licht, Ton, Video, Kostüm u. v. a.) im Theater weiter. Mit den Leitern dieser Gewerke bildet er das Regieteam. Dies ist sinnvoll, damit das Konzept von Anfang an durchgängig umgesetzt werden kann. Neben dem Regisseur spielen also der Bühnenbildner und der Lichtdesigner sowie weitere Personen des Regieteams eine wichtige Rolle bei der Entstehung eines Stückes.

In den USA und in England gibt es schon seit den 1960er-Jahren professionelle Lichtdesigner für den Theaterbereich und später auch für den Architekturbereich. Sie werden speziell dafür ausgebildet, die gestalterischen Ideen in technische Lösungen zu übertragen. In Deutschland gibt es diese Ausbildung erst seit kurzem.

Ursprünglich gaben der Regisseur und der Bühnenbildner ihre Ideen zum Licht an den Beleuchtungsmeister weiter. Dieser war und ist für die technische Umsetzung zuständig. Er hatte also mit dem Design nichts zu tun, sondern kümmerte sich um die technische Einrichtung. Außerdem ist er im Theater verantwortlich für die Zusammenstellung der Beleuchtungstechnik, das heißt welche Scheinwerfer oder welches Lichtpult werden angeschafft, sowie für die Wartung und Instandhaltung. Außerdem muss ab einer bestimmten Bühnengröße bei der Aufführung ein Meister anwesend sein, der technisch verantwortlich ist. Dies kann ein Bühnen- oder Beleuchtungsmeister sein. Genaueres findet man in der Versammlungsstättenverordnung. Heute gibt es im Regieteam immer einen Verantwortlichen für Licht, da es als eigenes Gestaltungsmedium voll anerkannt ist. Oft hat derjenige in Deutschland aber keine Ausbildung zum Lichtdesigner, sondern er ist gleichzeitig der Beleuchtungsmeister oder er hat sich sein Wissen anderweitig erarbeitet.

Technische Abteilungen

- Lichtabteilung: Dem Beleuchtungsmeister unterstehen die Beleuchter, die die technischen Aufgaben erfüllen. Sie setzen den Auf- und Abbau, die Verkabelung, den Fokus der Scheinwerfer und die Programmierung des Lichtpultes um. Der Programmierer wird im Theater Stellwerker genannt.

- Tonabteilung: Hier sind Aufteilung und Aufgaben analog zum Licht, nur eben für Tontechnik.
- Videoabteilung: Ursprünglich wurde die Videotechnik an Theatern meist der Tonabteilung zugeordnet. Heute ist die Videotechnik aber in der Regel ein eigenes Gewerk, da ca. zwei Drittel der Produktionen Video einsetzen. Hierzu gehört auch der Einsatz von LED-Wänden sowie Medienservern mit der Möglichkeit, ganze Videos zu gestalten. Dies ist ein weiteres Ausdrucksmittel, das völlig neue Bühnengestaltung ermöglicht.

14.3 Scheinwerfer und Standorte

In diesem Abschnitt wird kurz auf die eingesetzten Scheinwerfer im Theaterbereich sowie ihre Standorte eingegangen. Die Wirkungsweise der eingesetzten Scheinwerfer ist in Kapitel 9 „Scheinwerfer" ausführlich erklärt.

14.3.1 Scheinwerfertypen

Im Theater werden bestimmte Scheinwerfertypen aufgrund ihrer Eigenschaften häufiger eingesetzt als andere. Die gängigsten sind:

- Profilscheinwerfer mit Fest- oder Zoomoptik,
- Scheinwerfer mit Fresnel- oder PC-Linsen,
- PARs mit CP60 – CP62 Leuchtmittel,
- Fluter, asymmetrisch oder symmetrisch,
- verschiedenste Entladungslampen,
- Niedervolt-Scheinwerfer,
- Movinglights.

LED-Lampen sind inzwischen aus Theatern nicht mehr wegzudenken, man findet aber genauso alle bisherigen Arten der Lichterzeugung. Die Unterschiede in der Lichtqualität werden oft als gestalterisches Element genutzt. Die Ästhetik steht hier an oberster Stelle. Der Lichtdesigner kann einsetzen was technisch machbar ist und die Dramaturgie unterstreicht. Er ist keinesfalls an die obige Aufzählung gebunden. Diese Scheinwerfer stellen aber in den meisten Theatern die Grundausstattung dar.

In Theatern ist der Einsatz von Movinglights und LED-Scheinwerfern inzwischen üblich geworden. Vorteile der Movinglights sind natürlich ihre schnellen Lichtänderungen, die große Vielzahl an Farben und Farbänderungen sowie die Projektion von Bildern und Symbolen durch Gobos. Sie sind aber teuer und aufwendiger zu positionieren, was bei kurzen Umrüstzeiten von Nachteil ist.

LED-Scheinwerfer sind stromsparend und benötigen keinen Dimmerkanal. Bei einigen Herstellern sind Bauteile von bisherigen Scheinwerfern und LED kompatibel, z.B. der Tubus von Profil-Scheinwerfern. Eine Abwärtskompatibilität ist in Theatern fast immer gegeben, da alte Technologien als Ausdrucksmittel immer noch ihre Berechtigung behalten.

Pulte und Netzwerk

Der Einsatz von Movinglights und LED-Scheinwerfern hat dazu geführt, dass ein reines DMX-Netzwerk nicht mehr ausreichend ist. Die Anzahl der DMX-Channel eines Movinglights variiert und ein Universum ist schnell gefüllt. Das Lichtnetzwerk (Backbone) wird folglich auf Ethernet aufgebaut. Ab den Knotenpunkten kommt weiterhin DMX zum Einsatz, da das Protokoll ausfallsicher und einfach ist. Auch die Pulte im Theater haben sich geändert. Klassische Theaterpulte werden durch die Multifunktionspulte wie beim Event ersetzt. Siehe Kapitel 10 „Lichtsteuerung und Lichtstellpulte“.

Messgeräte

Im Theater wird für das Auge der Zuschauer beleuchtet. Es gibt in der Regel im Theater keine festen Beleuchtungsstärkewerte für bestimmte Anforderungen wie die Ausleuchtung für Schauspieler oder Szenen, die erfüllt werden müssen. Deswegen werden nur selten Messwerte genommen, sondern der Lichtdesigner leuchtet nach seinem Sehempfinden ein.

14.3.2 Standorte der Beleuchtungseinrichtungen

Die Beleuchtungsgeräte werden mit festem oder mobilem Standort aufgestellt. Die wichtigsten festen Standorte sind in der nachfolgenden Abbildung skizziert. Alle Einsatzpunkte von Beleuchtungsgeräten werden von den betriebsbedingten Erfordernissen bestimmt. Bild 14.2 zeigt die typischen Beleuchtungspositionen im Theater (Längsschnitt durch den Zuschauer- und Bühnenraum).

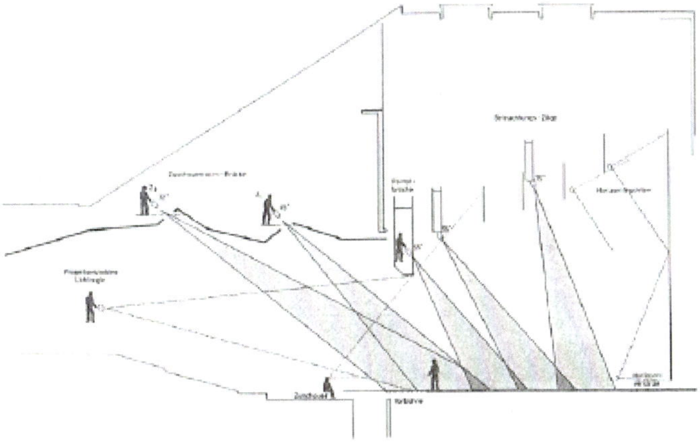

Bild 14.2 Beleuchtungspositionen im Theater

Bestimmte Positionierungen der Scheinwerfer wie z. B. Vorderlicht, Oberlicht, Hinterlicht, siehe Kapitel 12 „Lichtführung“, haben sich im Laufe der Jahre im Theater, aber auch im Film- und Fernsehbereich durchgesetzt. Zusätzlich gibt es im Theater jedoch noch besondere Beleuchtungspositionen wie z. B.

- Z-Brücke (Zuschauerbrücke): Aus dieser Position können die Schauspieler:innen auf der Vor- und Hauptbühne sehr gut ausgeleuchtet werden (Frontlicht).
- Portalbrücke: Die Portalbrücke befindet sich hinter dem **„Eisernen Vorhang“** und ermöglicht ein sehr steiles Licht auf die Schauspieler:innen). Der „Eiserne Vorhang“ trennt im Brandfall den Bühnenraum in Sekundenschnelle hermetisch vom Zuschauerraum ab, um die Ausbreitung eines Feuers zu verhindern.

14.4 Lichtkonzeption und Produktion

Die Beleuchtung einer Inszenierung erfordert eine intensive Vorplanung und darf auf keinen Fall losgelöst von allen anderen künstlerischen und theatertechnischen Prozessen betrachtet werden. Das Licht bedingt und wird bedingt durch eine Reihe von nebeneinander stattfindenden Produktionsprozessen, die nur in der aufeinander abgestimmten Addition eine gute Inszenierung ausmachen. Bühnenbild, Requisiten, Kostüme und Maske müssen ins „richtige Licht“ gesetzt werden, Lichtstimmungen und deren Übergänge sind dem Spiel und der Musik anzupassen.

Der Lichtdesigner hat somit in seiner Arbeit viele Funktionen. Er ist Künstler, Techniker und Büromensch, er muss die Intentionen des Regisseurs und des Bühnenbildners kennen, sie verstehen, auf sie eingehen und sie unterstützen.

Ebenso wie eine szenische Darstellung lässt sich auch die Lichtinszenierung dramatisch zuspitzen, können Höhepunkte verzögert und Abläufe vorangetrieben werden. Das bedeutet für den Lichtdesigner, dass er sich sehr gründlich in das Theaterstück, die Partitur einlesen muss, um ein entsprechendes Lichtkonzept zu entwickeln. Aus diesem Grund steht jeweils zu Beginn der Beleuchtungsplanung die Entwicklung eines Lichtkonzeptes im Vordergrund, zuerst im Kopf und dann auf dem Papier, oder wie es die englischen Kollegen so schön nennen „plot and paperwork".

14.4.1 Planung

Sowohl die deutschen als auch amerikanischen Lichtdesigner haben eine ähnliche Vorgehensweise. Die wichtigste Aufgabe zum Start der Planung ist, erst einmal das Stück zu lesen und sich damit eingehend auseinanderzusetzen. Zuerst wird festgelegt, was für einen Stil das Licht haben soll, danach wird Szene für Szene durchgegangen und erste Rohpläne werden gezeichnet. Dabei wird mit den wichtigsten Lichtstimmungen begonnen und aus diesem Grundlicht werden die Akzente herausgearbeitet. Trotz aller technischen Hilfsmittel geschieht dies meist noch in Handarbeit bzw. über Scribble.

Ist eine erste, vollständige Lichtplanung für alle Szenen ausgearbeitet, so geht es daran, die Szenen nicht mehr voneinander gelöst zu betrachten, sondern sich das Stück als Ganzes vorzunehmen. Mitberücksichtigt werden müssen dabei natürlich auch die Gegebenheiten im Theater. Wo kann man Scheinwerfer aufhängen? Gibt es bereits eine festinstallierte Beleuchtung im Theater, die nicht verändert werden darf? Wie sind die Stromkreise, Dimmer und das Lichtsteuerpult dimensioniert?

Ist die Planung abgeschlossen, wird ein Lichtplan angefertigt, in dem alle technischen Informationen festgehalten werden, siehe Kapitel 19 „Lichtpläne und Lichtsimulation". Alles wird durchnummeriert: Scheinwerfer, Farbfolien, Gobos, die Dimmerbelegung und die Stromkreise. Für jeden Scheinwerfertyp gibt es ein eigenes Symbol. Bei der Erstellung des Plans ist es wichtig, exakt und maßstabsgetreu zu zeichnen.

Der Übersichtlichkeit halber gibt es für jede Produktion noch mehrere Unterteilungen des Lichtplans. Alle Informationen in einem Papier wären nicht mehr lesbar und bei der Fehlersuche hinderlich.

Plot (Draufsicht): Der Lightplot ist eine Draufsicht. Er gibt detailliert Aufschluss darüber, welcher Scheinwerfer wo hängt, von welchem Typ er ist, welche Farbe sein Licht hat und über welche Kanal-Nummer auf dem Lichtpult er angesteuert wird.

Section (Seitenansicht): Bei dieser Seitenansicht werden vor allem die Angaben zur Aufhängehöhe und zu den Sicht- (gleich Blendungs-) Linien deutlich hervorgehoben.

Layout Schedule: Dies ist die Liste über Typ, Leistungsaufnahme, Farbe, Position und Zweck jedes einzelnen Scheinwerfers, quasi die Textform des Lightplot.

Hook-Up Schedule (Versatz-Plan): Dieser auch als „Plugging Schedule" bezeichnete Plan liefert Information über die Belegung der Stromkreise und der Dimmer für die Techniker.

14.4.2 Produktionsablauf

Wenn der Lichtplan erstellt ist, kann die technische Einrichtung beginnen. Alle Scheinwerfer müssen an ihre Position gebracht und verkabelt werden.

Technische Einrichtung und Fokus

Man beginnt mit den Scheinwerfern im Rigg oder an den Zügen. Gleichzeitig können Galerien, Z-Brücke und Portalbrücke bestückt werden, wenn es keinen Festverhang (Scheinwerfer sind bereits vorher schon fest an Traversen montiert worden) gibt, vor dem Hochfahren der Züge werden Scheinwerfer und Kabel getestet.

Jetzt können alle Scheinwerfer am Boden gestellt und verkabelt werden. Dafür benötigen die Beleuchter **„Plot"** und **„Section"**. Wenn die Pläne exakt sind, kann diese Arbeit der Beleuchtungsmeister mit seinem Team auch ohne den Designer machen.

Bei der Einrichtung muss notiert werden, welcher Scheinwerfer auf welchem Dimmerversatz verkabelt wurde, damit man sie ansteuern kann. Außerdem benötigt man den Dimmerbelegungsplan, um zu wissen, wie man die Scheinwerfer im Pult **„Patchen"** (Verlinkung eines Dimmerkanals mit einem Pultkanal) muss, um sie dann komfortabel programmieren zu können. Man nennt diese Liste wie oben angeführt auch **„Hook-Up Schedule"**. Bei Fehlern in der Beleuchtungstechnik ist dieser Plan sehr wichtig.

Bei LED-Scheinwerfern und Movinglights entfällt die Verkabelung mit einem Dimmer. Sie benötigen Feststrom und ein Steuersignal. Hier ist es wichtig, die Scheinwerfer richtig (wie im Beleuchtungsplan beschriftet) zu adressieren.

Sind alle Scheinwerfer funktionstüchtig und können über das Pult oder eine Fernbedienung gesteuert werden, kann mit dem **„Fokussieren“** (Zentrieren der Scheinwerfer auf ausgewählte Beleuchtungspositionen) begonnen werden. Im **„Layout Schedule“** findet man, was welcher Scheinwerfer beleuchten soll. Der Lichtdesigner ist zu diesem Zeitpunkt anwesend, um das Feintrimming bzw. die Feinarbeit zu übernehmen.

14.4.3 Beleuchtungsproben

Ist das **„Set Up“** vollendet, können die Beleuchtungsproben beginnen. Bei deutschen Produktionen wird das Licht oftmals ohne Schauspieler nur vom Regisseur und Lichtdesigner mit dem vorhandenen Bühnenbild programmiert, sodass das Licht zuerst auf die Ästhetik des Bühnenbildes abgestimmt wird. Erst zu einem späteren Zeitpunkt kommen die Schauspieler:innen auf die Bühne. Der Lichtdesigner korrigiert die einzelnen Cues (Lichtstimmungen) während der Proben. Dazu eignen sich vor allem Durchlaufproben. Da er die Intention des Regisseurs kennt, kann er dies eigenständig ausführen. Damit sich der Regisseur das Ergebnis ansehen kann, gibt es sogenannte „technische Durchläufe“. Hier stellen sich die Schauspieler an ihre Positionen und spielen kurze Teile der Szene, um die Licht-Cues und die Übergänge dazwischen überprüfen zu können.

Die Generalprobe ist die letzte Probe ohne Publikum. Bei größeren Aufführungen, z. B. Musical folgen zwei Vorpremieren. Auch hier werden noch Übergänge und kleine Fehler korrigiert, obwohl hier schon Publikum anwesend ist. Erst bei der eigentlichen Premiere muss alles stimmen.

14.5 Bühne und Bühnenformen

Es gibt verschiedene Konzepte, wie Bühne und Zuschauerraum aufgeteilt sind. In den nachfolgenden Erklärungen wird von einer Guckkastenbühne (Rahmenbühne) ausgegangen. Diese Bühnenform ist im Theater sehr häufig.

Die Stücke, die auf die Bühne gebracht werden, sind einzelnen Sparten zuzuordnen. In jeder Sparte sind unterschiedlich ausgebildete Personen tätig. Im Sprechtheater gibt es zum Beispiel keinen Dirigenten und keine Opernsänger. Es gibt Mehrspartentheater oder die Theater haben sich auf einzelne Sparten spezialisiert:

- Sprechtheater (Schauspiel, Tragödie, Komödie),
- Musiktheater (Oper, Operette, Musical),
- Ballett, Tanztheater.

Je nach Sparte unterscheidet sich die Beleuchtung. Dies hängt nicht so sehr von der Größe des Theaters und der Produktion ab, sondern vom Bühnenbild und dem, was gezeigt werden soll. So sind beim Sprechtheater die Gesichter der Schauspieler sehr wichtig, wohingegen beim Tanztheater der ganze Körper herausgearbeitet werden muss. Bühnenbilder und auch Lichtstile sind außerdem modeabhängig.

14.6 Bühnen- und Lichtstile im Theater

Man kann ganz pauschal vier Bühnenstile unterscheiden, von denen es natürlich sehr viele Untervarianten gibt. Entsprechend den aufgeführten Bühnenstilen gibt es dafür entsprechende Lichtstile.

Bühnenstile

- **Realistisches Bühnenbild:** Es entspricht in etwa der Situation, wie man sich ein Zimmer, einen Salon vorstellt. Der Zuschauer erkennt sofort den Raum und die Spielhandlung.
- **Stilisiertes Bühnenbild:** Einerseits ist noch ein gewisser Anteil an realen Möbel- und Kulissenteilen vorhanden, ein größerer Teil der Dekoration ist nur noch angedeutet.
- **Fragmentarisches Bühnenbild:** Es enthält nur noch wenige Möbelstücke oder Kulissenteile.
- **Expressionistisches Bühnenbild:** Ein klassisches Bühnenbild existiert nicht, Personen, Licht, Raum und Architektur bilden die Kulisse.

Lichtstile

- **Realistische Lichtführung:** ist vergleichbar mit dem Lichtstil „Normalbeleuchtung“ im Film- und Fotobereich.
- **Symbolische Lichtführung:** ist eine Art anti-realistische Lichtführung. Sie benutzt Symbole und Allegorien, um Stimmungen und Gefühle beim Publikum auszulösen.
- **Expressionistische Lichtführung:** charakteristisch ist eine harte, mit hohen Kontrasten umgesetzte Beleuchtung und damit entsprechend auch harten Schatten.
- **Theatralische Lichtführung:** besitzt gewisse Anzeichen der stilisierten und der expressionistischen Lichtführung.
- **Pictoralism:** bezeichnend sind kräftige, gesättigte, aber teilweise auch irreale Farben.

14.7 Sprech-, Musik- und Tanztheater

Man unterscheidet vier klassische Sparten des Theaters (Sprech-, Musik-, Tanz- und Figurentheater), wobei in diesem Abschnitt nur auf die ersten drei genauer eingegangen werden soll.

14.7.1 Sprechtheater

Beim Sprechtheater sind die Gesichter der Schauspieler entscheidend. Hier wird häufig eine realistische Lichtführung eingesetzt, aber auch die expressionistische oder theatralische. Häufig eingesetzte Lichtrichtungen sind:

- Vorderlicht (aus Z- und Portalbrücke),
- Seitenlicht,
- Gegenlicht,
- Specials für das Bühnenbild.

Im folgenden Beispiel („Die weiße Rose“, Februar 2006, Theater Wolfsburg) handelt es sich um eine realistische Lichtführung. An den Beispielbildern erkennt man, dass die Verhörsituation (Hans und Sophie Scholl contra Verhörer) durch ein kaltes hartes Licht unterstützt wird. Das Bühnenbild wird zusätzlich leicht grün eingefärbt, um das Ungemütliche hervorzuheben. In Bild 14.3 rechts wiedersetzt sich Sophie Scholl ihrem Verhörer, sie verteidigt das Gute. Dies wird durch das warme Licht auf ihr und das kalte Licht auf ihm unterstützt. So hat das Licht auch eine symbolische Wirkung.

Bild 14.3 „Die weiße Rose“, Theater Wolfsburg, links: Verhör Hans Scholl, rechts: Verhör Sophie Scholl

14.7.2 Musiktheater

Zum Begriff des Musiktheaters zählt man das Musical, die Oper und die Operette. Neben der Sprache und der Bewegung ist hier vor allem die Musik das verbindende Element.

14.7.2.1 Musical

Typisch für Musicals ist der „Pictoralism“-Lichtstil mit kräftigen Farben, deshalb werden in Musicals Farbwechsler und Movinglights verstärkt verwendet. Es kommen alle genannten Lichtrichtungen zum Einsatz, da es Schauspiel, Gesang und Tanz gibt. Es wird auch häufig mit Lichteffekten und Projektion gearbeitet. Die Produktionen sind sehr aufwendig, und man kann sie im Eventbereich ansiedeln.

Bild 14.4 Tanzperformance in dem Stück „Lust – eine Begegnung“

14.7.2.2 Oper

Auch Opernproduktionen sind häufig sehr aufwendig. Je nach Inszenierung sind verschiedene Bühnen- und Lichtstile zu finden. Daraus folgt, dass auch alle Lichtrichtungen zur Anwendung kommen können. Movinglights, Projektionen und anderes Effektlicht werden häufig eingesetzt, um die Wirkung der Szenen und des Bühnenbildes besonders herauszuarbeiten.

Im folgenden Beispiel („OTHELLO“, 2011 Nationaltheater Oslo, Director Runar Hodne) handelt es sich um eine expressionistische/theatralische Lichtführung. Man sieht deutliche Kontraste und das Spiel mit Licht und Schatten, siehe Bild 14.5 links. Im Gegensatz dazu steht Bild 14.5 rechts (Tristan und Isolde, 2006 Staatsoper Berlin, Director Stefan Bachmann). Hier wird mit Farben und Flächen gearbeitet.

Bild 14.5 „Othello“ und „Tristan“: Man sieht deutlich die Unterschiede in den Lichtstilen

14.7.3 Tanztheater

Das Tanztheater und das Ballett sind eine eigene Kunstform und vom Musiktheater getrennt. Für das Tanztheater oder Ballett wird häufig ein expressionistischer Beleuchtungsstil gewählt, da das Bühnenbild auch oft fragmentarisch ist, um genügend Raum für den Tanz zu lassen.

Oft eingesetzte Lichtrichtungen:

- seitliches Vorderlicht,
- Seitenlicht,
- Gassenlicht,
- Gegenlicht.

Am folgenden Beispiel „Maracana“, Januar 2006, Kampnagel Hamburg (Lichtdesign Carsten Sander), kann man die Wichtigkeit des Gassenlichts erkennen. Die Tänzer werden hervorgehoben, ohne dass ein anderes Bühnenelement beleuchtet wird. Sie scheinen zu schweben. In Bild 14.6 links kann man erkennen, dass das Gassenlicht die Tänzer deutlich hervorhebt. Während in Bild 14.6 rechts die Tänzer zu schweben scheinen. Durch das Gassenlicht lässt sich so eine Szene beleuchten, ohne dass der restliche Bühnenraum zu sehen ist.

Bild 14.6 Maracana-Tanztheater: Gassenlicht hebt die Tänzer deutlich hervorhebt

Neue Formate

Durch die Corona-Pandemie und deren Auswirkungen waren auch Theater gezwungen, mit Neuem zu experimentieren. Aufführungen wurden gestreamt und interaktive Onlineformate getestet.

Technisch und dramaturgisch ist das eine Herausforderung. Technisch, da das nötige Equipment oft nicht da war und auch das Budget für Neuanschaffungen je nach Haus begrenzt ist. Dramaturgisch, da die gewohnten Formate auf Publikum im Saal zugeschnitten sind und Regisseure und Dramaturgen nicht gewohnt sind, in Bildformaten zu denken. Es war also auf einmal ein Bildregisseur im Theater gefragt und natürlich auch anderes Licht etc.

Auf experimentellen Bühnen wurde mit den technischen Möglichkeiten schon immer gespielt und es wird bestimmt etwas von den „Corona-Erfahrungen“ bleiben. Die Möglichkeiten, Inszenierungen von Bühnenstücken als 360-Grad-Video mit VR-Brillen zu betrachten, ist eine Variante, die von einigen Theatern verwendet bzw. ausprobiert wird, um dem Publikum während der Corona-Pandemie etwas „Kulturerlebnis“ zu ermöglichen. Generell werden sich Streaming-Formate im Theater nur schwer durchsetzen. Das Publikum online und in Präsenz gleichermaßen zu fesseln ist schwierig und Theater lebt von der Live-Erfahrung.

Bei einer Tanzperformance (BODIES UNDER INFLUENCE, im Lichthof Hamburg, 2023) konnten die Besucher mithilfe von Virtual Reality eine Interaktionen zwischen Mensch, Tier und Natur im Zentrum einer zukünftigen Welt erleben. Die Besucher:innen saßen mit auf der Bühne, trugen VR-Brillen und wurden Teil eines neuen Theaterraums, der fiktionale Räume mit dem physisch-realen Erleben von Tanz und Theater verbindet. Das Publikum ist hier also nicht einfach Zuschauer oder Zuschauerin sondern Teil der Stückentwicklung und kann – quasi als Proband:in – eintauchen in die neue Welt.

Bild 14.7 Besucher erleben eine Tanzperformance in Virtual Reality

14.8 Verständnisfragen

1. Erklären sie den Begriff **„Versatz“**.
2. Wo befindet sich im Theater die Beleuchtungsposition **„Brücke“**?
3. Erklären sie den Begriff „Pictoralism“.

15 Fernseh-Licht

Während die Zuschauer*innen im Theater, auf einem Konzert oder, ganz allgemein, bei einem Event direkt die Handlung auf der Bühne sehen bzw. verfolgen können, ist bei Fernsehsendungen immer ein technisches System (Kamera und Display) zwischen der Handlung auf der Bühne und dem Rezipienten vorhanden. Ausnahme ist das Publikum im Studio. Das bedeutet, dass Licht, das in einer Fernsehsendung vor Ort eingesetzt wird, auf jeden Fall durch die Übertragungskette verändert wird. Entsprechend müssen technische Gegebenheiten bei der Kamera, aber auch dem Display berücksichtigt werden.

15.1 Studios

In diesem Abschnitt werden Fernsehstudios nach ihren technischen Möglichkeiten unterschieden. Der Übergang zwischen den einzelnen Studio-Typen ist in der Praxis genauso fließend wie ihre Nutzung.

15.1.1 Aufsager- oder Schaltenstudio

Das Aufsager- oder Schaltenstudio ist ein sehr kompaktes Studio in dem Schaltgespräche mittels Chroma Key realisiert werden.

In vielen Studios sitzen oder stehen die Gesprächspartner vor einer gespannten Opera-Folie, die von hinten beleuchtet wird. Als Lichtquellen für die Opera-Beleuchtung werden Flächenleuchten auf Basis von LEDs eingesetzt. Die bevorzugten Chroma-Key-Farben sind Grün und Blau. Dazu ist die Hintergrundbeleuchtung mit vier Farben (RGB plus Weiß) ausgestattet.

In klassischen Studios wird der Chroma-Key-Hintergrund mit einem grünen oder blauen Stoff geschaffen. Dieser wird dann mit Flächenleuchten gleichmäßig ausgeleuchtet. Ist mit der im Aufsager- oder Schaltenstudio eingebauten Videotechnik kein Chroma Key möglich, bleibt nur eine Real-Dekoration in Form einer Fototapete oder man nutzt echte, reale Studiobauten. Wenn Geld keine Rolle spielt, dann kommt als Hintergrund auch eine hochaufgelöste LED-Wand zum Einsatz, siehe auch Abschnitt 20.3.

In einem Aufsager- oder Schaltenstudio (siehe Bild 15.1) befindet sich häufig nur eine Kamera. Diese wird entsprechend der Größe des Moderators/Moderatorin oder des Gesprächsgastes neutral auf Augenhöhe eingerichtet. Gängige Einstellungsgrößen für Schaltgespräche finden sich zwischen halbnah und nah.

Bild 15.1 Aufsagerstudio; links: virtuelles Studio mit Sprecher, rechts: gesendetes Zuschauerbild

Dieser Studio-Typ ist in seinen Maßen oft sehr kompakt gebaut. Entsprechend gibt es auch selten hohe Decken mit aufwendiger mechanischer Konstruktion inklusive Leuchten-Hängern oder Pantographen. Ein Pantograph ist ein einzelner Leuchtenhänger, bei dem der Scheinwerfer einzeln angehängt wird, siehe auch Bild 15.7. Stattdessen kommen einfache Traversen-Konstruktionen zum Einsatz.

Die lichttechnische Ausstattung ist häufig für ein klassisches Personenlicht optimiert. Es werden Stufenlinsen-Scheinwerfer oder Flächenleuchten eingesetzt.

15.1.2 Nachrichten-, Magazin- oder Spartenstudio

In Nachrichten-, Magazin- oder Spartenstudios finden sich häufig fest eingebaute Dekorationen. Dadurch sind diese Studios sendungsgebunden. Die gesamte technische Infrastruktur ist für diese eine Sendung optimiert.

Dieses Studioprinzip wird heute nur noch bei Sendungen angewendet, die täglich oder im Fall von Nachrichten, mehrfach am Tag produziert werden. Damit ist eine sehr hohe Auslastung garantiert.

Ausnahmen sind Sendungen mit sehr aufwendigen Dekorationen wie man sie z. B. häufig bei Talk-Formaten findet. Diese Sendungen werden oft in einem Wochen-Rhythmus produziert, belegen das Studio aber durchgehend. In solchen Gesprächsrunden müssen sich für den Fernsehzuschauer alle Gäste im selben Raum befinden. Das bedeutet, die Dekoration muss so groß sein, dass für jeden Gast Deckung gegeben ist. Wird eine Talk-Sendung sogar mit Livepublikum produziert, muss die Dekoration eventuell noch größer werden, wenn der Eindruck erzeugt werden soll, dass auch das Publikum mit im selben Raum ist. Hier ist der Aufwand im Allgemeinen so groß, dass die Dekoration nicht mehr auf- und abgebaut wird.

Bild 15.2 Magazinstudio (z. B. SWR Sport)

Ob die verbaute Dekoration eine komplette Realdekoration, eine farbig beleuchtete Opera-Folie, eine bedruckte Opera-Folie mit Hintergrundbeleuchtung, ein Chroma-Key-Hintergrund, eine mit RGB-LED komplett bestückte Rückwand oder eine Mischung aus allem ist, hängt am Design der Sendung.

In diesem Studio-Typ finden sich häufig zwei bis fünf Kameras. Bei den verwendeten Einstellungsgrößen gibt es keine Einschränkungen. Damit muss auch der Studioboden in die Dekoration mit einbezogen werden. Die Maße dieser Studios sind sehr unterschiedlich. Die Decken aber so hoch, dass der Einsatz von manuellen oder automatischen Schienensystemen mit Pantographen für die Positionierung der verwendeten Scheinwerfer möglich ist.

Die lichttechnische Ausstattung ist häufig für Personenlicht optimiert. Zusätzlich müssen Lichtpositionen für die Realdekoration gegeben sein. Es werden Stufenlinsen-Scheinwerfer und Flächenleuchten teilweise noch mit Leuchstofflampen, heutzutage jedoch vorwiegend LED-Lichtquellen eingesetzt.

15.1.3 LED-Wand-Studio

Eine moderne Form des Nachrichten-, Magazin- oder Spartenstudios ist das LED-Wand-Studio. Im Zentrum dieses Studios steht eine große LED-Wand als Dekoration. Sie ist häufig in veränderbare Real-Deko-Elemente integriert, umso ein stimmiges Gesamt-Design für die Sendung zu erzeugen. Die sonstige Verwendung oder Technologie des Studios verändert sich nicht, muss aber um ein performantes Grafiksystem erweitert werden.

Die Idee hinter diesem Studio-Konzept ist eine Erweiterung der Chroma-Key-Technologie. Verschiedene Sendungen lassen sich in einem Studio-Setup produzieren und unterscheiden sich durch das grafische Konzept, dass auf der LED-Wand zu sehen ist. Damit ist das Studio sehr flexibel und kann im Vergleich zu einem kompletten Umbau einer realen Dekoration sehr schnell für verschiedene Formate umgerüstet werden.

Damit ein LED-Wand-Studio möglichst flexibel betrieben werden kann, kommt häufig ein Echtzeitgrafiksystem zum Einsatz. Dieses spielt alle benötigten grafischen Elemente im jeweiligen Design der Sendung auf die LED-Wand aus und rendert diese in Echtzeit. Soll sich das grafische Layout parallel zur Kamera mit bewegen, muss noch ein Tracking-System zur Erfassung der Bewegungsdaten der Kamera integriert werden.

Dieses Studiokonzept reduziert einen großen Teil des Aufwands, der für die Produktion einer Sendung betrieben werden muss. Auf- und Abbauzeiten werden reduziert. Dadurch ist eine höhere Auslastung möglich. Gleichzeitig bietet ein Echtzeitgrafiksystem viele neue Optionen, um dem Zuschauer den Sendungsinhalt näher zu bringen. Eingesparter Aufwand im Studio verlagert sich damit ins Design und die Erstellung von grafischen Inhalten.

15.1.4 Multifunktionsstudio

Multifunktionsstudios gibt es in vielen verschiedenen Größen. Ihn allen gemeinsam ist eine flexible Ausstattung, um damit ein möglichst großes Spektrum an verschiedenen Sendungsformaten realisieren zu können, siehe Bild 15.3.

Es gibt Studios mit und ohne Opera samt Hintergrundbeleuchtung. Eigentlich immer findet sich aber ein Vorhangschienensystem mit zumindest einem schwarzen Vorhang. Ein Livepublikum ist genauso möglich (wie große Dekorationen oder große Requisiten) bis hin zu Pkw. In diesem Studio-Typ finden sich häufig vier bis sechs Kameras. Für bestimmte Formate können die klassischen Systemkameras auf Studio-Stativen um Sonderkameratechnik wie Polecam oder Kamerakran, Kameraturm, Deckenkamera, Steadicam u. a. flexibel erweitert werden.

Bild 15.3 Multifunktionsstudio, z. B. Studio Hamburg

Die Decken sind mit Leuchtenhängern und verfahrbaren Traversensystemen ausgestattet, um Scheinwerfer möglichst flexibel positionieren und ausrichten zu können. Die lichttechnische Ausstattung reicht von Stufenlinsen-Scheinwerfern bis hin zu Movinglights für die Dekorationsbeleuchtung oder Show-Effekte.

15.1.5 Show-Studio/-Atelier

Das Show-Studio gleicht eher einer Halle und ist im Allgemeinen sehr groß. Seine Ausstattung entspricht der eines Multifunktionsstudios, nur gibt es von aller Technik mehr. Die Infrastruktur ist noch flexibler. Es gibt eine Vielzahl an Anschlussfelder für die Energieversorgung und die Signalverteilung, um jeden Winkel im Studio zu erreichen. Dieser Studio-Typ ist für Sendungs-Formate mit großem Livepublikum gedacht.

Das Atelier unterscheidet sich von einem festen Show-Studio durch die technische Ausstattung von Ton und Bild. Diese wird häufig mit einem Ü-Wagen realisiert und ist nicht fest in Form von Regie-und Technikräumen verbaut. Damit kann die individuell geforderte Technik über den jeweiligen Ü-Wagen bereitgestellt werden.

Die lichttechnische Ausstattung sind Stufenlinsen-Scheinwerfern sowie Movinglights für die Dekorationsbeleuchtung oder Show-Effekte. Moderne Projektionstechnik, LED-Technik, LED-Wände, Medienserver und Pyro-Technik eingeschlossen.

Bild 15.4 Casting-Show „Voice of Switzerland“ mit Einsatz von LED-Scheinwerfern A12 (JB-Lighting)

15.1.6 Streaming-Studio

In Zeiten von großen Videoplattformen und Online-Videokonferenzen wird Content nicht länger nur von Rundfunkanstalten in klassischen Studios produziert. Es gibt eine Vielzahl von Live-Streams oder On- Demand-Shows, die mit einer sehr breiten Palette von Licht-, Video- und Audiotechnik produziert werden.

Professionelle Streaming-Studios zeichnen sich durch eine hohe technische Qualität aus. Oft kommen Fotoapparate oder Cine-Kameras mit einem großen Sensor als Kamera zum Einsatz. Die dabei entstehenden Bilder zeichnen sich durch einen ausgeprägten fotografischen Look mit sehr kleiner Schärfentiefe aus. Oft gibt es zusätzliche Kameras, um alternative Blickwinkel oder Details zu ermöglichen.

Bild 15.5 Links: kompakte und flache LED-Flächenleuchte zur Personenausleuchtung, rechts: Akku-betriebener LED-Scheinwerfer für Lichteffekte

Neben dem gut ausgeleuchteten Platz des Moderators finden sich sehr häufig gut gestaltete Hintergründe mit Deko als Set.

Als Lichtquellen für das Personenlicht finden sich Ringlichter, sehr flache LED-Flächenleuchten oder Scheinwerfer mit einer großen Softbox. Das Ziel ist eigentlich immer, den fotografischen Stil des Bildes durch sehr weiches und kontrastreiches Licht zu unterstützen. Für Lichteffekte oder Farben kommen häufig batteriebetriebene kompakte LED-Lichter zum Einsatz.

15.2 Sendungsgenre

Im täglichen Fernsehprogramm findet man eine große Anzahl an unterschiedlichen Sendungen. Gleichzeitig lassen sich die vielen verschiedenen Formate, die in Fernsehstudios produziert werden, in Genres gliedern. Hier eine Übersicht der wichtigsten Genres:

- Nachrichten: regional, national, international;
- Magazin: Boulevard, Politik, Wissenschaft, Verbraucher, Wirtschaft, Kultur;
- Talk: Unterhaltung, Politik;
- Show, Event.

Natürlich gibt es auch jede denkbare Mischform. Also Sendungen, die Elemente verschiedener Genres beinhalten. Neben den inhaltlichen Unterschieden der Genres gibt es auch aus lichttechnischer Sicht Unterschiede. Nicht zwingend in der eingesetzten Lichttechnik, aber z. B. bei der Personenausleuchtung.

Bei Nachrichten- oder Magazinsendungen werden Personen gleichmäßig und ohne große Kontraste ausgeleuchtet. Hier soll der Inhalt transportiert werden. Der/die Nachrichtensprecher:in wird im Bild neutral präsentiert, er/sie soll nicht den Inhalt dominieren. Bei Talk-Formaten kommt es auf das Thema an. Eine politische Talk-Sendung wird sich eher an die nüchterne Ausleuchtung einer Nachrichtensendung halten als eine Sendung mit kulturellen oder künstlerischen Inhalten.

Eine Show kann viele verschiedene Elemente haben. Insbesondere die Künstlerauftritte innerhalb der Shows werden oft aufwendig inszeniert. Hier ist erlaubt, was Spaß macht und den Inhalt unterstützt. Moderationen werden im Gegensatz dazu eher klassisch neutral, aber für die Person vorteilhaft gehalten.

15.3 An der Lichtgestaltung beteiligte Personen

Im Folgenden werden die verschiedenen an einem Fernsehbild beteiligten Gewerke mit ihren Aufgaben und ihrer Verantwortung kurz vorgestellt.

15.3.1 Regie

Der Regisseur verantwortet die Sendung als Ganzes. Er setzt die Vorstellungen der Redaktion mithilfe des gesamten Produktions-Teams in die Praxis um. Dabei übernimmt der Regisseur die Schnittstelle zwischen Redaktion und Produktion.

Zusammen mit dem Bildmischer und den Kameraleuten im Studio ist er für die Kamerapositionen, Bildausschnitte, Kamerafahrten und den Bildschnitt, also die Bildgestaltung und Dramaturgie der gesamten Sendung verantwortlich.

15.3.2 Setdesign

Der Setdesigner entwickelt für das redaktionelle Konzept ein passendes Outfit für die Sendung. Das reicht vom allgemeinen Bühnenbild der Sendung mit Realdekoration oder aktiven Elementen, wie z. B. LED-Wänden, bis zum Content für diese Medienflächen oder grafischen Elementen wie Inserts. Bei sehr modernen Inszenierungen kommen auch VR und AR zum Einsatz. Alle diese Elemente müssen in einem gesamten visuellen Konzept zusammen funktionieren. Es geht dabei um die allgemeine Gestaltung, die Farben und Formen.

15.3.3 Lichtdesign

Der Lichtdesigner, der oft auch als Director of Photography (DoP) oder Erster Kameramann bezeichnet wird, ist verantwortlich für die gesamte Lichtgestaltung einer Sendung.

Der Lichtdesigner entwirft ein Beleuchtungskonzept für die Personen und die Dekoration. Wobei heute Licht- und Setdesign fließend ineinander übergehen. Viele moderne Sets, gerade bei Show-Formaten, bestehen zum größten Teil aus aktiven Elementen wie LED-Wänden, Projektions-Flächen oder Displays. Klassische Sets, die mit Licht beleuchtet werden, findet man dagegen z. B. eher im Magazin-Bereich. Wobei auch da gerne steglose Displays verbaut werden.

15.3.4 Kameramann

Das gesamte Kamerapersonal, egal ob am Boden mit Studiokamera, Schulterkamera oder Steadicam oder in der Luft mit einem Kamerakran, setzt die geplante Sendung zusammen mit der Regie um. Je nach Sendung und Konzept haben Kameras dabei feste Aufgaben oder sie können „frei schießen", also zur jeweiligen Sendungssituation passende Bilder anbieten.

15.3.5 Beleuchtungsmeister/lichtsetzender Kameramann

Der Beleuchtungsmeister oder manchmal auch ein lichtsetzender Kameramann setzt die Ideen und Planungen des Lichtdesigners am Set in die Tat um. Dazu stehen ihm je nach Sendungsaufwand ein oder mehrere Lichtpult-Operatoren und ein Beleuchter-Team zur Seite. Gemeinsam leuchten sie das Set ein und schaffen Lichtpositionen.

15.3.6 Lichtpult-Operator

Der Lichtpult-Operator oder auch Lichtpult-Meister bedient die Lichtstellanlage. Er speichert die verschiedenen Scheinwerferintensitäten in verschiedene Stimmungen. Diese werden dann während der Sendung ausgegeben.

Je nach Sendungsaufwand gibt es mehrere Lichtstellanlagen für Personen-Licht (Weißlicht), Effekt-Licht auf der Show-Bühne oder Video-Einspielungen. Gerade dem Effekt-Licht-Operator kommt, gemeinsam mit dem Content-Operator, eine wichtige Rolle zu. Sie setzen mit dem Show-Licht den gewünschten Look der Sendung und der einzelnen Show-Elemente um und kreieren so die Atmosphäre und Stimmungen.

15.3.7 Oberbeleuchter/Beleuchter

Das Beleuchter-Team ist für den Aufbau und das Einrichten der gesamten Licht- und Energietechnik verantwortlich. Bei größeren Produktionen ist das Beleuchter-Team in mehrere Gruppen und Aufgaben unterteilt, dann gibt es mit dem Oberbeleuchter jeweils einen Team-Leiter.

15.3.8 Bildingenieur

Der Bildingenieur ist für die gesamte Kameratechnik einer Sendung verantwortlich. Zusammen mit dem Bildtechnik-Team bereitet er die Kameras für die Produktion vor.

Der Bildingenieur setzt den vom Lichtdesigner gewünschten Look mithilfe der technischen Möglichkeiten der Kamera um. Das betrifft z. B. die Farbgestaltung, die Bildschärfe oder die Übertragungskennlinie.

15.3.9 Maske

Die Maskenbildner schminken die Personen, damit diese vor der Kamera möglichst vorteilhaft aussehen. Im Zentrum ihrer Arbeit steht eine natürliche Hautfarbe. Manchmal ist auch ein individueller Look gefragt. Wobei sich die Definition, wie Menschen für eine Fernsehsendung geschminkt werden müssen oder sollten, auch immer wieder verändern oder vom Genre abhängig ist. Für Kamerabilder ist Glanz auf der Haut unvorteilhaft, darum müssen Menschen vor der Kamera immer wieder abgepudert werden. Auch hier ist aber heute weniger mehr. Personen werden nicht mehr „platt" geschminkt.

15.3.10 Kostüm

Die Auswahl der Kleidung trägt sehr zum visuellen Bild bei. Sie muss sowohl zur Person als auch zum Stil und Look der Sendung passen. Gleichzeitig unterliegt die Kleidungswahl auch technischen Gesichtspunkten. Ist die Farbe kompatibel mit dem Chroma-Key-Hintergrund oder hebt sie sich von der Deko ab? Aber auch die Struktur von Oberflächen ist entscheidend. Ist sie so fein, dass durch die Kamera ein negativer Moiré-Effekt entsteht? Darum gibt es immer wieder Kostümproben, um gesamte Outfits im Studio, mit dem richtigen Licht, durch die Kamera auf Referenz-Displays zu beurteilen.

15.3.11 Protagonisten

Alle sich vor der Kamera bewegenden Personen tragen auch zum Lichtdesign bei. Das wird vielleicht erst auf den zweiten Blick klar. Wenn z. B. ein Moderator nicht auf seiner Position steht, dann kann das je nach umgesetzten Lichtkonzept unvorteilhaft aussehen. Oder wenn ein Gang nicht wie eingeleuchtet abgeschritten wird, geht man vielleicht ins Dunkle.

15.4 Eingesetzte Scheinwerfer

Neben den klassischen Fresnel-Scheinwerfern mit Halogen-Leuchtmitteln kommen in Fernsehstudios noch eine Vielzahl weiterer Scheinwerfer hinzu. In den letzten Jahren auch verstärkt Movinglights. Wobei diese nicht nur für Lichteffekte, sondern mittlerweile auch für das Personenlicht benutzt werden. Von einem typischen Licht-Setup für das Fernsehen kann fast nicht mehr gesprochen werden. Benutzt wird, was funktioniert und ins Budget passt.

15.4.1 Fresnel-Scheinwerfer

Der Fresnel- oder Stufenlinsen-Scheinwerfer ist in vielen Bereichen auch heute noch der typische Scheinwerfer für das Personenlicht in einem Fernsehstudio. Er wird mit Leuchtmitteln in verschiedenen Leistungsklassen vom Personenlicht bis zum Dekorations-Licht für alles eingesetzt. Heutzutage grundsätzlich mit LED-Leuchtmitteln statt den früher gebräuchlichen hochwattigen Halogen-Leuchtmitteln.

Bild 15.6
Fresnel-Scheinwerfer ARRI LC7-C mit LED-Technik. Einsatz z. B beim Tagesschaustudio in Hamburg

Es gibt diverses Zubehör für Fresnel-Scheinwerfer, wie z.B. Tore zur Begrenzung des Lichtkegels, Farb- und sonstige Folien und die Stangenbedienung, siehe dazu die Ausführungen in Abschnitt 9.1.7.

Die Scheinwerfer hängen in Studios vorwiegend an Teleskopstangenhängern oder an großen Leuchtenhängern, die elektrisch verfahrbar sind, siehe Bild 15.7.

Bild 15.7
Pantographen (Teleskop-leuchtenhänger)

In traditionellen Studios werden Scheinwerfer in einem Haltebügel mithilfe einer Beleuchterstange über PAN und TILT manuell verdreht. Die PAN-Richtung wird dabei mit dem blauen und die TILT-Richtung mit dem weißen Drehknauf bewegt. Zur Erinnerung, der gelbe Drehknauf ist für die Lichtcharakteristik (hart/weich bzw. spood/flood) und die Lichtkegelgröße zuständig.

Eine sehr moderne Form des Fresnel-Scheinwerfers sind Washlights. Dabei handelt es sich um Movinglights mit einer Fresnel-Linse. Mit diesem Scheinwerfertyp wird immer öfter auch Personenlicht realisiert.

Bild 15.8
Washlight (Movinglight mit Fresnel-Linse)

15.4.2 Weitere Scheinwerfer im Fernsehstudio

Neben dem Stufenlinsen-Scheinwerfer gibt es in einem Fernsehstudio auch andere Scheinwerfertypen. Genutzt wird, was die jeweilige Aufgabe erfüllt, Flächenscheinwerfer zur Personenbeleuchtung oder zur Hintergrund- bzw. Opera-Beleuchtung.

Man findet auch Effekt-Scheinwerfer in Form von Movinglights für Deko und Licht-Effekte mit Gobos. Eher selten sieht man den klassischen Theater-Scheinwerfer, den Profil-Scheinwerfer.

15.5 Fernsehsystem

Das Fernsehen überträgt Bilder von einem Ort zu einem anderen. Bilder bestehen aus Licht und Licht trägt Informationen für den menschlichen Sehsinn. Diese Informationen werden mit dem Fernsehsystem übertragen. Das Fernsehen ist damit eine Übertragungskette für visuelle Informationen.

15.5.1 Die Fernsehübertragungskette

Die gesamte technische Übertragungskette befindet sich zwischen dem Licht der Szene und dem Licht, dass aus dem Fernseher beim Zuschauer kommt. Die beiden wichtigsten Geräte dieses Übertragungssystems sind aus Sicht des Lichtes die Kamera und das Display.

Moderne Kameras sind vollständig mit digitalem Processing und CMOS-Sensoren ausgestattet. Die Zeit von Kameras mit CCD-Sensoren ist eindeutig vorüber, obwohl sie noch im Markt zu finden sind. Zusätzlich finden auch immer öfter digitale Cinema-Kameras mit einem Single Sensor-Prinzip Einzug in die klassische Fernsehproduktion.

Das nach technischen und inhaltlichen Regeln gestaltete Licht wird von der Kamera in ein elektrisches Signal gewandelt. Das Videosignal entspricht damit der technischen Beschreibung des aufgenommenen Lichts. Die Kamera ist also der Licht-/Videosignal-Wandler.

Das Standard-Videosignal ist heute ein digitales serielles Komponentensignal $Y'C_BC_R$ mit einem Sampling von 4:2:2 und einer Quantisierung von 10 Bit pro Pixel. Nur sehr selten findet sich ein digitales RGB-Signal in 4:4:4 und 10 Bit.

Die Auflösung von Videosignalen ist um Ultra High Definition erweitert. Das Bildseitenverhältnis ist immer 16:9. Folgende Aufzählung zeigt die verschiedenen Auflösungen:

- Standard Definition (SD): 720 × 576 Pixel;
- High Definition (HD): 1920 × 1080 oder 1280 × 720 Pixel;
- Ultra High Definition-1 (UHD-1): 3840 × 2160 Pixel;
- Ultra High Definition-2 (UHD-2): 7680 × 4320 Pixel.

Am Ende der Übertragungskette werden heute sowohl in Produktionskomplexen als auch bei den Zuschauern LCDs oder OLED-Displays verwendet. Diese Displays, wandeln die Informationen aus dem Videosignal wieder in Licht, das der Mensch vor dem Gerät sehen kann.

Damit ist die Übertragungskette von Licht zu Licht geschlossen. Natürlich findet hier keine absolute, sondern nur eine relative Übertragung des Lichtes statt. Ein Display, egal welcher Technologie, kann nicht die Leuchtdichte der Sonne erzeugen. Relativ bedeutet also, wenn es in der Original-Szene z. B. um eine Blende dunkler wird, dann muss auch das Licht aus dem Display um eine Blende dunkler werden.

15.5.2 High Dynamic Range und Wide Colour Gamut

Mit der Einführung von Ultra High Definition wurde nicht nur die Auflösung gesteigert. Das gesamte Fernsehsystem wurde um High Dynamic Range (HDR) und Wide Color Gamut (WCG) grundsätzlich erweitert. Mit HDR ist es möglich, größere Kontraste des Lichtes mit entsprechenden Kameras aufzunehmen und auf entsprechenden Displays wiederzugeben. Damit ist ein natürlicherer Bildeindruck möglich, weil z. B. helle Lichtquellen bei der Wiedergabe auch hell wiedergegeben werden. Dabei geht es nicht nur um hellere Bilder, sondern darum den Kontrast der Fernsehbilder zu steigern. Dadurch lassen sich zum Beispiel Reflexionen an metallischen Oberflächen sehr viel natürlicher wiedergeben, siehe dazu Bild 15.9 und Bild 15.10.

Bild 15.9 HDR-Bild mit Glanzeffekten am Schlagzeug und intensive Blinder

Mit WCG ist der Farbraum der Wiedergabe erweitert. Die bisherigen Grundfarben des Fernsehsystems sind in ITU-R BT.709 definiert. Der neue, deutlich größere Farbenraum ist in ITU-R BT.2020. Das Dreieck der Primärvalenzen ist bei WCG bis auf den spektralen Kurvenzug erweitert, sodass es maximal groß ist. Dadurch lässt sich die Sättigung der wiederzugebenden Farben deutlich steigern. Gemeinsam mit HDR sind auch höhere Helligkeiten von Farben möglich. Weitere Aspekte zum Thema finden sich im Kapitel 6 „Farbmetrische Grundlagen“.

Bild 15.10 Intensive Farben und Glanzeffekte durch HDR und WCG

15.5.3 Display und Bildbeurteilung

Die Bildröhre (engl. CRT, Cathode Ray Tube) war Jahrzehnte die einzige Bildwiedergabetechnologie. In Zeiten von High Definition und Ultra High Definition 1/2 findet man in einem modernen Produktionsumfeld LCDs mit LED-Hintergrundbeleuchtung bzw. OLED-Displays zur visuellen Beurteilung der Bildqualität.

Ein korrekt eingestelltes Display ist zusammen mit einer korrekten Betrachtungsumgebung die Basis für eine objektive Bildbeurteilung. Beides muss zueinander passen. Ein zu heller Raum oder zu dunkles Display führen genauso zu einer falschen Beurteilungsgrundlage wie eine zu niedrige Farbtemperatur in Bezug auf das Fernsehweiß des Displays. Alles endet in einer falschen Adaptation des Auges und somit in einer falschen Bildbeurteilung.

Die Displays sind in Qualitäts-Klassen eingeteilt. Die für die Bildbeurteilung relevanten Geräte sind sogenannte Klasse-1 oder auch Referenz-Displays. Ihre Grundparameter sind in der EBU-Tech 3320 beschrieben. Die dazugehörigen Messanweisungen findet man in der EBU-Tech 3325.

Die Bildtechnik und auch der Lichtdesigner sollten sich nicht mit einem falschen oder einem schlecht eingestellten Display zufriedengeben. Am einfachsten ist es, wenn beide identische Geräte nutzen. So kann man auf einer gemeinsamen Basis die Bilder einer Produktion beurteilen.

Bild 15.11 Bildregie (WDR Studio E)

Die Betrachtungsbedingungen müssen zu den Parametern des Displays passen. Die Umfeld-Leuchtdichte soll dabei einer Dim-Surround, also einer abgedunkelten Umgebung entsprechen und mit 5 % der Spitzenleuchtdichte des Displays wirklich dunkel sein. Nur so erscheint dem adaptierten Auge die Display-Leuchtdichte bei einem Videopegel von 100 % auch als Weiß.

15.5.4 Kamera und Objektiv

Es gibt eine sehr große Anzahl an verschiedenen Kameras von SD bis UHD. In den „großen" Fernsehstudios kommen sehr hochwertige Kameras zum Einsatz. Mit ihnen sind die verschiedenen Videonormen wie 1080i/25, 1080p/25, 1080p/50, 2160p/50 u. a. realisierbar.

15.5.4.1 Objektiv

In der Fernsehstudiotechnik ist der B4-Mount bei Kameras mit 2/3"-Sensoren und Strahlenteiler der Standard-Objektivanschluss. Es gibt zwei Bauformen mit B4-Mount: die sogenannten Box- oder Studio-Objektive und die ENG-Objektive. Box-Objektive sind größer, schwerer, sind mit deutlich mehr Linsen aufgebaut und haben daher eine größere Abbildungsqualität im Vergleich zu den ENG-Objektiven für Camcorder oder den Handkamerabetrieb.

Bild 15.12
Fernsehstudiokamera Typ HDC 2000B (Sony)

In der klassischen Fernsehproduktion gibt es so gut wie ausschließlich Zoom-Objektive mit veränderbarer Brennweite. Je nach ihren Brennweiten werden sie in verschiedene Kategorien eingeteilt:

- Standard-Objektiv mit einem mittleren Brennweitenbereich von beispielsweise 18 × 7,6 mm,
- Teleobjektiv mit langen Brennweiten von z. B. 122 × 8,5 mm,
- Weitwinkelobjektiv mit kurzen Brennweiten von z. B. 14 × 4,5 mm.

Die Brennweitenangaben werden bei Zoom-Objektiven über den Zoom-Faktor multipliziert mit der Anfangsbrennweite angegeben. Ein Standard-Objektiv mit einer Angabe von 16 x 6,3 mm hat also im Weitwinkelbereich eine Anfangsbrennweite von 6,3 mm und im Telebereich eine Endbrennweite von 16 × 6,3 = 100,8 mm.

15.5.4.2 Lichtempfindlichkeit, Arbeitsblende und Lichtniveau der Produktion

Welche Beleuchtungsstärke benutzt man in einem Studio, das mit modernen Systemkameras ausgestattet ist? Diese Frage ist abhängig von der nominalen Lichtempfindlichkeit der Kamera, davon mit welcher Arbeits-Blende man produzieren will und wie hell eine Person mit ihrem individuellen Hautton im Bild erscheinen soll.

Die nominale Lichtempfindlichkeit einer Broadcast-Kamera wird über eine neutrale Weißfläche mit einem Reflexionsgrad von 89,9 % bestimmt. Die Weißfläche wird mit einer vertikalen Beleuchtungsstärke von 2000 lx bei einer Farbtemperatur von 3200 K beleuchtet. In dieser definierten Lichtsituation wird die Blende nach einem Weißabgleich in der Kamera auf einen Videopegel von 100 % (Weiß) belichtet. Die für diesen Pegel am Objektiv benötigte f-Blende definiert die Lichtempfindlichkeit der Kamera.

Die Blendenreihe an Objektiven orientiert sich an der Halbierung und Verdopplung der relativen Lichtmenge am Ausgang. Folgende Blendenwerte sind in einer Blendenreihe mit vollen Blendenstufen definiert: f/1.0 – f/1.4 – f/2.0 – f/2.8 – f/4.0 – f/5.6 – f/8.0 – f/11.0 – f/16.0 – f/22.0

In der Praxis findet sich häufig eine f/1.4 als offenste Blende eines Objektivs.

In der Praxis halten sich alle Hersteller an diese Definition, sodass die Kamerasysteme untereinander grundsätzlich vergleichbar sind.

Die Angabe der Lichtempfindlichkeit bezieht sich immer auf eine bestimmte Videonorm. Aktuelle Systemkameras erreichen bei der in Europa gängigen Videonorm 1080i/25 je nach Modell und Hersteller eine Blende f/8 bis f/11.

Die Arbeitsblende definiert die Blende, mit der produziert wird. Soll eine f/11-Kamera mit einer Arbeitsblende f/5.6 betrieben werden, kann das Lichtniveau im Studio um zwei Blenden von 2000 lx auf 500 lx gesenkt werden. Die Belichtung des Bildes bleibt dabei identisch.

Ein Teleprompter reduziert die Lichtmenge für die Kamera, abhängig von der Scheibe, in der Regel um eine halbe Blende. Diese halbe Blende muss bei der Beleuchtungsstärke im Studio wieder aufgeschlagen werden, wenn die Arbeitsblende bei f/5.6 stehen bleiben und die Belichtung auch mit Teleprompter identisch bleiben soll. Eine f/11-Kamera benötigt also bei f/5.6 mit Teleprompter ein Lichtniveau im Studio von ca. 750 lx.

15.5.4.3 Weißabgleich

Damit eine Kamera ein korrektes Weiß abbilden kann, muss ein Weißabgleich durchgeführt werden. Der Weißabgleich verknüpft die im Studio vorhandene Farbtemperatur über eine neutrale Testkarte mit einem unbunten Videosignal. Dabei misst die Kamera das von der Testkarte reflektierte Licht in seinen RGB-Anteilen und verstärkt Rot und Blau so lange gegeneinander, bis sie gemeinsam mit Grün einen identischen Pegel erreichen. Erst nach einem Weißabgleich wird eine weiße Oberfläche in der im Studio vorhandenen Farbtemperatur über die Kamera an einem Display auch weiß wiedergegeben (siehe Bild 15.13).

Oft wird heute zugunsten eines individuellen Looks mit einem bewusst falschen Weißabgleich produziert. Soll eine Sendung z. B. in einer warmen Stimmung erscheinen, wird der Weißabgleich in Richtung Rot/Gelb manipuliert. In allen modernen Systemkameras kann man den Weißabgleich manuell stufenlos verschieben. Alternativ kann man den Weißabgleich der Kamera auch stabil lassen und den gewünschten Look mittels RGB-Farbmischung oder Filtern von modernen LED-Scheinwerfern erzeugen.

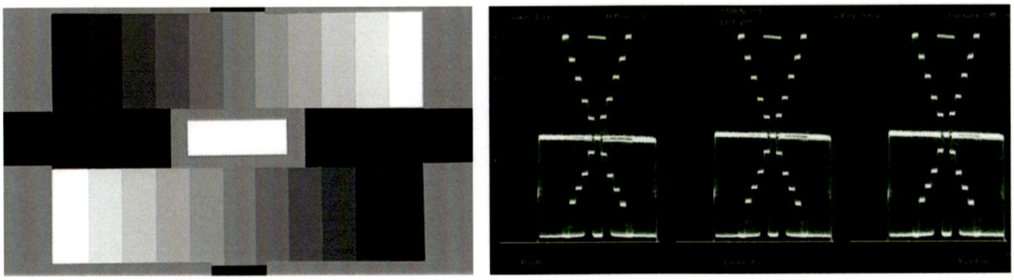

Bild 15.13 Grautreppe und RGB-Waveform mit neutraler Wiedergabe

15.6 Fernseh-Licht

Im Folgenden werden einige besondere Aspekte für Licht im Fernsehbereich beschrieben.

15.6.1 Lichtkonzepte

Ausgehend von den verschiedenen Genres von Sendungen müssen grundsätzlich bei allen Fernsehsendungen eine oder mehrere Personen sowie Personengruppen (Zuschauer) optimal beleuchtet werden. Des Weiteren wird auch sehr viel Mühe für die Beleuchtung des **„Sets“** aufgewendet, um den **„Look“** der Sendung dem Zuschauer am Bildschirm zu Hause zu vermitteln.

15.6.1.1 Punktuelles Licht

Die Beleuchtung von Personen mit punktuellem Licht ist das klassische Lichtkonzept der Personenbeleuchtung. Es funktioniert in allen Formaten, in denen sich die Positionen von Moderator und Kamera durch die Regie fest planen lassen, wie z. B. bei Magazinsendungen.

Durch das punktuelle Licht mit seinen festgelegten Lichtrichtungen gibt es nur eine Achse zwischen Moderator und Kamera, die eine perfekte Ausleuchtung garantiert. Darum gehören zu diesem Lichtkonzept auch Positionsmarkierungen für den Moderator*in auf dem Studioboden.

Das Punktlichtkonzept wird z. B. mit der Dreipunkt-Ausleuchtung umgesetzt. Dabei wird eine Person mit drei Scheinwerfern beleuchtet: dem Führungslicht, der Aufhellung und dem Hinterlicht. Die Person und die Kamera bilden die sogenannte Kameraachse. Die Führung und die Aufhellung befinden sich in einem Winkel von jeweils 45° zu dieser Achse und beleuchten die Person von links und rechts vorne.

Das Hinterlicht befindet sich im Normalfall genau in der Kameraachse hinter der Person. Dadurch bekommen der Kopf und die beiden Schultern ein symmetrisches Licht von hinten. Die vertikalen Winkel der drei Lichtrichtungen werden mit jeweils 45° angegeben.

Nachteil der klassischen Dreipunkt-Ausleuchtung sind die zwei Gesichtsschatten. Darum findet man in der Praxis oft eine andere Variante der Dreipunkt-Ausleuchtung, oftmals Vierpunkt-Ausleuchtung genannt. Auch hier bilden die Person und die Kamera die Kameraachse. Das Führungslicht wird genau in dieser Achse von vorne gesetzt und befindet sich über der Kamera. Durch diese Positionierung wird ein symmetrisches Grundlicht für die Person erreicht. Die Aufhellung kommt aus einem individuellen Winkel von links oder rechts und betont dezent eine Gesichtshälfte. Damit erzeugt die Aufhellung eine definierte Lichtrichtung. Das Hinterlicht befindet sich weiterhin in der Kameraachse hinter der Person.

Bild 15.14 Dreipunkt-Ausleuchtung

Die vertikalen Winkel von Führung und Aufhellung werden oft flacher gewählt, um den Kinn- und den Nasenschatten klein zu halten. Es finden sich Winkel um 30°. Dabei muss ein individueller Kompromiss gefunden werden. Je flacher das Licht von vorne kommt, desto mehr wird der Moderator geblendet. Das ist doppelt unglücklich, denn Blendung erschwert das Ablesen des Teleprompters und führt zu unschönem Kneifen der Augen. Das Hinterlicht wird steiler gesetzt, um direktes Streulicht in die Kamera zu vermeiden. Es findet sich ein Winkel um 60°.

Ob die Aufhellung von links oder rechts kommt, bestimmt der geforderte Bildausschnitt. Soll eine Person aus Kamerasicht nicht zentral, sondern z. B. leicht links im Bild eingesetzt werden, muss die Aufhellung aus Kamerasicht von rechts kommen.

Sollen die genannten Beleuchtungskonzepte z. B. bei Show-Sendungen eingesetzt werden, bei denen sich die Künstler bewegen, kommen dafür sogenannte Verfolger zum Einsatz. Verfolger sind Profilscheinwerfer oder Movinglights, die über ein spezielles Follow-Spot-System fernbedient werden, siehe dazu detailliertere Ausführungen in Abschnitt 17.7. Die Personen werden dann von zwei oder drei Verfolgern immer im Lichtkegel gehalten.

15.6.1.2 Flächiges Licht

Eine Lichtfläche benötigt keinen besonderen Standpunkt des Moderators oder der Kamera. Beide haben eine maximale Bewegungsfreiheit im Set oder auf der Show-Bühne. Die Idee, mit der dieses Ziel erreicht wird, ist ein gleichmäßiges Lichtniveau und dies überall im Set. Flächiges Licht wird mit Flächenleuchten oder mit Stufenlinsen-Scheinwerfern, die einen großen Abstand zum Set und gleichzeitig eine hohe Leistung haben, umgesetzt.

15.6.2 Ausleuchtung mehrerer Personen

Die bisher aufgeführten Lichtrichtungen, Lichtgestaltungsregeln gelten vor allem der Personenbeleuchtung. In Talk-Shows, Fernsehsendungen werden natürlich mehrere Talk-Gäste, Gruppen, ganze Zuschauerbereiche und natürlich die Sets extra ausgeleuchtet.

15.6.3 Beleuchtung bei Talk-Sendungen im Fernsehen

Bei typischen Talk-Sendungen, wie z. B. dem ZDF-Polit-Talk Maybrit Illner oder der NDR-Talkshow, sind oft 4 bis 8 Gäste eingeladen, die um einen Tisch platziert sind. Der Moderator bzw. die Moderatorinnen sitzen entweder in der Runde mit dabei oder stehen etwas abseits. Ab und zu gibt es einen Gang zu Studiogästen oder zu einer Co-Moderatorin.

Bei allen Situationen geht es darum, dass die Gäste und die Moderatorin/der Moderator gut ausgeleuchtet sind, damit der Zuschauer die Argumente der Talkgäste, die Emotionen, aber auch die Fragestellung des Moderators deutlich im Gesicht ablesen kann. Entsprechend wird in diesen Talk-Sendungen die typische Dreipunkt- oder Vierpunkt-Ausleuchtung eingesetzt. D. h. jeder Gast hat mindestens ein Führungslicht und ein Aufhelllicht. Eventuell erhalten zwei Gäste ein gemeinsames Hinterlicht, um die Anzahl der Scheinwerfer zu reduzieren.

15.6.4 Beleuchtung von Zuschauern im Fernsehen

Neben der Beleuchtung der Gäste ist natürlich die Beleuchtung von Zuschauern wichtig, wenn die Sendung mit Zuschauern umgesetzt wird. Dabei sind je nach Sendung zwischen 20 bis 100 Gäste im Studio anwesend. Bei großen Blockbustern oder großen Preisverleihungen natürlich mehrere Tausend.

Bei Sendungen mit wenig Gästen (20 bis 100) wird versucht, alle Studiogäste gut auszuleuchten. Natürlich wird hier die erste Reihe besonders gut ausgeleuchtet. Entweder klassisch mit Führungslicht von vorne und eventuell mit eingefärbtem Hinterlicht. Blaues Licht erzeugt eine deutliche Tiefe, sodass der Zuschauerraum deutlich größer und mächtiger aussieht, als er in Wirklichkeit ist.

Bei sehr großen Events wird dann auch schon eine farbige Beleuchtung mit eingesetzt, aber immer mit weißem Vorderlicht, sodass, wenn die Kamera ins Publikum schaut, die Gesichter und die Emotionen der Gäste gut sichtbar sind (siehe Bild 15.15).

Bild 15.15 Links: „farbige" Ausleuchtung der Gäste, rechts: Setbeleuchtung (Studio Hamburg Projekt Department Medientechnik)

15.6.5 Beleuchtung des Sets im Fernsehen

Neben der Beleuchtung der Gäste und der Zuschauer ist natürlich die Beleuchtung des Sets sehr wichtig, um eine Stimmung, einen Brand oder einen gewissen Look der Sendung zu erzeugen. Einerseits, um sich von anderen Sendungen abzuheben, andererseits natürlich auch für den Wiedererkennungswert einer Sendung, wenn der Fernsehzuschauer durch die Programme **„zappt"** und innerhalb von Sekunden weiß, welche Sendung er gerade betrachtet.

15.7 Sendeablauf

Nachfolgend sollen die Arbeitsschritte vor und während einer Sendung detaillierter betrachtet und ausgeführt werden.

15.7.1 Vor der Sendung

Vor einer Sendung werden von der Redaktion zusammen mit dem lichtsetzenden Kameramann die für den jeweiligen Themenkomplex der Sendung benötigten Moderationspositionen und Blickrichtungen innerhalb des Sets festgelegt. Daraus ergeben sich dann die Kamerapositionen und die für das Personen- und Dekorationslicht benötigten Lichtrichtungen. Diese Festlegungen sind die Basis für das Licht. Neben der Positionsfrage wird auch der Look der Sendung festgelegt. Welche Stimmung ist von der Redaktion gewünscht?

15.7.2 Einleuchten

Beim Einleuchten werden die getroffenen Festlegungen im Set umgesetzt. Dazu werden die einzelnen Moderationspositionen nacheinander geleuchtet. Zusätzlich kommt das Licht für die Dekoration und ggf. auch Licht für das Publikum.

Der Lichtdesigner nimmt die Position der Kamera ein. So kann er die Lichtwirkung auf den Moderator sofort aus der richtigen Richtung und vor dem richtigen Hintergrund visuell beurteilen.

Der Beleuchtungsmeister nimmt die Positionen des Moderators ein. Von dort aus kann er die Kamera sehen, die ebenfalls immer die jeweils abgesprochene Position einnimmt. Aus dieser Achse zwischen Kamera und Moderator ergeben sich die jeweils optimalen Lichtrichtungen und die dafür benötigten Scheinwerferpositionen. Das Beleuchter-Team richtet die Scheinwerfer mit Beleuchterstangen auf Ansage des Beleuchtungsmeisters aus.

Alle Positionen werden mit einem Luxmeter eingeleuchtet, um die Beleuchtungsstärken an den verschiedenen Positionen im Set konstant zu halten. Das ist für eine einheitliche Arbeitsblende an der Kamera wichtig.

Bild 15.16 „Eingeleuchtete“ Sendung ohne Gäste und Publikum

Die Farbtemperatur ist beim Einleuchten oft Erfahrungssache. Scheinwerfer gleicher Leistung, in vergleichbarem Abstand und vergleichbarer Intensität erzeugen auch eine vergleichbare Farbtemperatur. Treten doch Farbtemperatur-Sprünge an den verschiedenen Positionen im Set auf, werden diese durch die Bildtechnik an der Kamera ausgeglichen. Darum sieht man ein Farbtemperatur-Messgerät in der Praxis nicht sehr oft in einem Fernsehstudio. Soll die Farbtemperatur aber konstant sein, kommt man um eine Messung nicht herum.

Mittlerweile kommen bei vielen Produktionen Scheinwerfer mit verschiedenen Lichtquellen zum Einsatz. Diese Mischung von Scheinwerfern mit verschiedenen spektralen Eigenschaften ist eine Herausforderung für die Kameras. Für das Auge gleiche Farben können im Kamerabild sehr unterschiedlich aussehen. Darum ist es heute wichtiger denn je, dass das Licht einer Fernsehsendung durch die Kamera auf einem Referenzdisplay beurteilt wird und für eine gleichmäßige Farbgebung von Personen und Dekoration die Scheinwerfer mittels additiver Farbmischung angepasst werden.

Ist das Licht im Studio eingerichtet, finden Lichtproben statt. Dazu wechselt das Licht-Team in die Lichtregie oder an einen Licht-Platz innerhalb des Studios, der mit eingemessenen Displays ausgestattet ist, welche die Kamerabilder zeigen.

In der Lichtprobe werden dann die einzelnen Positionen durch die Kamera betrachtet und optimiert. Zuerst wird mit Licht-Doublen gearbeitet und während der Sendungsproben wird dann das finale Sendungslicht mit dem Moderator und ggf. den Gästen erstellt.

15.7.3 Lichtplan

Der Lichtdesigner skizziert während des Einleuchtens einen Lichtplan der Sendung. Dabei erfasst er die Moderationspositionen im Set samt der verwendeten Scheinwerfer sowie die Lichtrichtungen.

Der Beleuchtungsplan dokumentiert im Laufe des Einleuchtens auch, welche Scheinwerfer schon verwendet werden und welche noch frei sind. Ein Scheinwerfer kann in einer Sendung nicht für zwei verschiedene Positionen benutzt werden. Bei großen Produktionen werden detaillierte Lichtpläne am Computer gezeichnet.

15.7.4 Pultkonzept

Je nach vorhandener Lichtstellanlage benötigt man ein individuelles Bedien- und Programmierkonzept für das Licht einer Fernsehsendung. Der einzelne Speicher, in dem man einen oder mehrere Scheinwerfer bzw. Dimmer mit Intensitätswerten speichert, ist dabei oft die Basis.

Wie viele Speicher man für eine Sendung benötigt, ist von ihrer Struktur abhängig. Eine Magazin-Sendung besteht z. B. aus Moderationen und Beiträgen. Für die Moderationen gibt es entweder eine feste oder mehrere verschiedene Positionen im Set. Für jede dieser Moderationspositionen wird ein eigener Lichtspeicher angelegt. So kann die gesamte Sendung in Lichtspeicher zerlegt werden. Gibt es während der Sendung ein Gespräch zwischen Moderator und Gast, so kann man die Lichtspeicher noch weiter aufteilen, jeweils einen Speicher für den Moderator und den Gast. So können beide Positionen sehr flexibel und schnell in ihrer jeweiligen Gesamtintensität verändert werden, ohne dass innerhalb eines gesamten Lichtspeichers mehrere Scheinwerfer einzeln verändert werden müssen.

Zum Personenlicht kommen dann noch Speicher für das Licht der Dekoration. Je nach Größe oder der Anzahl der einzelnen Sets innerhalb der Gesamt-Dekoration, gibt es auch hier mehrere Lichtspeicher. Weitere Speicher sind für spezielle Aktionen, Publikum oder Lichteffekte wie Auftritt einer Person im Gegenlicht oder Movinglight-Bewegungen nötig.

Natürlich kann es innerhalb einer Position im Studio auch mehrere Lichtspeicher geben. Wenn sich die Lichtstimmung z. B. von einem normalen Sendungslicht in ein schummeriges Wohnzimmerlicht ändern soll, dann sind vielleicht keine anderen Scheinwerfer, sondern nur andere Intensitäten nötig. Diese werden in einem zweiten Speicher abgelegt. Die so erzeugten verschiedenen Lichtspeicher und Lichtstimmungen können dann in der Sendung manuell oder in einer Programmierung nach Timecode aktiviert werden.

15.7.5 Lichtänderung während der Sendung

Das nach der Vorplanung eingeleuchtete und in den Proben angepasste Licht wird während der laufenden Sendung ständig weiter aktiv optimiert. Grundsätzlich müssen der Moderator und die Kameras ihre für den jeweiligen Sendungsteil exakt festgelegten Positionen wiederfinden. Nur so funktioniert das eingeleuchtete Licht.

Bild 15.17 Aufnahmesituation während der Sendung

In einer Magazinsendung haben dafür alle Beteiligten genügend Zeit, während die Beiträge laufen. Was passiert, wenn z. B. am Ende einer Kamerafahrt oder bei Gängen im On die eingeleuchteten Endpositionen nicht sauber wieder getroffen werden? Oder die Kamera für eine Moderation doch nicht an der abgesprochenen Position steht und sich der Moderator damit vielleicht aus dem Licht drehen muss, um direkt in die Kamera sehen zu können. Die Folge ist, dass das Personenlicht nicht mehr optimal ist und die Kollegen in der Lichtregie gezwungen sind, während der laufenden Sendung aktiv in das vorbereitete Licht einzugreifen.

Damit ist klar, dass auch Kameraleute sich mit dem Lichtkonzept und den Positionen Scheinwerfer in der Sendung vertraut machen sollten. Das Licht einer Sendung ist also erst fertig, wenn auch die gesamte Sendung fertig ist.

15.7.6 Lichtwechsel

Lichtwechsel sind immer dann nötig, wenn sich Positionen verändern. Die meisten Veränderungen der Lichtsituation werden im Off gewechselt, wenn z. B. in einer Magazin-Sendung ein Beitrag läuft. Muss ein Lichtwechsel im On passieren, gibt es zwei Varianten: Entweder ist er für alle deutlich sichtbar und folgt z. B. einem Bildschnitt oder er wird sanft und möglichst unauffällig überblendet.

In einer Magazinsendung geht ein Beitrag zu Ende und es wird zurück ins Studio geschnitten: Man sieht den Moderator in einer Großeinstellung für eine thematische Abnahme. Dann kommt ein Themenwechsel. Dazu dreht er sich um 45° in eine zweite Kamera, die ihn in einer halbnahen Einstellung zeigt. Entweder ist das Licht als Kompromiss so eingerichtet, dass es für beide Positionen passt oder es muss mit dem Bildschnitt auch einen Lichtwechsel geben.

15.7.7 Sendung

„Nach der Sendung ist vor der Sendung!“ Dieses Zitat, ausgeliehen aus dem Fußballspiel, spiegelt die Situation bei Fernsehsendungen wider. Wie man aus den Ausführungen erkennen kann, ist das Zusammenspiel der sehr vielen Bereiche im Fernsehen sehr wichtig und ermöglicht eine gute oder auch schlechte Sendung. Am Ende muss alles zusammenpassen, damit der Zuschauer das Gefühl hat, eine gute Sendung gesehen zu haben und gerne wieder einschaltet.

16 Film-Licht

Die Lichtgestaltung bei hochwertigen Filmen, insbesondere bei Blockbuster-Filmen, ist sehr aufwendig und differenziert. Man kann zu Recht sagen, dass die Filmbeleuchtung zur Krönung einer Karriere als Beleuchter bzw. Oberbeleuchter gehört und eine Auszeichnung für den Ausführenden darstellt. Früher bei den meisten „klassischen" Filmproduktionen, insbesondere bei 35-mm-Filmen, war es üblich, dass nur eine einzige, jedoch hochwertige Kamera am Set eingesetzt wird, sodass die Lichtgestaltung der Schauspieler:innen sowie des Filmsets sehr genau und gezielt auf den Kamerablickwinkel ausgerichtet wird. In neueren Filmen, insbesondere mit spektakulären Szenen, die nur einmal gedreht werden können, werden in der Zwischenzeit mehrere Kameras aus unterschiedlichen Blickwinkeln eingesetzt. Entsprechend aufwendiger wird dabei auch die gesamte Lichtgestaltung bzw. die Lichtsetzung.

Insbesondere benötigt die Lichtsetzung für einzelne Takes (ein Film besteht aus sehr vielen einzelnen Takes/Szenen, die je nach Umfang nur einige Sekunden, maximal einige Minuten dauern) eine Menge an Zeit, um Schauspieler:innen und Setdetails perfekt auszuleuchten. Wenn dieser Take abgedreht ist, wird in der Regel das Licht für den nächsten Take komplett neu eingerichtet. Das bedeutet, dass für das Lichtsetzen sehr viel Zeit am Set benötigt wird. Es gilt daher die Daumenregel, dass eine gute Filmcrew mit allem „Drum und Dran" im Schnitt nicht mehr als 3 – 5 min „sendefähiges" Material pro Tag produziert. Dies bedeutet für einen typischen Kinofilm mit ca. 90 min Länge mindestens 20 Drehtage.

16.1 Kurzer historischer Überblick

Mit Beginn der ersten „längeren" Filme ab 1902/1903 wurde auch die Beleuchtung bzw. Ausleuchtung der Schauspieler bzw. des Filmsets ein wichtiger Aspekt des Filmes. Aufgrund der zur damaligen Zeit verwendeten relativ unempfindlichen

Filme (Schwarz-Weiß-Negativfilme) wurde meist im Freien und bei Tageslicht gedreht.

Um vom Wetter unabhängiger zu sein, wurden z. B. in der 1920er-Jahren in Babelsberg (dieser Name war erst durch die Zusammenlegung von zwei Orten ab 1938 gebräuchlich) Filmstudios mit Glasdächern gebaut, in denen die Filmaufnahmen stattfanden. Das neue Glashaus der damaligen Firma „Deutsche Bioscop-Gesellschaft“ wurde am 12. Februar 1912, auf dem Gelände nahe der Wohnkolonie Neubabelsberg, mit den Aufnahmen der Asta-Nielsen-Serie 1912/13, Der Totentanz, eingeweiht.

Durch die relativ unempfindlichen Filme wurde, wie bereits erwähnt, entweder sehr viel Tages- bzw. auch Sonnenlicht benötigt oder aber sehr starke Lichtquellen. Für die Filmbeleuchtung in den „Babelsberger Studios“ wurden in den 1920er-Jahren vor allem lichtstarke Bogenlampen sowie die ersten Quecksilberdampflampen (Cooper-Hewitt-Lampen), mit all ihren Problemen von der Zündung bis hin zu den nicht optimalen Spektralanteilen der Lichtquelle, eingesetzt.

In diesen Anfangsjahren konnte man von einer Lichtgestaltung noch nicht sprechen, hier war es nur notwendig, genügend viel Licht am Set zu haben. Die ersten Innenraumaufnahmen mit einer bewussten Lichtgestaltung bzw. einer bewussten Lichtinszenierung wurden in den Filmen von Fritz Lang (1890 - 1976), und dort vor allem in dem Film „Nibelungen“ (1922), realisiert. Damit begann die Ära der Lichtgestaltung, etwa zeitgleich auch mit dem Filmpionier David W. Griffith (USA, 1875 - 1948).

16.2 Filmempfindlichkeit

Die Grundvoraussetzung für die Aufnahme von Bildern ist ihre Abbildung auf einem Aufnahmemedium, d.h. in diesem Fall auf Filmmaterial oder auf einem CCD- oder CMOS-Chip einer digitalen Kinokamera. Die lichttechnisch relevanten Grundbestandteile einer Filmkamera (ob analog oder digital) sind

- das Objektiv (es bündelt das Licht und projiziert es auf die Bildebene),
- die Blende (steuert den Lichteinfall),
- der Verschluss bzw. die Verschlusszeit (regelt/steuert die Dauer der Belichtung),
- der Bildsensor (die Bildebene, auf die das Licht fällt).

Zum heutigen Zeitpunkt gibt es im professionellen analogen Filmbereich (16-mm-Film, Super 16- und 35-mm-Film) noch eine gewisse Auswahl von Filmen mit verschiedenen Filmempfindlichkeiten (z.B. Kodak VISION 50T, 100T, 200T, 500T,

800T). T bedeutet Tungsten. Im Filmbereich wird das Kontrastverhältnis mithilfe der Filmkennlinie beschrieben. Diese Filmkennlinie stellt den Verlauf der Kontrastübertragung sowie den Aufzeichnungsbereich dar. Diese Kennlinie wird auch als Gamma-Kurve, Schwärzungs- oder Dichtekennlinie bezeichnet.

16.2.1 Belichtung

Im Filmbereich stellt die Messgröße Belichtung eine entscheidende Messgröße dar. Die Kenndaten werden daher immer in luxsec (lxs) angegeben.

$$H = E \cdot t \tag{16.1}$$

H = Belichtung [lxs]
E = Beleuchtungsstarke [lx]
t = Zeit [s]

16.2.2 Dichtewert D

Die Abhängigkeit der Schwärzung eines Filmmaterials von der Intensität des auffallenden Lichtes (Beleuchtungsstärke mal Belichtungszeit) wird durch den Begriff Dichtewert oder einfach Dichte D gekennzeichnet. Aufgrund der Tatsache, dass das menschliche Auge die Leuchtdichten nicht linear, sondern logarithmisch als Helligkeit bewertet, wurde auch der Dichtewert D als logarithmischer Reziprokwert der Transparenz T definiert.

$$T = \Phi_T / \Phi_0 \tag{16.2}$$

T = Transparenz
Φ_T = durchgelassener Lichtstrom
Φ_0 = einfallender Lichtstrom
D = log (1/T)
D = Dichte (Filmschwärzung)

16.2.3 Gradation

Durch die Belichtung eines Negativ-Filmmaterials wird dieses geschwärzt (lichtempfindliche Silberhalogenide werden unter Einfluss von Licht und einem sich anschließenden chemischen Prozess zu metallischem Silber) und damit die Transparenz des Filmes vermindert.

Der für die Filmaufnahmen interessante Bereich ist der lineare Bereich (geradliniger Abschnitt, siehe Bild 16.1, da hier die Kontrastverhältnisse des Originalbildes sozusagen 1:1 auf das Filmmaterial übertragen werden. Abhängig von dem verwendeten Filmmaterial kann dieser Bereich eine mehr oder weniger hohe Steigung aufweisen. Die Steigung wird dabei als Gradation oder einfach als Gamma bezeichnet.

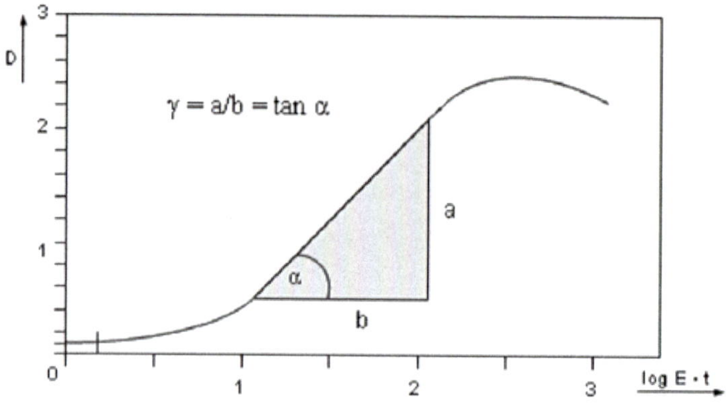

Bild 16.1 Definition der Gradation eines Films

$$\gamma = a / b = \tan\alpha$$

γ = Gammawert
α = Steigungswinkel

Ist der Gammawert gleich eins, wird der Objektkontrast im Bild genau richtig wiedergegeben bzw. „tonwertrichtig“ übertragen.

Flache Kurven, d. h. der Gammawert ist kleiner als 1, besitzen einen „weichen“ Charakter. Das bedeutet, solche Filme haben einen möglichst großen Belichtungsspielraum. Ein Filmmaterial mit einem Gammawert deutlich größer als 1, wird auch als „hartes“ Filmmaterial bezeichnet.

16.2.4 Lichtempfindlichkeit (ISO – DIN/ASA)

Die Lichtempfindlichkeit von Filmmaterialien wird heutzutage immer noch durch zwei Begriffe (DIN bzw. ASA) gekennzeichnet, obwohl korrekterweise die beiden Begriffe immer durch die Bezeichnung ISO bzw. ISO° gekennzeichnet sein müssten.

DIN:	ASA:	ISO:
1°	1	1/1°
2°	1,2	1,2/2°
3°	1,6	1,6/3°
6°	3	3/6°
9°	6	6/9°
12°	12	12/12°
15°	25	25/15°
18°	50	50/18°
21°	100	100/21°
24°	200	200/24°
27°	400	400/27°
30°	800	800/30°
33°	1600	1600/33°
36°	3200	3200/36°

Bild 16.2 Genormte Filmempfindlichkeiten DIN, ASA, ISO

Die amerikanische Bezeichnung ASA (America Standard Association) für die Filmempfindlichkeit beschreibt ein lineares System. Das bedeutet, eine Verdoppelung bzw. eine Halbierung der ASA-Zahl entspricht auch einer Verdoppelung bzw. einer Halbierung der Empfindlichkeit. Entsprechend gilt dies dann auch für die Blendenwerte und die Beleuchtungsstärkewerte.

Wird mit DIN-Empfindlichkeiten gerechnet, entspricht eine Änderung von 3 DIN einer Verdoppelung oder Halbierung der Empfindlichkeit und damit einer Blendenstufe. Ab dem Wert 20 ISO°/DIN bzw. 100 ISO/ASA, können die Werte auch in 1,26-Schritten angegeben werden (21 ISO°/DIN, 22 ISO°/DIN, 23 ISO°/DIN, 24 ISO°/DIN bzw. 100 ISO/ASA, 125 ISO/ASA, 160 ISO/ASA, 200 ISO/ASA etc.).

16.2.5 Kontrastumfang beim Filmmaterial

Je nach ausgewähltem Filmmaterial besitzt ein Negativfilm bis zu 10 Blenden Kontrastumfang, beispielsweise der Kodak Vision 200T. Üblicherweise können bei klassischen Filmaufnahmen Kontrastumfänge von ca. acht Blenden verwendet werden, dies entspricht einem Kontrastverhältnis von 1:256. Die Umrechnung zwischen Kontrastverhältnis und Blenden ist recht einfach (2:4:8:16:32:64:128:256 = 8 Blenden).

16.2.6 Lichtempfindlichkeit digitaler Filmkameras

Betrachtet man heute digitale Filmkameras vom Typ ARRI Alexa oder Red, so besitzen diese alle einen elektronischen Sensor. Im Prinzip sind sie also heutzutage mit den Fernseh- bzw. Videokameras vergleichbar. Da sich der Begriff ISO in der

Filmwelt jedoch sehr stark etabliert hat, verwenden die Filmkameras teilweise noch den Begriff des ISO-Werts, um die Empfindlichkeit anzuzeigen, damit der Kameramann weiß, wie empfindlich seine Kamera ist.

Die ISO-Empfindlichkeit ist somit ein Maß für die Lichtempfindlichkeit des Bildsensors einer Digitalkamera. Hohe Werte bedeuten, dass wenig Licht ausreicht, um helle Punkte im fertigen Bild zu erhalten.

Die gängigen ISO-Werte sind:
100 - 200 - 400 - 800 - 1600 - 3200 - 6400 - 12800...

Niedrige ISO-Empfindlichkeiten liefern eine gute Bildqualität, mit höheren Empfindlichkeiten kann ein stärkeres Bildrauschen auftreten.

Tabelle 16.1 Vergleich ISO-Empfindlichkeit und Aufnahmesituation

ISO-Empfindlichkeit	Aufnahmesituation
100–200 ISO	Aufnahmen bei Sonne
400–800 ISO	bedeckter Himmel, abends
> 800 ISO	nachts oder in dunklen Innenräumen

Bild 16.3 Digitale Filmkamera „ALEXA" (ARRI)

16.2.7 Schärfentiefe versus Tiefenschärfe

Physikalisch gesehen, wird nur der Punkt bzw. der Gegenstand scharf abgebildet, der sich in der optimalen Entfernung vor der Linse befindet (Gegenstandsweite g kann bei gegebener Brennweite f und Bildweite b aus der allgemeingültigen Abbildungsgleichung berechnet werden). Vorgaben für die Schärfe oder Unschärfe einer Abbildung sind dabei die physiologischen Gegebenheiten des menschlichen Auges. Die ausschlaggebende Rolle hierbei spielt die Sehschärfe (Visus). Das menschliche Auge besitzt im Normalfall eine maximale Auflösung von ungefähr einer Winkelminute, sodass daraus die entsprechenden Werte berechnet werden können.

Befindet sich der aufzunehmende Gegenstand in der richtigen Entfernung, so wird bei einem optischen System jeder Punkt des Gegenstandes auf genau einen Punkt der Bildebene abgebildet. Ist die reale Gegenstandsweite größer oder kleiner als die ideale Gegenstandsweite, so entsteht von jedem Punkt des Gegenstandes aus eine kreisförmige Fläche und nicht mehr ein exakter Punkt in der Bildebene.

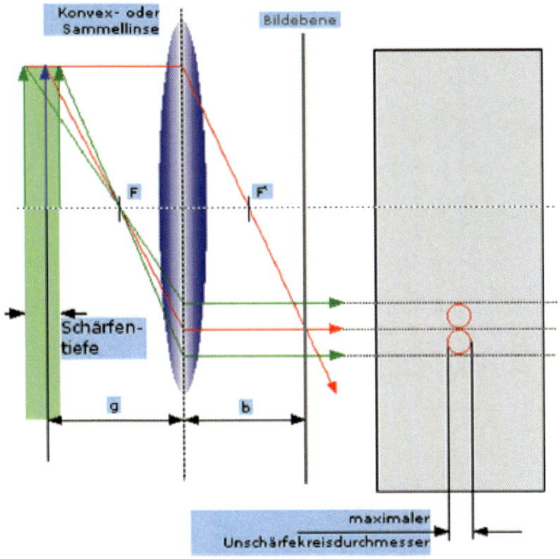

Bild 16.4
Darstellung der Schärfentiefe und des Unschärfekreisdurchmessers

Das bedeutet, solange der abgebildete Punkt im Zusammenspiel von Betrachtungsabstand und Durchmesser nicht größer als eine Winkelminute ist, wird er als scharfer Punkt und nicht als unscharfe Fläche wahrgenommen. Somit kann ein maximaler Durchmesser der Fläche festlegt werden, der noch scharf wahrgenommen wird. Mit dieser Voraussetzung kann ein Entfernungsbereich vor der Linse bestimmt werden, in dem alle Punkte, mit einer kleineren Fläche als der des Toleranzkreises, abgebildet und deshalb scharf wahrgenommen werden. Dieser Entfernungsbereich wird mit dem Begriff Schärfentiefe bezeichnet. Im allgemeinen Sprachgebrauch wird dies auch Tiefenschärfe genannt. Bild 16.5 zeigt Beispiele für unterschiedliche Schärfentiefen bzw. Tiefenschärfen.

Die Schärfentiefe spielt im Filmbereich neben dem rein physikalischen Aspekt eine sehr große Rolle als gestalterisches Mittel und unterstützt dabei die Dramaturgie des Filmes. Normalerweise ist in einem Filmbild in der Tiefenstaffelung der Schauspieler/Protagonist scharf abgebildet. Durch die Verlagerung der Schärfentiefe auf den Kontrahenten/Gegenspieler - der Protagonist wird dabei unscharf dargestellt - kann der Kameramann bzw. der Regisseur die Aufmerksamkeit bzw. den Fokus des Zuschauers gezielt verändern und die Aufmerksamkeit auf die andere Person lenken. Damit kann die Handlung und die Spannung des Filmes gesteigert werden.

Bild 16.5 Links: „große“ Schärfentiefe (alle Details sind scharf abgebildet), rechts: „geringe“ Schärfentiefe (nur die mittlere Testtafel ist scharf abgebildet)

16.3 Personen

Die Lichtgestaltung und die Festlegung der einzelnen Lichtstile, siehe dazu auch Abschnitt 16.6, wird am Set vom „lichtsetzenden Kameramann“ festgelegt. Der Oberbeleuchter (engl. Gaffer) und seine Crew unterstützen ihn dabei in der technischen Ausführung, jedoch wird die ästhetische Komponente des Lichtes, aber natürlich auch die Bildausschnitte u.a. durch den Kameramann festgelegt. Dabei kann es bei großen Block-Buster-Filmen durchaus vorkommen, dass der „lichtsetzende Kameramann“ gar nicht mehr selbst die Kamera „schwenkt“, d.h. also selbst an der Kamera „steht“, sondern dies ein anderer Kameramann für ihn übernimmt, damit er den Überblick für die Lichtgestaltung und den Bildausschnitt behalten kann. Aus der Vielzahl von berühmten „lichtsetzenden Kameramännern“, auch DoP (Director of Photography) genannt, soll an dieser Stelle stellvertretend der deutsche Kameramann Michael Ballhaus (1935 – 2017) („Die Ehe der Maria Braun“, „Air Force One“, „Gangs of New York“ etc.) erwähnt werden, der auch in Hollywood erfolgreich war. Die Liste könnte natürlich beliebig lang fortgesetzt werden. Neben dem Kameramann und dem Oberbeleuchter mit seiner Crew sind natürlich auch Regisseur, Aufnahmeleiter, Kostümdesigner u.v.a. am Set vorhanden.

16.4 Messtechnik

Da sich bei der Aufnahme zwischen dem Rezipienten (Zuschauer) eine Filmkamera oder auch digitale Kamera und ein Bildschirm bzw. im Kino ein Beamer befindet, müssen die Lichtverhältnisse in Abhängigkeit des ausgewählten Filmmaterials, siehe auch Kapitel 4 „Kontrast und Helligkeit“, gemessen werden, um optimale Bedingungen zu erhalten (Beleuchtungsmesser, Belichtungsmesser, Spotmeter). Voraussetzung ist dabei die in Abhängigkeit von der Dramaturgie ausgewählte Arbeitsblende, um eine Schärfentiefe bzw. Tiefenschärfe zu erzeugen oder auch nicht.

Bei der Lichtmessung, auch Expositionsmessung genannt, unterscheidet man zwei verschiedene Messtechniken. Zum einen die sogenannte Objektmessung, bei der direkt am Objekt die einfallende Lichtmenge, in Bezug auf den ausgewählten Film, gemessen wird. Zum anderen die sogenannte Spotmessung bei der, wie bei einem Leuchtdichtemesser, die reflektierte Leuchtdichte, im Idealfall auf einer Graukarte mit 18 % Remissionsgrad, gemessen wird. In Analogie zur Architektur- bzw. Fernsehbeleuchtung spricht man in diesen Fällen bei den Messgeräten von einem Belichtungsmesser bzw. einem Spotmeter.

16.5 Eingesetzte Scheinwerfer

Im Filmlicht werden neben den klassischen Scheinwerfern wie Fresnel-Scheinwerfer (Linsen-Scheinwerfer) sehr oft Scheinwerfer mit breitstrahlender und/oder weichstrahlender Lichtcharakteristik eingesetzt, um eine weiche Ausleuchtung von Personen zu erzielen. Gerade im Filmbereich und dort bei „Close“-Aufnahmen, d. h. nur das Gesicht ist sichtbar, soll gerade dieses Gesicht des Schauspielers oder der Schauspielerin eine sehr gleichmäßige und weiche Beleuchtung erhalten, in der kaum oder gar keine Schatten vorhanden sein sollten.

Die gängigsten Scheinwerfertypen aufgrund ihrer Eigenschaften sind:

- Scheinwerfer mit Fresnel- oder PC-Linsen, früher 500 W–20 KW,
- Dedo-Lights zu Ausleuchtung von Details,
- weichstrahlende Scheinwerfer wie Kino-Flo, Chimera etc.,
- Dino Lights, Spacelights, siehe nächster Abschnitt,
- Butterflys unter Ausnutzung von Tageslicht oder leistungsstarken Scheinwerfern.

Wichtig ist in diesem Genre, dass Personen teilweise sehr **„weich“** ausgeleuchtet werden, wobei kaum oder gar keine Schatten vorhanden sein sollten.

Besondere Scheinwerfer, die aufgrund Ihrer Größe (entweder zu klein oder zu groß) nicht so sehr im Fernseh- oder Theaterbereich eingesetzt werden, sollen in den nächsten Abschnitten vorgestellt werden. Wie schon erwähnt, hat es sich im Filmbereich teilweise eingebürgert, oft Firmennamen als Bezeichnung für eine Lichtquelle oder sogar für eine Art der Beleuchtung zu verwenden.

16.5.1 Fresnel- und HMI-Scheinwerfer

Im Filmbereich werden sehr oft Linsen- bzw. Fresnelscheinwerfer mit hohen bis höchsten Leistungseinheiten, z. B. HMI-Scheinwerfer mit bis zu 18 KW Lampenleistung, für die Erzeugung einer „sonnenähnlichen“ Beleuchtung eingesetzt, um sowohl bei Außen- als auch Innendrehs genügend und gleichbleibende Helligkeiten zu haben und unabhängig von den Lichtverhältnissen zu sein. Die Firma ARRI ist eine der Firmen für Filmlicht, die ein großes Spektrum an unterschiedlichen Scheinwerfern und Scheinwerfertypen besitzt, auch LED-Technik, wie das ARRI Sky-Panel.

Bild 16.6 Links: HMI-Scheinwerfer, rechts: Sky-Panel (beides Firma ARRI)

Bild 16.7 Vorbereitungen zu einem Innendreh in einem historischen Gebäude in Wien (Demlgasse). Links der HMI-Scheinwerfer, der das Tageslicht im Innenraum simulieren soll, rechts der Scheinwerfer der die Sonne (gefiltert mit einem CTO-Rahmen) repräsentiert. Das Ganze kurz bevor es auf Arbeitshöhe der Fenster hochgefahren wird

16.5.2 Dedo-Light

„Dedo-Lights" sind im Prinzip kompakte, kleine Fresnelscheinwerfer, eng fokussierbar, früher mit einer Lampenleistung von 50 W oder 100 W, angeschlossen an eine 12-V-Spannungsversorgung, entwickelt von dem Kameramann Dedo Weigert, München – heute in der Regel mit LED-Lichtquellen. Neben der Kompaktheit zeichnen sich diese Scheinwerfer dadurch aus, dass sie mit vielen optischen Accessoires bestückbar sind.

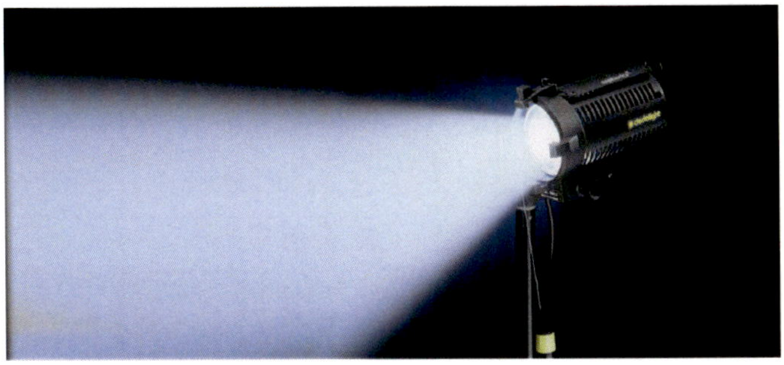

Bild 16.8 Dedo-Light (Firma Dedo Weigert)

16.5.3 Weichstrahlende Scheinwerfer

Um eine weiche Ausleuchtung von Personen zu erhalten, werden im Fernsehbereich, insbesondere bei Nachrichtensendungen, sehr oft Scheinwerfer eingesetzt, die eine große leuchtende Fläche erzeugen, d.h. „weichzeichnend“ sind, um das Gesicht der Nachrichtensprecherin oder des Nachrichtensprechers perfekt auszuleuchten.

16.5.3.1 Kino-Flo

Im Filmbereich hat es sich teilweise eingebürgert, nicht von einer diffus strahlenden Lichtquelle zu sprechen, sondern sehr oft werden Firmennamen als Bezeichnung für eine Lichtquelle oder sogar für eine Art der Beleuchtung verwendet, wie z.B. die Namen „Kino-Flo“ oder „Chimera“. In den 1980er-Jahren entwickelte die Firma Kino-Flo Leuchtstofflampen, die den besonderen Erfordernissen der Filmindustrie entsprachen. Im Prinzip ist eine Kino-Flo-Leuchte ein portables Gehäuse mit Leuchtstofflampen, heutzutage werden natürlich LED-Lichtquellen verwendet, das eine breitstrahlende Charakteristik besitzt und über eine Vielzahl von Bestückungsmöglichkeiten (einlampig, zweilampig, bis zu achtlampig) mit unterschiedlichen Größen verfügt.

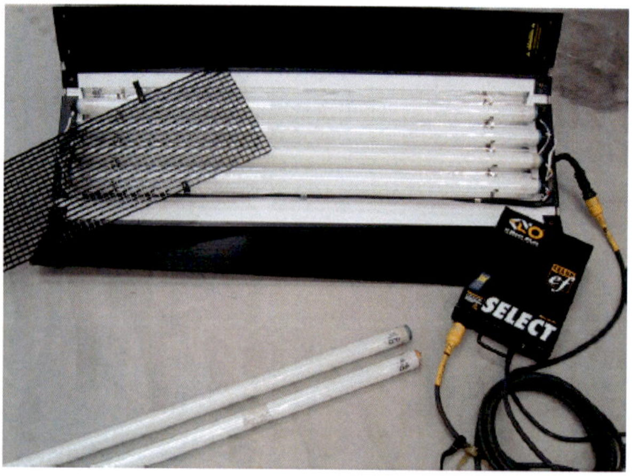

Bild 16.9 Weichstrahlende Leuchte mit den klassischen Leuchtstofflampen (Kino-Flo)

Die Leuchtstofflampen waren dimmbar, an die spektralen Filmemulsionen angepasst (5500 K, bzw. 3200 K), besaßen eine relative gute Farbwiedergabe (R_a = 95), einen Sicherheitsüberzug (safety-coated) und die Vorschaltgeräte wurden mit Hochfrequenz betrieben (flicker-frei). Darüber hinaus waren die Leuchten relativ robust für den täglichen Alltag bei Filmaufnahmen konstruiert. Die gesamte Palette umfasste folgende Typen: Mini-Flo, Micro-Flo, Single (2ft und 4ft), Double (2ft und 4ft) 4Bank (2ft und 4ft), Flathead 80. Die meist eingesetzte „Kino-Flo“ am Filmset ist die 4Bank. Sie besteht aus einem relativ leichten Kunststoff-/Aluminumgehäuse mit vier

Leuchtstofflampen die einzeln zuschaltbar sind, mit einem herausnehmbaren Raster und leicht schwenkbaren Flügelklappen. Heute erweitert um eine ganze Reihe von unterschiedlichen LED-Flächenleuchten, wie z. B. Diva-Lite oder IMAGE.

16.5.3.2 Chimera

Der Begriff „Chimera" bezeichnet, ähnlich wie der Begriff „Kino-Flo", eigentlich den Firmennamen eines Leuchtenherstellers früher (Chimera Photo, Film and Video Lighting, Boulder, Colorado), wobei die Besonderheit darin liegt, dass durch spezielle Adapterringe ganz normale Fresnelscheinwerfer zu weichstrahlenden, sehr flächigen Leuchten mit dazugehörigen weichen Schatten umgebaut werden können, zu so genannten „Lightbanks". Diese „Lightbanks", die ihren Ursprung in der Fotografie hatten, bestehen aus einem leichten Reflektor- und Diffusormaterial, das mittels Aluminiumstäben um eine Lichtquelle bzw. einen Scheinwerfer aufgespannt werden kann.

Auch hier gibt es in der Zwischenzeit mehrere Anbieter für diese „Lightbanks", wie z. B. Lowel-Light (Bild 16.10 links) oder Rifa-Light, die die Besonderheit haben, für verschiedene Scheinwerfer oder Lichtquellen einen weißen oder silberfarbenen, aufklappbaren Reflektorschirm zu besitzen, ergänzbar mit einer abschließenden weißen Diffusorfläche. Diese Lichtquellen sehen im geschlossenen Zustand aus wie ein großer Regenschirm, sind entsprechend schnell am Set aufklappbar und in Betrieb zu nehmen. Um Streulicht zu vermeiden, können sogenante Louver oder Honeycomb Grids (bienenwabenförmige Panels) auf die vordere Diffusorfläche aufgesetzt werden, siehe Bild 16.10 rechts. Heutzutage sind diese Filmlicht-Scheinwerfer natürlich mit LED-Lichtquellen bestückt.

Bild 16.10 Links: weichstrahlende Leuchte Typ „Lowel-Light", ohne Abschlussdiffuser, rechts: „Lowel-Light" mit geschlossener Diffusorfläche und einem aufgesetzten Louver bzw. Honeycomb-Grid

16.5.4 Dino Lights

„Dino Lights" sind, wie der Name schon vermittelt, historische Scheinwerfer, bestehend aus senkrechten Reihen aus 1-KW-PAR-64-Kunstlicht-Brennern, die in schwenkbare Bars eingebaut sind. Die Lichtquellen erzeugen ein relativ hartes Licht, sodass eine relativ große Fläche auch in größerer Entfernung ausgeleuchtet werden kann. Die Lichtquellen können dabei einzeln per Kippschalter dazu geschaltet werden. Sehr oft werden und wurden Dino Lights gemeinsam mit Butterflys, Details siehe Abschnitt 16.5.7, eingesetzt, um ein weiches, flächiges Licht zu erzeugen.

Die leistungsstärksten Dino Lights besitzen eine Leistung von 36 KW (6 × 6 1-KW-PAR-64-Lampen). Werden Lichtquellen mit geringerer Brennerleistung (650 W) eingesetzt, jedoch die Anzahl der Lichtquellen erhöht, z. B. auf 6 × 8 oder 7 × 7, dann spricht man von „Wendy Lights". Sind nur 3 × 3 oder 3 × 4 1-KW-PAR-Lampen in dem Gehäuse vorhanden, spricht man von „Maxibrutes", siehe Bild 16.11.

Bild 16.11 Links: Lichtquelle „Maxibrute" (3 × 4 1-KW-PAR-Lampen), rechts: ausgeleuchteter Butterfly mit Maxibrute (Dino Lights) bei einer Filmproduktion

16.5.5 Spacelights

Um eine große Spielfläche gleichmäßig auszuleuchten, wie z. B. in der Filmtrilogie „Herr der Ringe" (die Heimat der Elfen in Bruchtal), können entweder sehr viele Fresnelscheinwerfer eingesetzt werden, wobei dies immer das Problem vieler Schatten nach sich zieht, oder es können in diesem Fall sogenannte „Spacelights" eingesetzt werden. Spacelights wirken auf den ersten Blick wie große Lichtsäcke. Sie bestehen aus einem speichenförmigen Ring aus sechs zweiseitig gesockelten 800-W-Stabhalogenglühlampen. Um diese Ringanordnung befindet sich ein weißer, diffus strahlender Stoff, meist Seide, der zylinderförmig aufgebaut ist und das Licht gleichmäßig in den Raum verteilt. Optional können schwarze Schürzen angebracht werden, um die Lichtwirkung in gewisse Richtungen zu vermindern.

Da der Diffusorstoff viel Licht absorbiert, ist für eine Filmausleuchtung eine relativ große Anzahl von Spacelights notwendig, die jedoch den Vorteil besitzen, dass dann eine gleichmäßige Beleuchtung am Filmset erreicht wird.

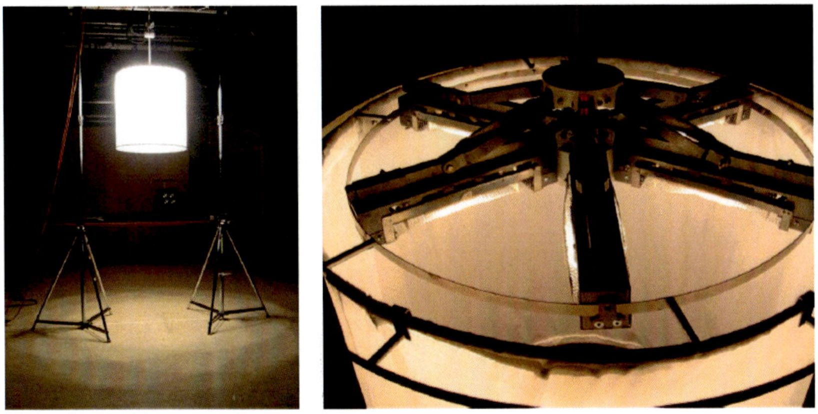

Bild 16.12 Links: „Spacelight" im eingeschalteten Zustand, rechts: „Spacelight" von schräg oben betrachtet

16.5.6 Heliumballon

Ein ähnlicher Effekt wie die durch „Spacelights" kann durch Heliumballone erreicht werden, bei denen im Inneren Halogenglühlampen oder auch HMI-Brenner installiert sind. Dieser Ballon kann bis zu einer Höhe von 50 m hochsteigen und erzeugt dabei eine sehr gleichmäßige Ausleuchtung der Filmszene. Die Lichtquellen im Inneren des Ballons können je nach Typ auch einzeln geschaltet und gedimmt werden. Früher bestückt mit hochwattagigen Halogen- oder HMI-Lichtquellen, heutzutage mit LED-Lichtquellen.

16.5.7 Butterfly

„Butterflys" bestehen aus Aluminiumrahmen, die mit Diffusions- oder Reflektionsmaterialien bespannt sind und zum einen die Möglichkeit bieten, direktes Sonnenlicht zu mindern, zum anderen das Sonnenlicht als großflächige diffuse Beleuchtung zu nutzen. Die Bespannungen können aus unterschiedlichsten Materialien bestehen (Seide, Scrims/Gaze etc.). Übliche Größen für Butterflys sind 6 × 6 ft,

12 × 12 ft, 10 × 20 ft. Wie bereits bei den Spacelights erwähnt, vermindern Butterflys in starkem Maße den Lichteinfall, sodass man ohne Probleme davon ausgehen kann, dass bei dem Einsatz eines Butterflys mit einer „klassischen“ Bespannung ein Blendenabfall von ca. 2 bis 2,5 Blenden vorhanden ist.

Daneben kann durch die Anstrahlung bzw. Durchleuchtung von Butterflys mit leistungsstarken Fresnelscheinwerfern oder auch Dino Lights, ein großflächiges, „weiches“ Licht erzeugt werden.

16.5.8 Bouncing

Im Filmbereich wird sehr gerne von **„bouncen“** gesprochen. Das bedeutet, dass ein lichtstarker Scheinwerfer auf eine große weiße Fläche, meist auf eine großflächige Styroporplatte gerichtet wird und das indirekt abstrahlende Licht die Schauspieler sehr weich und gleichmäßig ausleuchtet (bouncen = werfen).

Bild 16.13 Links: schematische Darstellung für „Bouncing-Light“, rechts: Ausnutzung des Sonnenlichts für die „Aufhellung“ einer Schauspielerin

16.5.9 Fahnen/French Flags

Um Streulicht zu vermindern oder ganz abzuschatten, werden sogenannte Fahnen, d. h. kleine bis mittelgroße Aluminiumrahmen mit aufgespanntem schwarzen Molton verwendet, die das Licht beinahe völlig absorbieren, oder es können auch sogenannte „French Flags“ benutzt werden, die aus dünnen schwarzlackierten Aluminiumblechen bestehen. Beide Systeme werden dabei über spezielle Gelenke an Stativen befestigt.

16.6 Lichtstile im Filmbereich

Für die Wahrnehmung räumlicher Formen und Strukturen ist die Modellierung durch Licht und Schatten von zentraler Bedeutung. Um die Dramaturgie der einzelnen Szenen zu unterstützen, können die Licht- und Schattenbereiche sowohl auf dem Gesicht der Schauspieler:innen als auch dem Set überzeichnet werden, da Film im Prinzip nie die Realität darstellt, sondern immer ein ästhetisiertes Abbild darstellt.

Wie bereits in Abschnitt 12.6.1 „Fotografische Stile" ausführlich ausgeführt, gibt es „klassische" Lichtstile wie **„Normal-Stil"**, **„Low-Key-Stil"** und **„High-Key-Stil"** und Varianten davon. Im Filmbereich gibt es neben diesen klassischen Lichtstilen auch besondere, von einem gewissen Genre geprägte Lichtstile wie **„Film Noir"** oder **„Dogma95"** u.a., vom Verfasser als „Genre-Lichtstile" bezeichnet.

Genre-Lichtstile

Nach den ersten Lichtinszenierungen bei Fritz Langs Nibelungen, wurden in den 1930er- und 1940er-Jahren, vor allem in Hollywood, sogenannte Screwball-Kömodien produziert sowie Filme mit Tanzeinlagen, die nicht wie bei früheren Filmen vereinzelt High-Key-Szenen zeigten, sondern die meisten Szenen der Filme wurden im High-Key-Stil gedreht.

Als Gegensatz zu diesen Filmen entwickelten sich in den 1940er- und 1950er-Jahren düstere Kriminalfilme, bekannt unter dem Begriff „Film Noir" oder „Schwarze Serie" (z.B. „Der Malteser Falke" mit Humphrey Bogart). Die meisten der klassischen amerikanischen Filme im Film Noir-Stil waren Gangsterfilme, die stärker mit Schatten als mit Licht arbeiteten. Das bedeutete, zum ersten Mal wurden ganz bewusst starke Schlagschatten im Film eingesetzt, ganze Szenen waren nur dunkel, d.h. eine durch und durch subtile Low-Key-Beleuchtung.

Einen besonderen Meilenstein in der Filmgeschichte setzte Stanley Kubrick (1928 – 1999) mit seinem Film „Barry Lyndon" (1975), unter anderem honoriert durch einen Oscar für die Beste Kamera. Um die Innenraumszenen nur mit den dort vorhandenen Kerzen und dem entsprechenden lichtschwachen Kerzenlicht zu drehen, ließ Kubrick lichtempfindliche Kameraobjektive entwickeln, so dass es zum ersten Mal möglich war, Innenraumszenen nur mit den dort eingesetzten Kerzen als Lichtquelle zu nutzen und trotzdem die Gesichter vollständig zu erkennen. Das bedeutete, dass diese Szenen gänzlich ohne zusätzliche Scheinwerfer auskamen.

Durch den immer stärker werdenden Einsatz von Special-Effects und den immensen technischen Aufwand am Set unterzeichneten die beiden Filmregisseure Lars von Trier und Thomas Vinterberg im Jahr 1995 ein Manifest (Dogma 95), bei dem Effekte, technische Raffinessen, Illusionen etc. verbannt wurden. Das bedeutete für das Licht, dass nur noch mit „available light“, d.h. ohne künstliche Beleuchtung gedreht werden durfte. Dementsprechend besitzen diese Filme ihren eigenen „Look“, neben allen anderen Besonderheiten dieser Dogma-95-Filme.

In den neueren Filmen wird nun verstärkt die Farbigkeit als Stilmittel eingesetzt, um die Dramaturgie zu unterstützen (Matrix-Trilogie, Herr-der-Ringe-Trilogie, Dune-Reihe etc.).

16.7 Modelling

Unter dem Begriff „Modelling“ versteht man vereinfacht gesagt die ausgewogene „gute/schöne“ Verteilung von Licht und Schatten auf Oberflächen und auf Gesichtern. Es wurde schon vielfach versucht, eine einfache Formel für zu viel oder zu wenig Schattenbildung zu finden, um damit den ästhetischen Belangen gerecht zu werden. Dabei wurde versucht, aus dem Verhältnis von zylindrischer zu horizontaler Beleuchtungsstärke oder auch vertikaler Beleuchtungsstärke zu horizontaler Beleuchtungsstärke einen Schattigkeitsindex S zu definieren. Gutrov nennt dies mit ähnlichen Ansätzen Körperwiedergabeindex m.

Wie Hassenstein nachweisen konnte, sind die bisher gewählten Berechnungsmethoden, ob halbzylindrische oder zylindrische Beleuchtungsstärke, oder davon abgeleitete Modelle, siehe oben, nur für allgemeine Aussagen einsetzbar, jedoch nicht für das Modelling von Gesichtern. Hassenstein konnte nachweisen, dass diese Modelle sowohl bei guter als auch schlechter Ausleuchtung von Gesichtern Werte berechnen, die keine eindeutigen Aussagen erlauben. Fazit dieser Arbeit war unter anderem, dass auf jeden Fall mit Leuchtdichten bzw. mit Leuchtdichtegradienten gearbeitet werden muss, nicht mit Beleuchtungsstärkewerten.

Hassenstein konnte weiterhin aufzeigen, dass „ästhetisch“ ausgeleuchtete Gesichter in Filmen immer eine großflächige und auch gleichmäßige Ausleuchtung besitzen, sodass das Erkennen der Charakteristika eines Gesichtes für den Zuschauer sehr schnell möglich ist, während eine schlechte Ausleuchtung sich durch zahlreiche Hell-Dunkelzonen, d.h. sehr viele und steile Leuchtdichtegradienten auszeichnet (siehe Bild 16.14).

Bild 16.14 Links: Ausschnitt aus dem Film „Der Graf von Monte Christo", 1998, rechts: Falschfarbendarstellung (Leuchtdichte) des Gesichtes

LEVK – Lichteinfallsstärkeverteilung

Für die Beschreibung der Lichtverteilung in einem Raum ist es notwendig die dreidimensionale Verteilung des Lichts sowie dessen Wahrnehmung zu berücksichtigen. Aus diesem Grund hat Liedtke in ihrer Dissertation ein räumliches Bewertungsmodell aufbauend auf einer neuen lichttechnischen Grundgröße, der Lichteinfallsstärke (LEVK), entwickelt. Mit diesem Modell ist es nun erstmals möglich, das Licht an einem Punkt, sowie über mehrere Punkte im Raum vollständig richtungsaufgelöst zu quantifizieren und daraus wesentliche räumliche Lichtqualitätsmerkmale wie die Lichteinfallsrichtung, die Diffusität der Beleuchtung sowie die Modellierungseigenschaften des Lichts eindeutig und ganzheitlich beschreiben zu können.

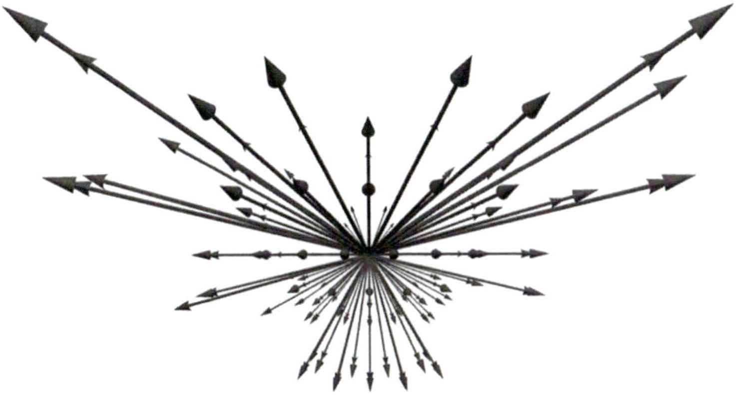

Bild 16.15 Räumliche Darstellung des LEVK in Kugelkoordinaten

Mithilfe dieser LEVK kann sowohl die „Menge" des Lichts als auch die „Intensität" aus verschiedenen Richtungen erfasst werden, sodass eine umfangreiche Kenntnis der Lichtverteilung in einem Volumen besteht. In der dreidimensionalen Darstellung in Kugelkoordinaten ist es vorteilhaft für die Erkennbarkeit der einzelnen Lichteinfallsstärken, wenn sie mit Pfeilspitzen versehen sind, siehe Bild 16.16.

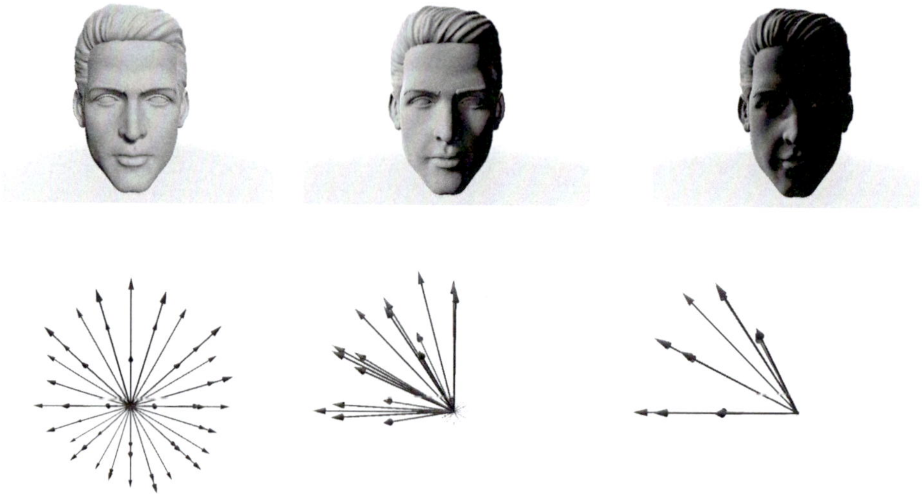

Bild 16.16 LEVK zur Analyse des Modelling von Gesichtern

Das Lichteinfallsstärkemodell ist gegenüber beleuchtungsstärkebasierten Größen deutlich aussagekräftiger und kann für die Fragestellungen des räumlichen Lichts bevorzugt angewendet werden. So ist zum Beispiel die Anwendung als Größe für das Modelling von Objekten und Gesichtern naheliegend, die in Zukunft systematisch weiterentwickelt wird.

17 Konzert-Touring-Licht

Das Beleuchten einer Band übt auf viele Außenstehende der Veranstaltungsbranche einen besonderen Reiz aus. Wer möchte nicht mit einem Star auf Tour gehen, im Tourbus die Welt entdecken, ein Teil einer Band sein? In diesem Kapitel wird der typische Produktionsablauf einer Tour mit dem Fokus auf Licht- und Medientechnik vorgestellt und die eingesetzten Techniken anhand eines typischen Touring-Setups und eines Festivalbühnen-Setups erläutert.

Bild 17.1 Seeed-Tour 2019

■ 17.1 Kurzer historischer Überblick

Die Mitte der 1950er-Jahre kann man als den Beginn der Rock-'n'-Roll-Ära definieren. Vor allem Bands in den USA und auch teilweise in England gingen für Einnahmen aus Ticketverkäufen und zum Ankurbeln der Plattenverkäufe erstmals auf Tournee. Da es zu der damaligen Zeit kaum Konzerthäuser oder Clubs wie heute gab, waren diese Bands auf Messehallen, Sport- und Mehrzweckhallen sowie öffentliche Flächen („Open Air“) angewiesen. Da es auch gleichzeitig relativ rebellisch und laut zu ging und die klassischen Konzertbetreiber Angst vor „rowdyhaften“ Fans hatten, durften die Bands nicht in den klassischen Theatern oder Konzerthäusern auftreten. Legendär der Auftritt der Beatles in Hamburg, bei der nach dem Konzert kein einziger Stuhl mehr heil geblieben war und wirklich ein Bild der Verwüstung entstand. Und dies bei Fans die mit schicken Kleidern und Schlips und Anzug zu diesem Event kamen.

In den erwähnten Messe-, Sport- und Mehrzweckhallen gab es als einzige Beleuchtung nur das Hauslicht, eventuell ein dreifarbiges Lichtband vor der Bühne. Eine Showbeleuchtung wie heute mit Rigging und Movinglights gab es zu der damaligen Zeit noch nicht. Das bedeutete, dass bis Anfang der 1960er-Jahre Konzertlicht als Teil der Bühnenperformance kaum bekannt war. Mitte der 1960er brachte Harry Belafonte als einer der Ersten Licht mit auf seine Konzerte. Der „Lichtdesigner“ Chip Monck war für das Licht verantwortlich und startete mit Belafonte seine Karriere als Lichtdesigner. Viele andere Bands nahmen Notiz davon und integrierten ebenfalls Konzertbeleuchtung mit in ihre Auftritte.

Mitte der 1960er-Jahre gab es z. B. bei Auftritten von den Rolling Stones nur statische Beleuchtung, einige farbige Lichtbänder und Spots. Ab 1966 gab es die ersten Konzerte mit Lichtdesign mit einer Konzertbeleuchtung in England. Erste Effektlampen mit Leuchtmitteln aus Autonebelscheinwerfern wurden in Kaffeedosen eingebaut. Der erzielte Effekt: ein breiter dichter Lichtstrahl quer über die vordere Bühne. Bands wie YES und Jethro Tull setzten solche Effektlichter ein. Ab 1970 begann die industrielle Entwicklung von Bühnentechnik mit dem Einsatz von PAR-Scheinwerfern. 500 Stück dieser **„PAR-Kannen“** wurden erstmals 1971 auf Jethro Tulls „Passion Play Tour“ eingesetzt. Damit war es nicht nur möglich, grelle Farben zu erzeugen. Es war auch das erste Mal, dass PAR-Kannen **„geflogen“** wurden, also an einem Rigg befestigt waren. Die PAR-Kannen, wenn auch heute mit LED-Lichtquellen bestückt gehören heute zu der Grundausstattung jedes Konzertlichtes, ob kleiner Auftritt im Club oder großes Event.

Neben dem Licht wurde auch das Tonequipment umfangreicher, das die Bands mit auf Tour nahmen. Dabei wurde ein Problem immer drängender, wie konnte man das Ton- und Lichtequipment in Clubs, Schulaulen oder Messehallen aufhängen. Es gab für die Tourneen kaum Aufhängemöglichkeiten bzw. ein transportables „Rigg“, an denen die Scheinwerfer und Lautsprecher befestigt werden konnten. Und wenn, dann war alles sehr mühsam, sehr aufwendig und nicht wirklich tourtauglich. Die ersten Traversen/Gerüstelemente wurden aus dem Gerüstbau ausgeliehen, modifiziert, bis dann die ersten Dreikant- bzw. Vierkanttraversen aus leichtem Aluminium entwickelt wurden, mit denen man schnell das Ton- und Lichtequipment aufhängen und wieder abbauen konnte. Das erste Touring Equipment wurde für die 1972 stattfindende Rolling-Stones-Tour hergestellt.

Mit der Einführung von Multiplexsignalen zwischen Dimmer und Lichtstellpult, der Einführung des DMX-512-Signals, siehe Abschnitt 10.1.2 „Grundlagen DMX“ und der Entwicklung des Ethernets konnte ab 1980/81 sogenanntes **„Intelligentes Licht“** eingesetzt werden. Die Firma **Varilite** entwickelte die ersten Movinglights.

Von da an entwickelte sich weltweit eine professionelle Touring-Branche mit vielen hochspezialisierten Firmen, Menschen und Geräten.

17.2 Personen

Betrachtet man die sogenannte Crew-Liste einer Konzerttournee, so findet man bei großen Tourneen eine lange Liste von beteiligten Personen. Die Mitarbeiter aus dem Licht- und Medienbereich ähneln in Funktion und Aufgaben den in Abschnitt 13.1.1 vorgestellten Positionen und werden daher hier nicht erneut näher erläutert.

Bei großen internationalen Tourneen reisen die Lichtdesigner meist nicht mit, sondern überlassen dies ihrem „Assistent Lightingdesigner“ und/oder dem Showoperator. Bei deutschen Produktionen ist dies eher unüblich, da die Shows oft kleiner sind. Häufig übernimmt hier der Lichtdesigner auch die Position des Operators und hilft auch mit beim Auf- und Abbau.

Wer auf Tour mitarbeiten möchte, der muss das Leben im Tourbus und permanentem Zusammensein in einer Gruppe, getrennt von Freunden und Familie und ohne Privatheit mögen.

Bild 17.2 Lichtdesigner Bertil am Pult bei der Sarah-Connor-Tour (HERZ KRAFT WERKE)

17.3 Eingesetzte Scheinwerfer

Die Anforderungen an Scheinwerfer für den Konzert-Touring-Bereich unterscheiden sich stark von den Anforderungen, die Theaterhäuser und Fernsehstudiobetreiber an Scheinwerfer stellen. Dies verdeutlicht die untenstehende Tabelle. Grundsätzlich kann man aber alle Scheinwerfertypen, die in Kapitel 9 beschrieben wurden, auch im Konzert-Touring-Bereich finden, jedoch sind sie dann oft auf Schnelligkeit, Helligkeit, vielseitige Effektmöglichkeiten und Robustheit optimiert.

Aufgrund der Zeitknappheit beim Auf- und Abbau und dem Bedarf, mit einem Scheinwerfertyp möglichst viele unterschiedliche Looks kreieren zu können, werden - wenn möglich - multifunktionale Scheinwerfer mitgenommen.

Theater

- leise,
- hartes Licht,
- gutes Zusammenspiel mit Tungsten-Licht, 2700 - 3200 K,
- großer Farbraum und feine Abstufungen mit hoher Farbwiedergabe für Stoffe und Hauttöne,
- hohe Anforderungen an die Dimmung,
- gute Optik,
- kein Streulicht.

Studiotechnik

- leise,
- weiches Licht,
- gutes Zusammenspiel mit „Daylight", 5600 K,
- Flicker Free,
- hohe Farbwiedergabe,
- gute Optik.

Konzert-Touring

- robust,
- schnell,
- leicht,
- hell,
- vielseitig,
- schöne Gegenlicht-Effektmöglichkeiten.

17.4 Bühnenformen und Lichtdesign für Konzert-Touring

Bei vielen Touringprojekten wird das Bühnendesign auch vom Lichtdesigner konzipiert. Hier wird das Lichtdesign als Einheit mit der Bühne angesehen und beide Bereiche werden direkt aus einer Hand geplant. Nur selten ist ein eigenständiger Setdesigner involviert. Da die Bühnen im Konzertbereich meist nur für das stattfindende Konzert aufgebaut oder modifiziert sind, sind viele verschiedene Bühnenvariationen möglich. Oft ist die Bühnenform Ausgangspunkt der Planung des Lichtdesigns.

17.4.1 Bühnenformen

Um die Vielfalt der Bühnenkonstruktionen zu beschreiben, finden sich nachfolgend einige Beispiele:

- Guckkastenbühne, gleich einer Theaterbühne,
- einfache, rechteckige und offene Bühne,
- Bühne mit Catwalk in den Publikumsbereich,
- Bühne mit Balkonen und verschiedenen, unterschiedlich hohen Podesten,
- Bühnen mit fahrbaren Hubelementen,
- Bühnen mit großen Kulissenteilen (teilweise abstrakte Gebilde).

Bild 17.3 Licht und Bühnenshow bei der Sarah-Connor-Tour (HERZ KRAFT WERKE)

17.4.2 Lichtdesign

Die charakteristischste Lichtrichtung im Konzert-Touring-Bereich ist das Gegenlicht. Dies hängt meist über der LED-Wand oder dem sogenannten Backdrop, die häufig den Bühnenhintergrund bilden. Gelegentlich besteht der gesamte Bühnenhintergrund sogar ausschließlich aus einer Matrix von Scheinwerfern.

Ein wichtiges gestaltendes Element im Konzert-Touring-Bereich ist ebenfalls das sogenannte Floorset. Dies sind Scheinwerfer, die auf dem Boden stehen. Ein Floorset hat den Vorteil, dass man es schnell und einfach auf- und abbauen und man schon mit wenigen Scheinwerfern ein eigenes individuelles Bühnenbild gestalten kann. Dies ist gerade für Newcomer-Bands wichtig, die es sich nicht leisten können, mit einem großen Team und vielen Lkws zu reisen. Oft muss das gesamte Tourequipment in einen Anhänger passen, der hinter dem Nightliner oder Tourbus angehängt ist.

Eine weitere wichtige Lichtrichtung für das Lichtdesign im Konzert-Touring-Bereich ist Seitenlicht. Im Zusammenspiel mit Haze wird mit dem Floorset, dem Gegenlicht und dem Seitenlicht ein Raum aus Licht um die Künstler auf der Bühne geschaffen, der die Emotionen der Musik in visuelle Bilder überträgt.

Frontlicht wird anders als im Theaterbereich hingegen eher sparsam verwendet. Manche Bands lehnen zu helles Frontlicht durch Verfolgerscheinwerfer oder Ähnliches sogar komplett ab, da sie dann aufgrund der Blendung nicht mehr mit dem Publikum interagieren können.

Das Publikum ist hier Teil der Show, deshalb kommen auch Blinder und andere Scheinwerfer zum Einsatz, die die Zuschauer beleuchten und so eine gewisse Nähe zwischen Künstler auf der Bühne und dem Publikum herstellen sollen.

17.5 Lichtkonzeption und Produktion

In den nachfolgenden Abschnitten soll die Lichtkonzeption, die Planung bis hin zum Produktionsablauf in ihren Einzelschritten beschrieben werden.

17.5.1 Entwurfsphase

Die Idee der Inszenierung geht oftmals von den Musikern aus. Sie entscheiden, was ihre Musik unterstützt und bei einem Auftritt nicht störend für sie ist. Mit diesen Ideen tritt die Band meist an einen Lichtdesigner heran, der auf Grundlage dieses Briefings der Band ein Konzept erarbeitet. Viele Lichtdesigner hören sich in der Entwurfsphase die Titel der Band immer und wieder an und entwickeln dabei ihre Ideen. Schließlich ist die Kernaufgabe, die Musik visuell umzusetzen.

Im weiteren Verlauf der Planung stellt der Lichtdesigner seinen Entwurf der Band vor. Wie der Lichtdesigner seine Ideen präsentiert, kann sehr unterschiedlich sein. Auch mit welchen CAD-Programmen die Tour geplant wird. Siehe hierzu Kapitel 19.

Im Vergleich zu einer Planung im Theater sind die Planungen für ein Konzertdesign oft komplexer. Vor allem die unterschiedlichen Spielstätten sind hier eine große Herausforderung. Meist werden Konzerte als Tour produziert und müssen somit an viele verschiedene Orte angepasst werden. Zusätzlich gibt es manchmal auch Orte, die eigentlich nicht für Konzerte gedacht sind und somit keine grundlegende Infrastruktur für eine solche Produktion bieten.

Grundsätzlich gibt es verschiedene Punkte, die die Planung der Beleuchtung für Konzerte beeinflussen:

- die Größe des Konzertes,
- die Art der Darbietung,
- die Anzahl der Künstler,
- das Budget,
- die Logistik.

All diese Punkte sind sehr eng miteinander verknüpft und beeinflussen sich gegenseitig. Bei einem kleinen Budget darf auch die Logistik nicht viel kosten, es muss mit wenig Personal gearbeitet werden und die Produktion darf nicht zu komplex werden. Bei einem großen Budget handelt es sich meist auch um ein Konzert renommierter Künstler in großen Versammlungsstätten, die eine ausreichende Beleuchtung erfordern, was wiederum zu einem großen logistischen und personellen Aufwand führt.

Bei jeder lichttechnischen Planung gibt es aber Grundelemente, die in der Planung bei allen Größen gleichbleiben. Zunächst geht es darum, rein technisch die Künstler zu beleuchten. In welcher Form dies geschehen kann, wird durch den Rahmen des Konzertes bestimmt. Anschließend geht es darum, die Beleuchtung als Stilmittel einzusetzen und durch ein entsprechendes Design dem Künstler auf der Bühne einen passenden Rahmen zu geben. Hier lässt sich auch je nach Art des Konzertes mit verschiedensten Stilmitteln arbeiten. So lassen sich viele Effekte bereits durch eine geschickte Positionierung der Lichtquellen erreichen. Auch ein gezielter Einsatz bestimmter Scheinwerfertypen ist eine gute Möglichkeit, Lichteffekte zu erhalten. Eine der wohl sichtbarsten Möglichkeiten für eine effektvolle Beleuchtung ist dann die Auswahl von Farben.

Bei der Auswahl der Scheinwerfertypen kommt es auch darauf an, wie diese später angesteuert werden sollen. Umgekehrt lässt sich sagen, wer soll später die Veranstaltung am Lichtstellpult begleiten? Bei einer Verwendung von bewegten Scheinwerfern wird die Ansteuerung durchaus komplex und erfordert die Arbeit eines professionellen **„Licht-Operators“** am Lichtpult.

Sobald diese grundlegenden Ideen stehen, muss in der Planung berücksichtigt werden, wie die Scheinwerfer befestigt werden, also ob Stative, Traversen und Kettenzüge notwendig sind. Aus diesen Informationen lassen sich die Kabelwege, vor allem die Signalwege entwickeln, die ebenfalls wichtig für die Planung sind. All diese Punkte sind entscheidend bei dem Budget und der Logistik sowie dem Personalaufwand und fließen bei der Entwurfsphase in die Planung ein.

17.5.2 Planungsphase

Nach der kreativen Planung erfolgt eine Ausschreibung, an der die technischen Dienstleister, die die Tour ausstatten wollen, teilnehmen. Oft erhält dann der günstigste technische Dienstleister den Zuschlag.

Das Produktionsleiterteam des Dienstleisters setzt sich dann an die technische Umsetzungsplanung. In diesem Planungsschritt kommt es zu einer sehr engen Absprache zwischen Dienstleister und Lichtdesigner, denn es geht jetzt darum, die kreativen Ideen technisch umzusetzen. Oftmals werden hierbei auch erst die finalen Scheinwerfer festgelegt.

Nach Vollendung der Planung werden Beleuchtungspläne gezeichnet, die die Positionen, Farbfilter, Verkabelung und die Signalführung für die Scheinwerfer beinhalten. Für komplexe Scheinwerfer wird auch noch ein Patchplan erstellt, der die DMX-Adressierung der verschiedenen Geräte beschreibt.

Der Lichtdesigner wiederum bereitet sich auf die Probenphase vor und stimmt letzte Ideen mit der Band ab. Oft geht er hierzu in ein Preprogrammingstudio, um die Show dort vorzuprogrammieren. Dies erspart Zeit und Kosten bei den Proben.

17.5.3 Probenphase

Bevor eine Band auf Tour geht, möchte sie meist auf der realen Bühne proben. Hierfür wird eine Probenhalle angemietet in der das gesamte Setup 1:1 aufgebaut wird. Manchmal erfolgen die Proben auch ein paar Tage vor der Premiere aus Kostengründen in der ersten Halle, in der das erste Konzert stattfinden soll.

Für den Lichtdesigner und alle weiteren aus dem Produktionsteam ist dies die wichtigste Phase, da sie hier feststellen, welche Ideen funktionieren und ggf. noch Anpassungen möglich sind. Viele Ideen entstehen auch in dieser wichtigen Probephase.

Beim ersten Aufbau in der Probenphase werden auch die Auf- und Abbauabläufe optimiert, denn bei den meisten Touren ist der Zeitplan vor Ort sehr eng. Oft heißt es, morgens rein in die Halle, bis ca. 14:00 Uhr Aufbau, ein kurzer Slot für die Einrichtung und kurze Probe, dann ist Einlass, Konzert und im Anschluss Abbau und Weiterfahrt in die nächste Stadt. Am nächsten Tag geht dann alles wieder von vorne los.

Nach erfolgreichen Proben kann die Tour starten.

17.5.4 Aufbau vor Ort

Der Aufbau startet meist mit dem Anbringen der Motoren an der Hallendecke. Dies machen sogenannte „Rigger". Anschließend werden die Traversen (Rigg) auf dem Boden ausgelegt, verbunden und die Motoren an den Traversen angebracht. Die Traversen werden dann mithilfe der Motoren auf „Arbeitshöhe" (meist ca. 1 m über dem Boden) hochgefahren, damit die Licht-, Video- und Tontechniker bequem ihre Kabelbäume auf die Traversen legen können.

Anschließend fährt man die Traversen ein Stück weiter hoch, so dass die Techniker arbeitsergonomisch Scheinwerfer und Lautsprecher und sonstige Dekorationsteile in die Traversen einbringen können.

Bild 17.4 Beispiel eines Traversenaufbaus im Forum Finkenau der HAW-HH bei dem Robe LD Summit 2021

Da in dem Zeitraum, in dem die Traversen, die später über der Bühne hängen, mit Beleuchtung bestückt werden, weder die Bühne aufgebaut werden noch die Bühne eingerichtet werden kann, ist eine zügige Bestückung der Traversen vorrangig. Es werden alle Scheinwerfer an den vorgegebenen Positionen eingehängt, mit Strom und Signalkabeln versehen, gesichert und die Kabel werden ordentlich auf den Traversen gebündelt. Hierbei ist es wichtig, die Kabel gut zu beschriften, da gerade bei größeren Konzerten von jeder Traverse ein großer Kabelbaum hinter die Bühne gelegt wird und es sehr schwierig ist, dort ohne Beschriftung die richtigen Anschlüsse zu finden. Diese Beschriftung ist im Stromlaufplan und im Signallaufplan festgelegt, sodass im Problemfall jedem Scheinwerfer sofort der entsprechende Anschluss zuzuweisen ist.

Entsprechend dem „Patchplan" werden die komplexen Scheinwerfer mit DMX-Adressen versehen, damit eine Ansteuerung über das Lichtpult erfolgen kann. Bevor alle Traversen mit Kettenzügen auf die richtige Höhe gefahren werden, werden alle Scheinwerfer überprüft, ggf. Farbfilter eingehängt und die Ansteuerung wird getestet, da eine Behebung eventueller Fehler auf Bodenhöhe immer einfacher ist, als später, wenn alle Traversen unter dem Dach der Spielstätte hängen. Scheinwerfer, die auf der Bühne stehen sollen, können erst dann positioniert werden, wenn die Traversen unter dem Dach hängen. Allerdings werden bereits im Vorwege alle Kabel und Anschlüsse vorbereitet, um so schnell und effizient wie möglich zu sein, nachdem die Bühne fertig ist. Wenn das Rigg bestückt und getestet ist, fährt es auf Endhöhe. Dann kann mit dem Einleuchten/Presets geradeziehen begonnen werden.

17.5.5 Einleuchten/Fokussieren/Presets ziehen

Sobald der Bühnenaufbau fertig ist und alle Positionen auf der Bühne markiert sind, kann mit dem Einleuchten bzw. Presets „glattziehen" durch den Lichtdesigner oder Operator begonnen werden. Moderne Lichtshows haben häufig eine sehr aufwendige und komplexe Lichtshow, die auf einer aufwendigen Lichtprogrammierung beruhen. Diese Show in jedem Ort neu zu programmieren, wäre zu zeitintensiv. Daher beruhen die Shows auf Presets, in denen die wesentlichen Werte und Positionen der Movinglights gespeichert sind. Auf diesen Presets, mit unterschiedlichen Werten für z. B. Farben oder Helligkeiten, bauen alle Lichtstimmungen einer Show auf.

Wenn eine Produktion das gesamte Equipment mitbringt, müssen vor Ort nur die Presets überprüft und ggf. an die Gegebenheiten vor Ort angepasst werden und schon kann die gesamte Show abgerufen werden.

Wird bei einer Produktion teilweise oder komplett das vor Ort vorhandene Equipment benutzt, muss der Lichtdesigner oder Operator sich aus dem Licht vor Ort die notwendigen Lichtstimmungen erstellen.

17.6 Beispiele

In dem folgenden Teil wird ein Setup für eine Tour und ein Festival-Setup vorgestellt.

17.6.1 SEEED BAM BAM Tour 2019

Die in Bild 17.5 dargestellte Bühne ist eine Ansicht aus dem Beleuchtungsplan des Setups der Seeed BAM BAM Tour 2019/2020. Bild 17.6 zeigt den Grundriss der Bühne. Das Lichtdesign für die Tour wurde von Timo Martens und Nik Evers erstellt. Die Tabelle 17.1 zeigt die verwendeten Scheinwerfer und ihren Einsatzzweck.

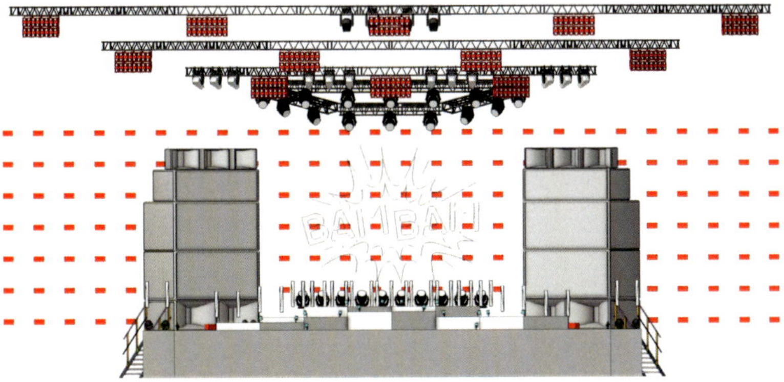

Bild 17.5 Ansicht SEEED BAM BAM Tour 2019/2020, Lichtdesign Timo Martens und Nik Evers

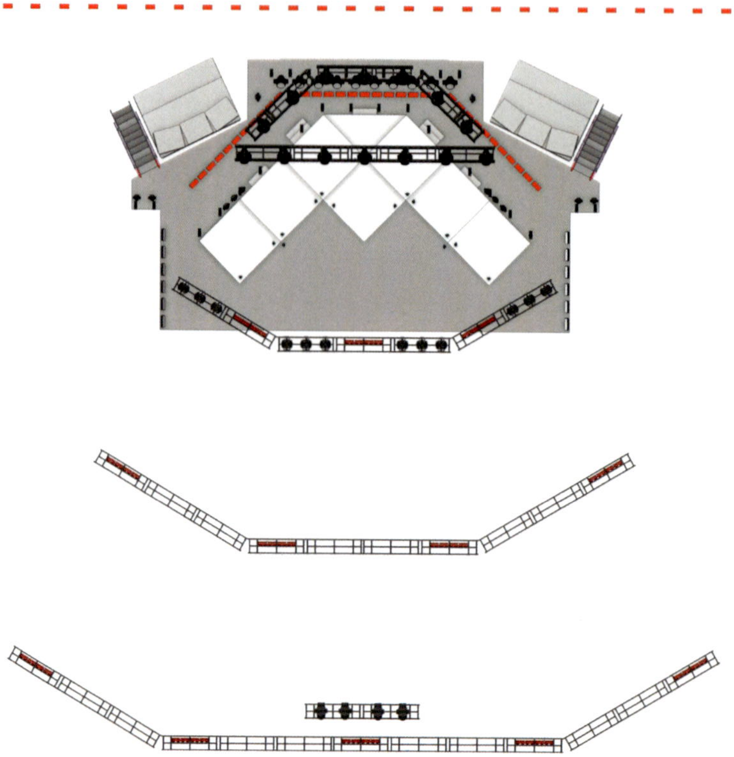

Bild 17.6 Grundriss SEEED BAM BAM Tour 2019/2020, Lichtdesign Timo Martens und Nik Evers

Tabelle 17.1 Verwendetes Material

Anzahl	Scheinwerfer/Material	Positionen/Bemerkung
14	VariLites, VL 6000	Rigg, Gegenlichteffekte und Hinterlicht für die Band
10	VariLites, VL 6000	Floorset, Gegenlichteffekte
12	SGM Q7	Floorset, Beleuchtung der LED-Wände bzw. Setups
20	GLP FR10 BAR	Gegenlichteffekte
217	GLP JDC 1	Gegenlichteffekte
12	GLP X4L	Floorset, Gassenlicht
16	GLP X4 Atom	Floorset, Personenlicht, Unterlicht
96	Elation WW4	Blinder
12	Robe BMFL Blades	Frontlicht
4	Robe BMFL FollowSpot LT	Verfolger
4	Robe RoboSpot	Remote-Verfolgersystem

17.6.2 Festival

Ein Festival-Setup sollte möglichst universal gestaltet sein, damit dort möglichst viele Lichtdesigner ohne Umbaumaßnahmen die Shows für ihre Bands durchführen können. Typisch für ein Festival-Setup ist daher eine sich abwechselnde Anordnung von Spot- und Wash-Scheinwerfern im Rigg. Ebenfalls in das Setup sollten Blinder und eine oder mehrere Reihen von Beamscheinwerfern untergebracht sein. Wichtig sind auch Gassenscheinwerfer. Das Floorset darf häufig jede Band selber mitbringen und so den Look individuell gestalten.

In der Regel darf nur der „Headliner" eigene Scheinwerfer ins Rigg hängen. Dies geschieht meistens in der Nacht nach der letzten Band des Abends oder am nächsten Morgen, bevor das Bühnenprogramm startet.

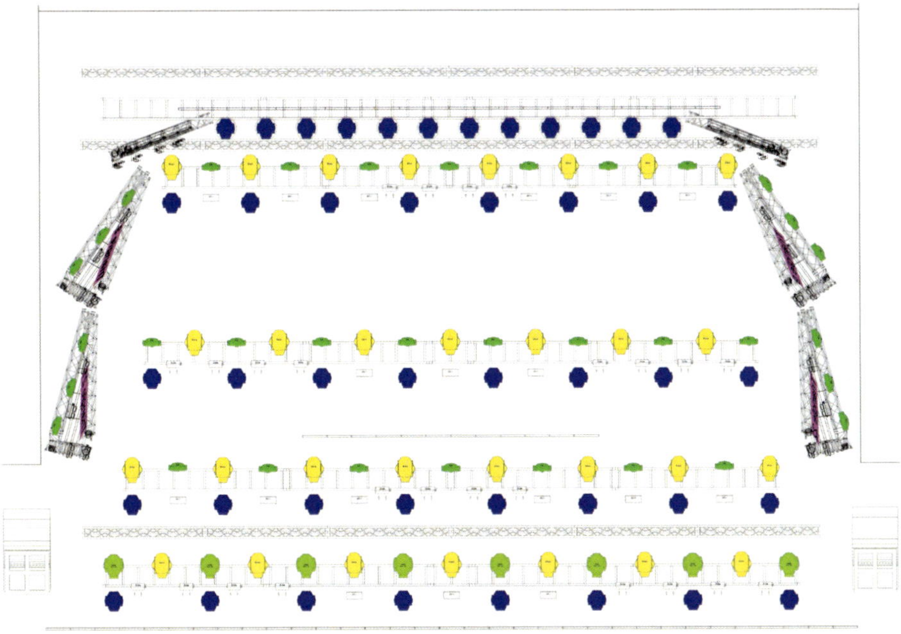

Bild 17.7 Grundriss SMS Festival 2019, Design Wolfgang Krämer, Prefocus GmbH

17.7 Remote-Verfolger und Tracking-Systeme

Wer kennt nicht die Personen die für einige Stunden im Rigg hängen und die KünstlerInnen ins „Rampenlicht" setzen, bzw. mit einem Verfolgerscheinwerfer „verfolgen". Seit einiger Zeit gibt es aber auch halbautomatische und vollautomatische Trackingsysteme, die dies übernehmen.

17.7.1 Remote-Verfolger (halbautomatisches Tracking-System)

Hat man auf einer Bühne Personen oder Objekte, die sich bewegen und möchte man, dass diese Personen oder Objekte von einem oder mehreren Lichtkegeln stets in Szene gesetzt werden, kommen sogenannte „Verfolgerscheinwerfer" zum Einsatz. Es handelt sich dabei meist um eine Sonderform des Profilscheinwerfers.

Bild 17.8 Ausleuchten der Künstlerin mit einem Verfolgerscheinwerfer

Bei klassischen Verfolgerscheinwerfern sitzt oder steht eine Person, die für die Bedienung des Scheinwerfers verantwortlich ist, direkt am Verfolgerscheinwerfer. Diese Person wird als „Verfolgerfahrer" bezeichnet. Bei „Remote-Verfolger-Systemen" ist der Verfolgerfahrer von der Position des Scheinwerfers entkoppelt und steuert den Verfolgerscheinwerfer über eine Eingabeeinheit fern. Das Geschehen auf die Bühne wird mit einer oder mehreren Kameras auf einen Bildschirm übertragen, so dass der Verfolgerfahrer sehen kann, wie er den oder die Scheinwerfer bewegen muss, um den Personen oder Objekten zu folgen. Zum Einsatz kommen hier meist gewöhnliche Movinglights und keine speziellen Verfolgerscheinwerfer.

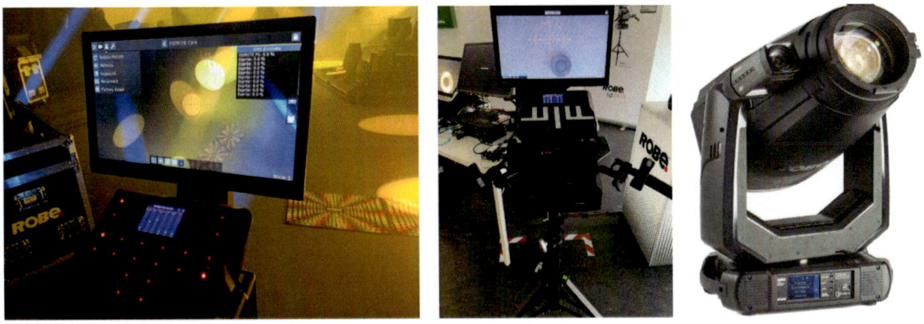

Bild 17.9 Links und Mitte: Remote-Verfolger-System der Firma Robe (RoboSpot), rechts: T1 der Firma Robe mit einer seitlich am Kopf montierten Kamera

Remote-Verfolger-Systeme sind nicht zu verwechseln mit „Tracking-Systemen“. Tracking-Systeme haben u. a. die Aufgabe, dass das Licht sich bewegenden Personen oder Objekten voll automatisch folgt. Deshalb spricht man hier auch von „vollautomatisierten Verfolgersystemen“ während Remote-Verfolger-Systeme auch als „halbautomatisierte Verfolgersysteme“ benannt werden. Im Folgenden sind einige Gründe aufgelistet, die für den Einsatz von Remote-Verfolger-Systemen sprechen

Bedienerfreundlichkeit und -sicherheit von Remote-Verfolger-Systemen

Bei klassischen Verfolgerscheinwerfern sitzt der Verfolgerfahrer häufig in einem sogenannten Trussnest im Rigg neben seinem Verfolger. Er darf während der gesamten Veranstaltung meist seine Position nicht verlassen, was auf Dauer sehr ungemütlich sein kann. Des Weiteren ist es im Rigg aufgrund der Rigghöhe oft warm und stickig oder es zieht durch die Nähe zu den Klimaanlagenlüftungen. Die Position im Rigg ist auch nicht ganz ungefährlich und verlangt nach geschultem Personal. Bei Remote- Verfolgersystemen kann der Verfolgerfahrer bequem hinter der Bühne im Backstage-Bereich positioniert sein und kann in Pausen seine Position verlassen.

Flexible Scheinwerferpositionen

Die Trennung von Verfolgerfahrer und Scheinwerfer ermöglicht dem Lichtdesigner eine flexible Positionierung der Scheinwerfer, die er als Verfolgerpositionen nutzen möchte. Des Weiteren kann er die Scheinwerfer auch für seine Looks mitverwenden, solange sie nicht als Verfolgerscheinwerfer eingesetzt werden. Zudem lassen sich mit einer Remote-Verfolgereinheit in den meisten Fällen mehr als ein Verfolgerscheinwerfer gleichzeitig bedienen, was zu Kosteneinsparungen führt.

17.7.2 Vollautomatische Tracking-Systeme

Werden bei einer Veranstaltung, einer Theaterproduktion oder einem Konzert die Positionsdaten von Personen, Tieren oder Objekten voll automatisch erfasst und verarbeitet, spricht man von vollautomatischem Tracking. Vollautomatisches Tracking ist nicht zu verwechseln mit halbautomatischem Tracking, welches immer Personal benötigt, um die Aktionen auf der Bühne manuell zu verfolgen.

Die geläufigste Anwendung für vollautomatisches Tracking sind mehrere Movinglights, die einer Person vollautomatisch folgen. Die Technologie bietet eine Unmenge an Möglichkeiten in zahlreichen weiteren Anwendungen sowohl im Licht-, Ton- und Videogewerk. Man denke z. B. auch an die Verknüpfung von kinetischen Elementen, die auf die Position einer Person im Raum automatisch reagieren. Alle diese Möglichkeiten lassen sich in einem System zusammenfassen und steuern und sind mit einer hohen Präzision wiederholbar. Im Gegensatz zu manuell gesteuerten „halbautomatischen" Tracking-Systemen arbeiten vollautomatische Tracking-Systeme entweder mit optischer Erkennung (über spezielle Kameras, meist Infrarot) oder über Funk.

Grundsätzlich bestehen alle Systeme aus drei wesentlichen Komponenten:

- Positionserfassung (2D oder 3D) z. B. durch Kameras oder Sender,
- Berechnung und Aufbereitung der Daten,
- Ausgabe in einem gewünschten Protokoll wie z. B. ArtNet, sACN, OSC, MSC und PSN.

Bei der Positionserfassung kann man zwei Technologien unterscheiden: optische Systeme und funkbasierte Systeme.

Bei optischen Systemen werden mehrere IR-Kameras über der zu erfassenden Szenenfläche installiert. Das Objekt/Person trägt wiederum IR-Marker, welche für die Erfassungs-Kameras sichtbar sein müssen. Mindestens drei (besser mehr) Kameras müssen einen Marker „sehen", um sicher eine Position zu bestimmen. Die Positionierung der Marker und der Kameras ist damit sehr entscheidend und kritisch. Ein Vorhang oder Kleidungsteil, welches aus Versehen einen IR-Marker verdeckt, kann die Erfassung der Positionsdaten unterbrechen. Optische Systeme haben klare Vorteile, wenn es um hohe Genauigkeit auf begrenzten Flächen geht. Auch sind die Latenzen sehr gering. Bedingt durch die begrenzte Auflösung der Kameras nimmt die Genauigkeit mit der Bühnengröße ab, das kann bis zu einem gewissen Umfang durch mehr Kameras wettgemacht werden, ist aber in der Praxis oft unpraktisch.

Funkbasierte Systeme wiederum arbeiten meist im Decawave UWB Band (Ultra-Wide-Band). Die Systeme berechnen über die Laufzeitunterschiede zwischen kleinen Trackern und rund um die Bühne befestigten „Anker"-Sendern die Position der zu trackenden Person oder des Objekts (z. B. ein Auto). Vorteile von funkbasierten Systemen sind, dass die Tracker relativ frei (und unsichtbar) am Körper getragen werden können und das Tracking weder durch Stoffe, Deko noch andere nichtmetallische Hindernisse beeinflusst wird. Die Genauigkeit ist mit ca. +/-10 cm für die meisten Anwendungen völlig ausreichend, allerdings ist die Latenz mit ca. 80 ms für manche Video-Anwendungen wie Mapping zu hoch. Im Gegensatz zu optischem Tracking arbeitet funkbasiertes Tracking besser auf größeren Bühnen, da größere Laufzeitunterschiede genauere Berechnungen erlauben. Aber auch hier müssen mindestens drei oder mehr „Empfänger" die Sender/Tags orten.

Einige Systeme können auch zusätzlich Positionsdaten von anderen Systemen verarbeiten, z. B. Input von Sensoren, Encodern, Kameras, Multi-Touch-Treibern oder LiDAR-Scanner. Bei der Berechnung und Aufbereitung der Daten geht es im Wesentlichen darum, die Rohdaten so aufzubereiten, dass etwa ein Movinglight damit ruhig und schnell genug zugleich die gewünschte Position anfährt. Hierzu müssen natürlich zu allererst die genauen Scheinwerferpositionen im Rig ermittelt werden. X/Y/Z reicht hier nicht, auch die drei Rotationsachsen sowie die genauen Pan/Tilt Winkel der Scheinwerfer sind wichtig.

Für die Ermittlung der Positionsdaten gibt es je nach Software verschiedene Herangehensweisen die sich im Einsatz auf der Bühne stark unterscheiden und letztendlich maßgeblich die Einrichtzeit bestimmen. Daneben werden in der Software die komplette Berechnung der Scheinwerferpositionen sowie scheinwerferspezifische Einstellungen wie Dämpfung und Vorausberechnung usw. vorgenommen. Diese Software ist das Herzstück der Systeme und wird mit einer entsprechenden GUI oder direkt über eine Pulteingabe per ArtNet gesteuert. In der Ausgabe können dann z. B. Pan-/Tilt-Daten von Movinglights manipuliert bzw. mit den „getrackten Positionen" gemergt werden, oder es werden über PSN reine Positionsdaten z. B. an DSP-Applikationen für Audiotracking oder Medienserver gesendet. Hier gibt es teilweise auch schon Plugins für Echtzeit-Render-Engines wie Unreal Engine oder Depence R3.

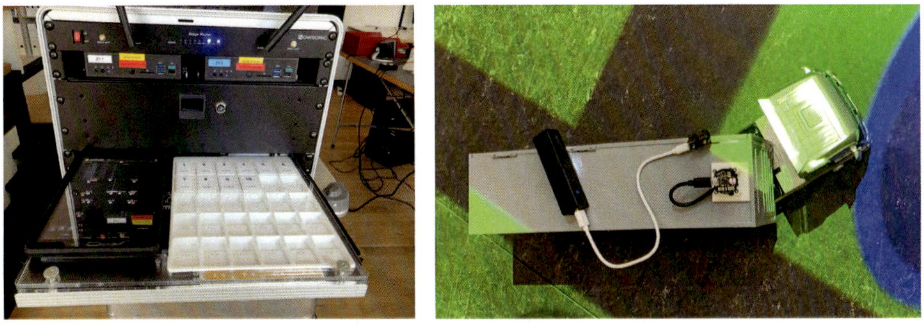

Bild 17.10 Links: Zactrack-Touring-System kurz vor dem Einsatz, rechts: Optitrack-System, montiert auf einem Spielzeug-Lkw zur Demonstration des Follow-Systems

18 Licht für wirtschaftsbezogene Veranstaltungen

Laut einer Studie aus dem Jahr 2020 ist die Veranstaltungsbranche in Deutschland die sechstgrößte Wirtschaftsbranche. Fast 90 % der erwirtschafteten Umsätze der Veranstaltungsbranche entstehen durch „Wirtschaftsbezogene Veranstaltungen“. Die wirtschaftliche Bedeutung dieser Veranstaltungen ist für deutsche Lichtdesigner, Operator, Lichttechnikdienstleister und Technikhersteller immens. Auch finden viele Studierende der Medien- und Veranstaltungstechnik-Studiengänge in diesem Bereich ihren Arbeitsplatz.

Unter wirtschaftsbezogenen Veranstaltungen werden u. a. Messen, Händlertagungen, Produkt-Roadshows, Hauptversammlungen, Pressekonferenzen, Tagungen und Kongresse zusammengefasst. Gemeinsam ist dieser Art von Veranstaltungen, dass der Auftraggeber ein Unternehmen und das Ziel der Veranstaltungen die Kommunikation von Markenbotschaften des Unternehmens an Kunden, Pressevertreter oder Mitarbeiter ist.

In dem nun folgenden Kapitel wird anhand einer Messestandlichtplanung für eine Automobilmesse stellvertretend für wirtschaftsbezogene Veranstaltungen der Lichtplanungsprozess aufgezeigt. Das Kapitel startet mit einem geschichtlichen Rückblick, wie sich das Lichtdesign für Automobilmessen bis heute verändert hat.

Bild 18.1
Messestand Audi auf der IAA 2015

18.1 Kurzer historischer Überblick

Messen können auf eine sehr lange Geschichte zurückblicken. Bereits im Mittelalter trafen sich beispielsweise Händler und Geschäftsleute in Frankfurt auf dem „Römer“, um dort über ihre Produkte zu informieren. Die erste deutsche Automobilmesse wurde 1897 vom „Mitteleuropäischen Motorwagenverein“ in Berlin organisiert. Aus der damals noch eintägigen Veranstaltung für Liebhaber des Automobils entwickelte sich über die Jahre die Internationale Automobil Ausstellung kurz IAA.

Durch steigende Ansprüche der Aussteller an ihr Messestanddesign wuchsen über die Jahre auch die Ansprüche an die Lichtgestaltung der Messestände. So wurde bis gegen Ende des 20. Jahrhunderts das Licht auf den Messeständen noch von den Architekturbüros der Messestände mitgeplant bzw. die Planung an die Scheinwerferverleiher abgegeben. Spezialisierte Lichtplanungsbüros existieren nicht.

Dies änderte sich in Deutschland mit der Gründung des Lichtplanungsbüros 4to1 GmbH durch den Lichtdesigner Michael Schmidt am Ende des 20. Jahrhunderts. Er etablierte einen eigenen Berufsstand für die Lichtfachplanung von Automobilveranstaltungen und ebnete vielen weiteren deutschen Lichtplanungsbüros den Weg. Heute hat jede deutsche Automarke ihr besonderes Fahrzeugbeleuchtungskonzept und legt großen Wert auf eine gute Ausleuchtung der Fahrzeuge. Mit den steigenden Ansprüchen an das Messelichtdesign über die Jahre veränderte sich auch die eingesetzte Scheinwerfertechnik.

Bis in die 1990er-Jahre wurden die Ausstellungsfahrzeuge und die Messearchitektur auf den Automessen mit Kunstlichtscheinwerfern beleuchtet. Meist wurden für die Fahrzeuge Stufenlinsenscheinwerfer aus der Theatertechnik eingesetzt, zum Teil auch HQI-Fluter aus dem Baugewerbe. Mit der zunehmenden Verbreitung und Entwicklung von leistungsstarken Entladungslampenscheinwerfern zur Imitation von Tageslichtszenen im Film- und Fernsehbereich wurden diese Technik bald auch von der Messebeleuchtung entdeckt. Diese sogenannten „Tageslichtscheinwerfer“ der Firmen Arri und Mitronic hatten den Vorteil, dass die Lacke der Autos wie unter natürlichem Licht ausgeleuchtet wirkten. Es handelte sich dabei meist um PAR-Scheinwerfer mit speziellen Linsen, die aus einem runden Abstrahlwinkel eine rechteckige Abstrahlcharakteristika erzeugten. Mit der IAA 2019 hat auch die LED-Technik in die Fahrzeugbeleuchtung im großen Stil Einzug gehalten. Damals wurde erstmals der komplette VW-Messestand mit LED-Scheinwerfern beleuchtet.

Das Automobilmessegeschäft ist seit dem sogenannten „Dieselskandal“ 2015 allerdings stark rückläufig. Der Fokus der Marketingabteilungen hat sich weg von den Messen und hin zu individuelleren Veranstaltungen für spezielle Zielgruppen verschoben. Die Zukunft der Automessen ist daher zum Zeitpunkt des Erscheinens dieses Buches noch nicht absehbar. Events rund um das Automobil wird es aber auch in Zukunft geben und somit ist das Fachwissen, das in diesem Kapitel dargelegt wird, weiterhin wichtig.

Bild 18.2 Detailansicht Messestand Audi auf der IAA 1999

18.2 Personen

Die Licht- und Medienplanung von Automobil-Veranstaltungen wird in Deutschland zum größten Teil von sogenannten Fachplanungsbüros durchgeführt. In den Fachplanungsbüros arbeiten je nach Größe der Büros unterschiedliche Fachplaner, die für verschiedene Bereiche der technischen Planung verantwortlich sind. Für den Lichtbereich sind das die sogenannten Lichtfachplaner. Lichtfachplaner sind häufig weniger gestalterisch ausgebildet, als dies Showlichtdesigner oder Theaterlichtgestalter sein müssen. Ihre Aufgabe ist es viel mehr eine vorgegebene Licht-Corporate-Identity eines Kunden bei allen Veranstaltungen weltweit zu gewährleisten. Sie arbeiten in enger Absprache vom ersten Entwurf bis zur Bauüberwachung vor Ort mit den Architekturbüros, Agenturen, den Kunden, Messebauern und technischen Dienstleistern zusammen.

Da der Ausgangspunkt für den Gestaltungsprozess ein Raumkonzept und nicht ein Text wie am Theater oder eine Musik wie im Touringbusiness ist, ähnelt die Arbeitsweise der Tätigkeit eines Architekturlichtdesigners. Folglich sind Fachkenntnisse aus der Architekturlichtgestaltung wichtiger als das Verständnis für musische oder literarische Zusammenhänge, die am Theater oder im Touringbereich unabdingbar sind.

Für Showelemente, wie z. B. eine Pressekonferenz auf einem Messestand, werden durch die Fachplanungsbüros teilweise externe Showlichtdesigner dazu geholt. Diese bringen dann wiederum ihren Showlichtoperator mit. Vor Ort zum Einrichten der Beleuchtungsanlage besteht das Beleuchtungsteam zusätzlich zu den oben genannten Personen aus einem Projektleiter Licht, aus einem oder mehreren Oberbeleuchtern, Lichttechnikern, Systemtechnikern und Helfern.

18.3 Lichtdesign und Lichtfachplanung

Grundlagen der Lichtfachplanung bilden Gütemerkmale aus der Architekturlichtplanung wie:

- angemessene Beleuchtungsniveaus,
- harmonische Helligkeitsverteilung,
- gute Farbwiedergaben,
- Blendungsfreiheit,
- energetische Gesichtspunkte.

Darauf aufbauend fließen in das Lichtdesign Aspekte aus der Wahrnehmungspsychologie und der Gestaltungslehre aus der Architektur ein.

Beispiele sind hierfür z. B.:

- Blickführung der Besucher durch Licht,
- Auswahl der eingesetzten Lichtfarben/farbiges Licht,
- Deckenspiegelgestaltung (Anordnung der Scheinwerfer und Leuchten bzw. ordentliche Integration der Leuchten in das Messestanddesign).

18.4 Produktionsprozess

Im Folgenden wird der Ablauf einer Lichtfachplanung für einen Automobilmessestand vorgestellt.

18.4.1 Entwurfsphase

Die Entwurfsphase startet mit Renderings und Plänen der Standarchitektur. Diese werden meist vom Messestandarchitekturbüro erstellt und vorgestellt. Ergänzt werden diese Pläne durch ein Konzept der Kommunikationsagentur. Diese stellt weitere Inhalte vor, wie z. B. welche Events auf dem Messestand stattfinden sollen oder welche Videoinhalte auf den Medienflächen gezeigt werden könnten.

Der Lichtfachplaner analysiert auf Basis dieser Pläne den Entwurf. Er weist die Projektbeteiligten ggf. auf Schwierigkeiten aus Sicht der Beleuchtung hin. Ebenfalls erstellt er eine Kostenschätzung und stellt sein Lichtkonzept den Projektbeteiligten und dem Kunden vor. Parallel, im Idealfall nach mehreren Feedbackschleifen folgt der nächste Schritt, die Ausschreibung. In der Ausschreibung werden

Angebote bei Technischen Dienstleistern abgefragt, anschließend ausgewertet und am Ende des Prozesses wird einem technischen Dienstleister der Auftrag erteilt.

18.4.2 Ausführungsphase

Nach der Auftragserteilung an einen Technischen Dienstleister startet die Ausführungsphase. Jetzt werden technische Details ausgearbeitet und z. B. eine statische Berechnung durchgeführt. Oft kommt es in dieser Phase zu Änderungen von Messestandinhalten oder -design, die eine Anpassung der ursprünglichen Planung notwendig machen. Um schwierige Zusammenhänge oder Details abzustimmen, werden häufig Probeaufbauten durchgeführt.

18.4.3 Umsetzungsphase

Die Umsetzungsphase startet mit dem Setzen der Hängepunkte durch die sogenannten Rigger. Anschließend werden auf dem Boden die Traversen zu Traversenstrecken ausgelegt, verbunden und mithilfe von Pipes oder Zweipunkttraversen zu einem oder mehreren Rigsegmenten zusammengefügt. Im Anschluss werden die Traversen mit Motoren auf „Arbeitshöhe" gefahren. Hängt das Rig auf Arbeitshöhe werden die Scheinwerfer an das Rig montiert und verkabelt. Bevor das Rig im nächsten Schritt auf Endhöhe gefahren wird, empfiehlt es sich, einen Funktionscheck der Scheinwerfer durchzuführen, denn in dieser Phase ist es noch vergleichsweise einfach, Fehler im System zu beheben. Erst wenn das Rig auf Endhöhe ist, kann der eigentliche Bau der Standarchitektur beginnen.

Parallel dazu werden im Boden des Messestandes notwendige Kabel für Bodenscheinwerfer oder die FOH-Plätze durch die Lichttechniker eingebracht. Dies ist ein sehr wichtiger Schritt, weil es oft nachträglich nicht möglich ist, vergessene Kabel in den Boden zu legen. Ist die Standarchitektur erkennbar, wird unmittelbar mit dem Einleuchten begonnen.

Meist werden zunächst die Standarchitektur und der Boden ausgeleuchtet. Dies erfolgt per Hand oder wenn Movinglights eingesetzt werden vom Lichtstellpult aus. Teilweise können auch bereits Exponate und Fahrzeuge vorgeleuchtet werden. Im letzten Schritt vor Eröffnung werden die Ausstellungsfahrzeuge und Standdetails geleuchtet, es finden die Proben für die Pressekonferenz und sonstige Events statt. In der Regel erfolgt die Standabnahme durch den Kunden. Er begutachtet, ob die Messearchitektur, Licht-, Video- und Tongestaltung seinen Wünschen entspricht und ob ggf. noch das ein oder andere nachgebessert werden muss.

18.5 Beispiel Audi-Messestand IAA 2015

Für die IAA 2015 in Frankfurt ließ Audi auf einer Fläche von 55 m × 70 m ein spektakuläres dreistöckiges temporäres Gebäude errichtet, siehe Bild 18.1.

Der architektonische Entwurf der Architekten Schmidhuber und Partner war für alle beteiligten Gewerke eine Herausforderung. So auch für das Gewerk „Licht". Jede Scheinwerferposition musste genau von dem Fachplanungsbüro 4to1 GmbH bedacht und berechnet werden, um z. B. Verschattungen von einem Scheinwerfer durch einen anderen zu verhindern. Es mussten dafür unzählige Detailschnitte erstellt und geprüft werden.

Als Beispiel für die Komplexität lichttechnischer und lichtgestalterischer Anforderungen bei derartigen Messeständen, dient das folgende Beispiel einer Drehscheibenbeleuchtung dieses Messestandes der IAA 2015. Kern des architektonischen Entwurfs war die Idee von Drehscheiben bestehend aus einem Boden aus LED-Wänden. Auf den Drehscheiben sollten ein oder zwei Fahrzeuge stehen. Wunsch des Kunden war es, dass die Autos permanent CI-gerecht ausgeleuchtet sein sollten, ohne das Licht auf den LED-Boden der Drehscheiben trifft und so den Kontrast der LED-Wände reduziert.

Die CI-gerechte Ausleuchtung eines Fahrzeuges auf der Hauptdrehscheibe in der Mitte des Messestandes sah die Anstrahlung der beiden Fahrzeuge mit je einem Scheinwerfer für die Fahrzeugfront, einem Scheinwerfer für das Fahrzeugheck eines Fahrzeuges und drei Scheinwerfern für die Fahrzeugflanke vor. Dies sollte alles aus mit demselben Winkeln zu dem jeweiligen Fahrzeug erfolgen. Die zum Drehscheibenmittelpunkt gelegene Fahrzeugseite sollte mit nur einem Scheinwerfer beleuchtet werden. Dieses Ausleuchtungskonzept musste jetzt auf alle sich durch das Drehen der Drehscheibe ergebenen Fahrzeugpositionen übertragen werden. Das Ergebnis war die Ausleuchtung der Drehscheibe mit insgesamt 64 Scheinwerfern. Der Einleuchtplan der Drehscheibe und der dazugehörige System-Schnitt ist in Bild 18.3 dargestellt.

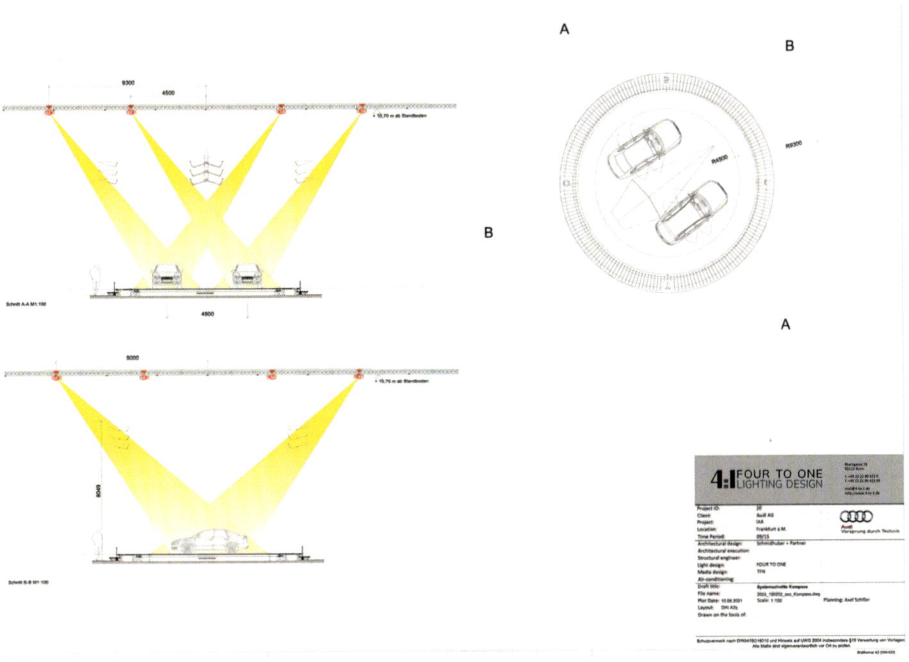

Bild 18.3 Beispielbild einer Drehscheibenbeleuchtung am Messestand der Firma Audi auf der IAA 2015

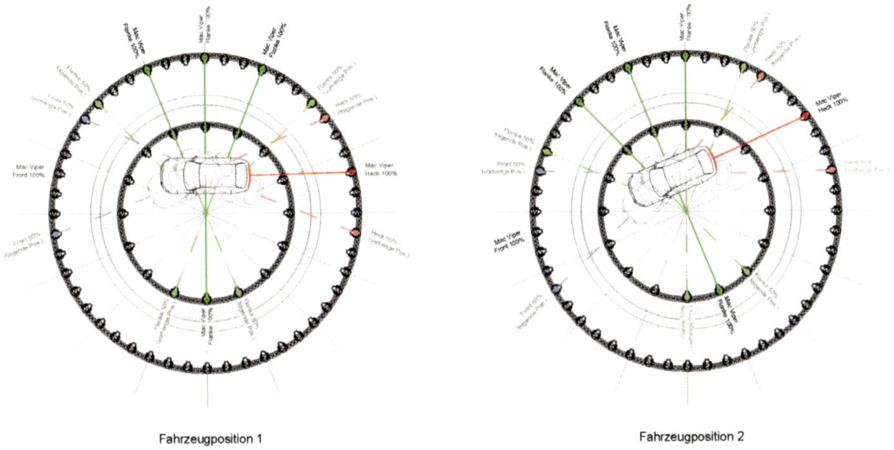

Bild 18.4 Details zu der Drehscheibenbeleuchtung am Messestand der Firma Audi auf der IAA 2015

19 Lichtpläne und Lichtsimulation

Im Bereich der Show-, Event-, Touring- und Theaterbeleuchtung werden heutzutage zur Vorabvisualisierung und als Previsualisierung Lichtsimulationsprogramme eingesetzt. Neben Programmen wie Vectorworks (Computerworks) kommen dabei auch Programme wie MA 3D (MA-Lighting), Wysiwig (Cast), 3ds Max (Autodesk), Cinema 4D Maya (Autodesk), Depence R3 (Syncronorm), (Relux Informatik AG), DIALUXEvo (DIAL GmbH) sowie auch vereinzelt Game-Engines wie Unreal oder Unity zum Einsatz.

Bild 19.1 Vorabvisualisierung Kongress SLUSH

19.1 Grundlagen

Das chinesische Sprichwort, dass ein Bild mehr aussagen kann als tausend Worte, ist in unserer jetzigen Zeit mehr als berechtigt. Pläne, 2D- und 3D-Bilder, fotorealistische Bilder oder Videos helfen bei der Darstellung komplizierter Vorgänge. Während früher im Theaterbereich und auch bei Opern der Bau von Modellen durch den Bühnen-/Setdesigner üblich war, werden heutzutage mit Scribbles,

CAD-Plänen sowie mit Renderings die Bühnen- und Lichtpläne präsentiert (meist in 2D), bis hin zu aufwendigen 3D-Simulationen im Event- und Showbereich. Zukünftig wird auch der Einsatz von VR (Virtual Reality) und AR (Augmented Reality) State of the Art werden. Mit der eindeutigen Bildsprache ist es möglich, dem Kunden die geplante Show zu präsentieren, den verschiedenen Abteilungen Änderungen im Produktionsprozess und wichtige Informationen in kurzer Zeit zu vermitteln und eine Planungssicherheit zu ermöglichen und vielleicht sogar die eine oder andere Beleuchtungsprobe einzusparen.

19.1.1 Modellbau

Zur Beurteilung der räumlichen Lichtstimmung wurden und können natürlich auch sogenannte **„Schuhkarton-Modelle“** der Größe 1:20 oder 1:50 verwendet werden. Mithilfe dieser Modelle können erste Aussagen über das Bühnendesign, die Gestaltung, den Raumaufbau etc. getroffen werden. Probleme wird es dabei immer mit den Lichtquellen, insbesondere mit der korrekten Wiedergabe der Lichtstimmungen geben. Man kann wohl mit Miniaturscheinwerfern schon einen ersten Lichteindruck von den Szenen erhalten, die korrekte Lichtwirkung ist jedoch nicht befriedigend möglich. Lediglich im Maßstab 1:4 können bereits gute Lichtwirkungen mit entsprechenden Miniaturscheinwerfern dargestellt werden.

Bild 19.2 Bühnenmodell im „Schuhkartonformat“ als Diskussionsgrundlage für das Bühnen -und Lichtdesign

Bild 19.3 Darstellung einer Bühnenshow im verkleinerten Maßstab von 4:1 (Beuth Hochschule)

19.1.2 Simulation

Hinter diesem Begriff steht die vielfältige Möglichkeit, Räume, Bühnen, Theaterstücke per Rechner in 2D und 3D aufzubauen, die Räume, Wände, Möbel zu variieren, um so die Raum- und Lichtwirkung vorab zu betrachten und sich im virtuellen Raum zu bewegen.

In den letzten Jahren ist die Computersimulation sehr große Schritte vorangekommen, von einfachen 3D-Bildern bis hin zu „fotorealistischen Darstellungen". Gerade in den letzten Jahren hat man die Wirkung von realitätsnahen oder fotorealistischen Bildern schätzen gelernt. Auch im Bereich der TV-Unterhaltung (z.B. ESC u.a.) werden seit vielen Jahren Lichtsimulationsprogramme zur Vorabvisualisierung eingesetzt.

Vorteile der Computersimulation:

- frühzeitige Vorstellung der Lichtwirkung im Raum,
- frühzeitige Entscheidungsfindung für die eine oder andere Lichtlösung,
- schnelles Modifizieren von Raumelementen und Scheinwerfern,
- verbesserte Basis zur Diskussion der Probleme mit den am Projekt Beteiligten.

Nachteile der Computersimulation:

- nicht so realistisch wie der echte Raum bzw. die Bühne,
- Blendungsprobleme sind kaum darstellbar,
- bei komplexen Räumen gibt es eine längere Eingabe- und natürlich auch größere Rechenzeiten für aussagefähige Renderings.

Nachfolgend einige Beispiele für den Einsatz verschiedener Programme bei der Vorabvisualisierung.

Bild 19.4 Vorabvisualisierung einer Modenschau (Kunsthalle Hamburg) mit dem Programm Maya; links: Blick von oben, rechts: Blickrichtung aus dem Zuschauerraum

19.2 Lichtpläne

Für jede größere Produktion, ob Fernseh-, Theater- oder Showbereich werden vorab, wie allgemein in der Lichttechnik üblich, Beleuchtungspläne benötigt und gezeichnet. Die Grundrisspläne sind heute üblicherweise in CAD-Form, meist wird Vectorworks oder AUTOCAD verwendet. Bei großen Produktionen gibt es noch verschiedene Unterteilungen von Lichtplänen (Plot, Section, Layout-Schedule, Hock-up-Schedule), Details dazu siehe Kapitel 14 „Theater-Licht".

Scheinwerfersymbole nach DIN 15560

Um einen Beleuchtungsplan zu erstellen, der für alle Mitarbeiter der Lichtcrew gut lesbar ist, bedarf es Symbole, die es dem Betrachter erlauben, schnell zu erkennen, um welchen Scheinwerfertyp es sich in diesem Plan handelt. Aus diesem Grund ist in der DIN 15560, Teil 6 festgelegt, welche Scheinwerfer durch welche Symbole gekennzeichnet werden sollen. Wie man erkennen kann, sind es noch relativ „klassische" Symbole, die heute eher veraltet wirken, aber immer noch gültig sind.

Mit einem Viereck kennzeichnet man einen Scheinwerfer mit der Leistungsklasse bis 1 KW. Der Kreis repräsentiert einen Scheinwerfer mit der Leistungsklasse 2 KW. Ein 5-KW-Scheinwerfer wird durch ein Dreieck dargestellt. Fluter werden durch ein Trapez dargestellt. Entsprechende Schablonen zum Zeichnen auf Papier sind auf dem Markt erhältlich.

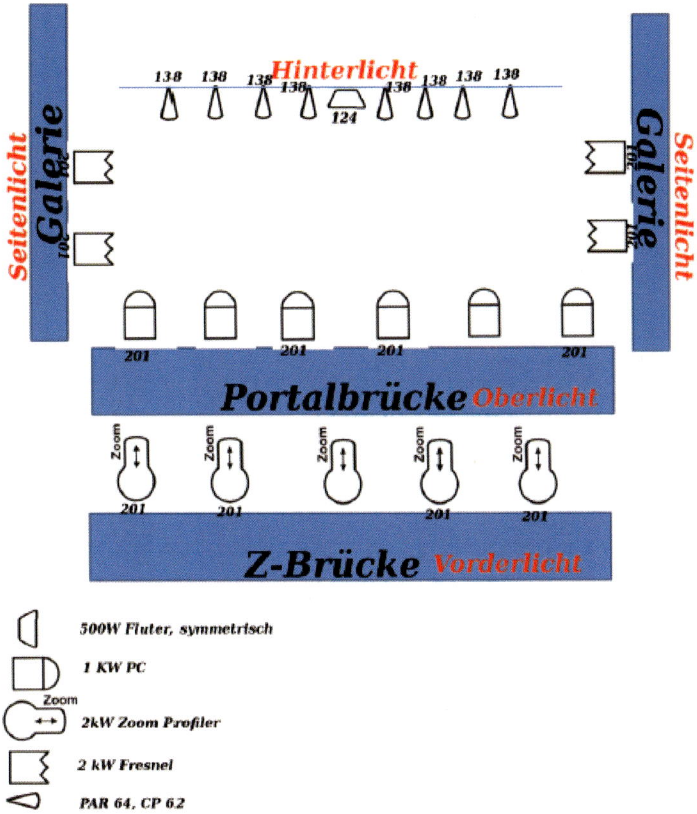

Bild 19.5 Beleuchtungsplan „Weiße Rose“ mit Scheinwerfersymbolen nach DIN 15560, Teil 6

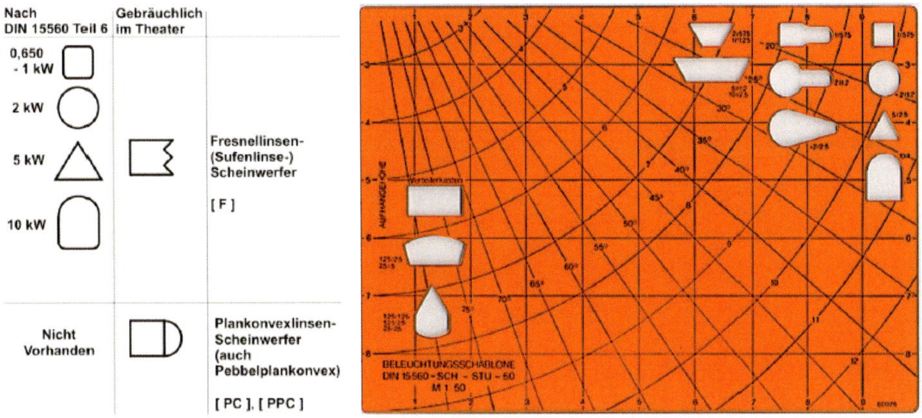

Bild 19.6 Links: Scheinwerfersymbole nach DIN 15560, Teil 6, rechts: Schablone

Leider sind die Symbole in dieser DIN relativ einfach bzw. veraltet und berücksichtigen die neueren Scheinwerfertypen wie Movinglights nicht bzw. wird ein Movinglight durch das einfaches Symbol „Effektgerät“ gekennzeichnet. Entsprechend haben Lichtdesigner und die Programmhersteller eigene Symbole entworfen, die schon sehr detailliert die einzelnen Scheinwerfertypen darstellen.

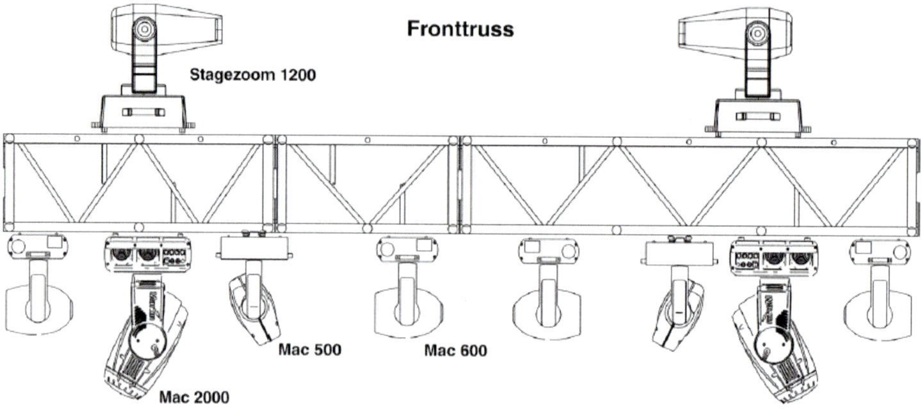

Bild 19.7 Detaillierte Scheinwerfersymbole mit einem CAD-Programm

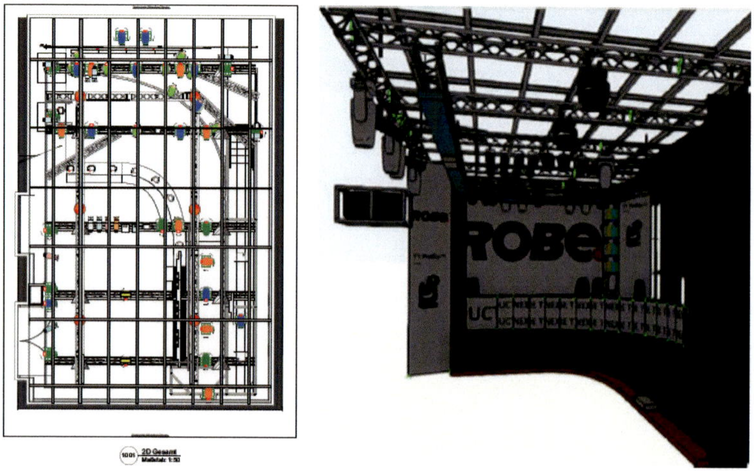

Bild 19.8 Lichtplan und Simulation der Lichtshow während dem LD Summit Robe 2020 im Lichtlabor HAW-HH

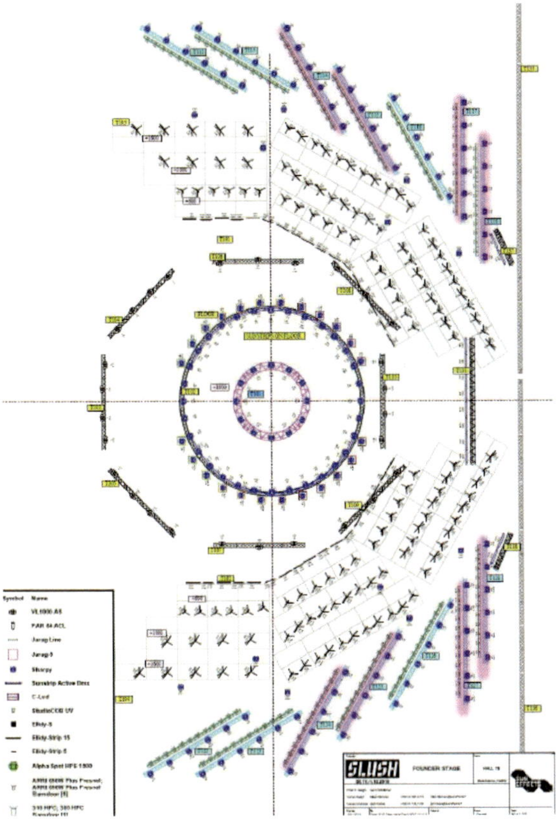

Bild 19.9 Lichtplan für das SLUSH in Helsinki

■ 19.3 Begriffe der Computersimulation

Bevor auf die verschiedenen Rechenalgorithmen und Rechenprogramme eingegangen wird, sollen einige Begriffe der Computersimulation erläutert werden.

19.3.1 Drahtgittermodell (Wireframe)

Um einen Raum bzw. eine Bühne darstellen zu können, muss ein 3D-Modell meist als Drahtkörper (Wireframe) erstellt werden. Basis aller 3D-Modelle sind sogenannte Polygone, d. h. Elemente, die aus mindestens drei Linien bestehen und an ihren Anfangs- und Endpunkten miteinander verbunden sind. Durch diese Verbindung der Linien (Vektoren) entsteht eine ebene Fläche, ein Dreieck. Eine Vielzahl dieser Flächen (Facetten) ergeben miteinander verbunden die Oberflächen eines Drahtmodells. Je mehr Polygone eingesetzt werden, umso runder wirkt das Objekt, aber umso aufwendiger und zeitintensiver werden die Berechnungszeiten.

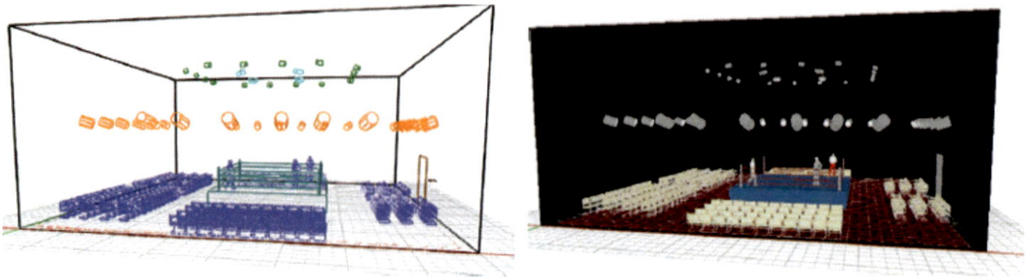

Bild 19.10 Links: Drahtgittermodell (dargestellt der Boxring des Musicals „Rocky“, nachgebaut in Relux Suite), rechts: mit Oberflächen bedecktes (geshadetes) Modell

Eine andere Methode stellt das Vollkörpermodelling (auch Solid-Modelling genannt) dar, bei der die Objekte aus dreidimensionalen Grundkörpern kreiert werden. Diese sog. Primitiven bestehen nicht mehr aus ihren Oberflächen, sondern liegen mathematisch als Volumen vor. Aus diesen Basiselementen können dann beliebig neue Objekte entstehen bzw. durch Boolesche Operationen – diese besitzen Eigenschaften von logischen Operatoren wie UND, ODER u. a. – auch Teile ausgeschnitten bzw. vereinigt werden.

19.3.2 Materialbeschreibung

Um den Objekten Oberflächeneigenschaften zuweisen zu können, benötigt man einen sogenannten Material-Editor. Hier können verschiedene Oberflächen wie Stein, Holz etc. ausgewählt oder auch ganz neues Material erstellt werden. Zusätzlich können dem Material auch die Komponenten Farbe, Glanz, Durchsichtigkeit zugeordnet werden. Die Technik des Auflegens bzw. „Überziehens“ von Texturen wird als „Mapping“, „Texture Mapping“, „Picture Mapping“ oder „Bump-Mapping“ bezeichnet.

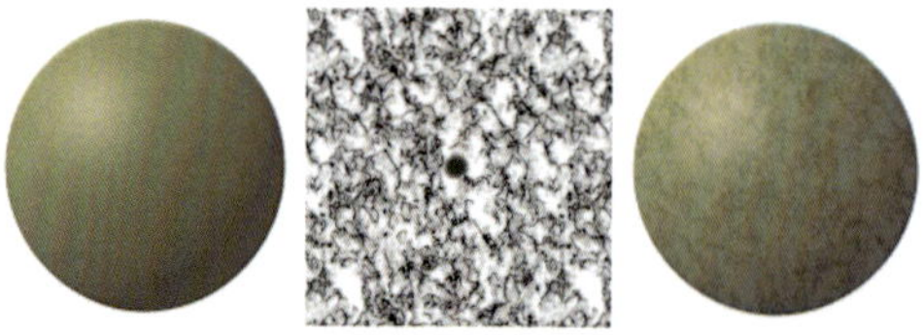

Bild 19.11 Bump-Mapping

19.3.3 Beleuchtung

Ein Objekt wird erst dann sichtbar, wenn es selbst leuchtet oder von einer Lichtquelle angestrahlt wird und das Licht teilweise oder ganz reflektiert wird. Zur korrekten Berechnung müsste normalerweise die Lichtverteilungskurve (LVK) der eingesetzten Scheinwerfer verwendet werden, z.B im Eulumdat-Format, einem Format für den Austausch fotometrischer Daten zur Lichtstärkeverteilung von Lichtquellen, das vor allem in Europa verwendet wird, oder im IES-Format (Illuminating Engineering Society of North America), sozusagen die nordamerikanische Version des europäischen Eulumdat-Formates. Leider verwenden sehr viele Lichtsimulationsprogramme diese Formate nicht bzw. es gibt nicht alle Scheinwerfer in diesem Format. Die Probleme können vielfältig sein. Beginnend bei den fehlenden Lichtstärkeverteilungskurven (LVKs) der führenden Scheinwerferhersteller über fehlende Torblenden, z. B. für Fresnelscheinwerfer, oder die Berücksichtigung der vielen Parameter von Movinglights.

Fehlen die LVKs, dann werden oftmals vereinfachte Lichtquellen verwendet, die wohl „schönes“ Licht darstellen, aber lichttechnisch nicht korrekt sind.

- Omni-Lights sind punktförmige, in alle Richtungen gleichmäßig abstrahlende Lichtquellen. Ihre Strahlen verlaufen konisch und haben eine konstante Intensität.
- Spot-Lights sind Lichtquellen mit einem gerichteten Strahlenverlauf. Position, Richtung und Abstrahlwinkel sind vom Anwender frei positionierbar.
- Ambient-Lights entsprechen einem einmal definierten Umgebungslicht. Es erhellt gleichmäßig sämtliche Objekte unabhängig von ihrer Position im Raum.

19.3.4 Rendering

Der abschließende Prozess, um von einem Drahtgitter-Modell eine schattierte Darstellung zu bekommen, ist das sogenannte **„Rendering“**. Rendern bedeutet die Übersetzung der Vektordarstellung einer Szene in eine Pixeldarstellung. Erst beim Rendering der endgültigen Oberflächenberechnung werden sichtbare Flächen des dreidimensionalen Modells mittels entsprechender Algorithmen umgewandelt. Oftmals kann nach Aufruf des Renders dann der Schattierungsalgorithmus **„Flat-Shading“**, **„Gourand-Shading“** oder **„Phong-Shading“** ausgewählt werden, Details dazu siehe im nachfolgenden Abschnitt.

19.4 Rechenalgorithmen

Der Unterschied vieler Simulationsprogramme liegt in der unterschiedlichen Vorgehensweise bei der Lichtberechnung. Rechenprogramme, die spezielle Nachweismethoden verwenden wie Beleuchtungsstärkewerte, Leuchtdichten, Blendungsbegrenzung, Gleichmäßigkeit etc. verwenden oftmals einen anderen Algorithmus als Visualisierungs-Programme.

Bei den Visualisierungsmethoden unterscheidet man:

- Shading-Programme (Flat-, Gourand-, Phong-Shading),
- Radiosity-Programme,
- Raytracing-Programme.

Ganz allgemein kann man Programme, die nur einfachste Schattierungsalgorithmen besitzen, zu dem Bereich der Shading-Programme zählen, wobei es dann einen fließenden Übergang zu den anderen Programmvarianten wie Radiosity und Raytracing gibt.

Um lichttechnisch korrekte Berechnungen durchführen zu können, müssen bei den Radiosity- und Raytracing-Programmen die Lichtstärkeverteilungskurven der Scheinwerfer sowie die Lumenwerte der eingesetzten Lichtquellen vorhanden sein und verwendet werden.

19.4.1 Flat-Shading

Das einfachste Beleuchtungsmodell ist das Flat-Shading. Beim Flat-Shading wird jedes Polygon (mesh) mit einer einzigen Farbe versehen, die in Abhängigkeit von der Lichtquelle berechnet wird. Dadurch ändert sich der Farbton abrupt beim Übergang von einem Polygon zum nächsten und gekrümmte Flächen erhalten ein facettiertes Aussehen. Dieser Algorithmus ist für eine fotorealistische Darstellung nicht geeignet, es handelt sich um ein sehr schnelles Verfahren, um erste Lichtberechnungen zu erhalten.

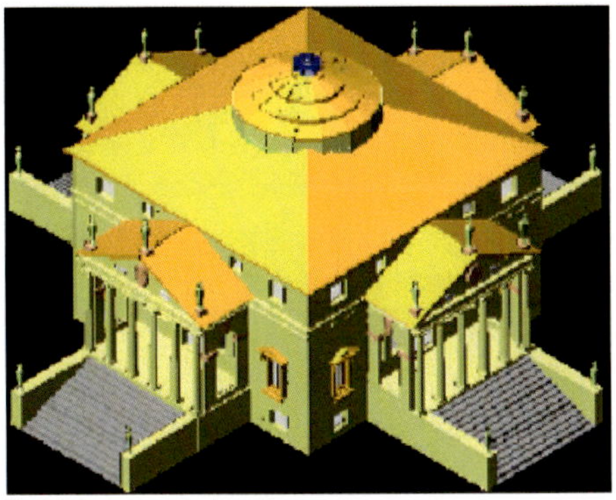

Bild 19.12
Villa Rotunde mit Flat-Shading-Algorithmus berechnet (AutoCAD)

19.4.2 Gourand-Shading

Beim Gourand-Shading wird eine lineare Interpolation der Farben innerhalb einer Teilfläche vorgenommen. Für die Eckpunkte des umschließenden Polygons wird dann die Intensität der Helligkeit bestimmt und die Helligkeit der dazwischenliegenden Pixel interpoliert. Die Qualität dieses Verfahrens ist wesentlich besser als beim Flat-Shading. Mithilfe des Gourand-Shading berechnetes Material weist aber noch keine Spiegelungen und Glanzlichter auf und gekrümmte Flächen werden immer noch als Facetten dargestellt. Dies wird erst mit dem Phong-Shading möglich.

19.4.3 Phong-Shading

Beim Phong-Shading werden die Normalenvektoren auf den Eckpunkten des umschließenden Polygons berechnet, anschließend wird der Normalenvektor des entsprechenden Bildpixels mit einem Scan-Line-orientierten Interpolationsverfahren ermittelt. Damit ist es möglich, Schattierungen bzw. Helligkeiten genauer zu berechnen. Mit diesem Verfahren sind keine Angaben über Beleuchtungsstärken oder Leuchtdichten möglich. Allerdings simuliert das Phong-Shading Spiegelungen und Glanzpunkte.

19.4.4 Radiosity- bzw. Punkt-zu-Punkt-Verfahren

Um lichttechnisch korrekte Berechnungen durchführen zu können, wird überwiegend das Radiosity- bzw. das Punkt-zu-Punkt-Verfahren verwendet. Der Begriff Radiosity-Verfahren wird im Bereich der Computergrafik verwendet, der Begriff Punkt-zu-Punkt-Verfahren (auch Raumwinkelprojektionsverfahren genannt) in der Lichttechnik. Die Berechnung von Beleuchtungsstärken und Leuchtdichten setzt sich im Prinzip aus der Summe zweier Komponenten zusammen. Dies ist zum einen die Direktkomponente, zum anderen die Indirektkomponente. Die direkte Beleuchtungsstärke eines Raumpunktes lässt sich exakt berechnen, wenn die Lichtstärkeverteilung (also die LVK) der Lichtquellen sowie die Geometrie von Lichtquellen und Empfängerort bekannt sind (fotometrisches Entfernungsgesetz). Zur Berechnung des Indirektanteils wendet man das Prinzip des Lichtstromaustausches zwischen zwei Flächen i und j an, die sich im Raum gegenüberstehen. Die Flächen können sich dabei auch schräg im Raum befinden. Dabei wird über den Lichtstrom die Zustrahlung vom Sender zum Empfänger berechnet (Interflexion). Nach genügend Interflexionen (üblicherweise vier Interflexionen) können für den Raum dann die auf die Flächen auftreffenden Beleuchtungsstärken bzw. mit den entsprechenden Reflexionsgraden die Leuchtdichtewerte der Flächen berechnet und ausgegeben werden. Das bedeutet, der Energieaustausch zwischen jeder Fläche zu jeder Fläche wird in der Szene berechnet, was bei komplexen Szenen zu relativ langen Rechenzeiten führen kann.

Im Gegensatz zum Raytracing-Verfahren, rechnet das Punkt-zu-Punkt-Verfahren bzw. das Radiosity-Verfahren eine Szene komplett durch, und erst dann wird ein Blickwinkel zur Betrachtung des Raumes bzw. der Visualisierung ausgewählt. Der Vorteil dieser Methode ist, dass man sich dann im Raum beliebig bewegen kann und nicht jede Blickänderung neu berechnet werden muss. Nachteil des Radiosity-Verfahrens bzw. Punkt-zu-Punkt-Verfahrens ist, dass man nur diffuse Oberflächen berechnen kann, Spiegelungen und Glanzeffekte sind damit nicht möglich.

Bild 19.13 Links: Innenraumdarstellung mit diffusen Oberflächen, rechts: Villa Rotunde transportiert von AutoCAD in Relux Suite und mit Tageslichtanteil berechnet (beides Relux Suite)

19.4.5 Raytracing-Verfahren

Beim Raytracing-Verfahren geht man einen ganz anderen Weg als beim oben beschriebenen Radiosity-Verfahren. Hier wird von der Position des Auges ausgegangen und von dieser der Raum bzw. die Szene betrachtet. Dann teilt man die Szene bzw. den Bildschirm (Bildebene) in viele kleine Pixel auf. Ausgehend von der Position des Auges oder der virtuellen Kamera wird ein Strahl verfolgt, bis er einen Gegenstand oder eine Leuchte erreicht hat. Konkret bedeutet dies: Ein vom Blickpunkt ausgehender Strahl wird durch ein Bildelement (Pixel) durchgeschossen und ermittelt, welches Sehobjekt er als Erstes trifft. Ist die Objektoberfläche reflektierend oder spiegelnd, wird nach dem Prinzip „Einfallswinkel gleich Ausfallswinkel" ein weiterer Strahl abgeschossen; ist das Material teilweise oder ganz lichtdurchlässig, muss zusätzlich auch der gebrochene Strahl weiterverfolgt werden. Je nach Güte des Verfahrens wird dies mehrfach wiederholt, bis der Strahl die Szene verlässt oder auf eine Lichtquelle trifft. Bei jedem Auftreffpunkt der Strahlen erfolgt eine Helligkeitsberechnung und am Ende wird für jedes Bildelement eine Helligkeitssummation durchgeführt. Gleichzeitig kann auch die Farbe des Strahls analysiert werden. Entsprechend kann die Mischung aus der Farbe der Lichtquelle mit der Farbe des Objektes je nach Winkel zwischen Lichtstrahl und der Richtung der Lichtquelle berechnet werden.

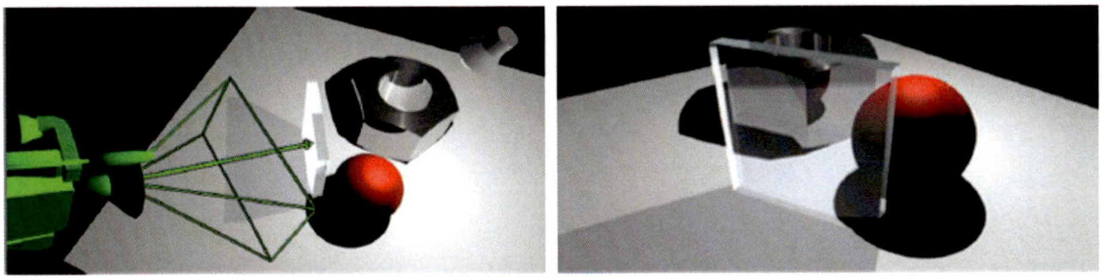

Bild 19.14 Links: vom Blickpunkt des Beobachters ausgehender Strahl, rechts: fertig gerendertes Raytracing-Bild

Trifft ein Strahl keine beleuchtete Fläche oder einen Punkt, würde das Pixel vollständig schwarz dargestellt werden. Um eine solche, unrealistische, Helligkeitssituation in der Szene zu vermeiden, wird ein zusätzliches **„Ambient Light"**, Hintergrundlicht, überlagert. Das Ambient Light entsteht durch die diffuse Reflexion von Licht an allen in der Szene befindlichen Objekten.

Der Vorteil des Raytracing-Verfahrens ist, dass damit relativ schnell erste Berechnungsergebnisse zur Orientierung möglich sind und natürlich Spiegelungen und Glanzeffekte simuliert werden können (siehe Bild 19.15). Der große Nachteil des Raytracing-Verfahrens gegenüber dem Radiosity-Verfahren ist der, dass immer nur genau der Blickwinkel gerendert wird, den man ausgewählt hat. Will man den Blickwinkel ändern, muss das gesamte Bild komplett neu berechnet werden.

Bild 19.15
Lichtsimulation nach dem Raytracing-Verfahren, hier mit dem Programm Light Studio

Um die Vorteile des Raytracing-Verfahrens und der Radiosity-Methode zu vereinen, gibt es Programme, in denen beide Methoden verwendet werden. Das bedeutet, dass der zu berechnende Raum bzw. die Szene zu Beginn mit dem Radiosity-Verfahren berechnet wird. Für interessante Blickwinkel wird dann ein Raytracer nachgeschaltet. Dies wird z. B. im Programm Relux Desktop mit dem integrierten Programm Radiance umgesetzt.

Bild 19.16 Links: Blick in ein Großraumbüro, berechnet mit dem Radiosityalgorithmus, rechts: Raytracingbild (beide Bilder mit dem Programm Relux Suite, Vorgänger von Relux Desktop)

19.5 Lichtsimulationsprogramme

Zum gegenwärtigen Zeitpunkt gibt es eine größere Anzahl von Lichtsimulationsprogrammen, vor allem im Architekturbereich, die teilweise auch im Theater- und Eventbereich eingesetzt werden.

> Eine Auswahl an gängigen Simulationsprogrammen: Relux Desktop, DIALluxEvo, Cinema 4D, 3ds Max, Maya, Pytha, Mental Ray, Maxwell, VRay, Vectorworks, MA 3D, wysiwyg, Depence R3, Rhino, HiLite, Unity, Unreal, SketchUp, ArchiCAD.

Man kann diese Programme entsprechend ihrer Verwendung grob in verschiedene Gruppen einteilen: So sind High-End-Programme wie Maya aufgrund ihrer Komplexität und ihres Umfanges meist in den Bereichen Film-Postproduktion, Animation und in hochwertigen Architekturvisualisierungen zu finden. Auch die Programme Mental Ray und V-Ray gehören in diesen Bereich. Programme wie Cinema 4D und Pytha sind sehr leistungsstark und werden zur Visualisierung und Lichtsimulation auch von Architekten eingesetzt. CAD-Programme wie 3ds Max, Vectorworks, SketchUp u.a. können in der Zwischenzeit auch IES-Files von Leuchten einlesen und ermöglichen eine Lichtsimulation bzw. gute Renderings. Bei Vectorworks, HiLite und Radiance besteht sogar die Möglichkeit, Beleuchtungsstärke bzw. Leuchtdichtewerte im Raum darzustellen bzw. auszugeben.

Eine physikalisch bzw. fotometrisch korrekte Lichtsimulation mit Ausgabe von Beleuchtungsstärke- und Leuchtdichtewerten – wie in der DIN EN 12461-1 oder von Tageslichtquotienten in der neuen DIN EN 17307 gefordert und nach der CIE 171:2006 evaluiert – ermöglichen im Moment in Europa nur die beiden Programme Relux Desktop und DIALuxEvo.

Spezielle Programme wie MA 3D, wysiwyg, Depence R3 und Vectorworks LT sind Programme, die speziell für den Veranstaltungsbereich entwickelt worden sind und werden zur Vorabvisualisierung eingesetzt. Die Zeiten für den reinen Aufbau und die Programmierung für große Shows werden immer kürzer (drei bis vier Tage). Somit sind die Lichtdesigner und Lichtoperator gezwungen, die Show im Vorfeld per Computer zu entwerfen und zu programmieren, um dann die Show vor Ort nur noch anzupassen und Ungereimtheiten zu ändern.

Manche Programmhersteller stellen der Programmierer*in auch offline alle Tools, Scheinwerfer, Farben, Cues zur Verfügung, um die Show zu programmieren. Selbst Effekte wie Nebel (wenn auch nicht ganz so realistisch wie auf der echten Bühne) und Einbindung von Videos sind möglich.

19.5.1 Lichtberechnungsprogramm Relux Desktop und DIALuxEvo

Lichtberechnungsprogramme wie Relux Desktop oder DIALuxEvo kommen aus dem Bereich der Lichtarchitektur, enthalten Datenbanken von über 100 Leuchtenfirmen mit Hunderten von LVKs, sodass damit komplette Räume, Gebäude, Außenanlagen etc. geplant werden können. Diese Programme basieren auf dem Prinzip des Punkt-zu-Punkt-Verfahrens und verwenden die LVKs der eingesetzten Leuchten. Zusätzlich besteht die Möglichkeit, RAL-Farben sowie Materialien korrekt einzubauen, die Transmissionskurven von Lee- und Rosco-Filtern zu berücksichtigen, um auch farbige Beleuchtungen zu rechnen. Das einzige Problem dieser Programme ist, dass sie keine Verbindung zu den typischen Lichtstellpulten, die im Theater, im TV- oder Eventbereich eingesetzt werden, haben, um Lichteffekte/Cues per Lichtstellpult zu steuern.

Das Programm Relux Desktop basiert auf dem Punkt-zu-Punkt-Verfahren und ist eine von der Relux Informatik AG in Basel entwickelte 3D-Grafiksoftware, die schwerpunktmäßig im Innen-und Außenbereich der Lichtplanung eingesetzt wird. Sehr viele Leuchtenfirmen sind in der Datenbank implementiert. Manche Firmen haben ihre Leuchten detailgetreu als 3D-Modelle hinterlegt. Das Programm verfügt über viele Features, wie z. B. Kunstlichtberechnung, Tageslichtberechnung, Sonnenstandsdiagramm, Notbeleuchtung, Blendungsberechnung, Raytracing, Energieberechnung u. a. Das Programm ist kostenlos.

Das Programm DIALuxEvo basiert ebenfalls auf einem Radiosity-Verfahren, wurde von der DIAL GmbH in Lüdenscheid entwickelt und von dort vertrieben. Wie bei Relux können mittels Plug-in die Daten von zahlreichen Herstellern von Lampen und Leuchten in das Programm integriert werden. Mithilfe eines Raytracer können die Szenarien auch gerendert werden. Das Programm verfügt über sehr ähnliche Features wie Relux und ist ebenfalls kostenlos. Mit dem Programm DIALux evo ist es auch möglich, mehrere Stockwerke in einer Szene zu generieren und zu berechnen.

Das Arbeiten mit den Programmen ist meist einfach, da sie menügeführt sind, jedoch sind Grundkenntnisse der Beleuchtungsberechnung von Vorteil, um in den Bearbeitungsschritten verlangte Entscheidungen treffen und Zwischenergebnisse interpretieren zu können. Bei den Berechnungsmanagern sind Festlegungen zu weiteren Berechnungsflächen, zu Berechnungspunkten für die Beleuchtungsstärke (horizontal, vertikal, geneigt, zylindrisch, halbzylindrisch) zu treffen. Weitere Angaben sind zum Wartungsfaktor, zum Berechnungsraster und zur Berechnungsebene notwendig, wenn von den Standardvorgaben abgewichen wird. Für die Leuchtenauswahl sind in beiden Programmen die Produktdaten von mehr als 100 Leuchtenherstellern abrufbar. Leuchten anderer Hersteller können in den meisten Fällen über bestimmte Dateiformate (z. B. Eulumdat, IES) eingelesen und verarbeitet werden.

Bild 19.17 Links: Lichtsimulation eines Innenraumes, rechts: Lichtsimulation einer Außenanlage, mit DIALuxEvo berechnet

Für die Berechnung sind Vorausbestimmungen hinsichtlich der notwendigen Genauigkeit („sehr genau“ für Indirektleuchten) und der Einbeziehung des Mobiliars (Abschattung) in die Berechnung zu treffen. Die Ausgabefunktion bietet einen großen Informationsumfang über Eingabedaten, Leuchtenangaben und Berechnungsergebnisse in zusammenfassender Form und im Detail an. Ein 3D-Rendering der Beleuchtungsszene vermittelt einen visuellen Eindruck der Beleuchtungswirkung im Raum.

Die hohe Genauigkeit der Berechnungen mit Relux und DIALux konnte anhand von normierten Verfahren von CIE TC 3.33 und bei Untersuchungen am Lichttechnischen Institut der Universität Karlsruhe nachgewiesen werden.

19.5.2 Echtzeit-Lichtsimulationsprogramme

Wie bereits ausgeführt, weisen sowohl das Radiosity- als auch das Raytracing-Verfahren den Nachteil auf, dass die Berechnung großer Szenen sehr lange dauern kann. Entsprechend gibt es Bestrebungen, Programme zu entwickeln bzw. in der Lichtplanung einzusetzen, die in Echtzeit rendern. An dieser Stelle sollen zwei Beispiele näher betrachtet werden: Zum einen das Programm HiLite, das beinahe in Echtzeit rendert, und die im Spielebereich eingesetzten Game-Engines.

Programm HiLite

Das Lichtsimulationsprogramm wurde entwickelt von der Firma VRVis (Zentrum für Virtual Reality und Visualisierung Forschungs-GmbH) in Wien zusammen mit den Firmen Zumtobel Lighting GmbH, der Hefel Wohnbau AG und dem Technologiezentrum VR-CenterTerminal. Dieses Programm ermöglicht es, durch Echtzeitmethoden in der Lichtberechnung Räume lichttechnisch zu gestalten und zu berechnen und zeigt einen nächsten Schritt in Richtung Rendering und Virtual

Reality (VR) auf. Es bietet eine interaktive Lichtplanung in 2D und 3D für Innen- und Außenarchitektur. Die Simulation der Lichtlösung wird von HiLite innerhalb weniger Sekunden berechnet und angezeigt. HiLite ist ein VRML-Viewer (Virtual Reality Modeling Language für 3D-Szenen). Diese Technologie verwendet die Rechenleistung der Grafikkarten, um die Berechnungsmethoden für Shadow Maps (eine Methode der Computergrafik, um Schattenwurf darzustellen) zu optimieren.

Game-Engines

Ein noch unbeachteter Bereich in der Lichtsimulation ist der Einsatz von Game-Engines wie Unity 3D, Unreal 3D oder Cry Engine. Diese Programme sind das Herzstück bei der Erstellung von Computerspielen. Mit ihnen können relativ schnell ganze Szenen/Welten entwickelt, aufgebaut und in Echtzeit simuliert werden. Diese Programme arbeiten in der Zwischenzeit auch mit IES-Dateien.

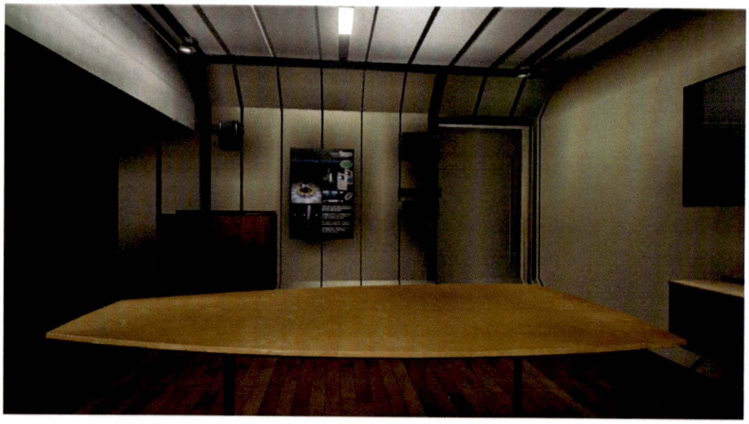

Bild 19.18 Simulation eines Innenraumes, berechnet mit der Game-Engine Unreal 3D

19.5.3 Spezielle Programme für den Einsatz im Showbereich

Nachfolgend sollen etwas ausführlicher mehrere Programme, die im Veranstaltungs- bzw. Showbereich eingesetzt werden, vorgestellt werden.

19.5.3.1 MA 3D

Die Firma MA Lighting bietet seit einigen Jahren in ihren Lichtstellpulten das Simulationsprogramm MA 3D an. Das Programm beinhaltet neben Rigging eine sehr große Bibliothek an gängigen Scheinwerfern, sowie u. a. die Möglichkeit der Visualisierung und des Einbindens von Videos.

Bild 19.19 Lichtsimulation einer Show mit dem Programm MA 3D

19.5.3.2 wysiwyg Lighting Design

Das Programm wysiwyg von der Firma Cast aus Kanada ist ein Programm, das weltweit von Lichtdesignern eingesetzt wird, da es die Möglichkeit besitzt, neben der Visualisierung auch komplette Traversen und Bühnenelemente einzubauen, PreShows zu programmieren und am Ende auch Material- und Kabellisten auszugeben. Auch hier besteht das Problem, dass das Programm keine LVK-Daten verarbeiten kann. Nachfolgend ein Beispiel für eine Vorabvisualisierung einer Szene mit dem Programm wysiwyg aus der Oper „Turandot“ von Giacomo Puccini (Semperoper Dresden).

Bild 19.20 Links: Vorabvisualisierung der Oper Turandot, Semperoper Dresden mit dem Programm wysiwyg (Cast), rechts: Originalszene

19.5.3.3 Depence R3

Das Programm Depence R3 von der Firma Syncronorm ist ein Programm, das für die Simulation von Wassereffekten entwickelt wurde, jetzt in Richtung Showlicht und Echtzeitsimulation erweitert wurde und sehr realistische Renderings erzeugt. Heutzutage ermöglicht Depence auch Physical-based Real-time Raytracing. Auch der Einsatzbereich bei VR-Simulationen ist ein neuer Arbeitsbereich, z. B. wurde Depence R3 beim ESC 2024 in Malmö zur Pre-Visualisierung eingesetzt. Siehe auch Abschnitt 19.6.

Bild 19.21 Lichtsimulation einer Show mit der (früheren) Software depence[2]

19.5.3.4 Vectorworks Spotlight

Das Programm Vectorworks der Firma Vectorworks ist ein Programm das vor allem in der Architektur und Innenarchitektur eingesetzt wird. Das Programm Vectorworks Spotlight ist speziell für den Eventbereich entwickelt worden und kann neben Scheinwerfern auch Soundanlagen sowie ganze Bühnenbereiche planen, darstellen und simulieren. Schwerpunkt von Vectorworks ist auch das Thema BIM (Building Information Modelling).

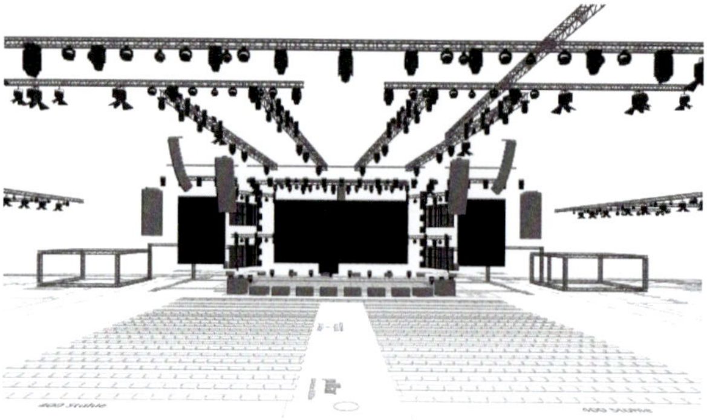

Bild 19.22 Lichtsimulation einer Show mit dem Programm Vectorworks

19.6 Virtual Reality

Digitale Realitäten (Virtual Reality) werden in Zukunft eine große Rolle in der Visualisierung spielen. Wie im Architekturbau und Flugzeugbau schon üblich wird angestrebt, zukünftig komplette Shows in einem virtuellen, interaktiven Computermodell vorab zu realisieren und damit den Beteiligten die Möglichkeit zu geben, vorab die Show zu betrachten und zu bewerten.

19.6.1 CAVE (Cave Automatical Virtual Environment)

Als Vorgänger der VR-Brillen und AR-Anwendungen wird seit vielen Jahren bei Highend-Produktionen (z. B. bei Flugzeugkabinenentwicklungen) dem Anwender*in die Raumgeometrien, die Möblierung, aber auch die Lichtwirkungen in einer CAVE präsentiert. CAVE steht als eine Abkürzung für Cave Automatic Virtual Environment und beschreibt die Erzeugung einer virtuellen Realität mithilfe von Projektionen innerhalb eines mehrseitigen Raumes (siehe Bild 19.23). Häufig werden 4-Seiten-Caves (drei Seitenwände sowie eine Bodenprojektion) verwendet. Entwickelt wurde dieses Konzept 1991 an der University of Illinois at Chicago. Mit diversen Hilfsmitteln wie Shutterbrille, Joystick u. a. ist die Interaktion möglich. Die CAVE kann als 1-, 2-, 3-, 4-, 5-oder 6-Seiten-CAVE eingesetzt werden. In der Regel wird aber eine 3- oder 4-Seiten-CAVE verwendet. Die Firma Airbus in Finkenwerder besitzt eine 5-Seiten-CAVE, in der die visuelle Simulation von Airbus-Flugzeugen möglich ist. Notwendig für die CAVEs sind mehrere Hochleistungsbeamer.

Bild 19.23 3-Seiten-CAVE des Lichtlabors der HAW Hamburg mit drei Nahfeld-Projektoren, die an der Decke montiert sind

19.6.2 VR- und MR-Brillen: Oculus Rift, HTC-Vive, Hololens, Google Glass, Quest 3, Apple Vision Pro

Head-Mounted Displays (HMD) gibt es schon seit vielen Jahren. Mit den HMDs konnten virtuelle, aber auch reale Bilder, Videos und Filmen direkt im Blickbereich des Menschen visualisiert werden. Bisher waren diese HMDs sehr teuer und die Auflösung war nicht besonders hoch. Mit der Entwicklung der Oculus Rift besteht jetzt die Möglichkeit, relativ günstig virtuelle, aber auch reale Welten zu visualisieren. Die Oculus Rift besitzt ein Sehfeld von 110 Grad horizontal und 90 Grad vertikal. Im Innern der Brille befindet sich ein Display aus OLED mit einer Bildauflösung von 1980 × 1080 (HD) und zwei Linsen zur Akkommodation Oculus Rift, HTC Vive, Hololens der Augen. Die Oculus Rift und die neue Quest 3 besitzen ein großes Potenzial für die Visualisierung von Architektur und Architekturbeleuchtung. Damit können Planer*innen das Gebäude vorab virtuell betrachten, virtuell durch das Gebäude „gehen“ (mithilfe der Teleportation) und die Lichtwirkungen betrachten.

Mit der HTC-Vive Pro besteht im Moment die Möglichkeit mit 4 Lighthouses eine Fläche von ca. 100 m^2 zu „begehen“. Mit den Mixed-Reality-Brillen Hololens und Hololens 2 der Firma Microsoft besteht sogar die Möglichkeit, dass der Nutzer nicht wie in den HMD-Brillen die Außenwelt nicht sieht, sondern durch die halbtransparenten Prismen die in der Hololens verbaut sind, kann der Nutzer sowohl die reale Umgebung als auch die in diese reale Welt eingeblendeten virtuellen Elemente betrachten. Vorteil dieser MR-Applikation ist, dass der Nutzer auch andere TeilnehmerInnen und eben den realen Raum wahrnehmen kann, alle Beteiligten das Gleiche sehen und sich damit sehr gut austauschen. Lediglich das Gesichtsfeld, in dem die Objekte platziert werden, ist zum gegenwärtigen Zeitpunkt noch etwas eingeschränkt. Mit der Apple Vision Pro wurde im Frühjahr 2024 ein neues Kapitel in der Kategorie AR/VR-Brillen aufgeschlagen. Damit verschwimmt die bisherige Trennung von AR und VR.

Bild 19.24 Links: Blick auf die Oculus Rift DK2 (Development Kit), rechts: Blick in die Oculus Rift: Auf dem Laptop ist dargestellt, was die Benutzer*in sieht

Bild 19.25 Links: „Arbeiten“ mit der HTC Vive in der VR-Welt; rechts: Einsatz der Google Glass als Mixed Reality

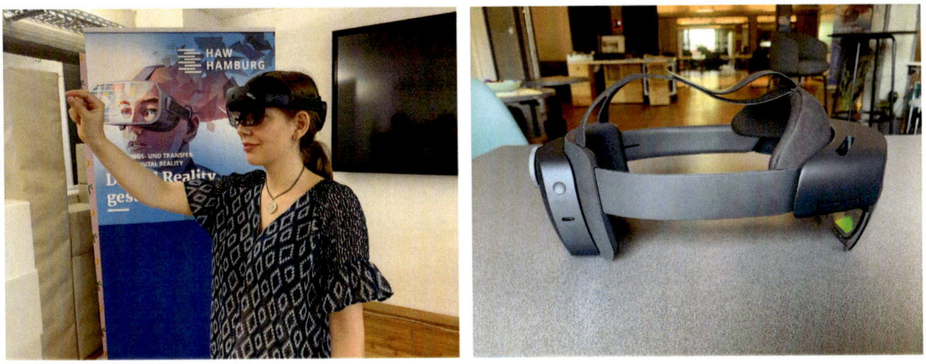

Bild 19.26 Links: „Arbeiten“ mit der Hololens 2; rechts: Blick auf die Hololens 2

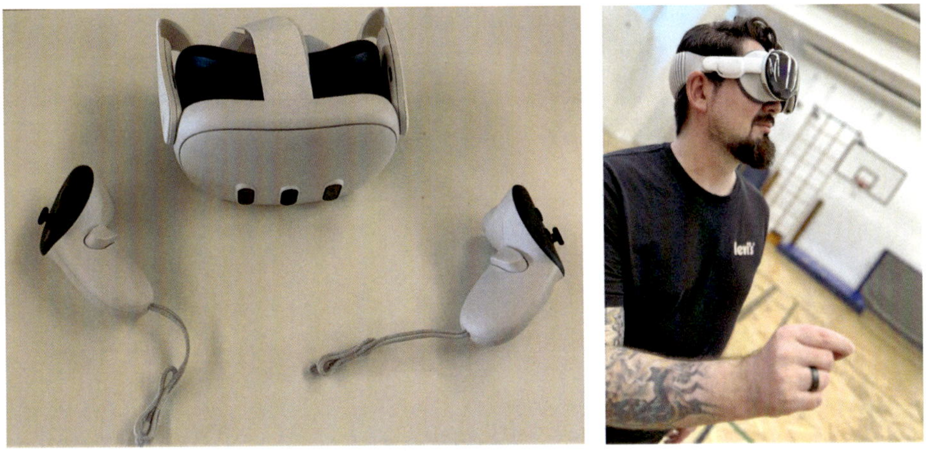

Bild 19.27 Links: Quest 3, rechts: Apple Vision Pro

19.6.3 VR-Anwendung von GDTF-Daten und Unity-Engine

In der Programmierung von Lichtshows werden relativ wenige Lighting Visualizer eingesetzt, die es ermöglichen, eine Lichtshow in VR zu betrachten. Durch den Import von GDTF-Dateien und das Hinzufügen des geladenen Scheinwerfertyps zur Szene bis hin zum Empfangen von Art-Net kann zusammen mit der 3D-Engine Unity ein Visualizer realisiert werden, der eine VR-Ansicht bietet. Das General-Device-Type-Format, kurz GDTF, ist ein 2018 veröffentlichtes Dateiformat, das einen einheitlichen Standard für den Austausch von Daten zur Steuerung von Scheinwerfern darstellt. Es wird entwickelt von MA Lighting, Robe und Vectorworks.

In ersten Forschungen kann man zeigen, dass bis zu 100 Scheinwerfer mit maximalen 144 FPS in der Perspektive berechnet und angezeigt werden können. Will man mehr Scheinwerfer anzeigen, so sinkt im Moment die Framerate. Damit ist es möglich, GDTF-Dateien zu importieren und den eingelesenen Scheinwerfertyp als Scheinwerfer zur Szene hinzuzufügen. Diese Scheinwerfer lassen sich auf mehreren Wegen ausrichten bzw. in Echtzeit mit empfangenen Daten eines Lichtstellpults ansteuern, um eine Lichtshow in VR zu betrachten.

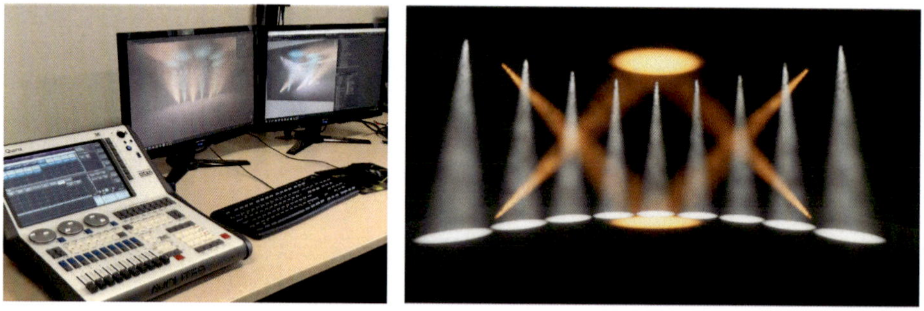

Bild 19.28 Links: Lichtsimulation mit GDTF-Daten, einem Lichtstellpult und der 3D-Engine Unity; rechts: Simulation in Echtzeit

19.6.4 Anwendung von VR in der Eventbranche

Der Einsatz von VR-Brillen zur Simulation in der Eventplanung soll nachfolgend an einem konkreten Projekt verdeutlicht werden. Im Adventszeitraum 2023 wurde eine Chorveranstaltung in der Peter-Paul-Kirche in Bad Oldesloe technisch realisiert. Dabei wurde an den zwei Konzerttagen neben der klassischen Live-Situation in der Kirche auch ein Live-Streaming in UHDp50 HDR umgesetzt. Zusätzlich wurde die Veranstaltung mit einer VR-Pre-Visualisierung geplant. Eingesetzt wurde dafür, neben Vectorworks, die Software Depence R3, die eine Ausgabe auf verschiedenen VR-Brillen wie beispielsweise der Quest ermöglicht. Damit war es den Projektbeteiligten möglich, das Setup und die Programmierung bereits im Voraus anzuschauen und zu bewerten.

Bild 19.29 Pre-Visualisierung mit Depence R3

Bild 19.30 Live-Situation für das Konzert in der Peter-Paul-Kirche in Bad Oldesloe ohne Chor zum Vergleich

Bild 19.31 Live mit einer VR-Brille

20 Ausblick: Lichttechnik in der Zukunft

Wohin geht die Lichttechnik mit den neuen Formaten von Videokonferenzen, über hybride Events bis hin zu Virtual Production, mit der jetzt überall vorhandenen Netzwerktechnik und mit den neuen Technologien Virtual Reality und Augmented Reality? Ein schönes Beispiel zeigt die Vision in dem Film „Blade Runner" aus dem Jahr 1982, in dem im Freien, sozusagen schwerelos, Videoinhalte im Raum schweben, die den Menschen die wichtigsten Informationen per Medienwand mitteilen. Utopie oder bald Realität? Die Entwicklung der LEDs, wie in Kapitel 8 „Lichtquellen" ausgeführt, hat sich im TV-, Theater- und Showbereich etabliert. Die Zukunft von OLED hat sich nicht so rasant entwickelt wie geplant, dürfte aber in Zukunft ein größeres Gewicht in der Lichtinszenierung erhalten. Vor allem durch die sehr flachen, in Zukunft auch biegsamen und hochauflösenden Scheiben. Damit kann man sich der Vision von „Blade Runner" annähern.

20.1 Zusammenwachsen von Eventtechnik und Lichtarchitektur

Spektakuläre Gebäude wie das Yas Hotel in Dubai, das mit seiner glänzenden Metallstruktur wie ein Fischernetz aussieht, bestückt mit 5300 LEDs, die farbig und über die Lichtsteuerung der Firma ecue/Traxon einzeln steuerbar sind, zeigen das Zusammenwachsen der Eventwelt mit der Lichtarchitektur. Diese Fassade war im Jahr 2010 die größte Medienfassade der Welt. Anlässlich des jährlich stattfindenden Formel-1-Rennens in Dubai, wobei ein Teil der Rennstrecke unter bzw. durch das Gebäude geführt wird, wird entsprechend die Farbe des gesamten Gebäudes verändert. Aber auch Texte, wenn auch grobpixelig, können an der Fassade „entlanglaufen".

Bild 20.1 zeigt die Außenfassade des Clubhaus St. Pauli mit einer der größten dreidimensional bespielten Medienfassade, mit einer Mischung aus einer Full-HD-LED-Wand (sieh im Bilde oben links), und sehr vielen einzelnen dreidimensional geschachtelten LED-Kacheln bis hin zu nur beleuchteten, teilweise in Gold beschichteten Paneelen und als ein Highlight ein mit LED-Content bespieltem gläsernen Aufzug Onlyglas (im Bild rechts dargestellt). Gesteuert wird das Ganze durch einen Medienserver (Pandoras Box). Entworfen und umgesetzt wurde das Ganze in Zusammenarbeit mit dem Bauherrn (Conny Littmann, Stephan Aust), den Architekten (bbp architekten), dem Lichtplanungsbüro Bartenbach aus Innsbruck, mit URBANSCREEN (Content) und umgesetzt durch Medientechnik-Ingenieure (Intermediate Engineering) aus Hamburg.

Bild 20.1
Blick auf die 3D-Medienfassade des Clubhaus St. Pauli

Ein weiteres Highlight für das Zusammenwachsen von Eventtechnik und Lichtarchitektur stellt die in Bild 20.2 gezeigte Außenfassade des Esprit-Flagshops in Frankfurt dar, wo auf der Fassade Informationen dargestellt und auch ständig verändert werden können, eine völlig neue Möglichkeit im Kampf um die Aufmerksamkeit der Kunden im Shopbereich.

Bild 20.2
Außenfassade des Esprit-Flagshops Frankfurt

20.2 Neue Sende- und Videoformate (Zoom-Meetings, Green-Screen-Studios für Online-Lehre)

Durch die Corona-Pandemie haben sich lange bestehende Videoformate und Events dramatisch verändert. Heute ist Homeoffice in aller Munde, es gibt alte und neue Konferenzformate wie Zoom-Meetings, aber auch Green-Screen-Studios für Online-Lehre, sowie hybride Events, rein virtuelle Events mit Avataren und seit kurzem auch vermehrt die Produktionsform der Virtual Production. Damit ist das Zusammenwachsen der Bereiche Licht, Video (Videocontent) und Netzwerktechnik schneller umgesetzt worden als geplant und wird in Zukunft noch enger zusammenwachsen.

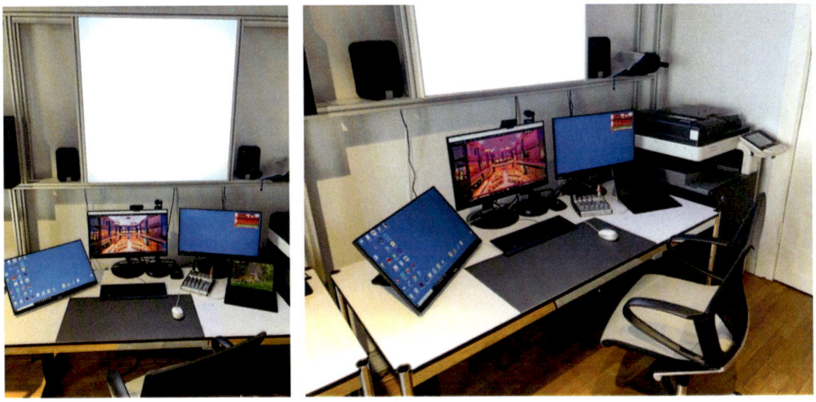

Bild 20.3 Beispiel für einen lichttechnisch gestalteten Office-Bereich (Markus Felsch Lichtdesign) für Online-Meetings. Sichtbar im Bild ein weiches Frontlicht von vorne, unsichtbar Spots für die Schulterbeleuchtung und die Hintergrundbeleuchtung

Bild 20.4 Konferenz- und Workshop-Bereich des FTZ Digital Reality mit interaktiven Bildschirmen, Mehrfachmikrofon-Array und entsprechend direkter und indirekter Beleuchtung für Videokonferenzen

Bild 20.5 Links: Showroom des Lichtlabors der HAW-Hamburg mit entsprechendem Frontlicht, Hinterlicht und farbiger Beleuchtung, rechts: Lichtregie mit zusätzlich aufgerüsteter Video- und Tonregie für die Online-Lehre

Bild 20.6 Eine Hybrid-Live-Produktion der Technischen Hochschule Mittelhessen (THM) als Stream aus dem „Löbershof", der Probenbühne

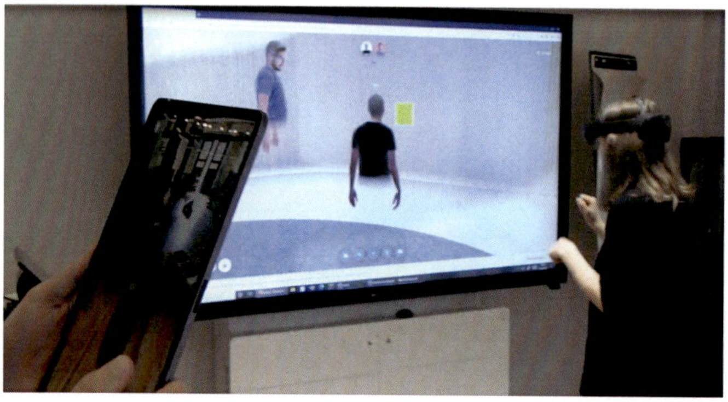

Bild 20.7 Teilnahme an einem Hybrid-Meeting mithilfe der Hololens 2 und dem Programm Spatial

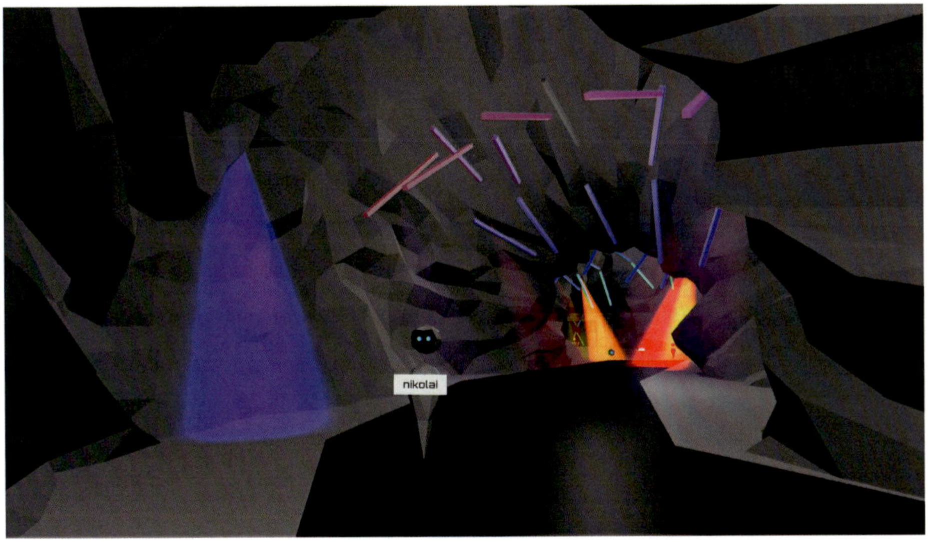

Bild 20.8 Virtuelle Teilnahme an einer Online-Konferenz als Avatar, hier im Lobbybereich

20.3 Virtual Production

Die Green-Screen-Technik ist im Filmbereich seit Jahren Bestandteil aller größeren Filme. Jedoch ist und war die Ausleuchtung der Schauspieler*innen immer sehr aufwendig. Auch im Fernsehen gibt es schon länger die Green-Screen- bzw. Blue-Screen-Technik, siehe auch Abschnitt 15.1.1. Das Format Virtuelles Studio (Green-Screen-Wand mit Tracking-Technik in Echtzeit) wird jeden Abend beim ZDF-Journal und der heute-show erfolgreich eingesetzt.

Während und auch nach der Corona-Krise ist die Möglichkeit, Events, Messepräsentation etc. über Virtual Production-Formate oder ganz korrekt über „Live LED Wall In-Camera Virtual Production" zu präsentieren, enorm gestiegen. Wobei es sehr viele Business Events vor LED-Wänden gibt, jedoch ist nicht jedes davon eine Virtual Production (VP). VP ist es erst, wenn eine 3D-Welt perspektivisch korrekt dargestellt wird. Vorteil von VP in Bezug auf Corona ist, dass man mit weniger Personal mehr „Locations" abfilmen kann. Virtual Production mit hochauflösenden LED-Wänden als Hintergrund wurden etwa bei der 2019 erschienenen Star-Wars-Serie „The Mandalorian" eingesetzt.

20.3.1 Hybride virtuelle Produktion

Eine hybride virtuelle Produktion ist die Verwendung von Kamera-Tracking-Daten, um ein Green-Screen-Set mit CG-(Computer generierten)-Elementen zu kombinieren. Diese wird meist als Live-Vorschau für den Kameramann und den DoP (Director of Photography) erstellt und das Ganze dann in der Postproduktion vervollständigt. Diese Art der virtuellen Produktion wird schon seit einiger Zeit bei Live-Übertragungen, insbesondere im Sport, sowie bei Spielfilmen und Episoden eingesetzt. Es gibt dabei zwei Unterscheidungen in hybride virtuelle Echtzeit- und in hybride virtuelle Post-Produktion.

Die hybride virtuelle Echtzeit-Produktion mit Green-Screens wird typischerweise bei Wetterberichten eingesetzt, bei der der Ansager*in live bei ihrer/seiner Wettervorhersage mithilfe von Chromakey-Technik und „virtueller" Wetterkarte gematcht bzw. übereinandergelegt wird. Problem ist die Echtzeitfähigkeit von schnellen GPUs und Echtzeit-Engines. Die hybride virtuelle Postproduktion verwendet Kamera-Tracking-Daten, um ein live, in der Kamera zusammengesetztes Bild bei der Aufnahme von Green-Screen zu erzeugen. Das Live-Composite-Bild ermöglicht dem Regisseur und Kameramann ein besseres räumliches Verständnis von virtuellen Elemente wie CG-Charakteren und Set-Erweiterungen, damit visuelle Effekte in der Postproduktion besser integriert werden können.

20.3.2 Live LED Wall In-Camera Virtual Production

Bei Live LED Wall In-Camera Virtual Production wird die virtuelle Welt nicht nur dem Videosignal hinzugefügt, sondern die virtuelle Welt, perspektivisch korrekt für die Kamera gerendert und ausgegeben. Somit können Darsteller viel konkreter mit der virtuellen Welt interagieren, da sie dies auf den LED-Wänden ja wirklich sehen können. Außerdem sind Licht und Reflektionen korrekt vorhanden und es muss nicht mit dem „Spill", Farbreflektionen von Green- oder Blue-Screens auf Darstellern und Requisiten, gekämpft werden. Voraussetzung dafür sind eine ausreichend große LED-Wand bzw. -Boden und wenn möglich eine komplette LED-Decke. Die Star-Wars Serie „The Mandalorian" wurde von Lucas Film und Industrial Light&Magic produziert. Große Teile der Serie wurden in einer mit 22 m Durchmesser, 6 m hohen und 270° abdeckenden LED-Stage gedreht. Mit beteiligt waren auch Epic Games, Lux Machina, Nvidia, ARRI und weitere Firmen.

Das bright!-Studio in Frankfurt (300 m^2 groß) besitzt eine Full Live LED-Wall bzw. ein voll funktionsfähiges Streaming-XR-Studio, mit dem Live-Veranstaltungen erstellt werden können. Der Studiobereich besteht aus einer 12 x 5 m großen 2,8-Millimeter-LED-Rückwand und einem 12 x 4 m großen LED-Boden mit 6-Millimeter-Pixelabstand. Weitere zwölf Quadratmeter der 6-Millimeter-Bildschirmpaneele sind an der Vorderseite und an den Seiten des Raumes aufgehängt und dienen als grundlegende Lichtquelle für die Grundbeleuchtung. Das Studio wurde mit Elation Fuze Profile, Elation KL Panel und Astera AX3 als Einstrahler ausgestattet, sowie einem MA3 Control System. Als Kamerasystem dient eine URSA mit Canon Virtual Production Linsen, Stype Tracking Kit, Stage Precision Tracking Kit und einem ABC Camera Crane. Alle 3D-Tracking-Daten werden von einem Stage-Precision-System verarbeitet.

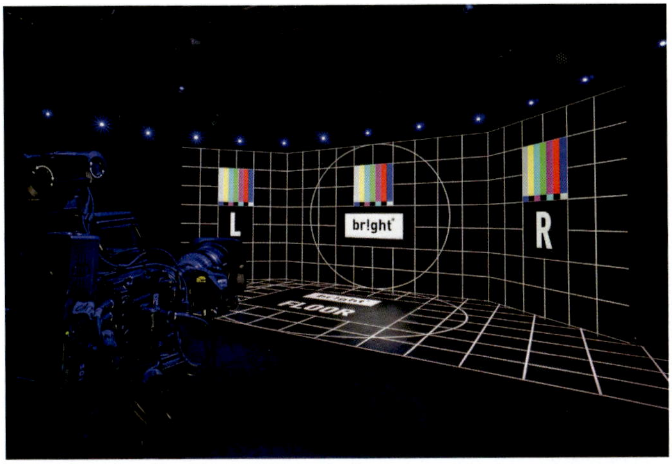

Bild 20.9 Blick in das Virtual Production Studio bei Bright!-Studio in Frankfurt

Bild 20.10 Blick in das Virtual Production Studio bei der Firma PMBlue in Hamburg, hier bei einem Projekt der HAW-HH im Juni 2021

20.4 Augmented Reality und Interaktivität

Der Begriff Augmented Reality (Erweiterte Realität) ist eine Technologie, die unsere Realität mit unterschiedlichen technischen Hilfsmitteln erweitert (augmentiert). Ein bekanntes Beispiel einer AR Anwendung ist die vor einigen Jahren weltweit sehr populäre AR-App Pokomon Go auf einem Smartphone. Das Smartphone dient mit der integrierten Kamera und dem Display als technisches Hilfsmittel.

Bild 20.11 Beispiel für eine AR-App mit einem Avatar, hier William Lindley, der spielerisch das Prinzip der Wasserversorgung in Hamburg erklärt, downloadbar als William Lindley AR-App im Apple Store

Die AR-Technik wird seit längerem auch bei Fußball oder Wettkampfübertragungen eingesetzt, bei denen für den Zuschauer zusätzliche Informationen, wie z. B. beim Fußball Abseitslinien, eingeblendet werden. Beispielsweise wurde beim ESC 2021 in den Niederlanden verstärkt auf die AR-Technik gesetzt und die Bühnenbilder der Sänger*innen mit Augmented Reality ergänzt.

20.4.1 Interaktivität

Ein weiterer Aspekt der Beeinflussung von Bildern und Videoinhalten in Echtzeit sind die Möglichkeiten, die durch Systeme wie z. B. die Kinect der Firma Mirosoft ermöglicht werden. Entwicklungen in Richtung Gestiksteuerung sind auf dem Vormarsch und werden in den nächsten Jahren ein breiteres Spektrum bei der Veränderung von Helligkeiten, Inhalten und Farben von Medienwänden darstellen.

Mit der Kinect ist schon relativ viel möglich, jedoch zeigen neuere Entwicklungen, dass hier noch viel Entwicklungspotenzial für neue Ideen und Erfindungen möglich ist, wie z.B. der Einsatz von AirScan der Firma Coolux zusammen mit dem Medienserver Pandoras Box.

Wie in Bild 20.12 dargestellt, besteht z.B. mit OLEDs die Möglichkeit einer völlig neuen Bildsprache, da die Inhalte dann auf geraden oder gebogenen Flächen aufgebracht werden können, die auch andere Bühnenelemente ermöglichen, und was eventuell bisher nur farbig leuchtete wird jetzt auch mit Text- und Videoinhalt bespielbar.

Bild 20.12 Interactive Wall mit OLEDs (Lumiblade)

20.4.2 Einsatz von AR und Interaktivität bei Medienfassaden

Eine AR-Simulation, die im realen Umfeld mediale Inhalte auf einer Fassade oder Objekt darstellt, ist nicht nur aufgrund des wegfallenden hohen Technikaufwands günstiger, sondern erlaubt gleichzeitig, die gebaute wie soziale Umgebung zu erfassen. Diese Simulation kann Mediengestalter*innen, Kuratoren*innen, Medienarchitekt*innen, sowie Architekt*innen dazu dienen, mediale Inhalte und deren Umsetzung zu besprechen und zu testen. Apps können dabei Lichtplaner*innen bei der Gestaltung von Shows unterstützen, indem weitere Lichtquellen, Leuchten und Optiken mit detaillierten Lichtspezifikationen einbezogen werden, um lichttechnische Größen wie Lichtstärke, Leuchtdichte, Abstrahlwinkel zu simulieren.

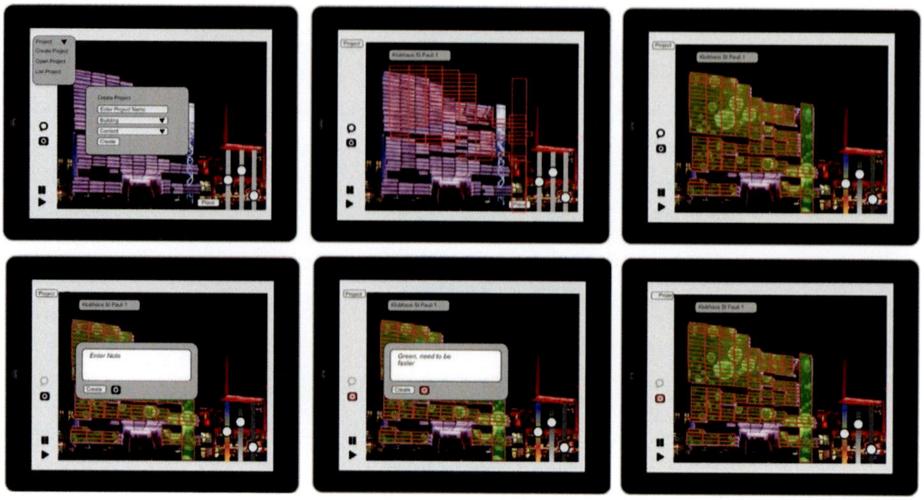

Bild 20.13 Augmentierte mediale und narrative-Interventionen im öffentlichen Raum bei einer LED-Wand. Hier Einsatz der MIRAR-App vor dem Clubhaus St. Pauli

Bild 20.14 Links: LED-Wand vor dem Forum Finkenau HAW-HH mit einem Full-HD-Bereich mit 72 LED-Kacheln und 36 weiteren LED-Kacheln die zufällig angeordnet sind, zur Interaktion, rechts: bespielte LED-Wand

20.5 Cross-Reality (XR)-Plattformen für hybride Eventformate

Die Corona-Pandemie war ein bedeutender Treiber für die Entwicklung neuer Veranstaltungsformate. Kulturschaffende versuchten weiterhin, ein Publikum zu erreichen und das online über vorgefertigte Videos, Live-Streams oder in der virtuellen Realität. Damit erreichten sie teilweise eine viel größere Reichweite als im Live-Betrieb und das global. Den Besucher:innen erlaubte es, aus der Ferne an Events teilzunehmen, die sie sonst nicht hätten besuchen können. Zudem lernten Konferenz-, Messe-, Festival-, Theater- und Konzertbesucher:innen die Vorteile digitaler oder hybrider Aufführungen kennen und wollen sie weiterhin nutzen. In der Veranstaltungsbranche herrscht Konsens darüber, dass die jetzt entstandenen Online-Formate weiterhin bestehen bleiben, ausgebaut und ursprüngliche Veranstaltungsformate um eine digitale Komponente erweitern werden. Dies spiegelt auch eine Studie zur Buchungssituation für Veranstaltungen bis 2024 wider: Demnach ergibt sich für das Jahr 2024 eine Steigerung der Buchungen laut Veranstalter:innen von 103 % für Publikumsveranstaltungen, 128 % für Hybrid- und 120 % für virtuelle Veranstaltungen im Vergleich zu 2019 (German Convention Bureau, 2022).

Viele virtuelle und digitale Eventplattformen sind im Kreativ- und Event-, aber auch im Software- und Technologiemarkt entstanden. Viele nutzen 2D- und 360°-Video oder Augmented Virtual (AV) Streaming wie das Projekt United we Stream auf ARTE oder das Wacken Festival. Andere wurden aus dem Games-Bereich (Amaze, CTM Festival) oder der AV-Produktion im Film und Fernsehbereich (Tomorrowland) entwickelt. Metaversen von Mozilla Hubs oder Meta erlauben es jedem, virtuelle Veranstaltungen zu erstellen, allerdings mit weniger künstlerischen Freiheiten. Der hybride Ansatz, physische Veranstaltungsräume und Besucher:innen mit Virtuellem zu verknüpfen und sie miteinander interagieren zu lassen, ist neu und wird zurzeit im hier vorgestellten Projekt XRevent entwickelt.

20.5.1 XRevent

Das Projekt XRevent wird seit vier Jahren in Zusammenarbeit an der HAW Hamburg entwickelt und ist eine Cross-Reality-Event-Plattform, die für vielseitige hybride Veranstaltungsformate genutzt werden kann. Ausstellungen, Konferenzen, Konzerte, Licht- oder Videomapping-Shows, Theateraufführungen, Clubnächte oder Festivals sind möglich. Gleichzeitig können Eventtechniker ihr gewohntes Equipment wie Lichtpult, Tonanlage oder Videomapping-Software nutzen und müssen dafür kein Informatikstudium absolvieren. Die Plattform lässt sich permanent um beliebig viele virtuelle Räume erweitern.

Die XR-Plattform kombiniert Live-Events mit virtuellen Veranstaltungsformaten, die nicht nur real vor Ort, sondern auch in der virtuellen Realität für Multiuser gleichzeitig erlebbar sind. Um dieses Ziel zu erreichen, setzt diese Plattform auf ein Baukastensystem, das sich an die Arbeitsweise der Eventtechnik anlehnt. Über eine Plug-and-Play-Weboberfläche, „XRevent Creator", können in mehreren Schritten ganz einfach hybride Veranstaltungen erstellt werden. Ein Datenbanksystem erlaubt das Einstellen von individuellen Räumen und 3D-Objekten. Dadurch erhalten Veranstalter:innen ohne 3D-Modellierungskenntnisse oder überhaupt ohne jegliches technische Verständnis die Möglichkeit, eigene Veranstaltungen barrierefrei zu gestalten.

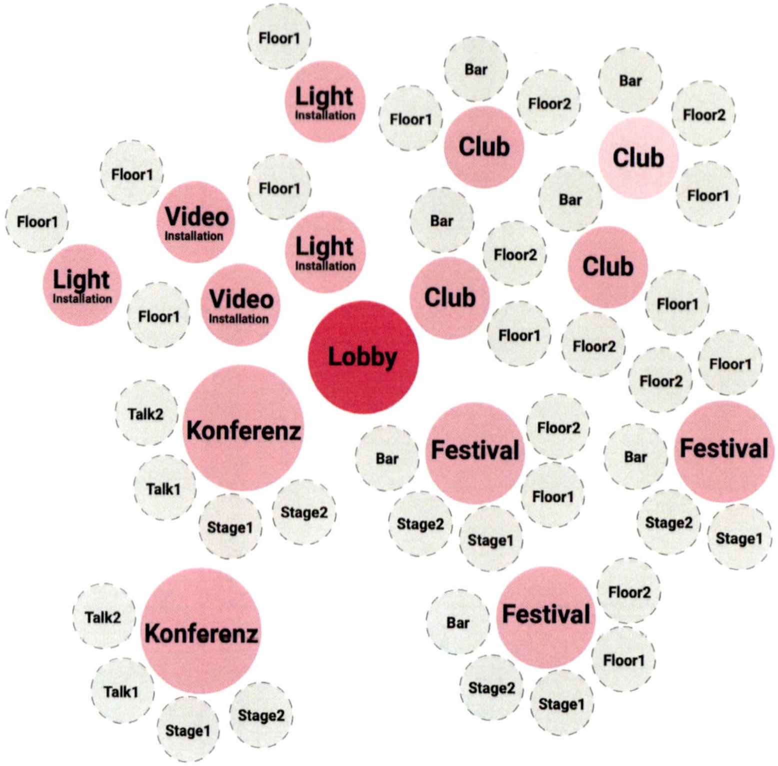

Bild 20.15 Flexible Raumanordnung der Cross-Reality-Plattform um einen Eingangsraum: die Lobby

Im Kernstück der Anwendung stehen Licht-, Videomapping- und Tonmodule oder Editoren zur Verfügung, die flexibel in jedem virtuellen Veranstaltungsraum platziert werden können. In den Editoren können bis kurz vor Veranstaltungsbeginn Änderungen vorgenommen, z. B. Leuchten neu platziert oder Leinwände und Inhalte ausgetauscht werden. Die Besucher:innen erhalten diese Änderungen lediglich als Update auf die VR-Brille, ohne die gesamte Anwendung (XRevent-Plattform) neu installieren zu müssen. Außerdem bieten die Editoren die Möglichkeit, beide Veranstaltungen (physisch und virtuell) über das übliche Eventequipment (Lichtpult, Soundanlage, Videomapping-Software etc.) synchronisiert manipulieren zu können, indem Signale wie z. B. DMX zu ArtNet oder Video-Streamings verarbeitet werden. Andere Event- oder Moderationsmodule erlauben, die virtuelle Veranstaltung ebenfalls live zu beeinflussen und Seminare oder Konferenzen als Moderator zu steuern (Moderatorenkoffer). Im letzten Schritt verbinden Veranstalter:innen die Räume über einen „Roomloader“ mit der XRevent-Plattform und das Event wird mit einem Ticketshop und der Programmseite verknüpft, über die die Besucher:innen alle weiteren Informationen erhalten.

Die Plattform wurde mit Unity einer generischen plattformübergreifenden Spiele-Engine für interaktive Echtzeitinhalte entwickelt. Diese unterstützt 25 Endgeräte, darunter PC, Mobiltelefon, Konsole, Head-Mounted Display (HMD), Webbrowser, TV usw. Um auch Teilnehmer:innen ohne Unity-unterstützte Geräte einzubeziehen, können Kommunikationskanäle, z. B. Streamings zu Broadcastern wie YouTube oder Twitch, eingebunden werden.

Unterschiedliche Geräte bringen auch eine Vielzahl von Nutzungskontexten, Interaktionstechniken und Modi der Aktivität und Kommunikation innerhalb eines XR-Events mit sich. Deshalb erlaubt dieses Baukastensystem den Einsatz dieser XR-Technologien für eine Vielzahl neuer Veranstaltungsformate und Interaktionen zwischen realen Besuchern, realen und virtuellen Besuchern oder nur virtuellen Besuchern und den entsprechenden Spielstätten, Künstler:innen und Veranstalter:innen.

20.5.2 Clubevent und Lichteditor mit XR/VR-Techniken

Eine Herausforderung ist die Darstellung von Licht und das Live-Streaming von Videoinhalten in der Virtuellen Realität. Werden bei einem virtuellen Clubevent die DJs z. B. vor einem Green-Screen gefilmt und in Echtzeit hinter ein virtuelles DJ Pult gestreamt, so stellt die Darstellung und die Manipulation von Licht und Scheinwerfern aufgrund der Größe der zu versendenden DMX in ArtNet-Datenpaketen eine besondere Herausforderung dar. Daraus resultiert ein nicht unerheblich künstlicher Eindruck der Lichtdarstellung durch Latenzen zwischen Manipulation am echten Lichtpult und Veränderung des Lichts in der virtuellen Welt, z. B. in einem Lichttunnel, siehe Bild 20.16, virtuelle Leuchten und Scheinwerfer konnten über ein reales Lichtpult gesteuert werden.

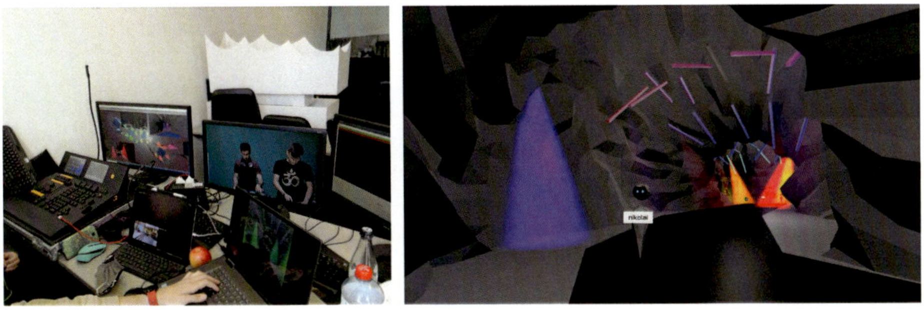

Bild 20.16 Links: Lichtpult und Kontrollinstanz für Clubevent, rechts: virtuelles Clubevent mit Lichttunnel und am Ende DJs hinter dem DJ-Pult

Durch die Reduzierung der ArtNet-Pakete und den Einsatz eines neu entwickelten Lichteditors ist es möglich, über diesen diverse Leuchtentypen zu platzieren und Lichtparameter der Hersteller zu integrieren. In Bild 20.17 ist ein Test dargestellt in der eine Lichtshow in Ludwigshafen inszeniert und auf ein 3D-Modell des Gebäudes in der VR übertragen wurde. Somit konnte man die Live-Präsentation sehen, aber auch in VR sozusagen „live" dabei sein und Lichteffekte ändern.

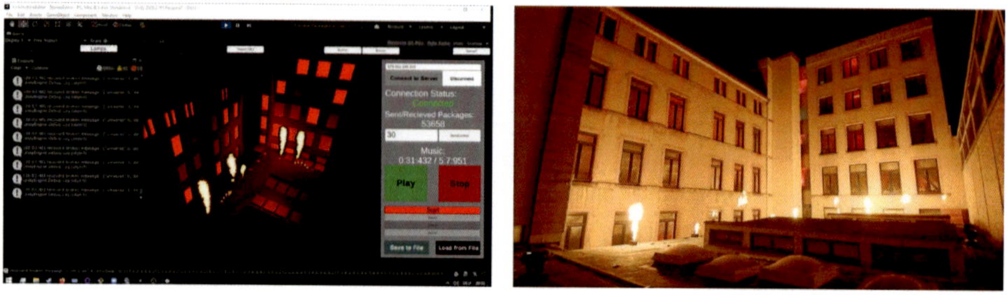

Bild 20.17 Links: Lichteditor, rechts: reale Lichtshow

20.5.3 Nutzungs- und Gestaltungsmöglichkeiten von XR-Techniken im Digitalen Theater

Ebenfalls seit 2020 entstehen Konzepte für XR-Kulturveranstaltungen, insbesondere um Theatervorführungen in virtueller Form durchführen zu können. Daraus ergeben sich neue Nutzungs- und Gestaltungsmöglichkeiten mithilfe von XR-Techniken. Nachfolgend vorgestellt wird ein Experiment einer Theater-Performance zwischen einer realen und virtuellen Bühne mit dem Tracking von Personen.

In diesem Experiment wurde ein kurzes Theaterstück aus dem Thalia Theater Hamburg auf eine virtuelle Theaterbühne übertragen. Dazu wurden die Bewegungen eines Schauspielers mit einer Infrarotkamera getrackt und auf einen Avatar übertragen. Um Kollisionen mit virtuellen Zuschauer:innen zu vermeiden, wurden deren Positionsdaten über den Multiplayer der Game-Engine Unity ausgewertet und dem realen Schauspieler als Lichtpunkte auf die reale Bühne projiziert, siehe Bild 20.18. Zusätzlich wurde das Gesicht des realen Schauspielers mit einem Mobiltelefon abgefilmt und so seinem virtuellen Avatar eine Mimik ermöglicht. Das virtuelle Theatererlebnis wurde um physikalische Ereignisse erweitert, die so in der realen Welt unmöglich sind. So konnte der Kopf des virtuellen Schauspielers wachsen oder sein Gesicht wechseln. Aufgrund der Pandemie wurde dieser Test nicht mit realem Publikum durchgeführt. Deshalb müssen weitere gestalterische Verknüpfungen hin zu einem hybriden gesamtkünstlerischen Erlebnis auf der realen wie virtuellen Bühne erprobt werden.

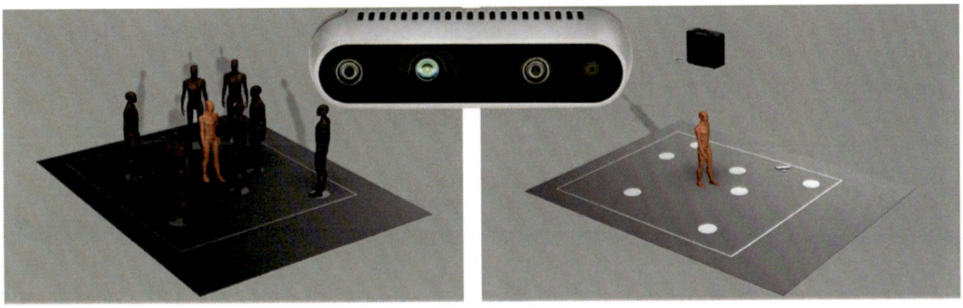

Bild 20.18 Links: Besucher treffen auf Schauspieler in der VR, Mitte: Real-Sense-Kamera, rechts: Schauspieler sieht Avatare als Lichtpunkte projiziert auf dem Boden

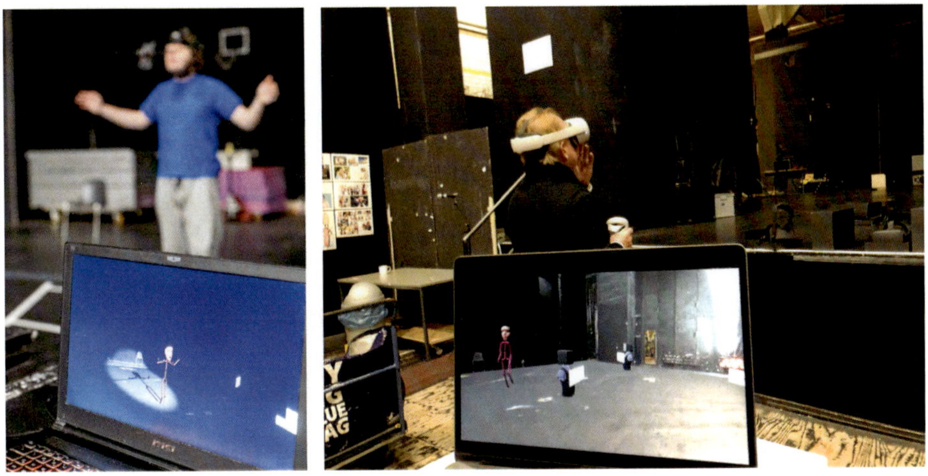

Bild 20.19 Links: Schauspieler real und virtuell, rechts: virtuelle Nachbildung der Bühne und der Besucher neben dem Schauspieler-Avatar auf Bildschirm mit realer Bühne im Hintergrund

20.5.4 Cross-Reality-Konzerte

Auch im Konzertbereich rücken Physische Realität (PR) und Virtuelle Realität (VR) näher zusammen. Performer:innen und Besucher:innen beider Konzerträume treten bei diesem Szenario in den Austausch. Im Vordergrund stehen Fragen nach einem Wandel zu mehr inklusiven, diversen und partizipatorischen Veranstaltungen und dem Aufbrechen von traditionellen Event-Formaten, sowie nach der Gestaltung von realitätenübergreifenden Szenografien für eine gleichzeitige Liveshow auf einer realen Bühne und im virtuellen Konzertraum. Eine solche multiperspektivische Szenografie soll nicht nur den Transfer von der physischen Bühne in den virtuellen Raum ermöglichen, sondern auch umgekehrt. Videostreaming und die Manipulation von Licht- und Tonquellen werden nahezu in Echtzeit in beide Räume übertragen. Die Performer:innen verfügen über einen Feedback-

Monitor, der den virtuellen Raum zeigt und es ermöglicht, mit dem Publikum in beiden Realitäten zu interagieren.

Über das Abfilmen des virtuellen Raums lassen sich außerdem Bilder auf reale Bühnenelemente im echten Raum projizieren und so eine visuelle Verknüpfung beider Räume herstellen. Dies ermöglicht außerdem eine Überlagerung von VR- und AR-Elementen in beide Welten sowie eine fließende Verbindung von physischem und virtuellem Publikum. Eine mobile App, die Augmented Reality (AR) nutzt, bietet dem Publikum der physischen Veranstaltung die Möglichkeit, die reale Szenografie mit 3D-Objekten aus dem virtuellen Raum auszustatten. Das daraus resultierende dynamische Szenario gibt den Besucher:innen die Möglichkeit, mit der Szenografie zu interagieren und so die Kluft zwischen beiden Bühnenshows zu überbrücken.

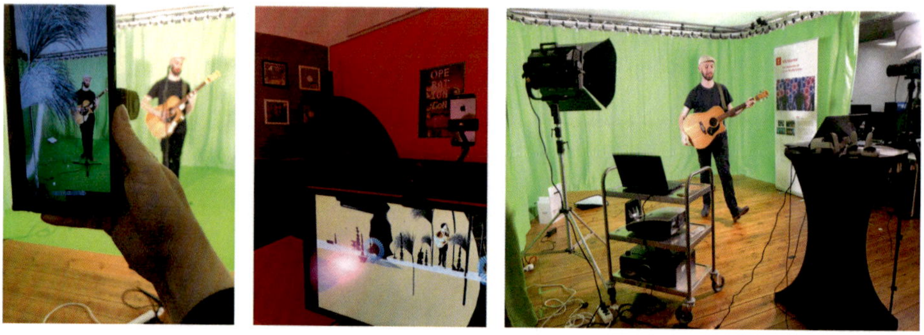

Bild 20.20 Links: AR-Elemente im virtuellen Raum, Mitte: Übertragung des virtuellen Raums auf einen Feedback-Monitor, rechts: einfaches Setup in einem Green-Screen-Raum

Bild 20.21 Konzeptskizze einer physischen Bühne mit Projektionen aus dem virtuellen Raum auf Leinwänden überlagert mit AR-Elementen

20.5.5 Soziale Interaktion in Cross-Reality-Umgebungen

Um das Publikum beider Räume noch näher miteinander interagieren zu lassen und die Kritik an rein virtuellen Veranstaltungen zu überbrücken, soll Social-VR nicht nur als reine VR-Chat-Szenarien in der virtuellen Welt verstanden werden, sondern als Kommunikation zwischen Besucher:innen beider Realitäten.

Indem Positionsdaten der virtuellen und physischen Nutzer:innen getrackt und in einem gemeinsamen Aktionsraum übereinander gelegt werden, werden Begegnungen von Menschen und Avataren ermöglicht. Nun sind unterschiedliche Kommunikationswege denkbar. In Experimenten wird untersucht, wie Nutzer:innen auf ein Anstupsen über die Vibration des Mobiltelefons oder der VR-Controller reagieren. Aber auch ein Anrufen übers Telefon auf die VR-Brille, Facetime-Video wären denkbar. Augmented Reality (AR) bietet zusätzlich ein Guckloch in den virtuellen Raum.

Zudem können Nutzer:innen beider Realitäten gemeinsam Farben oder Bildinhalte von interaktiven Licht- oder Videoinstallationen, die sich in beiden Realitäten befinden, verändern und so beide Räume miteinander verschränken. Über eine solche Co-Präsenz, dem gemeinsamen Miteinander-Interagieren, erhofft man sich eine Co-Awareness und ein Co-Engagement und ganz neue realitätsübergreifende Erfahrungsräume für Performer:innen und Besucher:innen.

Als Beispiel für eine solche Interaktion dient die Installation „Beyond the Canvas – Transitional Perspectives“, die für das Festival der Zukunft 2023 im Deutschen Museum in München entstand, finanziell unterstützt vom XR Hub Bavaria. Sie ist eine Cross-Reality-Bildergalerie, in der Besucher:innen grenzübergreifend eine interaktive Bilderwand bespielen und Bilder von einer Realität in die andere schieben können. Um die Verknüpfung der Räume zu visualisieren, bietet ein digitaler Spiegel ein Guckloch, eine transitorische Perspektive in die jeweils andere Welt.

Bild 20.22 Installation „Beyond the Canvas – Transitional Perspectives“ mit der Möglichkeit, mittels einer Cross-Reality-Bildergalerie sowohl im realen Raum als auch der virtuellen Welt gemeinsam interaktiv zu agieren

20.5.6 Ausblick

Die hier aufgezeigten Beispiele verdeutlichen die vielfältigen Möglichkeiten, die Cross-Reality für die Gestaltung von hybriden Veranstaltungsformaten bietet. Über die Verknüpfung des realen Events mit dem Virtuellen werden völlig neue künstlerische und musikalische Ausdrucksformen über den Austausch zwischen den Realitäten hinweg entstehen.

Für Veranstalter:innen ist es eine Chance, die eigenen Ziele für mehr inklusivere, diversere und barrierefreiere Events zu erreichen und im Sinne der Nachhaltigkeit die eigene CO_2-Bilanz zu reduzieren. Schon jetzt zeichnen sich Tendenzen für neue Lizenzierungsmöglichkeiten über NFTs und der Blockchain für Künstler:innen und Musiker:innen ab. Neue, ortsungebundene und größere Zielgruppen können erreicht und so mehr Tickets verkauft werden. Darüber hinaus könnte die Plattform als Kontrollzentrum für reale Events dienen. Denn ist die Technik einmal in der virtuellen Veranstaltung eingerichtet und mit dem realen Equipment verknüpft, kann die Veranstaltung remote von jedem Ort aus gesteuert werden. In den nächsten Jahren wird die Akzeptanz und Nutzung von VR-Technologien in verschiedenen Bereichen wie Bildung, Gesundheitswesen und Unterhaltung steigen. Die bisher gewonnenen Erkenntnisse können dabei helfen, die Barrieren zwischen der physischen und der digitalen Welt weiter abzubauen.

20.6 BIM (Building Information Modelling)

Building Information Modelling (BIM) bezeichnet eine Zusammenarbeit bzw. eine Arbeitsmethodik auf der Grundlage digitaler Modelle eines Gebäudes/Bauwerks und wird das Planen, Bauen und Betreiben von Gebäuden auf eine neue Basis stellen, aber auch für die Planung großer Konzerte und Bühnenformate Einzug in die Entwurfsplanung halten. Die Grundlage sind digitale 3D-Gebäudemodelle sowie 3D-Modelle von Traversen, Scheinwerfern, Soundanlagen etc. und die damit vorhandenen digitalen Informationen, mit denen die verschiedenen Gewerke bzw. Beteiligten jederzeit auf Daten zugreifen können.

Der Kern der BIM-Methodik vor allem in der Planungs-und Bauphase beruht auf digitalen Teilmodellen, die je nach Planungsstand und -prozess einen immer höheren Detaillierungsgrad erhalten und – was ganz wichtig ist – für die anderen Planer*innen einsehbar sind, sodass die projektrelevanten Informationen immer aktuell sind und damit Kollisionen bereits im Frühstadium der Planung erkannt und Kommunikationsfehler vermieden werden können. Man kann in diesem Fall auch von einem „Digitalen Zwilling“ sprechen.

BIM ist damit kein weiteres 3D-Simulationsprogramm, sondern eine Arbeitsmethodik, die für alle Beteiligten transparent sein soll, um damit eine höhere Verlässlichkeit der Aussagen bzgl. Kosten und Termine ermöglicht. Natürlich sind dafür CAD-Schnittstellen notwendig. Der Marktführer in diesem Bereich ist im Moment das Programm Revit der Firma AUTODESK, aber auch andere CAD-Programme können BIM-Daten austauschen. Revit (AUTODESK) ist ein Softwarepaket aus dem Hochbaubereich für alle Gewerke mit der Möglichkeit der Modellierung, der Datenintegration (CAD/BIM), der Informationsmodellierung, der Kollisionsanalyse/-simulation, der Visualisierung (2D, 3D) sowie der Berechnung.

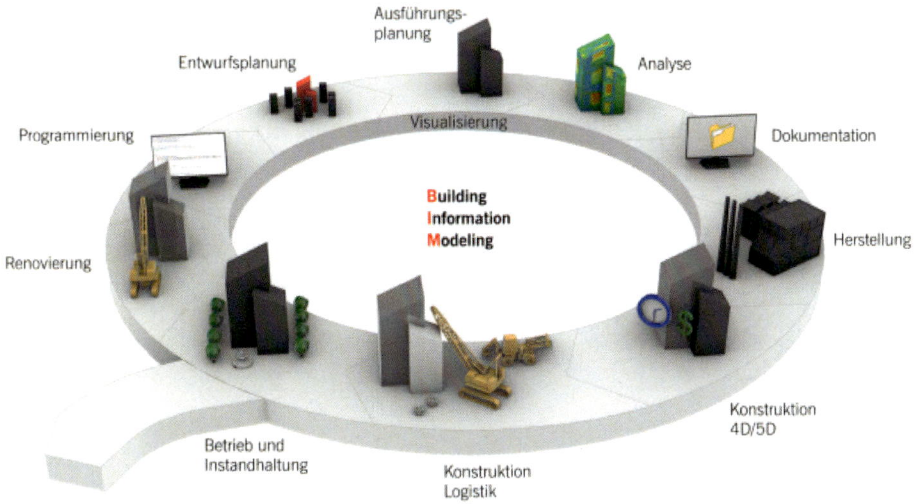

Bild 20.23 BIM (Building Information Modelling)

In den USA bzw. in den nordischen Ländern des EU-Raumes ist BIM schon bis zu einem gewissen Maß eine Selbstverständlichkeit. In Deutschland, vor allem bei der Lichtplanung, findet man erst vereinzelte BIM-Projekte. Als Austauschformat der BIM-Daten hat sich in der Zwischenzeit das Datenformat IFC (Industry Foundation Classes) durchgesetzt. Vor-und Nachteil des BIM-Modells ist, dass alle Daten eines Gebäudes vorliegen, damit jedoch auch gewaltige Datenmengen, die auch in der Cloud und/oder auf dem Desktop gehandelt werden müssen. Faszinierend an der BIM-Methode ist, dass sie von Beginn an bei der Planung bis zum „Recycling" eines Gebäudes angewendet werden kann und die relevanten Daten vorliegen. Man spricht in diesem Zusammenhang von 3D-bis 7D-Planung. Natürlich ist jederzeit auch eine 2D-Planung aus den Daten möglich und für einen Ausführungsplan vorhanden. Man spricht von 6D-Planung, wenn es um den Lebenszyklus eines Gebäudes geht.

- 3D: alle relevanten Daten des Gebäudes und der Teilgewerke sind als 3D-Daten vorhanden,

- 4D: der Faktor Zeit spielt eine zusätzliche Rolle,
- 5D: der Faktor Kosten spielt eine zusätzliche Rolle,
- 6D: wenn es um den Lebenszyklus eines Gebäudes geht bis hin zum „Recycling" des Gebäudes,
- 7D: berücksichtigt zusätzliche Aspekte der Gebäudenutzung (Facility Management) wie Wartung, Instandhaltung u. a.

Die beiden Lichtplanungs- bzw. Lichtsimulationsprogramme Relux Desktop (Relux AG) und Evo (DIALUX GmbH) haben beide Schnittstellen zu BIM bzw. zu Revit, sodass Leuchtendaten, LVK-Daten und Leuchtenpositionen jederzeit ausgetauscht werden können. Darüber hinaus können z. B. mit Relux Desktop Leuchtenpositionen in Revit verändert werden und diese wieder in Relux mit den notwendigen lichttechnischen Parametren wie Leuchtdichte etc. berechnet werden. Auch das Programm Vectorworks ist BIM-fähig. BIM wird als zukunftsweisende Technologie vor allem das Planen und Visualisieren von Gebäuden und insbesondere die Preproduktion von Licht optimieren, viele Probleme lösen, eventuell sogar das Planen revolutionieren, aber auf jeden Fall den Event- und Medienbereich mit der Architektur noch enger verzahnen.

Level of Development (LOD)

Der Kern des BIM-Prozesses ist auch die Philosophie der sukzessiven Modellverfeinerung. Dies lässt sich am effektivsten anhand des Level of Development (LOD) darstellen. Insbesondere spielt das LOD-Konzept bei der Lichtberechnung und der Visualisierung eine große Rolle. Bild 20.24 zeigt verschiedene Level von LOD einer Innenraumleuchte.

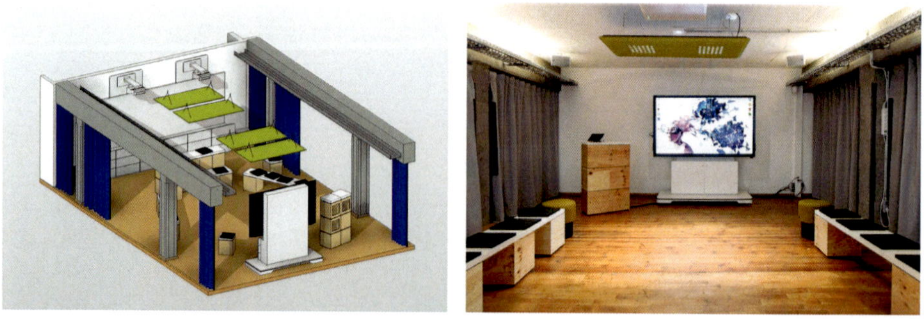

Bild 20.24 Links: Darstellung des Workshopbereiches FTZ DR mit Revit, rechts: Originalsituation

Es gibt dabei drei verschiedene Begriffe: Level of Geometry (LOG), Level of Information (LOI) und Level of Development (LOD). LOG beschreibt den geometrischen Detaillierungsgrad eines Modellelements, wohingegen LOI für den Grad des nichtgeometrischen Inhaltes (Metadaten) eines Modellelements steht. Die Summe aus Level of Geometry (LOG) und Level of Information (LOI) bestimmt die Definition des Level of Development (LOD).

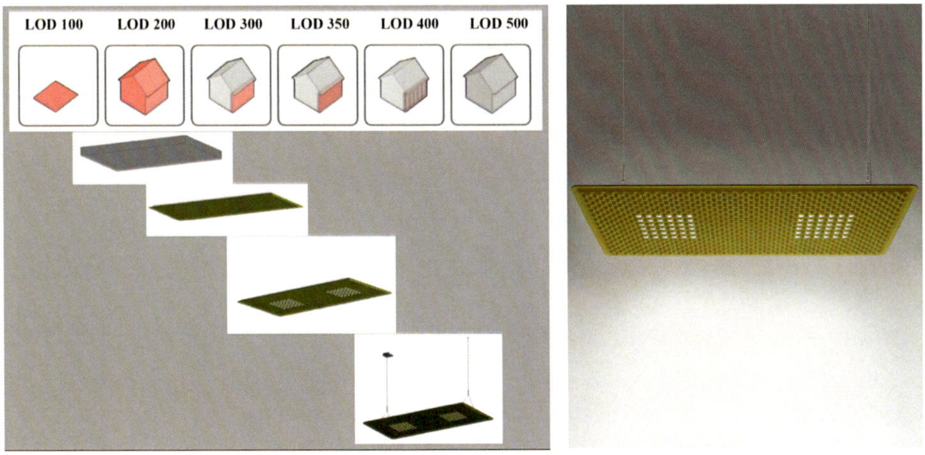

Bild 20.25 Links: Darstellung einer Leuchte in unterschiedlichen Level of Development, rechts: Originalleuchte Artemide Eggboard

■ 20.7 Fotogrammetrie

Den Einsatz von Fotogrammetrie gibt es in der Geodäsie bzw. dem Vermessungswesen schon lange. Der Einsatz im Lichtbereich zur Vermessung von Gebäuden, Innenräumen, Konzerthallen. etc. ist bisher an den sehr hohen Kosten der Scanner gescheitert, da die Geräte sehr teuer sind. Bild 20.26 zeigt eine Lichtsimulation von Movinglights und Gobos auf die Fassadenfläche des Mediencampus Finkenau an der HAW-HH mit dem Programm Unreal. Eingescannt wurde das gesamte Gelände mit einem FARO-Scanner Fokus 350, texturiert mit Maya und dann in der Unreal 4 umgesetzt für die VR-Präsentation.

Bild 20.26 Lichtsimulation von Scheinwerfern und Gobos auf die Fassadenfläche des Mediencampus Finkenau der HAW-HH

Bild 20.27 Links: Blick in das Tonlabor der HAW-HH, eingescannt mit einem FARO-Scanner, rechts: Blick in das Forschungszentrum Digital Reality (FTZ DR) der HAW-HH, eingescannt mit dem System matterport

Scanning-Systeme mit LiDAR-Technologie

Mit Scanning-Systemen basierend auf LiDAR-Technologie im mittleren und unteren Preissegment, wie z. B. matterport und Metaroom, hält jetzt das Prinzip der Vermessungstechnik auch Einzug in die Welt der Licht- und Eventtechnik. Damit besteht die Möglichkeit, relativ schnell Räume einzuscannen und als Punktwolken oder 360-Grad-Panorama darzustellen.

Der Marktführer im Bereich Raum-Scanning ist die Firma matterport, die mithilfe von Punktwolken, Fotos und einer ausgeklügelten KI sehr realistische Bilder und 360-Grad-Rundgänge ermöglicht, siehe auch Bild 20.28.

Die Synthetic Dimension GmbH, ein Start-up aus Österreich, verwendet in der App Metaroom by Amrax die LiDAR-Technologie und KI-Anwendungen, um sehr schnell Innenräume mit dem iPhone oder iPad zu erstellen und kann auch noch Leuchten und Leuchtenpositionen erkennen, ebenfalls mit KI-Technik. Dabei gibt es eine große Anzahl an Schnittstellen zu anderen Softwareprogrammen, unter anderem auch zu Relux Desktop.

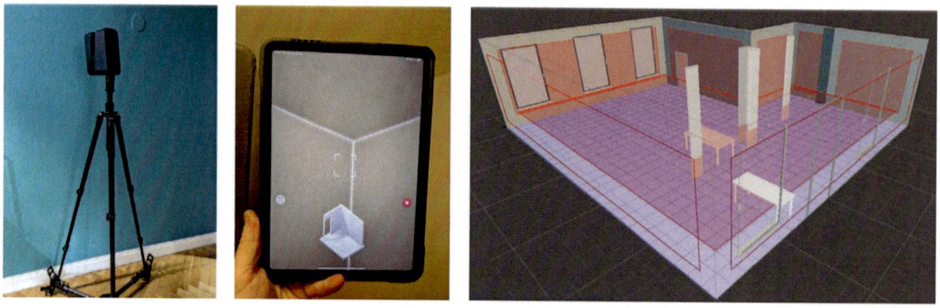

Bild 20.28 Links: Scanner matterport, Mitte: Prinzip des Scannings von Innenräumen mit der App Metaroom, rechts: Weitergabe der Raumdaten aus Metaroom an Relux Desktop

20.8 Einsatz von KI und neuronalen Netzen im Lichtdesign

Die Themen KI (Künstliche Intelligenz), Deep Learning und neuronale Netze sind und werden sehr spannende Anwendungsfelder in der Lichttechnik, vor allem im Bereich von Lichtdesign in der Zukunft. Es gibt zum Zeitpunkt der Fertigstellung dieser dritten Auflage erste Forschungen, die in naher Zukunft veröffentlicht werden, die mithilfe von Machine Learning Vorschläge für das zeitabhängige Lichtdesign einer Lichtshow geben. Diese Vorschläge können z. B. auf Basis der Eingabe eines neuen, dem trainierten neuronalen Netzwerk unbekannten Musikstücks basieren. Aber auch die Eingabe anderer Eingabeparameter wie das Lichtdesign der Hauptbeleuchtungsgruppen ist möglich. Sowohl die Trainingsdaten als auch die Ausgabe des neuronalen Netzes sind hierbei durch eine beschreibende Metaebene des Lichtdesigns repräsentiert.

Dabei soll die Lichtdesigner:in nicht durch KI ersetzt werden, sondern es soll ihr/ihm ein intuitives Handwerkszeug an die Hand gegeben werden, um abhängig z. B. vom geplanten Musikstück/Sound neue Vorschläge für Ansteuerung, Farbkombinationen, Ablauf und Pattern in Abhängigkeit des Rhythmus des Sounds, dem gewünschten Style oder Look zu geben. Diese Vorschläge kann die Lichtdesigner:in annehmen, verändern oder natürlich auch verwerfen. Damit entsteht die Möglichkeit, auf einer Metaebene neue Lichtshows zu generieren, eventuell einen anderen Style zu generieren oder einfach aus einer Vielfalt der Vorschläge zu wählen und somit den übergreifenden Charakter der Lichtshow leichter global zu beeinflussen.

20.8.1 Systemdesign mit neuronalen Netzen (Neural Network – NN)

Zur Generierung von Daten zur Steuerung von Bühnenbeleuchtung aus Musik-Audio Dateien und Echtzeit-Lichtdaten kann Deep Learning eingesetzt werden. Dazu müssen Lichtsteuerungsdaten in ein brauchbares Format (z. B. ArtNet) umgewandelt werden und Merkmale aus dem Audio-Input extrahiert werden. Ziel ist es, ein maschinelles Lernsystem (genauer gesagt neuronale Netze) zu trainieren, um nach dem Training „neue" Lichtsteuerungsdaten auf der Grundlage einer Audio-Eingabe zu generieren. Mithilfe dieser Daten wird das Modell des NN (Neural Network) trainiert. Es gibt dazu verschiedene Ansätze und Modelle in dem Bereich neuronale Netze:

RNN (rekurrentes neuronales Netz/Recurrent Neural Network) wird häufig in der Spracherkennung und der Verarbeitung natürlicher Sprache NLP eingesetzt. Rekurrente neuronale Netze erkennen sequenzielle Merkmale von Daten und verwenden Muster, um das nächste wahrscheinliche Szenario vorherzusagen.

CNN (Convolutional Neural Network) ist ein „faltendes neuronales Netzwerk“, das vor allem bei der maschinellen Verarbeitung von Bild- oder Audiodaten eingesetzt wird.

CRNN (rekurrentes Netz mit Faltung für die Bildklassifizierung) ist eine Erweiterung von RNN und CNN.

Transformer: Analog zu RNN werden Transformer häufig im Bereich NLP eingesetzt. Im Gegensatz zu RNN, die sequenziell arbeiten und daher Schwierigkeiten mit langen Abhängigkeiten haben können, verwendet der Transformer einen Selbstaufmerksamkeitsmechanismus (Self-Attention), der es ermöglicht, alle Positionen einer Eingabesequenz gleichzeitig zu berücksichtigen. Dadurch können Transformer-Modelle effektiv kontextuelle Informationen über große Entfernungen zur aktuellen Position der Sequenz hinweg erfassen.

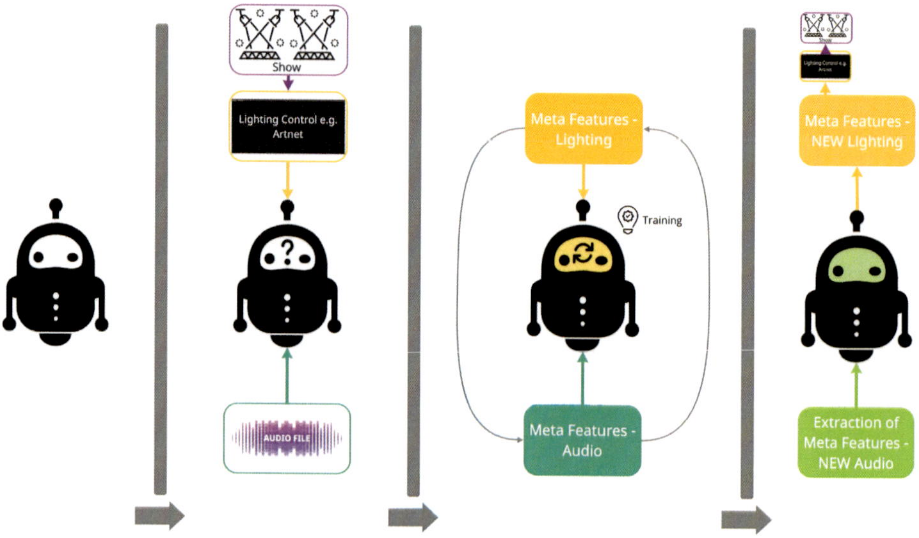

Bild 20.29 Basiskonzept des Neural Network: Es werden die beiden unterschiedlichen Datenquellen Audio und Licht genutzt, verarbeitet und dann durch eine Trainingsschleife optimiert

Erste Testergebnisse

Das Problem als solches ist, dass es im Moment im Vergleich zu Musikstücken viel zu wenige Trainingsdaten als frei verfügbare Lichtshowdaten gibt, vor allem als ArtNet-Sequenzen mit synchronem Audio. Zudem gibt es eine große Bandbreite von unterschiedlichen Musik- bzw. Show-Genres und auch die „menschlichen“ Delays beim „Drücken“ einer Show müssen berücksichtigt werden, um notwendige Trainingsdaten zu generieren. Erste Ergebnisse bei dem (kleinen) Testaufbau an der HAW Hamburg sehen schon vielversprechend aus, siehe Bild 20.30 und Bild 20.31.

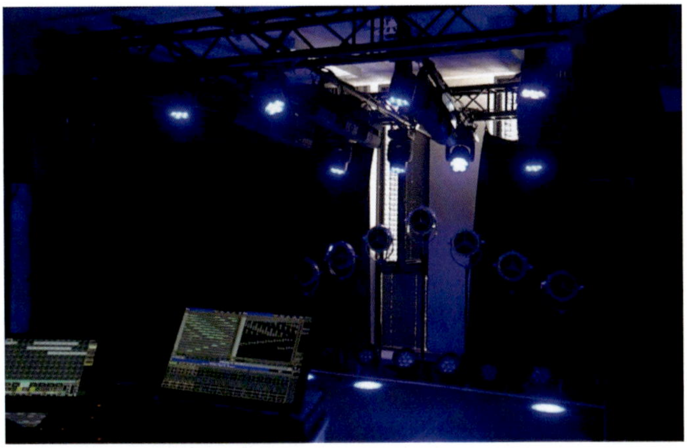

Bild 20.30 Testaufbau für die Erzeugung, Verifikation und Test von Lichtsteuerungssequenzen an der HAW Hamburg

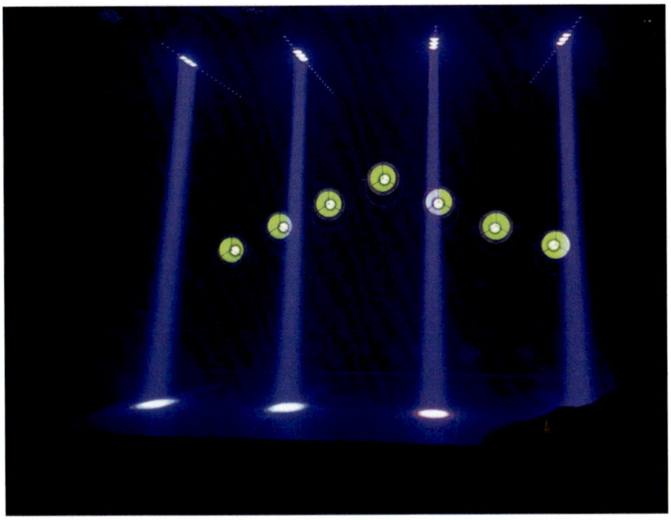

Bild 20.31 Beispielszene für eine vom neuronalen Netz vorgeschlagene Lichtauswahl, Lichtsteuerung und Farbkombination zu einem für das neuronale Netz unbekannten Musikstück

20.8.2 Echtzeit-Verfahren

Ähnliche Ansätze für die Erzeugung von musikbegleitenden Beleuchtungssteuerungen mit der Eingabe von Echtzeitaudio (für z. B. DJ-Anwendungen) sind bereits am Markt verfügbar. Aufgrund der dem System unbekannten gesamten musikalischen Struktur können diese Systeme nur reaktiv arbeiten. Weiterhin ist der Umfang der zu steuernden Beleuchtungselemente vergleichsweise gering. Als Beispiel wären hier Maestro DMX und AI Lightshow zu nennen.

20.8.3 Einsatz von KI für die Vorvisualisierung

Ein weiteres aufstrebendes Anwendungsgebiet künstlicher Intelligenz im Bereich Lichtdesign betrifft den Entwurf und die Vorvisualisierung. Lichtdesigner:innen greifen hierbei auf Text-to-Image-KI-Technologien wie Midjourney und DALL-E zurück, um ihre konzeptionellen Entwürfe zu realisieren. Diese innovativen Systeme ermöglichen es, die kreativen Erstkonzepte der Designer:innen nicht nur in visuelle Darstellungen zu übersetzen, sondern auch unterschiedliche Designvarianten schnell zu generieren und zu evaluieren. Durch die Nutzung solcher KI-Technologien können Lichtdesigner:innen auf eine effiziente Weise umfassende Prototypen erstellen und verschiedene Beleuchtungskonzepte in schnellen Iterationen weiterentwickeln. Diese Technologie fördert eine dynamische Entwicklung von Bühnensetups und Lichtdesigns, indem sie den Designer:innen erlaubt, visuelle Entwürfe in nahezu Echtzeit zu modifizieren und anzupassen. Die visuellen Outputs der KI bieten zudem eine erste Darstellung der geplanten Lichteffekte und -arrangements, was eine fundierte Entscheidungsfindung in der frühen Phase des Designprozesses unterstützt.

Lösungen der Übungsaufgaben und Verständnisfragen

Kapitel 3 „Lichttechnische Grundgrößen“

Aufgabe 1:

Lösung 1: $E_0 = I/r^2 = 900\ cd/\ 100\ m^2 = 9\ lx$

Lösung 2: $E_{60} = E_0 * \cos 60^0 = 9\ lx * 0{,}5 = 4{,}5\ lx$

Lösung 3: $r = \sqrt{(I/E0)} * \cos 60^0 = 7{,}07\ m$

Aufgabe 2:

Lösung: $\Phi = 0{,}8*1200\ lm = 960\ lm$. Dieser Lichtstrom verteilt sich gleichmäßig im gesamten Raumwinkel 4 π sr. Die Lichtstärke beträgt demnach: $I = \Phi/4\ \pi\ sr = 960\ lm/12{,}56\ sr = 76{,}43\ cd$.

Aufgabe 3:

Lösung: Der Abstrahlwinkel berechnet sich zu 28.6 Grad. Aus der LVK kann bei 30 Grad ein Lichtstärkewert von 400 cd/1000 lm abgelesen werden. Der Lichtstrom beträgt $\Phi = 2*3200\ lm = 6400\ lm$. Der Abstand r zwischen Lichtaustrittspunkt und Punkt P =3,13 m. Die Beleuchtungsstärke E am Punkt P berechnet sich somit auf den Wert von 237,48 lx.

Kapitel 4 „Kontrast und Helligkeit“

Aufgabe 1:

Lösung: 103 cd/m^2

Aufgabe 2:

Lösung: Bei diesen Kontrastangaben handelt es sich um sogenannte dynamische Kontraste. D. h. die Helligkeit der Hintergrundbeleuchtung wird verändert bzw. beliebig reduziert. Der dynamische Kontrast wird bei Bewegtbildern verwendet und hat keinen Bezug zu der Definition des statischen Kontrasts.

Kapitel 6 „Farbmetrische Grundlagen"

Aufgabe 1:

Lösung: Es ist eine Konvertierungsfolie mit rund + 134 Mired notwendig: Miredwert (Folie) = (1 000 000/3200 – 1 000 000/5600) = (312,5–178,57) = +133,93 Mrd.

Aufgabe 2:

Lösung: ΔE = 6,91. Der Farbunterschied ist deutlich sichtbar.

Kapitel 7 „Licht- und Farbmesstechnik"

Aufgabe 1:

Lösung: Die Farbe Magenta

Aufgabe 2:

Lösung: Die Farbe Cyan (LEE 115)

Kapitel 14 „Theater-Licht"

Lösung 1: eine Möglichkeit, elektrische Geräte einzustecken, eine Art Steckdose.

Lösung 2: auf der Seite im Zuschauerraum

Lösung 3: kräftige, gesättigte, aber teilweise auch irreale Farben

Literatur und weitere Informationsmedien

Literaturverzeichnis

Ackermann, Norbert; Lichttechnik: Systeme der Bühnen- und Studiobeleuchtung rationell planen und projektieren, Oldenburg Wissenschafts-Verlag, 2. Auflage, 2006

Baer, Roland; Barfuß Meike, Seifert Dirk; Beleuchtungstechnik Grundlagen, Verlag Technik Berlin, 5. Auflage, 2020

Birn, Jeremy; Lighting and Rendering, Addison-Wesley Verlag, 2007

Brandi, Ulrike, Geissmar-Brandi, Christoph; Lichtbuch. Die Praxis der Lichtplanung; Birkhäuser-Verlag, 2001

Cadena, Richard; Automated Lighting: The Art and Science of Movinglight in Theatre, Live Performance, and Entertainment, Focal Press, 2. Auflage, 2010

Carsten, Grigo; CAD gestützte Beleuchtungsplanung, Untersuchung der Planungs- und Visualisierungssoftware WYSIWYG auf ihre Eignung am Theater, Diplomarbeit, Technische Fachhochschule Berlin, Theater- und Veranstaltungstechnik, 2005

CIE 171:2006; CIE-Standard Commission Internationale de l'Eclairage, 2006. Technical Report. CIE: 171:2006. Test Cases to Assess the Accuracy of Lighting Computer Programs, Paris, 2006

DIN 15560; Scheinwerfer für Film, Fernsehen, Bühne und Photographie, Teil 6: Graphische Symbole für Studioleuchten, Studioscheinwerfer, Bühnenleuchten und Bühnenscheinwerfer auf Beleuchtungsplänen und Beleuchtungsschablonen, Beuth Verlag, 2003

DIN 5032-7; Lichtmessung; Klasseneinteilung von Beleuchtungsstärke- und Leuchtdichtemeßgeräten, Beuth Verlag, 1985

DIN EN 62471:2009-3; Photobiologische Sicherheit von Lampen und Lampensystemen, Beuth-Verlag, 2009

DIN EN 62471; Photobiologische Sicherheit von Lampen und Lampensystemen, Beuth Verlag, 2009

DIN SPEC 5031-100:2015-08: Strahlungsphysik im optischen Bereich und Lichttechnik – Teil 100: Über das Auge vermittelte, nichtvisuelle Wirkung des Lichts auf den Menschen – Größen, Formelzeichen und Wirkungsspektren, Beuth-Verlag; 2015

DIN SPEC 67600:2013-04; Biologisch wirksame Beleuchtung – Planungsempfehlungen, Beuth-Verlag, 2013

DIN 61691:1976-01; Farbwiedergabe – Teil 1: Allgemeine Begriffe, Beuth-Verlag, 1976

Dunker, Achim; Die chinesische Sonne scheint immer von unten, UVK Verlagsgesellschaft; 6. Auflage, 2014

Ebner, Michael; Lichttechnik für Bühne und Disco, Elektor-Verlag, 2. Auflage, 2011

EBU-Tech 3320; User requirements for Video Monitors in Television Production, October 2010

EBU-Tech 3325; Methods for the Measurement of the performance of Studio Monitors, September 2008

EU-Richtlinie 2006/25/EG des europäischen Parlaments und des Rates vom über Mindestvorschriften zum Schutz von Sicherheit und Gesundheit der Arbeitnehmer vor der Gefährdung durch physikalische Einwirkungen (künstliche optische Strahlung), 5. April 2006

Foley, James D.; Grundlagen der Computergrafik, Addison Wesley Verlag, 1. Auflage, 1999

Gall, Dietrich; Circadiane Lichtgrößen und deren messtechnische Ermittlung, Licht 54 (2002) 11/12, 2002, S. 1292 – 1297

Gans, Thomas; Filmlicht, Shaker Verlag, 1. Auflage, Aachen, 1999

Goethe, Johann Wolfgang von; Zur Farbenlehre. Tübingen: Cotta, 1810

Greil, Roland; Lorenz Marc; Showlicht vom Scribble zum fertigen Design, LEIKRO Media GmbH, 2 überarbeitete Auflage 2019

Hassenstein, Lutz; Untersuchung der relevanten Parameter von Lichtszenen anhand von Filmbeispielen und Fernsehsendungen zur wissenschaftlichen Beschreibung des Begriffes „Lichtmodelling“, Diplomarbeit, HAW-Hamburg, Fachbereich Medientechnik, 1999

Heinz, Roland; Grundlagen der Lichterzeugung. 5. Aufl. Heidelberg: Highlight Verlag, 2014

Hof, Gert; Obsessions, Eichborn Verlag, 2003

Hülsemann, Mirco; Untersuchung eines virtuellen 3D-Modells des Campus Finkenau mit Laserscan und Fotogrammetrie auf Realisierbarkeiten und die Visualisierungen von Lichtshows und Videomapping, Bachelorarbeit HAW-Hamburg, 2019

IEC/EN 62471; die Photobiologische Sicherheitsnorm für Lampen und Lampensysteme

Keller, Max; Faszination Licht, Licht auf der Bühne, Prestel Verlag, 4. Auflage, 2010

Kramer, Heinrich, von Lom, Walter; Licht – Bauen mit Licht, Verlagsgesellschaft Müller, 2001

Kummrow, Malte; Praktische Untersuchung der Relevanz von Blaulichtgefährdung in TV-Studios und Theatern, Bachelorarbeit HAW-Hamburg, 2015

Lang, Dieter; Der richtige Einsatz von blauen Spektralanteilen in der Beleuchtung; NICHTIONISIERENDE STRAHLUNG IN ARBEIT UND UMWELT, 43. Jahrestagung, Tagungsband S.489 – 499, Dortmund, 2011

Larmann, Ralf; Stage Design Emotions, PPVMedien, 2010

Larmann, Ralf; Stage Design, Daab, 2007

Lehmann, Marie-Luise; Lichtdesign, Handbuch der Bühnenbeleuchtung in Deutschland und den USA, Dietrich Reimer Verlag, 2002

Liedtke, Carolin; Quantifizierung der räumlichen Lichtverteilung, Dissertation TU Berlin, 2019

Maelicke, Alfred; Vom Reiz der Sinne, VCH, 1990

Matthaei, Rupprecht; Goethes Farbenlehre, Otto Maier Buchverlag, 1987

McCandless, Stanley; A Method of Lighting the Stage, Stanley, Theatre Arts, 3. Auflage, 1947

McCandless, Stanley; A Syllabus of Stage Lighting, Stanley, 11 Ed., 1964

Mehnert, Hilmar, Das Bild in Film und Fernsehen, VEB Fotokinoverlag, 1986

Mehnert, Hilmar; Filmfotografie Fernsehfilmfotografie, VEB Fachbuchverlag, 1971

Millerson, Gerald; Handbuch der Beleuchtungstechnik für Film- und Fernsehproduktionen, Fachbuchverlag Andreas A. Reil, Übersetzung der 3. Auflage, 2001

Möllering, D., Slansky P. C.; Handbuch der professionellen Videoaufnahme, edition filmwerkstatt, 2. Auflage, 1993

Monaco, James; Film verstehen, rororo, 3. Auflage, 2009

Moody, James L.; Concert Lighting, Focal Press Third Edition, 2010

Mücher, Michael; Fachwörterbuch der Fernsehstudio- und Videotechnik, BET, 17. Auflage, 2014

Müller, Jens; Handbuch der Lichttechnik: Das Kompendium für den Praktiker, PPV-Medien, 4. Auflage, 2008

OStrV; Verordnung zur Umsetzung der Richtlinie 2006/25/EG zum Schutz der Arbeitnehmer vor Gefährdungen durch künstliche optische Strahlung und zur Änderung von Arbeitsschutzverordnungen, Bundesgesetzblatt Jahrgang 2010 Teil I Nr. 38, Bonn, 26. Juli 2010

Pilbrow, Richard; Stage Lighting Design: The Art, the Craft, the Life, Nick Hern Books, 2008

Ris, Hans Rudolf; Beleuchtungstechnik für den Praktiker, Grundlagen – Lampen – Leuchten – Planung – Messung, vde Verlag, 4. Auflage, 2008

Schiller, Brad; The Automated Lighting Programmer's Handbook, Focal Press, 2. Auflage, 2010

Schmidt, Robert F., Lang, Florian, Heckmann, Manfred; Physiologie des Menschen, Springer-Verlag, 31. Auflage, 2011

Schmidt, Ulrich; Digitale Film- und Videotechnik, Carl Hanser Verlag GmbH & Co. KG, 3. Auflage, 2010

Schmidt, Ulrich; Professionelle Videotechnik, Springer Vieweg, 7. Auflage, 2021

■ Fachzeitschriften

AIT, Architektur, Innenarchitektur, Technischer Ausbau, Verlagsanstalt Alexander Koch GmbH (VAK), Leinfelden-Echterdingen

Bühnentechnische Rundschau, Friedrich Verlag GmbH, Seelze

Event Rookie, Leikro Media GmbH, Gröbenzell

EventPartner, MM-Musik-Media-Verlag, Köln

Film & TV Kameramann, I. Weber Verlag München

FKT, Fachverlag Schiele & Schön GmbH, Berlin

Highlight, Highlight Verlagsgesellschaft, Rüthen

Licht, Pflaum Verlag, München

PMA, PPVMedien, München

Production Partner, MM-Musik-Media-Verlag, Köln

Professional Lighting Design, VIA Verlag, Gütersloh

Professional Production, EuBuCo Verlag GmbH, Hochheim

Professional System, MM-Musik-Media-Verlag, Köln

Stage Report, AktivMedia GmbH, Uetze-Dedenhausen

VPLT-Magazin, Verband für Professionelle Licht- und Tontechnik e. V., Langenhagen

Webadressen (Verbände)

Deutsche Lichttechnische Gesellschaft e. V., *www.litg.de*

Deutsche Theatertechnische Gesellschaft e. V, *www.dthg.de*

FILD – Federation of International Lighting Designers e. V., *www.fild.eu*

FMS FKTG Medien- und Services UG, *www.fktg.org*

PLT - Der Verband für Medien- und Veranstaltungstechnik e. V., *www.vplt.org*

Verband der Lichtdesigner und Licht- und Medienoperator in der Veranstaltungswirtschaft (VLLV) e. V., *www.vllv.de*

Bildnachweis

Kapitel 2 Licht und Strahlung

2.1	Horst Frank, *wikipedia.de*
2.2	Grafik Thomas Lemke
2.3	Screenshot Autor
2.4l	Screenshot Autor
2.4r	Screenshot Autor
2.5	Montage Matthias Wilkens
2.6l	Grafik Matthias Wilkens
2.6r	Grafik Matthias Wilkens
2.7	Grafik Thomas Lemke
2.8	Fördergemeinschaft Gutes Licht (FGL)
2.9	Foto Autor, Lichtlabor HAW-Hamburg
2.10	Grafik Matthias Wilkens

Kapitel 3 Lichttechnische Grundgrößen

3.1l	Grafik Marlin Oeing
3.2l	Grafik Autor
3.2r	Grafik Autor
3.3	Fördergemeinschaft Gutes Licht (FGL)
3.3	Grafik Thomas Lemke
3.4	Grafik Thomas Lemke
3.5	Fördergemeinschaft Gutes Licht (FGL)
3.6	Grafik Thomas Lemke
3.7l	Grafik Thomas Lemke
3.7r	Grafik Fabian Oving
3.8l	Screenshot Autor, Relux Suite
3.8b	Screenshot Autor, Relux Suite
3.9l	Fördergemeinschaft Gutes Licht (FGL)
3.9r	Fördergemeinschaft Gutes Licht (FGL)
3.10l	Screenshot Autor, Relux Suite
3.10r	Screenshot Autor, Relux Suite
3.11l	Screenshot Autor, Relux Suite
3.11r	Screenshot Autor, Relux Suite
3.12	Grafik Thomas Lemke
3.13	Grafik Trilux AG
3.14	Grafik Thomas Lemke
3.15	Grafik Marlin Oeing
3.16	Grafik Thomas Lemke
3.17l	Grafik Thomas Lemke
3.17r	Grafik Thomas Lemke
3.18l	Grafik Thomas Lemke
3.18r	Grafik Thomas Lemke
3.19l	Bild Carolin Liedtke
3.19r	Bild Thomas Gille
3.20	Grafik Thomas Lemke
3.21	Screenshot Autor, Relux Suite
3.22	Grafik Thomas Lemke
3.23	Screenshot Autor, Datenblatt MAC Viper Profile, Firma Martin Professional
3.23l	Screenshot Autor, Relux Suite
3.23r	Screenshot Autor, Relux Suite

Kapitel 4 Kontrast und Helligkeit

4.1	Grafik Thomas Lemke
4.2	Montage Matthias Wilkens
4.3	Montage Matthias Wilkens
4.4	Montage Matthias Wilkens

4.5 Montage Matthias Wilkens
4.6 Montage Autor nach Vorlage Thomas Lemke und Matthias Wilkens
4.7 Grafik Thomas Lemke
4.8l Foto Autor
4.8m Foto Autor
4.8r Foto Autor
4.9 Grafik Thomas Lemke nach Vorlage Prof. Kokoschka
4.10l Torsten Braun
4.10r Torsten Braun

Kapitel 5 Auge und Wahrnehmung

5.1 Grafik Autor
5.2 Grafik Autor
5.3 Grafik Die Lichtplaner
5.4 Grafik Thomas Lemke
5.5 Grafik Thomas Lemke
5.6l Grafik Die Lichtplaner
5.6r Grafik Die Lichtplaner
5.7 Fördergemeinschaft Gutes Licht (FGL)
5.8 Fördergemeinschaft Gutes Licht (FGL)
5.9 Fördergemeinschaft Gutes Licht (FGL)
5.10 Carolin Liedtke
5.11 Fördergemeinschaft Gutes Licht (FGL)
5.12 Grafik Die Lichtplaner
5.13 Fördergemeinschaft Gutes Licht (FGL)
5.14 Fotomontage und Grafik Die Lichtplaner
5.15l Maelicke Alfreda; Vom Reiz der Sinne, VCH-Verlag, 1990
5.15r Firma SMI-SensoMotoric Instruments
5.16l Firma Tobii
5.16r Foto Autor
5.17 Malte Kummrow
5.18l Malte Kummrow
5.18r Malte Kummrow
5.19 Grafik Marc Briede, nach Vorlage Dissertation Roland Greule
5.20 Grafik Thomas Lemke
5.21 Foto Autor
5.22 Grafik Marlin Oeing
5.23 Grafik Marlin Oeing
5.24l Marco Janßen
5.24r Daniela Weiskopf
5.25 Grafik Autor
5.26 Fabian Oving
5.27 Fabian Oving
5.28l Ljiljana Udovičić
5.28r Ljiljana Udovičić
5.29 Fabian Oving
5.30 Ljiljana Udovičić
5.31l Foto Autor
5.31r Foto Autor
5.32l Fabian Oving
5.32m Fabian Oving
5.32r Fabian Oving
5.33 Grafik Marlin Oeing
5.34 Foto Autor
5.35 Firma LACLABS

Kapitel 6 Farbmetrische Grundlagen

6.1 Montage Autor
6.2 Montage Autor, modifiziert nach Matthaei Rupprecht, Goethes Farbenlehre, Otto Maier Buchverlag
6.3 Firma Konica Minolta, Heft Exakte Farbkommunikation
6.4 Grafik Thomas Lemke
6.5 Firma Konica Minolta, Heft Exakte Farbkommunikation
6.6 Grafik Marlin Oeing
6.7l Firma Konica Minolta
6.7r Firma Konica Minolta
6.8 Firma Robe
6.9l Firma Konica Minolta
6.9r Adoniscik, wikipedia, Stichwort CIELUV-Farbraum
6.10l Firma Konica Minolta
6.10r Firma Konica Minolta, Heft Exakte Farbkommunikation

6.11 Lange, Bruno; LUCI 100 Spektrale Farbmessung, Dr. Bruno Lange GmbH, Berlin

6.12l Justus Mai

6.12r Foto Autor

6.13l Quark 67, wikipedia, Stichwort Additive Farbmischung,

6.13r Quark 67, wikipedia, Stichwort Subtraktive Farbmischung

6.14 Chris 828, wikipedia, Stichwort Farbwiedergabeindex

6.15 Grafik Claudius Noack

6.16 Firma Robe

6.17l Firma Robe

6.17r Firma Robe

6.18 Screenshot von dem Messgerät Spebos, Fabian Oving

6.19 Foto Autor

6.20 Herbert Bernstädt

Kapitel 7 Licht- und Farbmesstechnik

7.1 Grafik Autor

7.2l Foto Autor

7.2r Foto Autor

7.3 Firma Konica Minolta

7.4l Foto Autor

7.4r Foto Autor

7.5 Foto Autor

7.6 Foto Autor

7.7 Foto Autor

7.8 Foto Autor

7.9l Montage Thomas Lemke

7.9r Foto Autor

7.10 Firma Konica Minolta

7.11 Firma TechnoTeam

7.12 Firma Konica Minolta

7.13l Firma Konica Minolta

7.13r Firma Konica Minolta

7.14 Firma Konica Minolta

7.15l Montage Thomas Lemke

7.15r Montage Thomas Lemke

7.16 Screenshot Autor

Kapitel 8 Lichtquellen

8.1 Grafik Thomas Lemke nach Hans R. Ris, Buch Beleuchtungstechnik für Praktiker, AT Verlag, 1992

8.2 Roland Heinz, Buch Grundlagen der Lichterzeugung, Highlight Verlagsgesellschaft, 4. Auflage, 2011

8.3 Roland Heinz, Buch Grundlagen der Lichterzeugung, Highlight Verlagsgesellschaft, 4. Auflage, 2011

8.4 Herbert Bernstädt

8.5 Roland Heinz, Buch Grundlagen der Lichterzeugung, Highlight Verlagsgesellschaft, 4. Auflage, 2011

8.6 Foto Autor

8.7 Roland Heinz, Buch Grundlagen der Lichterzeugung, Highlight Verlagsgesellschaft, 4. Auflage, 2011

8.8 Roland Heinz, Buch Grundlagen der Lichterzeugung, Highlight Verlagsgesellschaft, 4. Auflage, 2011

8.9 Roland Heinz, Buch Grundlagen der Lichterzeugung, Highlight Verlagsgesellschaft, 4. Auflage, 2011

8.10 Foto Autor

8.11l Foto Autor

8.11r Foto Autor

8.12 Roland Heinz, Buch Grundlagen der Lichterzeugung, Highlight Verlagsgesellschaft, 5. Auflage, 2014, Seite 81

8.13 Roland Heinz, Buch Grundlagen der Lichterzeugung, Highlight Verlagsgesellschaft, 5. Auflage, 2014

8.14 Roland Heinz, Buch Grundlagen der Lichterzeugung, Highlight Verlagsgesellschaft, 4. Auflage, 2011

8.15 Roland Heinz, Buch Grundlagen der Lichterzeugung, Highlight Verlagsgesellschaft, 4. Auflage, 2011

8.16 Firma Philips

8.17 Fördergemeinschaft Gutes Licht (FGL)

8.18 Roland Heinz, Buch Grundlagen der Lichterzeugung, Highlight Verlagsgesellschaft, 5. Auflage, 2014

8.19l Foto Autor

8.19m Foto Autor

8.19r Foto Autor

8.20l Foto Autor

8.20r Foto Autor

8.21l Firma Robe

8.21r Firma Robe

8.22l Firma Robe

8.22r Firma Robe

8.23 Firma Robe

8.24 Roland Heinz, Buch Grundlagen der Lichterzeugung, Highlight Verlagsgesellschaft, 4. Auflage, 2011

8.25l Roland Heinz, Buch Grundlagen der Lichterzeugung, Highlight Verlagsgesellschaft, 4. Auflage, 2011

8.25r Roland Heinz, Buch Grundlagen der Lichterzeugung, Highlight Verlagsgesellschaft, 4. Auflage, 2011

8.26 Roland Heinz, Buch Grundlagen der Lichterzeugung, Highlight Verlagsgesellschaft, 4. Auflage, 2011

Kapitel 9 Scheinwerfer

9.1 Firma JB-Lighting

9.2 Fabian Oving

9.3 Foto Autor

9.4l Foto Henning Rades, Studio Hamburg Projekt MINDimensions

9.4r Foto Henning Rades, Studio Hamburg Projekt MINDimensions

9.5 Fabian Oving

9.6l Fabian Oving

9.6m Foto Autor

9.6r Fabian Oving

9.7l Firma Despar

9.7m Firma Despar

9.7r Firma Despar

9.8 Firma ETC

9.9l Fabian Oving

9.9r Firma Despar

9.10l Fabian Oving

9.10r Firma Despar

9.11 Foto Autor

9.12l Firma ETC

9.12r Firma Despar

9.13 Firma Martin

9.14 Firma Robe

9.15 Firma JB-Lighting

9.16l Firma JB-Lighting

9.16r Firma Robe

9.17l Foto Autor

9.17r Foto Autor

9.18l Firma Robe

9.18r Firma Robe

9.19l Firma JB Lighting

9.19r Firma JB Lighting

9.20l Osram Clay Paky

9.20r Osram Clay Paky

9.21l Fabian Oving

9.21r Fabian Oving

9.22 Firma Robe

9.23l Firma GLP

9.23r Firma Robe

9.24l Firma Robe

9.24r Foto Autor

Kapitel 10 Lichtsteuerung und Lichtstellpulte

10.1 HAW-Hamburg

10.2 Firma Soundlight

10.3 Firma Soundlight

10.4 Foto Autor

10.5 Firma Showtec

10.6 Firma Swisson

10.7 Firma Lumenradio

10.8l Fabian Oving

10.8r Fabian Oving

10.9 Grafik Fabian Oving

10.10 Foto Autor
10.11l Foto Autor
10.11r Foto Autor
10.12l Firma MA Lighting
10.12r Foto Autor
10.13l Firma MA Lighting
10.13r Firma MA Lighting
10.14l Firma MA Lighting
10.14r Firma MA Lighting
10.15l Firma MA Lighting
10.15r Firma MA Lighting

Kapitel 11 Digital Lighting

11.1l Urban Screen
11.1r Bernward Bertram
11.2l Firma Martin Professional
11.2m Firma Barco
11.2.r Firma MA Lighting
11.3 Martin Rupprecht, Freigabe von der Firma Brainpool
11.4l Firma Barco
11.4m Firma Christie
11.4r Firma Christie
11.5l Firma Looplight
11.5r David Baltzer
11.6l Firma Robe
11.6ml Firma Martin
11.6mr Firma GLP
11.6r Firma Ayrton
11.7l Firma Arkaos
11.7r Firma Green Hippo
11.8l Firma Coolux
11.8r Firma disguise
11.9l MartinRupprecht
11.9r MartinRupprecht
11.10l Otto Schildknecht
11.10m Otto Schildknecht
11.10.r Otto Schildknecht
11.11l Firma Looplight
11.11m Firma Looplight
11.11r Firma Looplight
11.12 Martin Rupprecht
11.13 Martin Rupprecht
11.14 Martin Rupprecht
11.15l Martin Rupprecht
11.15l Martin Rupprecht
11.15n Martin Rupprecht
11.15r Martin Rupprecht
11.16l Martin Rupprecht
11.16ml Martin Rupprecht
11.16mr Martin Rupprecht
11.16r Martin Rupprecht

Kapitel 12 Lichtführung

12.1l Marlin Oeing
12.1ml Marlin Oeing
12.1mr Marlin Oeing
12.1r Marlin Oeing
12.2 Foto Autor
12.3l Foto Autor
12.3r Foto Autor
12.4l Grafik Autor
12.4r Grafik Autor
12.5 Firma Dedo Weigert
12.6l Firma Niethammer Lichttechnik GmbH
12.6r Firma Niethammer Lichttechnik GmbH
12.7l Grafik Autor
12.7r Firma Niethammer Lichttechnik GmbH
12.8l Firma Despar
12.8r Firma Despar
12.9l Firma Despar
12.9r Firma Despar
12.10l Firma Despar
12.10r Firma Despar
12.11l Firma Despar
12.11r Firma Despar
12.12l Firma Despar
12.12r Firma Despar

12.13 Grafik Thomas Lemke
12.14 Grafik Thomas Lemke
12.15l Andreas Rinne
12.15r Andreas Rinne
12.16l Christian Fusenig
12.16r Christian Fusenig
12.17 Screenshot Autor
12.18l Foto Autor
12.18r Foto Autor

Kapitel 13 Lichtgestaltung und Lichtdesign

13.1 Osram Clay Paky
13.2 Fabian Oving
13.3 Firma Lightpower
13.4l Swaantje Hoffmann
13.4r Swaantje Hoffmann
13.5 Thomas Holz
13.6 Sebastian Jakob
13.7l Visualisierung Daniel Müller
13.7r Visualisierung Daniel Müller
13.8l Visualisierung Daniel Müller
13.8r Visualisierung Daniel Müller
13.9l Visualisierung Daniel Müller
13.9r Visualisierung Daniel Müller
13.10 Tom Doms
13.11l Grafik Fabian Oving
13.11r Grafik Fabian Oving
13.12 Grafik Fabian Oving
13.13l Grafik Fabian Oving
13.13r Grafik Fabian Oving
13.14l Grafik Fabian Oving
13.14r Grafik Fabian Oving
13.15 Martin Rupprecht, Freigabe Firma Brainpool

Kapitel 14 Theater-Licht

14.1 Firma Arkaos
14.2 Firma Niethammer Lichttechnik GmbH
14.3l Michael Kersten, Theater Wolfsburg
14.3r Michael Kersten, Theater Wolfsburg
14.4l Pierre Gozan
14.4r Mathew Cleveland
14.5l Andreas Fuchs
14.5r Andreas Fuchs
14.6l Dominik Mentzos
14.6r Dominik Mentzos
14.7 Öncü H. Gultekin

Kapitel 15 Fernseh-Licht

15.1l Norbert König
15.1r Norbert König
15.2 Firma Despar
15.3 Sofia Layer
15.4 Markus Beug-Rapp
15.5l Matthias Wilkens
15.5r Matthias Wilkens
15.6 ARRI
15.7 NDR
15.8 Firma Robe
15.9 Matthias Wilkens
15.10 Matthias Wilkens
15.11 Firma MCI
15.12 Firma Sony
15.13l Matthias Wilkens
15.13r Matthias Wilkens
15.14 Foto Auto
15.15l Foto Autor
15.15r Foto Autor
15.16 Sofia Layer
15.17 Sofia Layer

Kapitel 16 Film-Licht

16.1 Grafik Thomas Lemke
16.2 Montage Thomas Lemke
16.3 Firma ARRI
16.4 Grafik Thomas Lemke
16.5l Matthias Wilkens
16.5r Matthias Wilkens
16.5 ARRI
16.6 ARRI
16.7 Martin Beyrau
16.8 Firma Dedo Weigert
16.9 Foto Autor
16.10l Foto Autor
16.10r Foto Autor
16.11l Foto Autor
16.11r Foto Autor
16.12l Foto Autor
16.12r Foto Autor
16.13l Grafik Thomas Lemke
16.13r Foto Autor
16.14l Lutz Hassenstein
16.14r Lutz Hassenstein
16.15 Carolin Liedtke
16.16 Carolin Liedtke

Kapitel 17 Konzert-Touring-Licht

17.1 Nik Evers
17.2 Paul Gärtner
17.3 Paul Gärtner
17.4l Foto Autor
17.4r Foto Autor
17.5 Nik Evers
17.6 Nik Evers
17.7 Nik Evers
17.8 Firma Arkaos
17.9l Foto Autor
17.9m Foto Autor
17.9r Firma Robe
17.10l Martin Kühn
17.10r Foto Autor

Kapitel 18 Licht für wirtschaftsbezogene Veranstaltungen

18.1 Jens Langner
18.2 Jens Langner
18.3 Jens Langner
18.4 Jens Langner

Kapitel 19 Lichtpläne und Lichtsimulation

19.1 Martin Rupprecht
19.2 Herbert Cybulska
19.3 Hillbrand (Berliner Hochschule für Technik)
19.4l Screenshot Autor, Visualisierung Modenschau „Vergnügliches Leben“
19.4r Screenshot Autor, Visualisierung Modenschau „Vergnügliches Leben“
19.5 Grafik Alexandra Ehrlitzer
19.6l Herbert Bernstädt
19.6r Foto Autor
19.7 Grafik Thorsten Maier
19.8l Justus Mai
19.8r Justus Mai
19.9 Martin Rupprecht
19.10l Screenshot Autor Relux Suite
19.10r Screenshot Autor Relux Suite
19.11 Anne Weber Darmstadt
19.12 Screenshot Autor AutoCAD
19.13l Markus Hegi, Relux AG
19.13r Screenshot Autor mit Relux Suite, CAD-Modell Relux AG
19.14l Raphael Javor
19.14r Raphael Javor
19.5 Klaus Hochschwarzer
19.16r Screenshot Autor mit Relux Suite, CAD-Modell Relux AG

19.16l Screenshot Autor mit Relux Suite, CAD-Modell Relux AG
19.17l Necla Fornestre
19.17r Necla Fornestre
19.18 Screenshot Marc Briede
19.19 Visualisierung Daniel Müller
19.20l Carsten Grigo
19.20r Carsten Grigo
19.21l Firma Syncronorm
19.21r Firma Syncronorm
19.22 Tina Trömmel
19.23 Kevin Kornpobst
19.24l Matthias Kuhr
19.24r Matthias Kuhr
19.25l Ninja Rüsch
19.25r Fabian Oving
19.26l Mirco Hülsemann
19.26r Foto Autor
19.27l Foto Autor
19.27r Simon Graff
19.28 Leon Bantin
19.29 Justus Pannek
19.30 Justus Pannek
19.31 Justus Pannek

Kapitel 20 Lichttechnik in der Zukunft

20.1 Anke von der Heide
20.2 Frank Alexander Rümmele
20.3l Markus Felsch
20.3r Markus Felsch
20.4l Marlin Oeing
20.4r Marlin Oeing
20.5l Fabian Oving
20.5r Fabian Oving
20.6 THM
20.7 Screenshot Videoaufnahme Hausmesse dataport, Stephan Törmer
20.8 Anke von der Heide
20.9 Firma Bright!, Martin Giegerich
20.10 Foto Autor
20.11 Firma shape-shift
20.12 Firma Lumiblade
20.13 Anke von der Heide
20.14l Firma ASC
20.14r Foto Autor
20.15 Anke von der Heide
20.16l Anke von der Heide
20.16r Anke von der Heide
20.17l Lukas Runge
20.17r Lukas Runge
20.18 Anke von der Heide
20.19l Anke von der Heide
20.19r Anke von der Heide
20.20l Anke von der Heide
20.20m Anke von der Heide
20.20r Anke von der Heide
20.21 Anke von der Heide
20.22 Anke von der Heide
20.23 Swantje Braun
20.24l Karina Polishchuk
20.24r Marlen Oeing
20.25l Karina Polishchuk
20.25r Screenshot Autor
20.26l Mirco Hülsemann
20.26m Mirco Hülsemann
20.26r Mirco Hülsemann
20.27l Uwe Zahn
20.27r Screenshot FTZ-Rundgang dataport
20.28l Gerrit von Waldow
20.28m Gerrit von Waldow
20.28l Gerrit von Waldow
20.29 Grafik Tobias Wursthorn
20.30 Tobias Wursthorn
20.31 Tobias Wursthorn

Index

Symbole

A

B

F

G

H

I

K

L

P

Q

R

S